全国高职高专建筑室内设计专业规划教材

建筑装饰施工技术

张英杰　主　编
赵　朝　陈佳　副主编
李　轩　王花蕾　柴艺超　参　编

中国轻工业出版社

图书在版编目（CIP）数据

建筑装饰施工技术/张英杰主编. —北京：中国轻工业出版社，2021.1
全国高职高专建筑室内设计专业规划教材
ISBN 978-7-5184-1834-3

Ⅰ. ①建… Ⅱ. ①张… Ⅲ. ①建筑装饰-工程施工-高等职业教育-教材 Ⅳ. ①TU767

中国版本图书馆 CIP 数据核字（2018）第 010920 号

内 容 简 介

本书根据建筑装饰装修工程最新标准规范进行编写，详细阐述了装饰装修各分项工程的施工工艺及施工要点，系统地介绍了建筑装饰施工的基本概念以及抹灰工程施工、吊顶工程施工、室内隔墙与隔断施工、楼地面装饰工程施工、门窗工程施工、饰面装饰工程施工、涂料饰面工程施工、裱糊饰面工程施工、建筑幕墙工程施工、玻璃装饰工程施工、细木工程施工等内容。

本书根据教育部高职高专建筑装饰施工技术课程改革的最新要求及室内装饰设计的特点和性质，紧扣教学培养目标，内容结构合理，图文并茂，通俗易懂，突出实用性、实践性、先进性，注重与工程实际相结合，注重实践能力和职业技能的培养。

本书主要作为高等职业教育建筑室内设计、建筑设计、建筑装饰工程技术、环境艺术设计等专业的教材，也可以作为相关专业及室内装饰企业工程管理人员和技术人员培训参考用书。

责任编辑：陈　萍　　责任终审：劳国强　　整体设计：锋尚设计
策划编辑：陈　萍　　责任校对：吴大鹏　　责任监印：张　可

出版发行：中国轻工业出版社（北京东长安街 6 号，邮编：100740）
印　　刷：河北鑫兆源印刷有限公司
经　　销：各地新华书店
版　　次：2021 年 1 月第 1 版第 3 次印刷
开　　本：787×1092　1/16　印张：21.25
字　　数：490 千字
书　　号：ISBN 978-7-5184-1834-3　定价：49.00 元
邮购电话：010-65241695
发行电话：010-85119835　传真：85113293
网　　址：http://www.chlip.com.cn
Email：club@chlip.com.cn
如发现图书残缺请与我社邮购联系调换
210017J2C103ZBW

前言

建筑装饰施工技术是高职高专院校建筑室内设计、建筑设计、环境艺术设计、建筑工程技术、建筑装饰工程技术等专业的一门核心课程。通过学习本课程，学生能清楚建筑装饰施工项目中的法规、标准和技术要求，熟悉建筑装饰装修施工各项目的工艺流程，掌握各项目的施工工艺和操作技术，具备建筑装饰装修施工项目的施工操作能力和施工管理能力，从而为发展专项职业能力奠定基础，达到施工技术指导与施工管理岗位的相关要求。

本书根据教育部高职高专建筑装饰施工技术课程的最新要求，总结实际工作和教学中的经验，紧扣高职高专建筑室内设计专业的教学培养目标编写而成。全书内容包括建筑装饰工程的基本知识以及质量管理与基本规定、抹灰工程施工、吊顶工程施工、隔墙与隔断施工、楼地面装饰工程施工、门窗工程施工、饰面装饰工程施工、涂料饰面工程施工、裱糊饰面工程施工、建筑幕墙工程施工、玻璃装饰工程施工、细木工程施工等。

本书紧紧围绕建筑室内设计高技能人才的培养目标，凝练了省级专业综合改革试点项目最新成果，不仅将建筑装饰施工技术基本知识与实践技能充分结合，对传统教学内容予以精选，还着力补充了装饰施工的新技术与新工艺，注意理论教学与实践实训的搭配比例，采用大量装饰施工企业经典案例、实例图片资料，从而使学生在实践中了解建筑装饰施工技术全过程，具有应用性突出、操作性强、通俗易懂等特点，可以作为装饰施工企业、高等职业院校、培训机构以及个人学习的专业书籍。

本书由张英杰负责统稿。其中，绪论、项目 1、项目 6 由张英杰编写，项目 2、项目 3 由赵朝编写，项目 4、项目 5 由陈佳编写，项目 7、项目 8 由李轩编写，项目 9、项目 10 由王花蕾编写，项目 11、项目 12 由柴艺超编写。

本书的编写与出版，承蒙中国轻工业出版社、杨凌职业技术学院、陕西省职业技术教育学会等单位领导和同仁的筹划与指导，编者在此一并向他们表示衷心的感谢。

由于编者水平有限，书中难免存在疏漏与不妥之处，敬请有关专家、学者和各界人士不吝指正。

编者

2017 年 05 月

目录

绪　论

知识目标

通过了解建筑装饰工程的基本知识，对装饰工程所涉及的领域、施工的特点、装饰等级等有一个全面的认识。

技能目标

通过学习，掌握建筑装饰工程施工的特点、分类与等级。

0.1　建筑装饰概述

0.1.1　建筑装饰的概念

建筑装饰是以美学原理为依据，为保护建筑物的主体结构、完善建筑物的使用功能和美化建筑物，采用装饰装修材料或饰物对建筑外表及内部空间环境进行设计、加工的行为和过程的总称。换句话讲，建筑是创造空间，而建筑装饰是空间的再创造。

建筑装饰利用色彩、质感、陈设、家具装饰等，引入声、光、热等要素，采用装饰材料和施工工艺来创造完美空间。建筑装饰工程是现代建筑工程的有机组成部分，是现代建筑工程的延伸、深化和完善。

0.1.2 建筑装饰的作用

①保护建筑结构系统，提高建筑物的耐久性。

②改善和提高建筑物的维护功能，满足建筑物的使用要求。如提高保温隔热效果、防潮防水性能，增加室内采光亮度，隔声、吸声等。

③美化建筑物的内外环境，提高建筑物的使用要求。如通过对建筑空间的色彩、质感、线条及纹理的不同处理弥补建筑设计上的某些不足与缺憾。

0.2 建筑装饰工程的特点

（1）边缘性学科

建筑装饰工程不仅涉及人文、地理、环境艺术和建筑知识，还与建筑装饰材料及其他各行各业有着密切的关系，而其中建筑装饰材料又涉及五金、化工、轻纺等多行业、多学科。

（2）技术与艺术结合

建筑工程本身就是技术与艺术结合的产物，而作为建筑工程的深化与再创造的建筑装饰，则更是技术与艺术的有机结合。任何装饰都是用材料来体现的，能否正确应用装饰材料与设计和施工技术人员所具备的知识及技术含量（如人文意识、设计理念超前意识和变化规律等）有关。总而言之，建筑装饰是技术与艺术的进一步结合，是一个复杂的过程。

（3）具有较强的周期性

建筑装饰随着时代的变化具有时尚性。因为建筑装饰要充分体现其先进性和超前性，以满足人们对建筑装饰的高标准要求。我国建筑装饰的使用年限一般为 5 ~ 10 年，国外一般不超过 5 年。

（4）工程造价差别大

建筑装饰工程的造价空间非常大。从普通装饰到超豪华装饰，因采用的材料档次不同，造价也相差甚远，所以装饰的级别受造价的控制。

0.3 建筑装饰工程施工的特点

随着国民经济和建设事业的飞速发展，建筑装饰工程在营造完善的市场经济建筑环境、改善人民的生活和工作条件以及建设国际化新城市方面势必发挥更大的作用。建筑装饰行业的技术人员必须高度重视现代建筑装饰事业所承载的重任，不仅要更加重视工程质量的提高、自身素质的提高和装饰艺术水平的提高，同时还必须针对建筑装饰工程的设计、材料、施工技术和施工组织管理等各方面不断开展技术革新，改进操作工艺，提高专业技术水平。

（1）建筑装饰工程施工流程的建筑性

建筑装饰工程是建筑工程的有机组成部分，而不是单纯的艺术创作，所以建筑装饰施工工程的首要特点是具有明显的建筑性。即与建筑有关的所有建筑装饰工程的施工操作，都不能只顾装饰艺术的表现而忽略对主体结构的维护和保养。《中华人民共和国建筑法》第四十九条规定："涉及建筑主体和承重结构变动的装修工程，建设单位应当在施工前委托原设计单位或具有相应资质条件的设计单位提出设计方案；没有设计方案的，不得施工。"这条规定限制了建筑装饰工程施工中随意凿墙开洞的野蛮施工行为，保证了建筑主体结构安全适用。

建筑装饰设计必须要在完善建筑及其空间的使用功能的前提下，进而去追求艺术效果。其作为建筑设计的继续、深化和美化，应该是以现代装饰新材料、新技术和新工艺为基础的高档次建筑艺术设计。建筑装饰工程施工必须以保证建筑主体结构安全适用为基本原则，进而通过科学合理的装修构造、建筑造型、灯饰配置等具体操作工艺达到工程设计目标。

（2）建筑装饰工程施工操作的规范性

建筑装饰工程施工不是单纯的美化处理，而是对建筑工程主体结构及其环境的再创造，必须依靠合格的材料与配件等，通过科学合理的构造做法并由建筑主体结构予以稳定支撑的工程。所用材料及其应用技术应符合国家及行业颁布的相关标准。工艺操作和工艺处理均应遵照国家颁发的有关施工和验收规范；任何建筑装饰工程都不能为追求表面美化及视觉效果而随意地进行构造造型或简化饰面处理，以免造成工程质量问题。

重要工程和规模较大的装饰项目必须做到：按照国家规定实行招标、投标制度；明确装饰施工企业和施工队伍的资质水平与施工能力；在施工过程中由建设监理部门对工程进行监理；工程竣工后应通过质量监督部门及有关方面组织的严格验收。

（3）建筑装饰工程施工态度的严肃性

建筑装饰工程施工是一项十分复杂的生产活动，长期以来，其施工状况一直存在着工程量大、施工工期长、耗用劳动量多和占用建筑物总造价高等特点。近年来，随着建材工业的迅速发展及施工条件的不断改善，建筑装饰工程的施工现状已有较大改观，建筑装饰施工人员基本上摆脱了繁重的体力劳动。但是随着物质生活和精神文化生活水平的提高，人们对装饰工程的质量要求也大大提高，这就迫切需要建筑装饰行业从业人员具有高度的事业责任心和在生产活动中具备严肃的态度。

建筑装饰施工大多是以饰面为最终结果，许多处于隐蔽部位但对工程质量起着关键作用的项目和操作工序很容易被忽略，其质量弊病也很容易被表面的美化修饰所掩盖。如大量的预埋件、连接件、铆固件、焊接件、骨架杆件、饰面的基面或基层处理，防火、防腐、防水、防潮、防虫、绝缘、隔声等功能性与安全性的构造和处理等，包括钉件的规格、质量，螺栓及各种连接紧固件的位置、数量及埋入深度等。如果在操作中采取敷衍的态度，甚至偷工减料、偷工减序，将会给工程留下质量隐患。

（4）建筑装饰工程施工管理的复杂性

建筑装饰工程的施工工序繁多，每道工序都需要专业人员担当技术骨干。施工操作人员中的工种也十分复杂，包括水、电、暖、卫、木、玻璃、油漆、金属等几十个工种。对于较大规模的装饰工程，加上消防系统、音响系统、保安系统、通信系统等，往往有几十道工序。这些工种和工序交叉、轮流或配合作业，容易造成施工现场的拥挤和混乱，不仅影响工程的进度和质量，严重时还会造成工程事故。为保证工程质量、施工进度和施工安全，必须依靠具备专门知识和经验的施工组织管理人员，以施工组织设计为指导，实行科学管理。

（5）建筑装饰工程的技术经济性

建筑装饰工程的使用功能及其艺术性的体现与发挥所反映的时代感和科学技术水准——特别是在工程造价方面，很大程度上受装饰材料以及现代声、光、电及其控制系统等设备的制约。在20世纪90年代以前，建筑主体结构、安装工程和装饰工程的费用分别占总投资的比例大约为50%，30%，20%，现在则变为30%，30%，40%。有的国家重点工程、高级宾馆、饭店及公共设施等，装饰工程费用已占总投资的50%以上。

随着人们对建筑艺术要求的不断提高，以及装饰新材料、新技术、新工艺和新设备的不断涌现，建筑装饰工程的造价还将继续升高。因此，必须做好建筑装饰工程的预算和估价工作，认真研究工程材料、设备及施工技术、施工工艺的经济性，严格控制工程成本，加强施工企业的经济管理和经济活动的分析，努力提高经济效益和工程质量，以保证我国现代建筑装饰行业的健康发展。

0.4 建筑装饰工程与相关工程的关系

（1）建筑装饰工程与建筑的关系

建筑装饰是对建筑物的装扮和修饰，因此对建筑要有一个准确的理解和认识。如对建筑的属性、艺术风格、建筑空间性质和特性、建筑时空环境的营造和气氛等应有较好的把握。只有对所要进行装饰的建筑有了正确的理解把握，才能搞好装饰工程的设计和施工，使建筑艺术与人们的审美协调一致，从而给人们以艺术享受。

（2）建筑装饰与建筑结构的关系

建筑装饰与建筑结构的关系有两个方面。一方面，建筑结构给建筑装饰再创造提供了充分发挥的舞台，装饰在充分发挥结构空间的同时又保护了建筑结构。另一方面，关于建筑装饰与建筑结构矛盾时的处理：因结构是传递荷载的构件，所以在设计时要充分考虑其受力情况，如装饰需要改变结构或在结构构件上进行开洞或取舍，必须先进行计算核实。

（3）建筑装饰与设备的关系

建筑装饰不仅要处理好装饰与结构的关系，还必须解决好装饰与设备的关系。如果处理不合理，会影响建筑装饰空间的处理，同时也会影响设备的正常运行和使用。装饰工程大部分是界面处理，必须处理好与建筑设备中的空调、水暖、监控、消防、强电、弱电、管线及照明设备等的协调配合。

（4）建筑装饰与环境的关系

建筑装饰虽然能给人们提供一个良好的生活、学习、工作环境，但如果材料选择和施工工艺不当，容易造成环境的二次污染，甚至会造成人身伤亡事故。装饰施工必须严格执行国家规范，控制因建筑装饰材料选择不当以及工程勘察、设计、施工过程中的不当操作所造成的室内环境污染。

近年来，国家对室内外环境污染做了大量的研究工作，已经检测到的有害物质达数百种，常见的有十几种。其中绝大部分为有机物，主要源于各种人造木板，以及涂料、胶黏剂等化学建筑装饰材料。这些材料会在常温下释放出许多有害、有毒的物质从而造成室内空气污染。因此，必须控制这些有害物质在空气中的含量，以达到国家的环保标准。如《GB 50325—2010 民用建筑工程室内环境污染控制规范》对室内水溶性涂料总挥发性有机化合物（TVOC）和游离甲醛的含量提出了控制限量。

表 0－1　室内用水性涂料总挥发性有机化合物和游离甲醛限量

测定项目	限量	测定项目	限量
TVOC/（g/L）	≤200	游离甲醛/（g/kg）	≤0.1

0.5　建筑装饰工程分类及等级

（1）建筑装饰工程分类

①按建筑物的不同使用类型划分：建筑物按不同的使用类型，可划分为民用建筑

（包括居民建筑和公共建筑）、工业建筑、农业建筑和军事建筑等。其中绝大多数的建筑装饰都集中在各类住宅、宾馆、饭店、影剧院、商厦、娱乐休闲中心、办公楼、医院、写字楼等民用与工业建筑上。随着国民经济的发展，为满足农业生产及工程技术的要求，装饰工程已经渗透到农业建筑和军事建筑。

②按建筑装饰工程施工部位划分：建筑装饰工程的施工部位是指能够引起人们视觉或触觉等感觉器官的注意或与之接触，并能给人以美的享受的建筑部位，总体上可分为室外和室内两大类。建筑室外装饰部位有外墙面、门窗、屋顶、檐口、入口、台阶、建筑小品等；室内装饰部位有内墙面、顶棚、楼地面、隔墙、隔断、室内灯具、家具陈设等。

③按建筑装饰施工满足建筑功能划分：建筑装饰施工在完善建筑使用功能的同时，还重点追求建筑空间环境效果。以满足使用功能为目的的装饰施工项目，必须将功能与装饰有机结合起来。

④按建筑装饰施工的项目划分：根据《GB 50210—2001 建筑装饰装修工程质量验收规范》，可划分为抹灰工程、门窗工程、玻璃工程、吊顶工程、隔断工程、饰面工程、涂料工程、裱糊与软包工程、细部工程。

（2）建筑装饰工程等级

建筑装饰工程等级是根据建筑物的类型、建筑等级、性质来划分的，建筑物等级越高，建筑装饰等级也越高。按国家有关规定，建筑装饰等级可分为三级。

一级：高级宾馆、别墅、纪念性建筑、大型体育馆、博物馆、高级商场等。

二级：一般公用建筑，如科研、高校、医院、行政办公楼等。

三级：普通公用建筑及住宅，如小学、托幼建筑、普通办公楼等。

0.6 建筑装饰施工的任务

建筑装饰施工的任务是通过操作人员的劳动，把设计师的意图表现出来。设计是实现装饰意图的前提，施工则是实现装饰意图的保证。设计师将成熟的设计构思反映在图纸上，装饰施工则是根据设计图纸所表达的意图，采用不同的装饰材料，通过一定的施工工艺、机具设备等手段使设计意图得以实现。由于设计图纸产生于装饰施工之前，对最终的装饰效果缺乏实感，必须通过施工来检验设计的科学性、合理性。如果确实有些设计因材料、施工操作工艺或其他原因而不能实现，应与设计师协商，找出解决方法，即对原设计提出合理的建议并经过设计师进行修改，使装饰设计更加符合实际，从而达到理想的装饰效果。

思考与练习

（1）简述建筑装饰工程的特点。

（2）简述建筑装饰工程施工的特点。

（3）简述建筑装饰工程分类及等级。

项目1　建筑装饰工程的质量管理与基本规定

知识目标

（1）通过本章的学习，了解建筑装饰工程质量的影响因素和管理措施。

（2）熟悉建筑装饰工程环境质量要求。

（3）掌握建筑装饰工程设计、材料、施工及验收要求。

技能目标

通过学习，能够进行建筑装饰工程的质量检查与验收。

任务1.1　建筑装饰工程质量的影响因素与管理措施

工作任务

通过本任务的学习，掌握建筑装饰工程质量的影响因素与管理措施等有关知识。

工作情景

建筑装饰施工“理实一体化”实训室或普通教室。采用“理实一体化”教学方法，通过现场讲解以及施工现场观摩、考察，掌握建筑装饰工程质量的影响因素与管理措施等方面的基础知识。

1.1.1　建筑装饰工程质量的影响因素

（1）人的因素

企业管理人员的指导思想以及操作人员的技能、体力、情绪等直接影响工程质量。为了避免人的因素影响质量，应加强“质量第一，用户至上”的质量意识教育；以“优质求效益”为企业的指导思想，提高全体职工重视质量的自觉性和责任感；将工程质量与施工者利益挂钩；组织技术培训。

（2）材料的因素

装饰材料质量的好坏直接影响装饰工程的质量。为了保证材料的质量，应严格按设计要求来选取材料，建立材料进场验收制度，加强材料管理。

（3）机具的因素

装饰工程施工多采用一些小型的机具设备，这些机具设备的性能和完好程度直接影响施工质量。为了保证工程质量，应按照工艺要求选用合适的机具，并建立健全机具管理制度，加强机具设备的维修保养，定期检修。此外，还必须对施工机具进行检查，确认无安全隐患后方可使用。

（4）施工环境的因素

施工环境如施工时的温度、湿度、天气、环境等对装饰工程质量影响较大，必须加以控制。

（5）施工方法的因素

装饰工程的各个分项工程，由于所用材料、机具以及施工环境、部位、基底情况的不同，施工方法也不同，必须根据实际情况选用适宜的施工方法，以预防可能出现的质量缺陷。

1.1.2　建筑装饰工程质量的管理措施

1.1.2.1　建筑装饰工程技术措施

（1）样板间法

样板间有两种做法：一种是实地做，一种是模拟做。实地做是指在正式工程上做，也有两种做法：一是供挑选的样板间，一般不只做一间，可以做两间、三间供甲方挑选；另一种是按设计图或甲方的意向做，基本上是全面施工的样板间，做完后只需做少许调整即可使用。模拟做是指不在正式工程上做，而是另找条件基本相同的房屋，按甲方和设计者要求做，作为一种方案供参考。

（2）示范法

示范法是指每做一个新项目，必须由技术水平较高或有某方面特长的工人或技术人员先做试验性示范。每做一次示范都要将数据记录下来，直到得出正确的做法为止。这种示范记录也是技术交底的资料。样板间是搞一个完整的示范，重点是解决设计和用料问题；而示范是解决操作工艺上的问题，对施工技术管理更有现实意义。

（3）放样法

放样法是指对有些块料的排列在施工前先在图纸上放出样子。

1.1.2.2 建筑装饰工程技术人员的要求

（1）具有一定的美学基础知识

建筑装饰不仅是表面的造型和色彩等媒介所创作的视觉效果，而是还包括了美学表现、平面构成、立体构成及建筑与装饰表现等综合内容而构成的整体效果。这就要求建筑装饰工程技术人员不仅对装饰装修构图、造型、色彩等美学概念有一定的了解和掌握，还要对建筑与装饰表现技法有一定的了解。

（2）熟知建筑装饰装修工程设计与构造内容

建筑装饰设计是要运用美学原则、空间理论等来创造美观、实用、舒适的空间环境，如果不熟知建筑装饰工程设计与构造的内容，就无法实现这一目的。对于施工人员，不了解设计与构造的内容，就不能正确理解设计的构思意图，更不能去实现这个意图。设计人员要设计出理想的空间环境，而施工人员要把设计变为现实，都必须熟知建筑装饰工程设计与构造内容，这样才能从整体上考虑，进而创造出更为理想的空间环境。

（3）具有一定的材料知识

建筑装饰使用各种材料来达到装饰装修功能的要求，并使用各种材料来表达装饰效果。所以装饰工程技术人员必须熟悉各种类型常用材料的规格、性能及用途，具有识别各种常用材料质量优劣的常识，同时对各种材料的质感和装饰效果要有一定的了解，以便更好地设计和组织施工。

（4）熟悉施工操作技能

建筑装饰工程施工的特点是往往要求一个人充当多个工种的施工技术人员，这就要求技术人员在施工工艺技术方面具备全面性和系统性，并且在工艺处理上有较丰富的经验，能处理施工中的一些难点。对于施工管理人员，不仅要熟悉施工操作技能，而且要熟悉检查验收的方法和标准。建筑装饰工程工种多、施工种类多、施工衔接多，每个施工种类的完工都需要进行工艺检查和验收，以便及时发现问题、解决问题，减少工料损失。

（5）具有识图和绘图能力

图纸是工程技术的语言，在施工中管理人员要向工人分析、解析图纸，根据图纸内容指导施工，图纸不全或不详的部分要及时补缺。

1.1.2.3 建筑装饰工程工艺措施

建筑装饰工程的主要工艺可以归纳为几个大的项目：如抹灰一类的做法，不论什么材料、抹在什么样的基层上，包括墙体立面上、顶棚上仰面、地坪平面上等，都归纳为抹灰一类；喷（刷）涂上去的包括油性的、水性的、瓷性的各种涂料，涂在各种面层（基层）上的，都归纳为喷涂一类；其他还包括裱糊一类的、粘贴一类的、挂（吊）一类的等。

建筑装饰工程施工应合理安排工艺程序，按科学规律办事，工序不得颠倒，尽量做得完善，保证工序质量。建筑装饰工程工艺顺序如下：

①做好装饰装修设计，进行多方案比较，选用优秀的设计方案。通过实体工程的测量，将使用的装饰装修材料结合设计的要求，有效、合理地布置在工程的立面和平面上。

②核对材料，量材使用，创造最佳效果。目前的建筑装饰材料质量不稳定，必须在进场后进行检查并按照质量标准进行对比，找出其特性，充分利用其好的方面来达到好的效果。如将一些颜色花纹不一致的大理石或花岗岩组合成一定的图案或形象等。

③摆砖放线，使设计落到实处。将设计的图案、做法、要求合理地放到实体工程上去体现设计意图，将设计内容变成实物。

④树立样板，做出示范。把规范标准的要求实物化，为大面积施工确立质量标准，统一操作工艺，以便向用户做出承诺等。

⑤做好收尾清理和成品保护工作。这是工程完成的最后一道工序。工业产品讲究整理工序和包装，工程成果虽不能包装，但可以做到干净、完整地呈现其真实面貌。

任务1.2 建筑装饰工程的基本规定

工作任务

通过本任务的学习，掌握建筑装饰工程基本规定等有关知识。

工作情景

建筑装饰施工"理实一体化"实训室或普通教室。采用"理实一体化"教学方法，通过现场讲解和施工现场观摩、考察，掌握建筑装饰工程基本规定及要求等相关知识。

1.2.1 建筑装饰设计规定

随着社会的发展，设计对于人类生活的影响越来越大，社会对于设计的关注也日益加深。建筑装饰设计在现代社会生活中占据着重要的地位。所以，建筑装饰应由有设计资质的单位进行设计，应具备完善的设计施工图，应符合城市规划、消防、环保、节能的有关规定。此外，建筑装饰设计还不得改动主体受力关系（若要改动必须经原结构设计单位同意），其防火、抗震、防雷设计也必须符合国家规范。

《GB 50325—2010 民用建筑工程室内环境污染控制规范》规定：民用建筑工程设计必须根据建筑物的类型和用途，选用符合规定的建筑装饰材料，并控制装饰材料的使用量。民用建筑工程的室内通风设计，应符合现行国家标准《民用建筑设计通则》的有关规定。对于采用中央空调的民用建筑工程，新风量应符合设计要求，并不小于表1－1的规定。采用自然通风的民用建筑工程，自然间的通风开口有效面积应不小于该房间地板面积的1/20。夏热冬冷地区、寒冷地区、严寒地区等Ⅰ类民用建筑工程需要长时间关闭门窗使用时，房间宜设置新风系统。

表1－1 民用建筑主要房间的设计新风量

建筑类型	房间名称		新风量/［m^3/（h·人）］
办公楼	办公室		30
住宅	卧室、起居室		30
旅游服务	宾馆客房	5星级	50
		4星级	40
		3星级	30
	旅店客房	一至三级	30
		四级	20

续表

建筑类型	房间名称		新风量/［m^3/（h·人）］
旅游服务	餐厅、宴会厅、多功能厅	5 星级	30
		4 星级	25
		3 星级	20
		2 星级	15
	大堂、四季厅	4～5 星级	10
	商业、服务	4～5 星级	20
		2～3 星级	10
	美容、理发、康乐设施		30
	饭馆（餐厅）		20
文化娱乐	影剧院、音乐厅、录像厅		20
	游艺厅、舞厅（包括卡拉 OK 歌厅）		30
	酒吧、茶座、咖啡厅		10
	体育馆、商场（店）、书店		20
学校	教室	小学	11
		初中	14
		高中	17

根据国家标准《GB 50210—2001 建筑装饰装修工程质量验收规范》，建筑装饰装修工程在设计方面应遵循以下规定：

①建筑装饰装修工程必须进行设计，并出具完整的施工图设计文件。

②承担建筑装饰装修工程设计的单位应具备相应的资质，并应建立质量管理体系。由于设计原因造成的质量问题，应由设计单位负责。

③建筑装饰装修工程的设计，应符合城市规划、消防、环保、节能等有关规定。

④承担建筑装饰装修工程设计的单位，应对建筑物进行必要的了解和实地勘察，设计深度应满足施工的要求。

⑤建筑装饰装修工程的设计必须保证建筑物的结构安全和主要使用功能。当涉及主体和承重结构改动或增加荷载时，必须由原结构设计单位或具备相应资质的设计单位核查有关原始资料，对既有建筑结构的安全性进行核验、确认。

⑥建筑装饰装修工程的防火、防雷和抗震设计，应符合现行国家标准的规定。

⑦当墙体或吊顶内的管线可能产生冰冻或结露时，应进行防冻或防结露设计。

以上第1条和第5条是国家标准规定的强制性条文，必须严格执行。

1.2.2 建筑装饰材料规定

建筑装饰材料是建筑材料的一个重要分支，是建筑装饰工程的物质基础。建筑装饰工程的总体效果和功能的实现，是通过建筑装饰材料的应用及其配套产品的色彩、光泽、质地、质感、纹理、图案、形状尺寸和性能等因素来体现的。

建筑装饰材料种类繁多，按材料在建筑物的装饰部位分类，可分为外墙装饰材料、内墙装饰材料、地面装饰材料、吊顶装饰材料、门窗材料等。

1.2.2.1 材料选择

建筑装饰材料的选择应符合下列规定：

①民用建筑工程室内禁止使用含石棉建筑材料和国家颁布淘汰的建筑材料。

②Ⅰ类民用建筑工程室内装修采用的无机非金属装修材料必须为A级。

③Ⅱ类民用建筑工程宜采用A类无机非金属建筑材料和装修材料；当A类和B类无机非金属装修材料混合使用时，应按下式计算确定每种材料的使用量：

$$\sum f_i \cdot I_{\mathrm{Ra}_i} \leqslant 1$$

$$\sum f_i \cdot I_{\mathrm{r}_i} \leqslant 1.3$$

式中 f_i——第 i 种材料在材料总用量中所占的质量百分比

I_{Ra_i}——第 i 种材料的内照射指数

I_{r_i}——第 i 种材料的外照射指数

④Ⅰ类民用建筑工程的室内装修，必须采用 E_1 类人造板及饰面人造板。

⑤Ⅱ类民用建筑工程的室内装修，宜采用 E_1 类人造板及饰面人造板；当采用 E_2 类人造板时，直接暴露于空气的部位应进行表面涂覆密封处理。

⑥民用建筑工程的室内装修所采用的涂料、胶黏剂、水性处理剂等，其苯、甲苯和二甲苯、游离甲醛、游离甲苯二异氰酸酯（TDI）、挥发性有机化合物（VOC）的含量应符合相关规范规定。

⑦民用建筑工程室内装修时，不应采用聚乙烯醇水玻璃内墙涂料、聚乙烯醇缩甲醛内墙涂料，以及树脂以硝化纤维素为主、溶剂以二甲苯为主的水包油型（O/W）多彩内墙涂料。

⑧民用建筑工程室内装修时，不应采用聚乙烯醇缩甲醛类胶黏剂。

⑨民用建筑工程室内装修中所使用的木地板及其他木质材料，严禁采用沥青、煤焦油类防腐、防潮处理剂。

⑩Ⅰ类民用建筑工程室内装修粘贴塑料地板时，不应采用溶剂型胶黏剂。

⑪Ⅱ类民用建筑工程中地下室及不与地下室直接自然通风的房间粘贴塑料地板时，不应采用溶剂型胶黏剂。

⑫民用建筑装饰工程中，不应在室内采用脲醛树脂泡沫塑料作为保温、隔热和吸声材料。

1.2.2.2　材料进场检验

建筑装饰材料应进行进场检验，严禁使用不符合设计要求及规范规定的材料。

①民用建筑工程中所采用的无机非金属建筑材料和装修材料必须有放射性指标检测报告，并应符合设计要求和规范规定。

②民用建筑工程室内饰面采用的天然花岗石材或瓷质砖使用面积大于200m^2时，应对不同产品、不同批次材料分别进行放射性指标的复验。

③民用建筑工程室内装修所采用的人造板及饰面人造板，必须有游离甲醛含量或游离甲醛释放量检测报告，并应符合设计要求和规范规定。

④民用建筑工程室内装修中采用的人造板或饰面人造板面积大于500m^2时，应对不同产品、不同批次材料的游离甲醛含量或游离甲醛释放量分别进行复检。

⑤民用建筑工程装修中所采用的水性涂料、水性胶黏剂、水性处理剂必须有同批次产品的挥发性有机化合物（VOC）和游离甲醛含量检测报告；溶剂型涂料、溶剂型胶黏剂必须有同批次产品的挥发性有机化合物（VOC）、苯、甲苯、二甲苯、游离甲苯二异氰酸酯（TDI）（聚氨酯类）含量检测报告，并应符合设计要求和规范规定。

⑥建筑材料和装修材料的检测项目不全或对检测结果有疑问时，必须将材料送有资格的检测机构进行检验，检验合格后方可使用。

1.2.2.3　《GB 50210—2001 建筑装饰装修工程质量验收规范》对建筑装饰材料的规定

①建筑装饰装修工程所用材料的品种、规格和质量，应符合设计要求和国家现行标准的规定。当无设计要求时，应符合国家现行标准的规定。严禁使用国家明令淘汰的材料。

②建筑装饰装修工程所用材料的燃烧性能，应符合现行国家标准《GB 50222—1995 建筑内部装修设计防火规范》《GB 50016—2014 建筑设计防火规范》。

③建筑装饰装修工程所用材料应符合国家有关建筑装饰装修材料有害物质限量标准的规定。

④所有材料进场时应对品种、规格、外观和尺寸进行验收。材料包装应完好，应有产品合格证书、中文说明及相关性能的检测报告；进口产品应按规定进行商品检验。

⑤进场后需要进行复验的材料种类及项目，应符合国家标准的规定。同一厂家生产

的同一品种、同一类型的进场材料，应至少抽取一组样品进行复验，当合同另有约定时应按合同执行。

⑥当国家规定或合同约定对材料进行见证检测或对材料的质量发生争议时，应进行见证检测。

⑦承担建筑装饰装修材料检测的单位应具备相应的资质，并应建立质量管理体系。

⑧建筑装饰装修工程所使用的材料，在运输、储存和施工过程中，必须采取有效措施，防止损坏、变质和污染环境。

⑨建筑装饰装修工程所使用的材料，应按设计要求进行防火、防腐和防虫处理。

⑩现场配制的材料如砂浆、胶黏剂等，应按照设计要求或产品说明书配制。

以上第 3 条和第 9 条是国家标准规定的强制性条文，必须严格执行。

1.2.2.4 《GB 50209—2010 建筑地面工程施工质量验收规范》对建筑地面材料的规定

①建筑地面工程采用的材料或产品应符合设计要求和国家现行有关标准的规定。无国家现行标准的，应具有省级住房和城乡建设行政主管部门的技术认可文件。材料或产品进场时还应符合下列规定：应有质量合格证明文件；应对型号、规格、外观等进行验收；对重要材料或产品应抽样进行复验。

②建筑地面工程采用的大理石、花岗石、料石等天然石材以及砖、预制板块、地毯、人造板材、胶黏剂、涂料、水泥、砂、石、外加剂等材料或产品，应符合国家现行有关室内环境污染控制和放射性、有害物质限量的规定，材料进场时应具有检测报告。

1.2.3 建筑装饰施工规定

1.2.3.1 建筑装饰工程在施工中应符合下列规定

①施工单位应按照设计要求及其有关规定施工，不得擅自更改设计文件要求；当需要更改时，应经原设计单位同意。民用建筑工程室内装修中，当多次使用同一设计时，宜先做样板间，并对其室内环境污染物浓度进行检测；当检测结果不符合规定时，应查找原因并采取相应措施进行处理。

②施工人员要有相应上岗证。

③建立有关施工安全、劳动保护、防火防毒的管理制度和措施，配备必要的设备和标识。

④照图施工，不得擅自更改主体、水、暖、电、燃气、通信等配套设施。

⑤采取防氡设计措施的民用建筑工程，其地下工程的变形缝、施工缝、穿墙管（盒）、埋设件、预留空洞等特殊部位的施工工艺，应符合现行国家标准《GB 50108—2008 地下工程防水技术规范》的有关规定。

⑥装饰前对主体进行验收或保证既有建筑对基地处理达到规范要求。

⑦先设备安装，后装饰施工。

⑧民用建筑室内装修时，严禁使用苯、工业苯、石油苯、重质苯及混苯作为稀释剂。不应使用苯、甲苯、二甲苯和汽油进行除油和清除旧油漆作业。涂料、胶黏剂、水性处理剂、稀释剂和溶剂等使用后，应及时封闭存放，废料应及时清除出室内。严禁在民用建筑工程室内用有机溶剂清洗施工工具。采暖地区的民用建筑工程，室内装修不宜在采暖期进行，装修中进行饰面人造板拼接施工时，除芯板为 E_1 类外，应对其断面及无饰面部位进行密封处理。壁纸（布）、地毯、装饰板、吊顶等施工时，应注意防潮，避免覆盖局部潮湿区域。空调冷凝水的排放应符合相关规范规定。

⑨施工过程注意保护半成品，装修施工结束则清场退出，等待验收。

1.2.3.2 《GB 50210—2001 建筑装饰装修工程质量验收规范》对建筑装饰工程施工的规定

①承担建筑装饰装修工程施工的单位应具备相应的资质，并应建立质量管理体系。施工单位应编制施工组织设计并应经过审查批准。施工单位应按有关施工工艺标准或经审定的施工技术方案施工，并应对施工全过程实行质量控制。

②承担建筑装饰装修工程施工的人员应有相应岗位的资格证书。

③建筑装饰装修工程的施工质量应符合设计要求和规范规定，因违反设计文件和规范规定施工而造成的质量问题应由施工单位负责。

④建筑装饰装修工程施工中，严禁违反设计文件擅自改动建筑主体、承重结构或主要使用功能；严禁未经设计确认和有关部门批准擅自拆改水、暖、电、燃气、通信等配套设施。

⑤施工单位应遵守有关环境保护的法律法规，并应采取有效措施控制施工现场的各种粉尘、废气、废弃物、噪声、振动等对周围环境造成的污染和危害。

⑥施工单位应遵守有关施工安全、劳动保护、防火和防毒的法律法规，建立相应的管理制度，并配备必要的设备、器具和标识。

⑦建筑装饰装修工程应在基体或基层的质量验收合格后施工。对既有建筑进行装饰装修前，应对基层进行处理并达到规范要求。

⑧建筑装饰装修工程施工前，应有主要材料的样板或做样板间（件），并应经有关各方确认。

⑨墙面采用保温材料的建筑装饰装修工程，所用保温材料的类型、品种、规格及施工工艺应符合设计要求。

⑩管道、设备等的安装及调试应在建筑装饰装修工程施工前完成（当必须同步进行时，应在饰面层施工前完成）。建筑装饰装修工程不得影响管道、设备等的使用和维修。

涉及燃气管道的建筑装饰装修工程必须符合有关安全管理的规定。

⑪建筑装饰装修工程的电器安装应符合设计要求和国家现行标准的规定。严禁不经穿管直接埋设电线。

⑫室内外建筑装饰装修工程施工的环境条件应满足施工工艺的要求。施工环境温度应大于或等于5℃。当必须在小于5℃气温下施工时，应采取保证工程质量的有效措施。

⑬建筑装饰装修工程在施工过程中，应做好半成品、成品的保护，防止污染和损坏。

⑭建筑装饰装修工程验收前，应将施工现场清理干净。

以上第4条和第5条是国家标准规定的强制性条文，必须严格执行。

1.2.3.3 《GB 50209—2010 建筑地面工程施工质量验收规范》对建筑地面工程施工的规定

①厕浴间和有防滑要求的建筑地面应符合设计防滑要求。

②有种植要求的建筑地面，其构造做法应符合设计要求和现行行业标准《JGJ 155—2013 种植屋面工程技术规程》的有关规定。设计无要求时，种植地面应低于相邻建筑地面50mm以上或作槛台处理。

③地面辐射供暖系统的设计、施工及验收应符合现行行业标准《JGJ 142—2012 辐射供暖供冷技术规程》的有关规定。

④地面辐射供暖系统施工验收合格后，方可进行面层铺设。面层分格缝的构造做法应符合设计要求。

⑤建筑地面下的沟槽、暗管、保温、隔热、隔声等工程完工后，应经检验合格并做隐蔽记录后，方可进行建筑地面工程的施工。

⑥建筑地面工程基层（各构造层）和面层的铺设，均应待其下一层检验合格后方可施工上一层。建筑地面工程各层铺设前与相关专业的分部（子分部）工程、分项工程以及设备管道安装工程之间应进行交接检验。

⑦建筑地面工程施工时，各层环境温度的控制应符合材料或产品的技术要求，并应符合下列规定：采用掺有水泥、石灰的拌和料铺设以及用石油沥青胶结料铺贴时，应不低于5℃；采用有机胶黏剂粘贴时，应不低于10℃；采用砂、石材料铺设时，应不低于0℃；采用自流平、涂料铺设时，应不低于5℃，也应不高于30℃。

⑧铺设有坡度的地面应采用基土高差达到设计要求的坡度；铺设有坡度的楼面（或架空地面）应采用在结构楼层板上变更填充层（或找平层）铺设的厚度或以结构起坡达到设计要求的坡度。

⑨建筑物室内接触基土的首层地面施工应符合设计要求，并应符合下列规定：

在冻胀性土上铺设地面时，应按设计要求做好防冻胀土处理后方可施工，并不得在冻胀土层上进行填土施工；在永冻土上铺设地面时，应按建筑节能要求进行隔热、保温处理后方可施工。

⑩室外散水、明沟、踏步、台阶和坡道等，其面层和基层（各构造层）均应符合设计要求。施工时应按《GB 50209—2010 建筑地面工程施工质量验收规范》基层铺设中基土和相应垫层以及面层的规定执行。

⑪水泥混凝土散水、明沟应设置伸缩缝，其延长米间距不得大于10m，对日晒强烈且昼夜温差超过15℃的地区，其延长米间距宜为4～6m。水泥混凝土散水、明沟和台阶等与建筑物连接处及房屋转角处应设缝处理。上述缝的宽度应为15～20mm，缝内应填嵌柔性密封材料。

⑫建筑地面的变形缝应按设计要求设置，并应符合下列规定：

建筑地面的沉降缝、伸缝、缩缝和防震缝，应与结构相应缝的位置一致，且应贯通建筑地面的各构造层；沉降缝和防震缝的宽度应符合设计要求，缝内清理干净，以柔性密封材料填嵌后用板封盖，并应与面层齐平。

⑬当建筑地面采用镶边时，应按设计要求设置并应符合下列规定：

有强烈机械作用下的水泥类整体面层与其他类型的面层邻接处，应设置金属镶边构件；具有较大振动或变形的设备基础与周围建筑地面的邻接处，应沿设备基础周边设置贯通建筑地面各构造层的沉降缝（防震缝），缝的处理应执行《GB 50209—2010　建筑地面工程施工质量验收规范》的相关规定；采用水磨石整体面层时，应用同类材料镶边，并用分格条进行分格；条石面层和砖面层与其他面层邻接处，应用顶铺的同类材料镶边；采用木面层、竹面层和塑料板面层时，应用同类材料镶边；地面面层与管沟、孔洞、检查井等邻接处，均应设置镶边；管沟、变形缝等处的建筑地面面层的镶边构件，应在面层铺设前装设；建筑地面的镶边宜与柱、墙面或踢脚线的变化协调一致。

⑭厕浴间、厨房和有排水或其他液体要求的建筑地面面层与相连接各类面层的标高差应符合设计要求。

⑮各类面层的铺设宜在室内装饰工程基本完工后进行。木面层、竹面层、塑料板面层、活动地板面层、地毯面层的铺设，应待抹灰工程、管道试压等完工后进行。

任务1.3 住宅装饰工程的基本规定

工作任务

通过本任务的学习掌握住宅装饰工程的基本规定等有关知识。

工作情景

建筑装饰施工“理实一体化”实训室或普通教室。采用“理实一体化”教学方法，通过现场讲解，施工现场观摩、考察，掌握住宅装饰工程的基本规定及要求等基础知识。

国家标准《GB 50327—2001 住宅装饰装修工程施工规范》中，对住宅装饰装修工程的施工基本要求，材料和设备基本要求，成品保护以及防火安全、防水工程等均做了明确的规定。特别是国家建设部通过的第110号令颁布的《住宅装饰装修管理办法》于2002年5月1日开始施行，对加强住宅室内装饰装修管理，保证装饰装修工程质量和安全，维护公共安全和公共利益，以及规范住宅室内装饰装修施工并实施对住宅室内装饰装修活动的管理具有十分重要的现实意义。

1.3.1 施工方面的基本要求

① 施工前应进行设计交底工作，并应对施工现场进行核查，了解物业管理的有关规定。

② 各工序、各分项工程应进行自检、互检及交接检。

③施工中，严禁损坏房屋原有绝热设施；严禁损坏受力钢筋；严禁超荷载集中堆放物品；严禁在预制混凝土空心楼板上打孔安装埋件。

④施工中，严禁擅自改动建筑主体、承重结构或改变房间主要使用功能；严禁擅自拆改燃气、暖气、通信等配套设施。

⑤管道、设备工程的安装及调试，应在建筑装饰装修工程施工前完成（必须同步进

行时，应在饰面层施工前完成）。装饰装修工程不得影响管道、设备的使用和维修。涉及燃气管道的装饰装修工程必须符合有关安全管理的规定。

⑥施工人员应遵守有关施工安全、劳动保护、防火、防毒的法律法规。

⑦施工现场用电应符合下列规定：

a. 施工现场用电应从户表以后设立临时施工用电系统。

b. 安装、维修或拆除临时施工用电系统，应由电工完成。

c. 临时施工供电开关箱中应当装设漏电保护器。进入开关箱的电源线，不得使用插销连接。

d. 临时用电线路应避开易燃、易爆物品堆放地。

e. 暂停施工时应切断电源。

⑧施工现场用水应符合下列规定：

a. 不得在未做防水处理的地面蓄水。

b. 临时用水管不得有破损、滴漏。

c. 暂停施工时应切断水源。

⑨文明施工和现场环境应符合下列要求：

a. 施工人员应衣着整齐。

b. 施工人员应服从物业管理或治安保卫人员的监督、管理。

c. 应控制粉尘、污染物、噪声、震动对相邻居民、居民区和城市环境的污染及危害。

d. 施工堆料不得占用楼道内的公共空间，不得封堵紧急出口。

e. 室外的堆料应当遵守物业管理的规定，避开公共通道、绿化地、化粪池等市政公用设施。

f. 不得堵塞、破坏上下水管道、垃圾道等公共设施，不得损坏楼内各种公共标识。

g. 工程垃圾宜密封包装，并堆放在指定的垃圾堆放地。

h. 工程验收前应将施工现场清理干净。

以上第 c 条和第 e 条是国家标准规定的强制性条文，必须严格执行。

1.3.2　防火安全的基本要求

（1）一般规定

①施工单位必须制定施工安全制度，施工人员必须严格遵守。

②住宅装饰装修材料燃烧性能的等级要求，应符合现行国家标准《GB 50222—1995 建筑内部装修设计防火规范》的规定。

（2）材料防火处理

①对装饰织物进行阻燃处理时，应使其被阻燃剂浸透，阻燃剂的干含量应符合产品说明书的要求。

②对木质装饰装修材料进行防火涂料涂布前，应对其表面进行清洁。涂布至少分两次进行，且第二次涂布应当在第一次涂布的涂层表面干燥后进行，涂布量应大于或等于500g/m^2。

（3）施工现场防火

①易燃物品应相对集中放置在安全区域内，并应有明显的标识。施工现场不得大量积存可燃材料。

②易燃易爆材料的施工，应避免敲打、碰撞、摩擦等可能出现火花的操作。配套使用的照明灯、电动机、电气开关应有安全防爆装置。

③使用油漆等挥发性材料时，应随时封闭其容器。擦拭后的棉纱等物品应集中存放且远离热源。

④施工现场动用电气焊等明火时，必须先清除四周以及焊渣滴落区的可燃物质，并设专人进行监督。

⑤施工现场必须配备灭火器、砂箱或其他灭火工具。

⑥严禁在施工现场吸烟。

⑦严禁在运行中的管道、装有易燃易爆的容器和受力构件上进行焊接和切割。

（4）电器防火

①照明、电热器等设备的高温部位靠近A级材料或导线穿越B2级以下装修材料时，应采用岩棉、瓷管或玻璃棉等A级材料隔热。当照明灯具或镇流器嵌入可燃装饰装修材料中时，应采取隔热措施予以分隔。

②配电箱的壳体和底座宜采用A级材料制作。配电箱不得安装在B2级以下（含B2级）的装修材料上。开关、插座应安装在B1级以上的材料上。

③卤钨灯灯管附近的导线，应采用耐热绝缘材料制成的护套，不得直接使用具有延燃性绝缘的导线。

④导线不得裸露，塑料导线应穿管或加线槽板加以保护，吊顶内的导线应穿金属管或B1级PVC管保护。

（5）消防设施保护

①住宅装饰装修不得遮挡消防设施、疏散指示标识及安全出口，并且不得妨碍消防设施和疏散通道的正常使用，不得擅自改动防火门。

②消火栓门四周的装饰装修材料的颜色应与消火栓门的颜色有明显的区别。

③住宅内部火灾报警系统的穿线管，自动喷淋灭火系统的水管线，应用独立的吊管架固定，不得借用装饰装修用的吊杆或放置在吊顶上固定。

④当装饰装修重新分割了住宅房间的平面布局时，应根据有关设计规范针对新的平面调整火灾报警探测器与自动灭火喷头的布置。

⑤喷淋管线、报警器线路、接线箱及相关器件一般宜暗装处理。

1.3.3 室内环境污染的控制

①根据国家标准《GB 50327—2001 住宅装饰装修工程施工规范》和《GB 50325—2010 民用建筑工程室内环境污染控制规范》等的规定，住宅装饰装修应严格控制室内环境污染物［氡、甲醛、氨、苯和总挥发性有机物（TVOC）等］的浓度，可按有关规定对污染物浓度进行全部或部分检测，其浓度限值应当符合规范的要求。

②住宅装饰装修室内环境污染控制除应符合 GB 50327—2001 规范外，还应符合《GB 50325—2002 民用建筑工程室内环境污染控制规范》等现行国家标准的规定。设计、施工应选用低毒性、低污染的装饰装修材料。

③在对室内环境污染物浓度进行检测时，抽检数量不得少于5%，并不得少于3 间；房间总数少于3 间时，应全数检测。凡进行了样板间室内环境污染物浓度检测且检测结果合格的，抽检数量减半，但不得少于3 间。检测点应按房间使用面积设置，当房间使用面积小于$50m^2$时，设1 个检测点；房间使用面积为50 ~ $100m^2$时，设2 个检测点；房间使用面积大于$100m^2$时，设3 ~ 5 个检测点。有2 个及以上检测点的，应取各点检测结果的平均值作为该房间的检测值。

表1－2 住宅装饰装修后室内环境污染物浓度限值

室内环境污染物	浓度限值	室内环境污染物	浓度限值
氡/（Bq/m^3）	≤200	氨/（mg/m^3）	≤0.20
甲醛/（mg/m^3）	≤0.08	总挥发性有机物 TVOC/（Bq/m^3）	≤0.50
苯/（mg/m^3）	≤0.09		

任务1.4 装饰施工标准

工作任务

通过本任务的学习掌握装饰施工标准等有关知识。

工作情景

建筑装饰施工“理实一体化”实训室或普通教室。采用“理实一体化”教学方法，通过现场讲解，施工现场观摩、考察、掌握装饰施工标准的规定和要求等知识。

在国家标准《GB 50210—2001 建筑装饰装修工程质量验收规范》中，对于建筑装饰工程各分项工程的施工标准做了详细规定，对材料的品种、配合比、施工程序、施工质量和质量标准等都做了具体说明，使建筑装饰工程具有法规性。

除以上之外，各地区根据地方的特点，还制定了一些地方性的标准。在进行建筑装饰施工时，应按照国家、行业和地方的标准所规定的各项条款操作与验收。

1.4.1 建筑装饰施工的要求

1.4.1.1 建筑装饰施工的主要任务

建筑装饰施工的主要任务，是按照国家、行业和地方有关的施工及验收规范，完成装饰工程设计图纸中的各项内容，即将设计人员在图纸上反映出来的设计意图，通过施工过程加以实现。

为了使建筑装饰在一定的条件下取得最好的装饰效果，这就要求装饰设计人员对建筑装饰的工艺、构造、材料、机具等有充分了解。施工人员应对装饰设计的一般知识也有所了解，弄懂设计意图，并对设计中所要求的材料性质、来源、配比、施工方法等有较深的理解，精心施工，并做好施工后的服务。

1.4.1.2 建筑装饰施工的一般要求

（1）对材料质量的要求

装饰材料在装饰费用中约占70%，因此正确合理地使用装饰材料和配件是确保工程质量以及节约原材料、降低工程成本的关键。由于我国幅员辽阔，装饰材料品种繁多，新型材料不断涌现，质量差异很大。所以，施工时应按照设计要求进行选用。材料供应部门必须按照设计要求供应，并应附有合格的证明文件；施工单位应加强群众检查与专业检查相结合的材料检验工作，发现质量不合格的有权拒绝使用。材料在运输、保管和施工的过程中均应采取措施，防止损害和变质。

（2）施工前的检验工作

为确保工程质量达到国家标准和设计要求，在建筑装饰工程施工前，对已完成的部分或单位工程的结构工程质量必须进行严格检查和验收；如采取主体交叉作业，在装饰施工插入早的情况下，应对结构工程分层进行检查验收；对已建的旧建筑进行装饰工程施工时，拟进行装饰的部位应根据设计要求进行认真清理和处理。装饰工程应在基体或基层的质量检验合格后再进行施工。

（3）装饰施工顺序安排

装饰工程由于工序繁多、工程量大，所占工期比较长（一般约占工程总工期的30%～40%，高级装饰甚至占工程总工期的50%～60%），占建筑物总造价的比例比较高（一般装饰工程占30%，高级装饰工程占50%以上）。因此妥善安排装饰工程的施工顺序，对加快施工进度，确保工程质量，降低工程成本具有特殊的意义。

根据现代建筑装饰的施工经验，一般可按下列流水顺序进行作业：

①按自上而下的流水顺序进行施工：按自上而下的流水顺序进行施工，是待主体工程完成以后，装饰工程从顶层开始到底层依次逐层进行。这种流水顺序有以下优点：可以使房屋在主体工程结构完成后进行，确保主体工程结构有一定的沉降时间，从而可以减少沉降对装饰工程的损坏；屋面完成防水工程后，可以防止雨水的渗漏，确保装饰工程的施工质量；可以减少主体工程与装饰工程的交叉作业，便于进行组织施工。但是采取这种施工工序必须在主体结构全部完成后，装饰工程才能安排施工，不能提早插入进行，否则会拖延工期。因此，一般高层建筑在采取一定措施之后，可分段进行自上而下的施工。

②按自下而上的流水顺序进行施工：为了防止雨水和施工用水渗漏对装饰工程的影响，一般要求在上层的地面工程完工后，方可进行下层的装饰工程施工。按自下而上的流水顺序进行施工，在高层建筑中应用较多。其主要优点是：总工期可以缩短，甚至有些高层建筑的下部可以提前投入使用，及早发挥投资效益。但这种流水顺序对成品保护要求较高，否则不能保证工程质量。

③室内装饰与室外装饰施工先后顺序：为避免天气原因影响工期，加快脚手架的周转时间，给组织施工安排留有足够的回旋余地，一般采用先做室外装饰再做室内装饰的方法。在冬季施工时，则可先做室内装饰，待气温升高后再做室外装饰。

④室内装饰工程各分项工程施工顺序：室内装饰工程各分项工程的施工，原则上应遵循以下顺序：

抹灰、饰面、吊顶和隔断等分项工程，应待隔墙、钢木门窗框、暗装的管道、电线管和预埋件、预制混凝土楼板灌缝等完工后进行。

钢木门窗及玻璃工程，根据地区气候条件和抹灰工程的要求，可在湿作业前进行；铝合金、塑料、涂色镀锌钢板门窗及其玻璃工程，宜在湿作业完成后进行（如果需要在湿作业前进行，必须加强对成品的保护）。

有抹灰基层的饰面板工程、吊顶工程及轻型花饰安装工程，应待抹灰工程完工后进行，以免产生污染。涂料、刷浆工程，以及吊顶、罩面板的安装，应在塑料地板、地毯、硬质纤维板等地面的面层和明装电线施工前，以及管道设备试压后进行。木地板面层的最后一遍涂料，应待裱糊工程完工后进行。裱糊与软包工程，应待顶棚、墙面、门窗及建筑设备的涂料和刷浆工程完工后进行。

⑤顶棚、墙面与地面装饰工程施工顺序：顶棚、墙面与地面装饰工程施工顺序，一般有以下两种做法：

先做地面，后做墙面和顶棚。这种做法可以减少大量的清理用工，并可保证地面的质量，但应对已完成的地面采取保护措施。

先做顶棚和墙面，后做地面。这种做法的弊端是基层的落地灰不易清理，地面的抹灰质量不易保证，易产生空鼓、裂缝，并且地面施工时，墙面下部易污损。

上述两种做法中，一般宜采取先做地面，后做顶棚和墙面的施工顺序，这样有利于保证施工质量。

总之，装饰工程的施工，应考虑在施工顺序合理的前提下，组织安排各个施工工序之间的先后、平行、搭接，并应注意不要被后继工程污损，以保证工程施工质量。

（4）施工环境温度的规定

室内外装饰工程的环境温度，对于施工速度、工程质量、用料多少、工程造价均有重要影响，在一般情况下应符合下列规定：

①刷浆、饰面和花饰工程以及高级抹灰工程，溶剂型混色涂料工程，施工环境温度均应不低于5℃。

②中级抹灰和普通抹灰、溶剂型混色涂料工程以及玻璃工程，施工环境温度应在0℃以上。

③裱糊工程的施工环境温度不得低于10℃。

④在使用胶黏剂时，应按胶黏剂产品说明要求的温度施工。

⑤涂刷清漆时的环境温度应不低于8℃，乳胶涂料应按产品说明要求的温度施工。

1.4.2 建筑装饰施工的基本方法

随着国民经济和建筑技术的发展，我国的建筑装饰施工技术也有较大的发展。除了对已沿用多年的传统方法进行改进和提高外，装饰施工技术也随着化学建材的发展，墙体改革工作的推行及国外现代装饰材料的引进而产生了巨大的变更。目前，建筑装饰施工中经常使用的方法，主要包括：抹、嵌、钉、刻、挂、搁、抛、卡、磨、钻、压、滚、印、刮、涂、粘、喷、裱、弹、焊、铆、拴、镶23种方法。这些基本方法，从原理上分析大致可以概括为四种类型，即：

（1）现制的方法

凡是在施工现场制作成型面层效果的整体式装饰方法，都属于现制的方法。

适用于这种方法的装饰材料主要包括水泥砂浆、水泥石子浆、装饰混凝土以及各种灰浆、石膏和涂料等。可以用于这类装饰材料的施工方法有：抹、压、滚、磨、抛、涂、喷、刷、弹、刮、刻等，其成型的方法主要分为人工成型和机械成型两种。

（2）粘贴式的方法

凡是采用一定的胶黏材料将工厂预制的具有一定面层效果的成品或半成品材料粘贴于建筑物之上的方法，均属于粘贴的方法。其原理是通过在基层和装饰层之间加入一层胶结材料，利用胶黏剂和胶黏材料的黏合作用将基层和面层装饰材料牢固地联系在一起，将小块或小卷的面层装饰材料牢固地附着在基层的表面。

适用于这种方法的装饰材料主要有壁纸、面砖、马赛克、微薄木及部分人造石材和木质饰面。可以用于这类装饰的方法有：抹、压、涂、刮、黏、裱、镶等。

（3）装配式的方法

装配的方法包括一切采用刚性或柔性的连接方式，且原则上可拆卸（少数不可）的饰面做法。近年来由于建筑材料的效能和强度普遍提高，建筑物已向着轻质、高强的方向发展，但建筑物变轻的后果是它对风荷载、震动、意外冲击等的破坏作用的承受能力也会相应减弱。因此，固定件在建筑中的作用变得更加重要，哪怕一个固定件使用不当，都很可能对生命财产造成不可估量的损失。

在建筑装饰工程施工中使用的固定件大致可分为机械固定件和化学固定件两大类，每种固定件的材料和使用方法都必须满足设计要求，以确保工程安全。适用于装配式方法的材料包括铝合金扣板、压型钢板、异型塑料墙板以及石膏板、矿棉保温板等，也包括一部分石材饰面和木质饰面所用的材料。其常用的方法主要有：钉、搁、挂、卡、钻、绑等。

（4）综合式的方法

综合式的方法，简单地讲就是将以上两种甚至多种不同类型的方法混合在一起使用，以期获得某种特定的效果。在建筑装饰工程施工中，经常采用综合式的方法。

任务 1.5 建筑室内装饰工程环境质量要求

工作任务

通过本任务的学习掌握建筑室内装饰工程环境质量要求等有关知识。

工作情景

建筑装饰施工“理实一体化”实训室或普通教室。采用“理实一体化”教学方法，通过现场讲解，施工现场观摩、考察，掌握建筑室内装饰工程环境质量要求等知识。

建材污染控制

在建筑装饰工程施工中，应避免选择会产生挥发性有毒气体或放射性物质的建筑装饰材料，如挥发有毒气体的油漆、涂料和化纤制品，以免对使用者造成身体伤害。

（1）无机非金属建筑主体材料和装修材料

民用建筑工程所使用的砂、石、砖、水泥、商品混凝土、混凝土预制构件和新型墙体材料等无机非金属建筑主体材料，及石材、建筑卫生陶瓷、石膏板、吊顶材料、无机瓷质砖胶黏剂等无机非金属装修材料的放射性限量应符合表 1－3 和表 1－4 的规定。空心砖、空心砌块、加气混凝土等空心率（孔隙率）大于 25% 的建筑材料，其放射性限量应符合表 1－5 的规定。

表 1－3 无机非金属建筑主体材料放射性限量

测定项目	限量
内照射指数 I_{Ra}	≤1.0
外照射指数 I_r	≤1.0

表1-4 无机非金属装修材料放射性限量

测定项目	限量	
	A	B
内照射指数 I_{Ra}	≤1.0	≤1.3
外照射指数 I_r	≤1.3	≤1.9

表1-5 空心率（孔隙率）大于25%的建筑材料放射性限量

测定项目	限量
表面氡析出率/[Bq/(m^2·s)]	≤0.015
内照射指数 I_{Ra}	≤1.0
外照射指数 I_r	≤1.3

（2）人造板及饰面人造板

民用建筑工程室内用人造板及饰面人造板，必须测定其游离甲醛含量或游离甲醛释放量。根据人造板及饰面人造板的游离甲醛含量或游离甲醛释放量限量可划分为 E_1 和 E_2 类。

饰面人造板可采用环境测试舱法或干燥器法测定游离甲醛释放量（当发生争议时应当以环境测试舱法的测定结果为准）；胶合板、细木工板宜采用干燥器法测定游离甲醛释放量；刨花板、中密度纤维板等宜采用穿孔法测定游离甲醛含量。采用不同的测试方法测定游离甲醛释放量并以此对人造板进行分类时，其限量应符合表1-6至表1-8的规定。

表1-6 环境测试舱法测定游离甲醛含量限量

类别	限量/(mg/m^3)
E_1	≤0.12

表1-7 干燥器法测定游离甲醛含量限量

类别	限量/(mg/L^3)
E_1	≤1.5
E_2	1.5~5.0

表1-8 穿孔法测定游离甲醛含量限量

类别	限量/[mg/(100·g)]
E_1	≤9.0
E_2	9.0~30.0

思考与练习

（1）影响建筑装饰工程质量的因素有哪些？

（2）建筑装饰工程中样板间的做法有哪些？

（3）《GB 50210—2001 建筑装饰装修工程质量验收规范》对于建筑装饰工程设计做出了哪些规定？

（4）民用建筑工程室内装修中采用人造木板及饰面人造木板时，应进行哪些检验？

（5）如何控制民用建筑室内空气污染？

（6）简述建筑室内装饰工程环境质量要求。

项目2　抹灰工程

知识目标

（1）了解抹灰的含义、分类及常用的名词术语。

（2）掌握抹灰饰面的分层构造以及抹灰工程所需材料的特性。

（3）掌握一般抹灰的施工工艺流程及施工要点。

（4）掌握装饰抹灰的施工工艺流程及施工要点。

（5）了解一般抹灰与装饰抹灰施工的质量验收标准及检验方法。

技能目标

（1）能够运用规范的建筑装饰施工术语对抹灰工程进行专业性介绍，并从实用性、艺术性、工艺性和经济性等方面合理地评价各种抹灰饰面。

（2）熟悉抹灰工程常用的各种工具，掌握其操作方法。

（3）能进行一般抹灰工程施工操作。

任务2.1　抹灰工程的基本知识

工作任务

通过本任务的学习了解抹灰工程，包括抹灰工程的分类、构造以及材料等方面的知识。

工作情景

建筑装饰施工“理实一体化”实训室或普通教室。采用“理实一体化”教学方法，现场讲解抹灰工程分类、构造和材料等方面的基础知识。

抹灰类饰面工程是建筑装饰装修工程中最基础的工程，它是将水、胶结材料、砂石粒料、纤维材料及颜料等材料按照一定的比例拌和起来，直接涂抹于建筑物表面，形成一个连续均匀的抹灰层。抹灰工程是给建筑物的基体形成一个连续均匀的硬质保护膜，将墙体遮盖保护起来，为墙体表面进一步装饰装修打好基础，且装饰抹灰工程可直接作为装饰层。

2.1.1 抹灰的分类

按照施工部位的不同，抹灰工程可分为室内抹灰和室外抹灰。根据使用要求及装饰效果的不同，抹灰工程又可分为一般抹灰、装饰抹灰和特种砂浆抹灰。

①一般抹灰通常指用石灰砂浆、水泥砂浆、水泥混合砂浆、聚合物水泥砂浆、膨胀珍珠岩水泥砂浆、麻刀灰、纸筋灰、石灰膏等材料抹灰。根据质量要求和主要工序的不同，一般又分为高级抹灰和普通抹灰两个级别。

②装饰抹灰除对墙面做一般抹灰之外，还利用不同的施工方法和不同的面层材料将其直接做成建筑的饰面层，如水刷石、假面砖、干粘石、斩假石等做法都属于此类。

③特种砂浆抹灰是指为满足建筑的某种功能要求的抹灰，通过在水泥砂浆中掺入特殊的材料（如膨胀珍珠岩、重晶石、防水剂等外加剂）和使用特殊工艺来达到保温、防辐射、防渗、防水等效果。

2.1.2 抹灰饰面的构造分层

①一般抹灰的基本构造有三层，即底层抹灰、中层抹灰和面层抹灰，如图 2 - 1 所示。底层抹灰主要起与基层牢固黏结的作用，兼起到初步找平的作用，其厚度一般为 5 ~ 7mm。不同墙体底层抹灰所用材料和配比也不相同，多选用质量比为 1∶(2.5 ~ 3) 的水泥砂浆（水泥∶砂子）和 1∶1∶6 的混合砂浆（水泥∶石灰膏∶砂子）。中层砂浆主要

起找平作用和与面层黏结的作用，是保证装饰质量的关键层，常用1∶1水泥砂浆或素水泥浆刮抹，厚度为5～12mm。面层抹灰在工程上俗称“罩面”，主要起装饰作用，厚度为2～5mm，要求表面平整、无裂痕、颜色均匀，满足装饰装修要求。

②装饰抹灰与一般抹灰的区别在于两者具有不同的装饰面层，其底层和中层的做法与一般抹灰基本相同。装饰抹灰饰面的特点是装饰效果鲜明、色彩强烈。

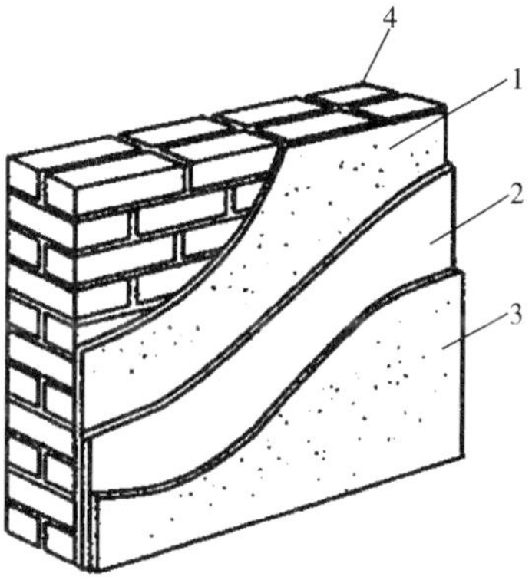

图2－1 一般抹灰的构造分层

1—底层灰 2—中层灰 3—面层灰 4—建筑基体

2.1.3 抹灰工程的材料

抹灰工程的材料包括气硬性胶结材料、水硬性胶结材料、砂石粒料、纤维材料、颜料及化工材料等。

2.1.3.1 胶结材料

（1）水泥

水泥是以石灰石和黏土为主要原料，经过破碎、配料、磨细制成生料，加入水泥窑中煅烧成熟料，再加入适量石灰膏（有时还掺加混合材料或外加剂）磨细而成。水泥是最常见的水硬性胶结材料，为粉末状，加水搅拌后能把砂、石等材料牢固地胶结在一起，是不可或缺的装饰工程基础材料。

水泥的种类非常多，有普通硅酸盐水泥、矿渣水泥、火山水泥和粉煤灰水泥等多个品种。在室内装饰工程中常用的大致有以下三种：

① 普通硅酸盐水泥：这是最常用的水泥品种，多用于毛地面找平、砌墙、墙面批荡、地砖、墙砖粘贴等施工，可以直接用作饰面，俗称“清水墙”。

② 白色硅酸盐水泥：俗称白水泥，通常被用于室内瓷砖铺设后的勾缝施工或对墙面有特殊要求的墙面抹灰工程。使用白水泥的缺点是易脏。

③ 彩色硅酸盐水泥：彩色水泥是在普通硅酸盐水泥中加入了各类金属氧化剂，使得水泥呈现出各种色彩，在装饰性能上比普通硅酸盐水泥更好，所以多用于一些装饰性较强的地面和墙面施工中，如彩色水泥砂浆地面、水磨石地面。

市场上水泥一般按袋销售，普通袋装的重量通常为50kg。水泥依据黏结强度的不同又分为不同的标号。国家统一规划了我国水泥的强度等级，用于装饰工程的硅酸盐水泥分为 3 个强度等级、6 个类型，及 32.5，32.5R，42.5，42.5R，52.5，52.5R。水泥的标号越高，其黏结强度越大。装饰工程中常用的是 32.5R 和 42.5R 标号水泥。

（2）石灰

由含有碳酸钙（$CaCO_3$）的石灰石原料经过高温煅烧生成的胶凝材料，其主要成分为氧化钙（CaO），为白色多孔结构。CaO 入水消解为熟石灰，即石灰膏［$Ca(OH)_2$］，其与空气接触后实现硬化，并能将砂、石等材料牢固地胶结成为整体，属于气硬性胶结材料。但是其硬化的过程中容易收缩，所以石灰浆要掺麻刀、纸筋等减少收缩，以防止开裂。

（3）建筑石膏

建筑石膏又称半水石膏，是由天然石膏高温煅烧而成。加水拌和后可制成塑性浆体，在空气中逐渐硬化，属于气硬性胶结材料。

（4）粉刷石膏

粉刷石膏是以熟石膏粉为基料，掺入多种外加剂和集料配置而成的胶结材料，呈白色粉状，是一种新型装饰材料。可以替代石灰或水泥拌制供室内墙面或顶棚抹灰的砂浆。粉刷石膏有黏结力好、强度高、硬化快、不开裂、不腐蚀、不掉灰、不起鼓、表面光洁的特点，适用于在各种基层上抹面。其品种有半水石膏型、无水石膏型、半水石膏无水石膏混合型三大类，按用途又可分为面层型、底层型、保温型三个品种。施工时应根据设计要求选用适当的品种，其质量应符合设计要求及其质量标准。

2.1.3.2 砂石粒料

砂石粒料是抹灰砂浆的骨料或装饰材料，包括普通砂、石英砂、石粒、彩色瓷粒、砾石、石屑、膨胀珍珠岩、膨胀蛭石等。

（1）普通砂

普通砂是调配水泥砂浆的重要材料。从来源上可分为河砂、海砂和山砂，从规格上可分为细砂、中砂和粗砂，其中粗砂平均粒径不小于 0.5mm；中砂平均粒径为 0.35～0.5mm；细砂平均粒径为 0.25～0.35mm。装饰装修施工中一般采用过筛的河砂。

（2）石英砂

石英砂分天然石英砂、人造石英砂和机制石英砂三种。人造石英砂和机制石英砂是将石英石加以焙烧，经人工或机器破碎筛分而成，比天然石英砂质量好、纯净，且二氧化硅含量高。石英砂多用于配制耐腐蚀砂浆。

（3）彩色石粒

彩色石粒是由天然大理石、白云石、花岗石等破碎而成，多用作水磨石、水刷石、干粘石及斩假石的骨料，具有多种色泽。

（4）彩色瓷粒

用石英石、长石和瓷土为主要原料烧制而成，粒径为1.2～3mm，颜色多样。以彩色瓷粒代替彩色石粒用于室外装饰抹灰，具有大气、稳定性好、颗粒小、表面瓷粒均匀、露出黏结砂浆较少、饰面厚度减薄、自重减轻等优点，但是彩色瓷粒比天然石粒价格贵。

（5）膨胀珍珠岩

膨胀珍珠岩是一种酸性岩浆喷出的玻璃质熔岩，由于具有珍珠裂隙结构而得名，适用于在－200～800℃高温范围内做保温隔热材料，具有堆积密度小、导热系数低、承压能力较高的优点。主要用于保温、隔热、吸音墙面的抹灰。常用密度为40～120kg/m^3。

（6）膨胀蛭石

膨胀蛭石是由蛭石经过晾干、破碎、筛选、煅烧、膨胀而成。堆积密度为80～200kg/m^3，导热系数为0.047～0.07W/（m·K），耐火防腐。蛭石砂浆用于厨房、浴室、地下室及湿度较大的车间等内墙面和顶棚抹灰，能防止阴冷潮湿、凝结水等，是一种良好的保温隔热材料。

2.1.3.3　纤维材料

抹灰用的纤维材料包括麻刀、纸筋、稻草、玻璃丝等，在抹灰层中起拉结和骨架作用，能提高抹灰层的抗拉强度，增加抹灰层的弹性和耐久性，使抹灰层不易裂缝脱落。

（1）麻刀

麻刀一般用废旧麻丝加工而成。应均匀、坚韧、干燥、不含杂质，长度2～3cm，用前弹松打乱、浸水洗净。100kg石灰膏约掺1kg麻刀，搅拌均匀即成麻刀灰。

（2）纸筋

纸筋是造纸的下脚料。在淋石灰时先将纸筋撕碎，除去尘土，用清水浸透，然后按照100kg石灰膏掺2.75kg纸筋这样的比例掺入淋灰池。使用时需磨碎、打细、混合均匀，并通过孔径为3mm的筛子过滤成纸筋灰。

（3）玻璃纤维

将玻璃丝切成长1cm左右，每100kg石膏灰掺入200～300g玻璃丝，搅拌均匀成玻璃丝灰。玻璃丝耐热、耐腐蚀，抹出的墙面洁白光滑，且价格便宜。但操作时要防止玻璃丝刺激皮肤，注意劳动保护。

2.1.3.4　颜料

为增强抹灰的艺术效果，通常在勾缝灰或装饰灰的砂浆中掺入适量的颜料。掺入砂浆中的颜料应选用耐碱、耐晒（光）的矿物及无机颜料（不含毒害物质、耐候性好、保色性优越、抗工业污染及微生物侵害），如氧化铁黄、氧化铁红、群青、炭黑、钴蓝、钛白粉等。不得使用酸性颜料。

任务2.2 内、外墙及顶棚的一般抹灰

工作任务

通过本任务的学习掌握一般抹灰工程的施工材料及质量要求，熟悉抹灰工程的常用施工机具，以及内外墙、顶棚抹灰工程的施工工艺流程及质量验收标准与检验方法等知识。

工作情景

普通教室或建筑装饰施工“理实一体化”实训室。采用“理实一体化”教学方法，现场讲解一般工程中不同部位的抹灰方法，让学生亲身体验抹灰工程的施工现场，在条件允许的情况下可让学生亲自操作抹灰施工。

2.2.1 一般抹灰的饰面施工材料及质量要求

（1）水泥

必须有出厂合格证，标明进场批次，并按品种、强度等级、出厂日期分别堆放，保持干燥。如遇水泥强度等级不明或出厂日期超过三个月及受潮变质等情况，应经试验鉴定，按试验结果来决定是否使用。不同品种的水泥不得混合使用。

（2）石灰膏

抹灰用石灰膏的熟化期不得少于15d，不得含有未熟化的颗粒；罩面用的细磨石灰粉的熟化期应不少于3d。

（3）砂

抹灰宜采用中砂，不得使用特细砂。砂在使用前必须过筛，不得含有杂质。砂的含泥量应符合标准要求。

2.2.2 一般抹灰饰面施工机具

（1）常用手工工具

抹灰工程常用的手工工具，主要包括各种抹子、辅助工具、刷子等。

①各种抹子：抹灰用的各种抹子主要有方头铁抹子（用于抹灰）、圆头铁抹子（用于压光罩面灰）、木抹子（用于搓平底灰和搓毛砂浆表面）、阴角抹子（用于压光阴角）、圆弧阴角抹子（用于有圆弧阴角部位的抹灰面压光）和阳角抹子（用于压光阳角）。

②辅助工具：抹灰工程所用的辅助工具很多，常用的有托灰板、木杠、八字靠尺、钢筋卡子、靠尺板、托线板和线锤等。

③其他工具：抹灰工程所用的其他工具种类更多，常用到的有长毛刷、猪鬃刷、鸡腿刷、钢丝刷、茅草帚、小水桶、喷壶、水壶、粉线包、墨斗等。

（2）抹灰工程施工常用的机械

抹灰工程施工常用的机械主要包括砂浆搅拌机、纸筋灰搅拌机、粉碎淋灰机和喷浆机等。砂浆搅拌机主要搅拌抹灰的砂浆，常用规格有200L和325L两种。纸筋灰搅拌机主要用于搅拌纸筋石灰膏、玻璃丝石灰膏或其他纤维石灰膏。粉碎淋灰机主要淋制抹灰砂浆用的石灰膏。喷浆机主要用于喷水或喷浆，有手压和电动两种。

2.2.3 内、外墙及顶棚抹灰的施工工艺流程

（1）内墙抹灰的工艺流程

基层处理—找规矩—做标志块（灰饼）、标筋（冲筋）—抹门窗护角—抹底、中层灰—抹面层灰—养护

（2）顶棚抹灰的施工工艺流程

基层处理—找规矩—抹底、中层灰—抹面层灰—养护

（3）外墙抹灰的施工工艺流程

基层处理—找规矩—挂线做灰饼、标筋—抹底、中层灰—弹线粘贴分隔条—抹面层灰—勾缝—养护

2.2.4 一般抹灰饰面施工要点

2.2.4.1 内墙抹灰的工艺流程

（1）基层处理

基层处理是为了保证基层与抹灰砂浆的黏结强度，是抹灰工程的重要步骤。基层处理应注意以下几个方面：

①建筑主体工程已经检查验收，并达到了相应的质量标准要求。

②屋面防水工程或上层楼面面层已经完工，确实无渗漏问题。

③门窗框安装位置正确，与墙连接牢固，连接处缝隙填嵌密实。连接处缝隙可采用

1∶3 水泥砂浆或 1∶1∶6 水泥石灰混合砂浆分层嵌塞密实。若缝隙较大时，窗口的填塞砂浆中应掺加少量麻刀，以防止开裂。

④各种管道应安装完毕并检查验收合格。管道穿越的墙洞和楼板洞已填嵌密实，散热器和密集管道等背后的墙面抹灰，宜在散热器和管道安装前进行。

⑤冬季进行施工时，若不采取防冻措施，抹灰的环境温度不宜低于 5℃。

⑥不同材料基体交接处表面的抹灰，如砖墙与木隔墙、混凝土墙与轻质隔墙等表面，应采取加强措施。当采用加强金属网时，搭接宽度从缝边起两侧均不得小于 100mm，以防止抹灰基层因基体温度变化胀缩不一而产生缝隙，如图 2－2 所示。

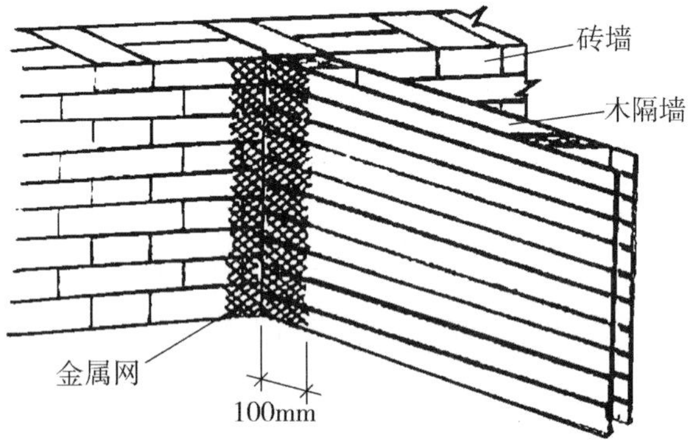

图 2－2　不同材料基体交接处的处理

（2）找规矩

找规矩即将房间找方或找正。找方后将线弹在地面上，然后依据墙的实际平整度和垂直度及抹灰总厚度规定，与找方线进行比较，决定抹灰的厚度，从而找到一个抹灰的假想平面，将此平面与相邻墙面的交线弹于相邻的墙面上，作为墙面抹灰的基准线和标筋厚度标准。

（3）做标志块（灰饼）、标筋（冲筋）

做标志块（灰饼），即在距顶棚、墙阴角约 20cm 处，用水泥砂浆或混合砂浆各做一个标志块，其厚度为抹灰层厚度，大小为 5cm 见方。以这两个标志块为标准，再用拖线板靠、吊垂直确定墙下部对应的两个标志块的厚度，其位置在踢脚板上口 20～25cm 处，使上下两个标志块在同一垂直线上。标志块做好后，再在标志块附近墙面上钉上钉子，拉上水平通线，然后按间距 1. 2～1. 5m 做若干标志块。注意，在窗口、垛角处必须做标志块，如图 2－3 所示。

做标筋（冲筋），即在上下两个标志块间先抹出一条梯形灰埂，宽度为 10cm 左右，厚度与标志块相平，作为墙面抹灰填平的标准。具体做法为：在上下两个标志块中先抹一层，再抹第二遍凸出成八字形，要比标志块凸出 1cm 左右。然后用木刮杠紧贴标志块上下左右搓，直到把标筋与标志块搓平，同时将标筋两边用刮尺修成斜面，使其与抹灰面接槎顺平。如图 2－3 所示。

（4）抹门窗护角

室内墙角、柱角和门窗洞口的阳角抹灰要线条清晰、挺直，并防止碰撞损坏。因此凡是与人、物经常接触的部位，不论设计有无规定，都要求做护角，并用水泥捋出小圆角，如图2－4所示。

（5）抹底、中层灰

在标志块、标筋及门窗洞口做好护角并达到一定强度后，底层与中层抹灰即可进行。其方法是：将砂浆抹于墙面两条标筋之间，底层要低于标筋的1/3，由上而下抹灰，一手握住灰板，一手握住铁抹子，将灰板靠近墙面，铁抹子横向将砂浆抹在墙面上。灰板要时刻接在铁抹子下边，以便托住抹灰时掉落的灰。

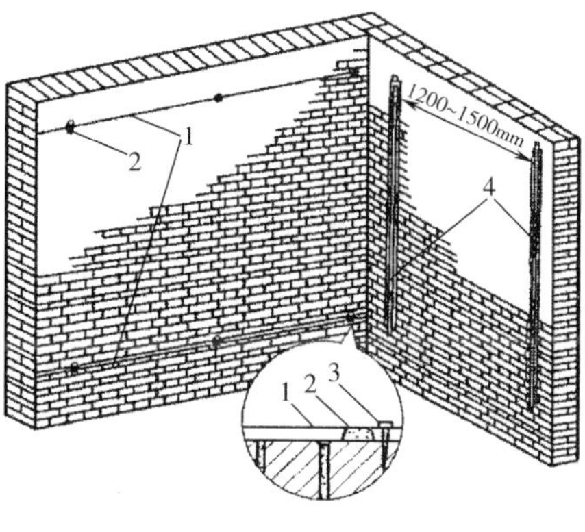

图2－3　挂线做标志块及标筋

1—引线　2—标志块　3—钉子　4—冲筋

底层灰六成干时即可以抹中层灰。操作时一般按自上而下、从左向右的顺序进行。先在底层灰上洒水湿润，待其吸收水后再在标筋之间抹满砂浆，用刮尺赶平，紧接着用木抹子磨一边，去高补低。

墙体阴角处，用方尺核对方正，然后用阴角抹子上下抽动抹平，使室内四角达到方正。如图2－5所示。

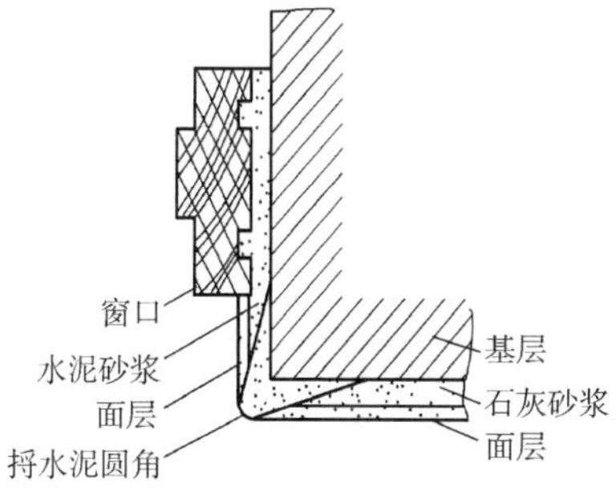

图2－4　门窗洞口护角

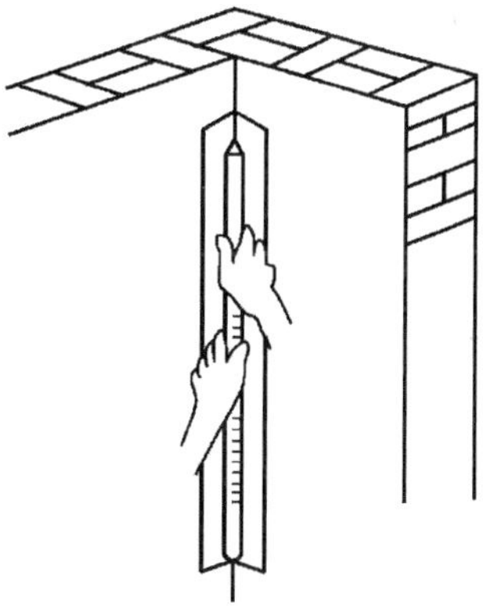

图2－5　阴角的扯平找直

（6）抹面层灰

面层抹灰应在底层灰稍干后进行。因为底层灰太湿会影响抹灰面的平整度，还可能产生“咬色”现象，而底层灰太干则容易使面层脱水太快而影响黏结，造成面层空鼓。面层砂浆的配合比为1∶2.5的水泥砂浆或1∶0.5∶3.5的水泥混合砂浆，厚度为5～8mm。抹时先薄刮一层素水泥浆，使其与底灰粘牢，随后抹罩面灰，用木抹子搓毛，铁抹子溜光、压实。

（7）养护

面层成活24h后，要浇水养护不少于3d，防止开裂和强度不足。

2.2.4.2 顶棚抹灰的工艺流程

（1）基层处理

要求屋面防水层与楼面面层已施工完毕，穿过顶棚的各种管道已经安装就绪，顶棚与墙体之间及管道安装后遗留空隙已经清理并填堵严实，且顶棚上的油污已经清除干净，用钢丝刷满刷一遍，凹凸不平处已经填平或凿去。

（2）找规矩

顶棚抹灰通常不做标志块和标筋，而用目测的方法控制其平整度，以无高低不平及接槎痕迹为准。先根据顶棚的水平面确定抹灰厚度，然后在墙面的四周与顶棚交接处弹出水平线作为抹灰的水平标准。

（3）抹底、中层灰

一般底层砂浆采用配合比为水泥∶石灰膏∶砂＝1∶0.5∶1的水泥混合砂浆，底层抹灰厚度为2mm。底层抹灰后紧跟着就抹中层砂浆，其配合比一般采用水泥∶石灰膏∶砂＝1∶3∶9的水泥混合砂浆，抹灰厚度6mm左右。然后用软刮尺刮平赶匀，刮的同时用长毛刷子将抹印顺平，再用木抹子搓平。顶棚管道周围用小工具顺平。

抹灰的顺序一般是由前往后退，并注意其方向必须同基体的缝隙（混凝土板缝）成垂直方向。这样容易使砂浆挤入缝隙与基底牢固结合。

（4）抹面层灰

待中层抹灰达到六七成干即用手按，不软但有指印时（要防止过干，如过干应稍洒水），再开始面层抹灰。如使用纸筋石灰或麻刀石灰时，一般分两遍成活，其涂抹方法及抹灰厚度与内墙抹灰相同。第一遍抹得越薄越好，紧跟着抹第二遍。抹第二遍时抹子要稍平，抹完后待灰浆稍干，再用铁抹子溜光、压实。

各抹灰层受冻或急骤干燥都会产生裂纹或脱落，因此需要加强养护。

（5）养护

面层成活24h后，要洒水养护不少于3d，防止开裂和强度不足。

2.2.4.3 外墙抹灰的工艺流程

（1）基层处理

①主体结构施工完毕，外墙上所有预埋件、嵌入墙体内的各种管道已安装，并符合设计要求，阳台栏杆已装好。

②门窗安装完毕并检查合格，框与墙间的缝隙已经清理并用砂浆分层、分遍堵塞严密。

③凹陷处已用1∶3的水泥砂浆填平，凸处已按要求剔凿平整，脚手架孔洞已堵塞填实，墙面污物已经清理，混凝土墙面光滑处已经凿毛。

（2）找规矩

外墙面抹灰与内墙面抹灰一样，也要挂线做标志块、标筋。其找规矩的方法与内墙基本相同，但要在相邻两个抹灰面相交处挂垂线。

（3）挂线做灰饼、标筋

由于外墙抹灰面积大，另外还有门窗、阳台、明柱、腰线等。因此外墙抹灰找规矩比内墙更加重要，要先在四角挂好自上而下的垂直线（多层及高层楼房应用钢丝线垂下），然后根据抹灰的厚度弹上控制线，再拉水平通线，并弹水平线做标志块，然后做标筋。

（4）抹底、中层灰

外墙抹灰层要求有一定的耐久性。若采用水泥石灰混合砂浆，配合比为水泥∶石灰膏∶砂＝1∶1∶6，若采用水泥砂浆，配合比为水泥∶砂＝1∶3。底层砂浆具有一定强度后，再抹中层砂浆，抹时要用木杠和木抹子刮平、压实、扫毛，并浇水养护。

（5）弹线粘贴分隔条

室外抹灰时，为了增加墙面的美观，避免罩面砂浆收缩产生裂缝或大面积膨胀而空鼓脱落，要设置分隔缝，分隔缝处粘贴分隔条。根据建筑物立面分格效果要求，合理留设外墙分隔缝，一般情况下水平分格不超过2m，最大不超过3m，垂直分格最大不超过5m。分格条在使用前要用水泡透，这样既便于施工粘贴，又能防止分格条在使用中变形，同时也利于分格条本身水分蒸发并收缩，易于起出。

水平分格条宜粘贴在水平线下口，垂直分格条宜粘贴在垂线的左侧。粘贴一条横向或竖向分格条后，应用直尺校正其平整度，并将分格条两侧用水泥浆抹成八字形斜角。当天抹面的分格条，两侧八字斜角可抹成45°；当天不抹面的“隔夜条”，两侧八字形斜角应抹的陡一些，可成60°，如图2－6所示。分格条要求横平竖直、接头平整，不得有错缝或扭曲现象，分格缝的宽窄和深浅应均匀一致。

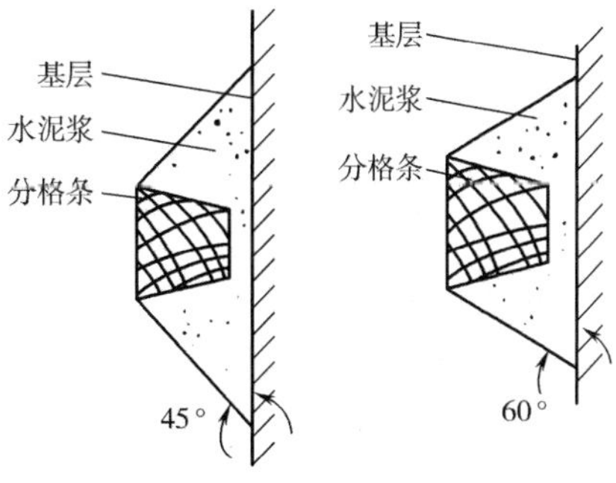

图2－6　分隔条的设置

（6）抹面层灰

在抹面层时，先用1∶2.5的水泥砂浆薄薄得刮一遍，第二遍再与分格条抹齐平，然后按分格条厚度刮平、搓实、压光，再用刷子蘸水按同一方向轻刷一遍，以达到颜色一致，并清刷分格条上的砂浆，以免起条时损坏抹面。

外墙抹灰时，在窗台、窗楣、雨棚、阳台、檐口、压顶等部位应做流水坡度。设计无要求时，流水坡度10°为宜。流水坡度下面应做滴水槽或滴水线，滴水槽的宽度和深度应不小于10mm。滴水槽的做法与分格缝做法相同。滴水线的做法是：将窗台下边口的直角改为锐角，并将角向下延伸约10mm，形成滴水线，如图2－7和图2－8所示。

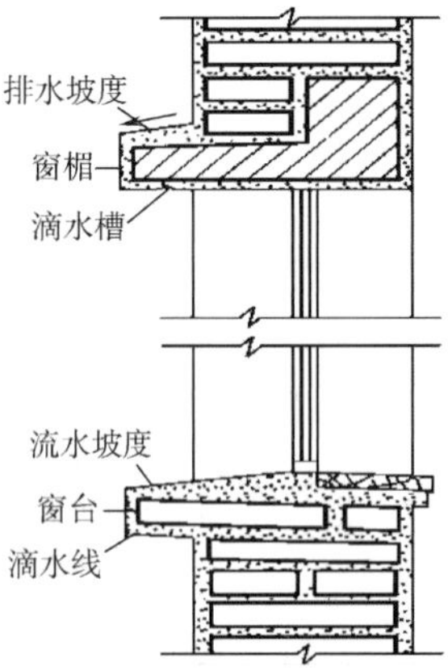

图2－7　滴水线和滴水槽

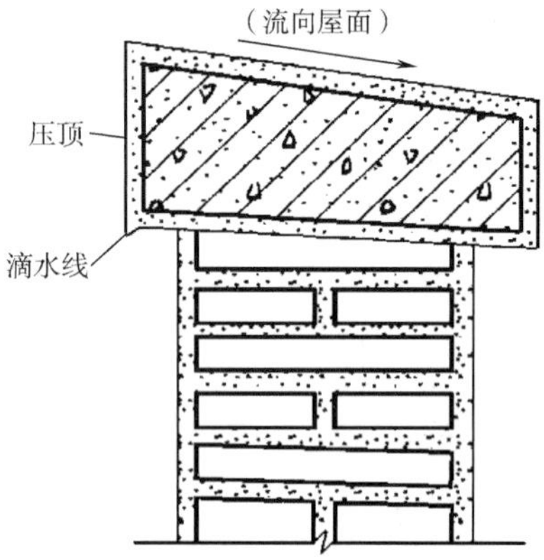

图2－8　压顶的滴水线做法

（7）勾缝

起出分格条后，随即用素水泥浆把缝勾齐。对难以起出的分格条，不要硬起出，防止损坏棱角，应待灰层干透后起出，并补勾缝。

（8）养护

面层成活24h后，要浇水养护不少于3d，以防止开裂和强度不足。

2.2.5　一般抹灰饰面施工质量验收标准

一般抹灰工程分为普通抹灰和高级抹灰，当设计无要求时，按普通抹灰验收。

（1）主控项目

①抹灰前基层表面的尘土、污垢、油渍等应清除干净，并洒水湿润。

②一般抹灰所用材料的品种和性能应符合设计要求。水泥凝结时间和安定性复验应合格。砂浆的配合比应符合设计要求。

③抹灰工程应分层进行。当抹灰总厚度大于或等于35mm时应采取加强措施。不同基体交接处表面抹灰应采取防止开裂的加强措施。当采用加强网时，加强网与各基体的搭接处应不小于100mm。

④抹灰层与基层之间及各抹灰层之间必须黏结牢固，抹灰层应无脱层、空鼓，面层

应无爆灰和裂缝。

（2）一般项目

①普通抹灰表面应光滑、洁净、接搓平整，分隔缝应清晰。

②高级抹灰表面应光滑、洁净、颜色均匀、无抹纹，分隔缝和灰线应清晰美观。

③护角、孔洞、槽、盒周围的抹灰表面应整齐光滑，管道后的抹灰表面应平整。

④抹灰层的总厚度应符合设计要求；水泥砂浆不得抹在石灰砂浆层上；罩面石膏灰不得抹在水泥砂浆层上。

⑤抹灰分格缝的设计应符合设计要求，宽度和深度应均匀，表面应光滑，棱角应整齐。

⑥有排水要求的部位应做滴水线（槽），滴水线（槽）应整齐顺直，滴水线应内高外低，滴水槽的宽度和深度应不小于10mm。

⑦一般抹灰工程质量的允许偏差和检验方法应符合表2－1的规定。

表2－1　一般抹灰的允许偏差和检验方法

项目	允许偏差/mm		检验方法
	普通抹灰	普通抹灰	
立面垂直度	4	3	用2m垂直检测尺检查
表面平整度	4	3	用2m靠尺和塞尺检查
阴阳角方正	4	3	用直角检测尺检查
分格条（缝）直线度	4	3	拉5m线，不足5m拉通线，用钢直尺检查
墙裙、勒脚上口直线度	4	3	拉5m线，不足5m拉通线，用钢直尺检查

注：①普通抹灰，本表第3项阴阳角方正可不检查；

②顶棚抹灰，本表第2项表面平整度可不检查，但应平顺。

任务2.3　装饰抹灰饰面

工作任务

通过本任务的学习掌握装饰抹灰工程（水刷石、干粘石、斩假石、假面砖）的施工材料、质量要求以及施工工艺流程及质量验收标准与检验方法等知识。

工作情景

建筑装饰施工工地或建筑装饰施工“理实一体化”实训室。采用“理实一体化”教学方法，现场讲解装饰抹灰工程中不同饰面装饰抹灰的施工方法，让学生亲身体验装饰抹灰工程的施工现场。

装饰抹灰是指利用材料的特点和工艺处理，使饰面具有不同的质感、纹理、色彩等效果的抹灰类型及施工工艺。随着时代的进步、行业的发展，国家标准中已经删除了传统装饰抹灰中拉毛灰、洒毛灰、喷砂、彩色抹灰和仿石抹灰等做法，因为工程实践证明，它们的装饰效果可以由涂料涂饰或其他的新型装饰品取代。目前建筑装饰工程中常用的主要有水刷石、假面砖、干粘石、斩假石等。装饰抹灰饰面若处理得当，制作精细，其抹灰层既能保持抹灰的相同功能，又可取得独特的装饰艺术效果。

2.3.1 装饰抹灰的一般要求

装饰抹灰工程施工的检查与交接，基体和基层处理等与一般抹灰的要求基本相同。针对装饰抹灰的一些特殊之处，应注意以下要点：

（1）对所用材料的要求

装饰抹灰所采用的材料必须符合设计要求并经验收和试验确定合格后方可使用；同一墙面或设计要求为同一装饰组成范围的砂浆（色浆）应使用同一产地、同一品种、同一批号的，并采用同一配合比、同一搅拌设备及专人操作，以保证色泽一致、装饰效果相同。

（2）对基层处理的要求

抹灰前基层表面的尘土、污垢、油渍等应清除干净，并应洒水润湿。装饰抹灰面层应做在已经硬化、较为粗糙并平整的中层砂浆面上，面层施工前应检查中层抹灰的施工质量，经验收合格后洒水润湿。

（3）对分格缝的要求

装饰抹灰面层有分格要求时，分格条应宽窄厚薄一致，粘贴在中层砂浆上应横平竖直，交接严密，完工后应适当全部取出。

（4）对施工缝的要求

装饰抹灰面层的施工缝，应留在分格缝、墙面阴角、落水管背后或是独立装饰组成部分的边缘处。

（5）对施工分段的要求

对于高层建筑的外墙装饰抹灰，根据建筑物实际情况，可划分若干施工段。其垂直度可用经纬仪控制，水平通线可按常规做法。

（6）对抹灰厚度的要求

由于材料特点，装饰抹灰饰面的总厚度通常要大于一般抹灰，当抹灰总厚度≥35mm时，应按设计要求采取加强措施（包括不同材料基体交接处的防开裂加强措施）。当采用加强网时，加强网与各基体的搭接宽度应≥100mm。

2.3.2 装饰抹灰的施工机具

装饰抹灰的施工机具与一般抹灰基本相同。

2.3.3 装饰抹灰的施工工艺流程

（1）水刷石抹灰施工工艺流程

基层处理—抹底、中层灰—弹线分格—抹面层石粒浆—喷刷—起分格条、勾缝—浇水养护

（2）斩假石抹灰施工工艺流程

基层处理—抹底、中层砂浆—弹线、粘贴分格条—抹面层水泥石粒浆—斩剁面层—修整

（3）干粘石抹灰施工工艺流程

基层处理—抹底、中层灰—弹线、粘贴分格条—抹黏结层砂浆—甩石渣—压石渣—勾缝、修整—养护

（4）假面砖抹灰施工工艺流程

基层处理—抹底、中层砂浆—抹面层砂浆—表面划痕

2.3.4 装饰抹灰的施工要点

2.3.4.1 水刷石抹灰饰面施工

（1）水刷石抹灰施工材料及质量要求

①水泥：宜使用不低于32.5级的矿渣硅酸盐水泥或不低于42.5级的普通硅酸盐水泥。要求使用颜色一致的同批产品，超过三个月保存期的水泥应经试验合格后方可

使用。

②砂：宜采用河砂（中砂），并用5mm筛孔径的筛子过筛，其含泥量不超过3%（质量分数）。

③石子：采用颗粒坚硬的石英石（俗称水晶石子），粒径规格约4mm，如果用彩色石子应分类堆放。

④石粒浆：水泥石粒浆的配合比，根据石粒粒径的大小而定。如果饰面采用多种彩色石子，按统一比例掺量并搅拌均匀（所有石子应事先淘洗干净待用）。石子的规格大致分为以下几种：大八厘石粒（粒径8mm），中八厘石粒（粒径6mm），小八厘石粒（粒径4mm）。水泥石粒浆的配合比参照表2－2。

表2－2 水泥石粒浆的配合比

石粒规格	大八厘	中八厘	小八厘	米粒石
水泥：石粒	1:1	1:2.5	1:1.5	1:2；1:2.5；1:3
备　注	根据工程需要也可经筛选4～8mm豆石			

（2）水刷石抹灰的施工要点

①基层处理：水刷石装饰抹灰其基层处理方法与一般抹灰基层处理方法相同。但因水刷石装饰抹灰底、中层及面层总的平均厚度比一般抹灰更厚，且比较重，若基层处理不好，抹灰层极易产生空鼓或坠裂，因此要认真清除砖墙表面的残灰、浮尘，堵严大的孔洞，彻底浇水湿润。混凝土墙要高凿、低补，光滑表面要凿毛，油污要先用10%的火碱水溶液清洗，并用清水冲洗干净。

②抹底、中层灰：抹底层灰前，为了增加黏结强度可先在基层上涂刷一层界面剂或1:2的水泥砂浆。水泥砂浆稍收水后将其表面刮毛，再找规矩：先做上排灰饼，再吊垂直线和横向拉通线，补做中间和下排的灰饼和冲筋。

按冲筋标准抹中层找平砂浆。通常配合比为1:(2.5～3)。找平层必须刮平搓毛，并且用托线板检查平整度，因为找平层的平整度直接影响饰面层的质量。

③弹线分格：按图样尺寸要求弹分格线，后用素水泥浆粘贴分格条，水泥浆不宜超过分格条，超出的部分要刮掉。木分格条事先在水中浸透，分格条要横平竖直，交接严密准确。滴水条不得漏粘，其位置要符合要求，并应顺直。

④抹面层石粒浆：中层砂浆达到六七成干时，根据中层抹灰的干燥程度浇水湿润，用铁抹子满刮水灰比0.37～0.40的素水泥浆一道，随即抹面层水泥石粒浆，水泥石粒浆的稠度为50～70mm。面层的厚度视石粒粒径而定，通常为石粒粒径的2.5倍。每个分格的石粒浆应从下至上分两边抹完揉平，用直尺检查其平整度，低洼处及时补抹，用

小刮杠刮平。石粒浆要高于分格条1mm，用铁抹子压平、压实。统一分格的面层要一次抹完，不留施工缝。如果必须要留施工缝，应留在分格条的位置上。

抹阳角时，先抹的一侧不宜用八字靠尺，而应将石粒浆先抹过转角，然后再抹另一侧。抹另一侧时需要用八字靠尺将角靠直找齐，避免出现“黑边”现象。阴角可以用靠尺轻轻拍打，使其顺直。

待水泥石渣浆面收水后，用钢抹子压一遍，将遗留孔、缝挤严、抹平。被修整的部位先用软毛刷子蘸水刷去表面的水泥浆，阳角部位要往外刷，并用钢抹子轻轻拍平石渣，再刷一遍，再压实，直至修整平整为止。反复刷压应不少于三遍，以达到石粒大面朝外，表面排列紧密均匀的效果。

⑤喷刷：待面层六至七成干时，即可刷洗面层。冲洗是确保水刷石质量的重要环节之一，冲洗不净会使毛刷石表面颜色发暗或明暗不一。

喷刷分两遍进行：第一遍先用软毛刷蘸水刷掉面层水泥浆露出石渣，第二遍紧接着用手压喷浆机或喷雾器将四周相邻部位喷湿，然后由上往下喷水，使石渣露出表面1/3～1/2粒径，达到清晰可见、分布均匀即可。然后用清水从上往下全部冲净，喷水要快慢适度，喷水速度过快会冲不净浑水浆，表面易呈现花斑，过慢则会出现塌坠现象。喷水时，要及时用软毛刷将水吸去，以防止石粒脱落。分格缝处也要及时吸去滴挂的浮水，以使分格缝保持干净清晰。如水刷石面层过了喷刷时间而开始硬结，可以用3%～5%的盐酸稀释溶液洗刷，然后必须用水冲净，否则会将面层腐蚀成黄色斑点。

为了避免污染、保证质量，应安排好施工工序。门、窗顶和两侧面、阳台、雨棚等部位都应先做，即先做小面后做大面，以保证大面的清洁美观。

⑥起分格条、勾缝：喷刷后，可用抹子柄敲击分格条，并用小鸭嘴抹子扎入分格条上下活动，将其轻轻起出。然后用勾缝刀找平，用鸡腿刷子刷直角缝，用素水泥浆将分格缝修补平直。

⑦养护：水刷石抹完第二天起要洒水养护，养护时间不少于7d。在夏季酷热天施工时，应考虑搭设临时遮阳棚，防止阳光直接辐射导致水泥早期脱水，影响强度，削弱黏结力。

2.3.4.2　斩假石抹灰施工

（1）斩假石抹灰施工材料及质量要求

①水泥：42.5级普通硅酸盐水泥或32.5级矿渣硅酸盐水泥，所用水泥应是同一批号、同一厂生产、同一颜色、同一性能。

②砂：宜采用中砂或粗砂，其含泥量应不大于3%。

③粒料：斩假石所用的粒料（石子、玻璃、粒砂等）应颗粒坚硬，色泽一致，不含杂质，使用前必须过筛、洗净、晾干，防止污染。

④色粉：有颜色的墙面，应挑选耐碱、耐光的矿物质颜料，并与水泥一次干拌均匀，过筛装袋备用。

（2）斩假石抹灰施工要点

①基层处理：斩假石抹灰施工中，基层处理的要求同水刷石。

②抹底层及中层砂浆：底层、中层表面都要求平整、粗糙，必要时还应划毛。中层灰七成干后，浇水湿润表面，随即满刮水灰比为0.37～0.40的素水泥浆一道。

③弹线、贴分格条：待素水泥浆凝结后，在墙面上按设计要求弹线分格，并粘贴分格条。斩假石一般按矩形分格分块，并实行错缝排列。

④抹面层水泥石粒浆：抹面层前，根据底层的干燥程度浇水湿润，刷素水泥浆一道，用铁抹子将水泥石粒浆抹平，厚度一般为13mm，再用木抹子拍实，上下顺势溜直。不得有砂眼、孔隙。石粒浆抹完后，随即用软毛刷蘸水顺剁纹方向将表面水泥浮浆轻轻刷掉，露出石粒至均匀为止。不得蘸水过多，用力过重，以免刷松石粒。石料浆抹完后不得暴晒或冰冻雨淋，石粒浆中的水泥浆终凝后浇水养护。

⑤斩剁面层：常温下面层经3～4d养护后即可进行试剁。试剁中若墙面石渣不掉，声音清脆，且易形成剁纹，即可以进行正式斩剁。顺序一般先上后下，由左到右；先剁转角和四周边缘，后剁中间墙面。转角和四周剁水平纹，中间剁垂直纹；先轻剁一遍浅纹，再剁一遍深纹，两遍剁纹不能重叠。

剁纹一般以1/3石粒的粒径为宜。在剁墙角、柱边时，宜用锐利的小斧轻剁，以防止掉边缺角。剁墙面花饰时，剁纹应随花纹走势剁，花饰周边平面上剁垂直纹。

⑥修整：斩剁完毕，用刷子沿剁纹方向清除灰尘，用清水冲刷干净，然后起出分格条，并按要求修补分格缝。

2.3.4.3 干粘石抹灰施工

（1）干粘石抹灰施工材料及质量要求

①水泥：水泥必须是同一品种，强度等级不低于32.5级，不准使用过期水泥。

②砂：中砂或中、粗砂混合使用，颗粒坚硬清洁，含泥量不得超过3%，砂在使用前应过筛。

③石子：不宜过小或过大，过小容易脱落泛浆，过大则需要增加黏结层厚度。使用时将石子认真淘洗、择渣，晾晒后放入干净的房间或袋装，分类储存备用。

④石灰膏：石灰膏应控制用量，一般石灰膏的掺量为水泥用量的1/3～1/2。用量过大，会降低面层砂浆的强度。

⑤兑色灰：按照样板配比兑色灰。兑色灰每次要保持一定数量或者一种色泽，防止中途多次兑色灰，否则容易造成色泽不一致。兑色灰时，要使用大灰槽，将称量好的水泥及色粉进行人工或机械搅拌、过筛、装袋、过秤，并注明灰色品种待用。

⑥颜料粉：使用矿物质的颜料粉，如现用的氧化铁红、氧化铁黄等。颜料粉进场后要经过试验。颜料粉的品种、货源、数量都要一次进够，在装饰施工过程中严把此关，否则无法保证色调一致。

（2）干粘石抹灰施工要点

干粘石抹灰的基层处理、底层抹灰、中层抹灰以及弹线、粘贴分格条等，均与水刷石相同。

①抹黏结层砂浆：中层抹灰达到六至八成干时，经验收合格后，即按设计要求弹分格线、分格、粘分格条（方法同外墙抹灰），后洒水湿润表面，刷素水泥浆一道，抹黏结层砂浆。黏结层砂浆的稠度控制在60～80mm，要求一次抹平，不显抹纹，表面平整、垂直，阴阳角方正。

②甩石渣：黏结层抹完后，待干湿情况适宜时即可手甩石渣。甩石渣应遵循“先边角后中间，先上后下”的原则。阳角处甩石粒时应两侧同时进行，以避免两边收水不一而出现明显接槎。甩石粒时，用力要平稳有劲，方向应与墙面垂直，使石粒均匀地嵌入黏结砂浆中，然后用铁抹子或胶棍滚压坚实。

③压石渣：在黏结层的水泥砂浆完成终凝前至少要拍压三遍。拍压时要横竖交错进行，一般以石粒嵌入砂浆的深度不小于粒径的1/2为宜。对于墙面石粒过稀或过密处，一般不宜甩补，应将石粒用抹子（或手）直接补上或适当剔除。

④勾缝、修整：饰面层平整、石渣均匀饱满时，起出分格条。对局部有石渣脱落、分布不均、外露尖角太多或表面平整度差等不符合质量要求之处应立即进行修整、拍平。

⑤养护：面层施工结束24h后，应洒水养护2～3d。夏季日照强，气温高，要求有适当的遮阳条件，避免阳光直射，使干粘石凝结有一段养护时间，以提高强度。砂浆强度未达到足以抵抗外力时，应注意防止脚手架、工具等撞击、触动，以免石子脱落，还要注意防止油漆和砂浆等污染墙面。

2.3.4.4　假面砖抹灰施工

（1）假面砖抹灰施工材料及质量要求

①水泥：宜采用不低于42.5级的普通硅酸盐水泥。

②砂：宜采用中砂，过筛，含泥量不大于3%（质量分数）。

③颜料：应采用矿物质颜料，使用时按设计要求和工程用量，与水泥一次性搅拌均匀，备足，过筛装袋，避免保存时潮湿。

（2）假面砖抹灰施工要点

假面砖抹灰饰面施工的基层处理及抹底、中层砂浆的施工要求与一般抹灰基本相同。需要特别注意的是彩色砂浆的配制，这是保证假面砖装饰抹灰表面效果的基础，其既要满足设计的装饰性，又要满足设计的功能性。具体做法是：按设计要求的饰面色调配制出多种彩色砂浆，并做出样板与设计对照，以确定合适的配合比。

假面砖装饰抹灰施工，除了拌制彩色砂浆的工具外，其操作工具主要有靠尺板（上面划出面砖分块尺寸的刻度），划缝用的铁皮刨、铁钩、铁梳子或铁辊等。用铁皮刨或铁钩划制模仿饰面砖墙面的宽缝效果，用铁梳子或铁辊划出或滚压出饰面砖的密缝效果。

①抹面层砂浆：待中层抹灰凝结硬化后洒水湿润养护，并可进行弹线。先弹出宽缝线，用以控制面层划沟（面砖凹缝）的平直度；然后抹 1∶1 的水泥砂浆垫层，厚度为 3mm；紧接着抹面层彩色砂浆，厚度 3 ~4mm。

②表面划纹：面层稍收水后，用铁梳子沿靠尺板由上向下划纹，深度不超过 1mm。根据面砖的宽度用铁钩子沿靠尺板纵向划沟，深度以露出垫层灰为准，划好纵沟后将飞边砂粒扫净。

2.3.5 装饰抹灰饰面施工质量验收标准

2.3.5.1 主控项目

①抹灰前基层表面的尘土、污垢、油渍等应清除干净，并应洒水湿润。

②装饰抹灰工程所用材料的品种和性能应符合设计要求。水泥的凝结时间和安定性复验应合格。砂浆的配合比例应符合设计要求。

③抹灰工程应分层进行。当抹灰总厚度大于或等于 35mm 时，应采取加强措施。不同材料基体交接处表面的抹灰，应采取防止开裂的加强措施，当采用加强网时，加强网与各基体的搭接宽度应不小于 100mm。

④各抹灰层之间及抹灰层与基体之间必须黏结牢固，抹灰层应无脱层、空鼓和裂缝。

2.3.5.2 一般项目

装饰抹灰工程的表面质量需符合下列规定：

①水刷石表面应石粒清晰、分布均匀、紧密平整、色泽一致，应无掉落和接槎痕迹。

②斩假石表面剁纹应均匀顺直、深浅一致，无漏剁处，阳角处应横剁并留出宽窄一致的不剁边条，棱角应无损坏。

③干粘石应表面色泽一致、不露浆、不漏粘，石粒应黏结牢固、分布均匀，阳角处应无明显黑边。

④假面砖表面应平整、沟纹清晰、留缝整齐、色泽一致，无掉角、脱皮、起砂等

缺陷。

装饰抹灰分格条（缝）的设置应符合设计要求，宽度和深度应均匀，表面应平整光滑，棱角应整齐。有排水要求的部位应做滴水线（槽）。滴水线（槽）应整齐顺直，滴水线应内高外低，滴水槽的宽度和深度均应不小于10mm。装饰抹灰工程质量的允许偏差和检验方法应符合表2－3的规定。

表2－3 装饰抹灰的允许偏差和检验方法

项目	允许偏差/mm				检验方法
	水刷石	斩假石	干粘石	假面砖	
立面垂直度	5	4	5	5	用2mm垂直检测尺检查
阴阳角方正	3	3	4	4	用直角检测尺检查
分格条（缝）直线度	3	3	3	3	拉5m线，不足5m拉通线，用钢直尺检查
墙裙、勒脚上口直线度	3	3	—	—	拉5m线，不足5m拉通线，用钢直尺检查
表面平整度	3	3	5	4	用2m靠尺和塞尺检查

思考与练习

（1）一般抹灰分为哪几个类别？各适用的范围及主要工序是什么？
（2）现行国家标准中，装饰抹灰的组成、作用和一般做法是什么？
（3）现行国家标准中，一般抹灰和装饰抹灰的质量验收标准各是什么？
（4）设计一墙面（高2800mm，宽4000mm）的装饰抹灰工程施工图。

项目3　吊顶工程

知识目标

（1）了解抹灰的含义、分类及常用的名词术语。

（2）掌握各种类型吊顶工程的构造以及吊顶工程所需材料的特性。

（3）掌握木龙骨吊顶的施工工艺流程及施工要点。

（4）掌握轻钢龙骨吊顶的施工工艺流程及施工要点。

（5）掌握T形金属龙骨和金属装饰板吊顶的施工工艺流程及施工要点。

（6）了解吊顶工程的施工质量验收标准。

技能目标

（1）能够运用规范的建筑装饰施工术语对吊顶工程进行专业性介绍，并从实用性、艺术性、工艺性、技术性和经济性等方面合理地评价各种吊顶工程。

（2）熟悉吊顶工程常用的各种机具，并掌握其操作方法。

（3）能进行各种吊顶工程的施工操作。

本章着重介绍了木龙骨吊顶、轻钢龙骨吊顶、金属饰面板吊顶和开敞式吊顶等的构件形式及构件组成，重点介绍了以上不同龙骨吊顶在施工中的材料选择、施工工艺流程、施工方法和注意事项。通过对本章内容的学习，重点掌握目前在吊顶装饰工程中常用的吊顶施工工艺。

任务3.1 吊顶工程的基本知识

工作任务

通过本任务的学习了解吊顶工程、吊顶工程的分类、构造以及材料等方面的有关知识，为吊顶工程的施工设计及施工流程的学习打基础。

工作情景

建筑装饰施工“理实一体化”实训室或普通教室。采用“理实一体化”教学方法，现场讲解吊顶工程的分类、构造或材料等方面的基础知识。

3.1.1 吊顶的分类

（1）按结构形式分

吊顶的形式和种类繁多，按结构形式分为直接式和悬吊式两大类。

①直接式吊顶是在楼顶面直接进行抹灰、喷（涂）内墙涂料、镶板、粘贴装饰材料的一种施工工艺。按照施工方法和装饰材料的不同分为：直接清水天棚、直接刷（喷）浆顶棚、直接抹灰顶棚、直接粘贴式顶棚四种。此类顶棚不占室内空间高度、造价低、施工简单，但不能遮盖管网、线路等设备。

②悬吊式吊顶是在原顶面的基础上，重新塑造出一个新的顶界面，即通过一定的悬吊构件，将装饰面板悬吊固定在顶棚上。吊顶内可埋设各种管线，镶嵌灯具；可灵活调节吊顶高度，丰富顶棚空间层次和形式等。此类吊顶形式感很强，变化丰富，装饰效果好；更具有保温、隔热、隔音和吸音等功能，适用于各种场所。

（2）按骨架的材料分

按骨架的材料分为：木龙骨吊顶、轻钢龙骨吊顶、铝合金龙骨吊顶。

（3）按饰面板材料分

按饰面板材料分为：矿棉板吊顶、PVC 吊顶、石膏板吊顶、木材板吊顶、金属装饰板吊顶等。

（4）按承载能力分

按承载能力分为：上人吊顶和不上人吊顶。

（5）按龙骨架是否外露分

按龙骨架是否外露分为：明龙骨吊顶和暗龙骨吊顶。

（6）按构造形式分

按构造形式分为：活动式吊顶、隐蔽式吊顶、开敞式吊顶、金属装饰板吊顶，详见表3－1。

表3－1 不同吊顶的构造形式简介

序号	类别	说　　明
1	活动式吊顶	活动式吊顶是将饰面板直接搁置在龙骨架上，通常与T形铝合金龙骨或轻钢龙骨配套使用。龙骨表面可以外露也可以半露。这种结构形式不仅拆装方便，而且由于饰面板是活动的，吊顶以上的各种设备检修也十分方便
2	隐蔽式吊顶	隐蔽式吊顶是指龙骨不外露，罩面板表面呈整体的形式。罩面板与龙骨的固定有三种方式：用螺钉拧在龙骨上；用胶黏剂粘在龙骨上；将罩面板加工成企口形式，用龙骨将罩面板连接成一个整体
3	开敞式吊顶	开敞式吊顶俗称格栅式吊顶。这种吊顶虽然形成了一个顶部界面，但其吊顶的表面却是开口的，使之具有既遮又透的装饰效果，且一般会将顶棚及顶部的管线喷涂成黑色或与吊顶格栅一致的颜色
4	金属装饰板吊顶	金属装饰板吊顶，包括各种金属板条、金属方板和金属格栅安装的吊顶。它是以加工好的金属板条卡在铝合金龙骨上或将金属条板、方板、格栅用螺钉或自攻螺钉将条板固定在龙骨上。这种金属板安装完毕，不需要在表面再做其他装饰，且既可以做成开敞式也可做成封闭式

3.1.2　吊顶的构造

吊顶是由吊杆、龙骨架、面层三部分组成，构造如图3－1所示。

（1）吊杆或吊筋

吊杆或吊筋在吊顶中起承上启下的作用，主要为连接龙骨与楼板的承重构件。吊筋按施工方法有建筑施工期间预埋吊筋或连接吊筋的埋件或使用射钉、膨胀螺栓等将吊筋固定在建筑结构层上。制作吊杆或吊筋的材料有钢筋、镀锌铁丝、型钢、螺栓及木材等。

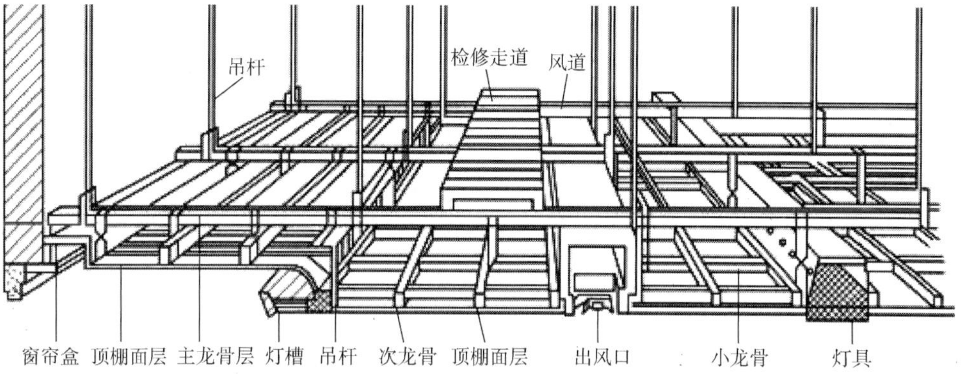

图3－1 吊顶构造示意图

（2）龙骨骨架

吊顶龙骨架由主龙骨、次龙骨、横撑龙骨及相关组合件、固结材料等连接而成。吊顶造型骨架组合方式通常有双层龙骨构造和单层龙骨构造两种。其作用是支撑并固定顶棚的罩面板以及承受作用在吊顶上的其他附加载荷。

按骨架的承载能力可分为上人龙骨架和不上人龙骨架。

按在龙骨构造中所起作用可分为承载龙骨、覆面龙骨与边龙骨。承载龙骨是主龙骨，与吊杆相连接，是骨架中的主要受力构件；覆面龙骨又称为次龙骨，在骨架中起联系杆件的构造作用，并作为罩面板搁置或固定的支撑件；边龙骨主要用于吊顶与四周墙相连接处，支撑该交接处的罩面板。

按龙骨的材质不同可分为木龙骨、轻钢龙骨和铝合金龙骨三大类。

（3）吊顶面层板

吊顶面层板的作用因其材料或装饰要求的不同而有所区别，有的直接是吊顶的面层，有的作为装饰层的基层。吊顶面层板的种类和形式多样，但在选择时必须满足使用空间的各种功能要求和装饰效果的要求。饰面板与龙骨架底部可采用钉接或胶粘、搁置、扣挂等方式连接。

3.1.3 吊顶的装饰功能及要求

吊顶的装饰设计因不同功能要求，其建筑空间构造设计也不尽相同，但首先必须满足基本的使用功能和美学法则，在此基础上还应当满足以下几点要求。

（1）空间舒适性

吊顶在人的视觉中，占有很大的可视性，设计时应考虑室内净空高度与所需吊顶的实际高度之间的关系，注重造型、色彩、材料的合理选用并结合正确的构造形式来营造舒适的空间，对建筑顶部的结构层起到保护、美化的作用并且弥补土建施工留下的缺陷。

（2）安全耐用性

由于吊顶在室内空间的顶部，表面安装有各种灯具、烟感器、喷淋系统等，且内部隐藏有各种管线、管道等设备，有时还要满足上人检修的要求，因此装饰材料自身的强度、稳定性和耐用性不仅直接影响到吊顶装饰效果，还会涉及人身安全。所以吊顶的安全性、牢固度、稳定性、防火性等十分重要。

（3）材料合理性

吊顶材料的使用和构造处理应满足不同的设计要求和遵循建筑功能、内部结构等特点。吊顶材料的选择应坚持无毒、无污染、环保、阻燃、耐久等原则。

（4）装饰性

建筑装饰效果要求吊顶的形式、色彩、质地应与建筑空间的总体气氛相协调，并从空间、光影、材质等方面渲染环境，烘托气氛。形成特定的风格与效果，室内装饰的风格与效果，与顶棚的造型、构造方法及材料的选用之间有着十分密切的关系。

任务3.2　木龙骨吊顶

工作任务

通过本任务的学习，掌握木龙骨吊顶工程的施工材料及质量要求，熟悉木龙骨吊顶工程的施工中常用的施工机具及木龙骨吊顶工程的施工工艺流程和质量验收标准与检验方法等有关知识。

工作情景

在建筑装饰施工“理实一体化”实训室，采用“理实一体化”教学方法，现场讲解木龙骨吊顶工程中不同部分的施工工艺要点，让学生亲身体验木龙骨吊顶工程的施工流程，在现场条件允许的情况下由学生亲自操作。

木龙骨吊顶为传统的悬吊式顶棚做法，是以木质龙骨为基本骨架，以木质胶合板、纸面石膏板作为饰面板组合而成的吊顶体系。木龙骨吊顶适用于面积较小、造型复杂的吊顶工程。其施工工艺简单，施工速度快，但防火性能差，常用于家庭装饰装修工程。

3.2.1 木龙骨吊顶的构造

木龙骨吊顶主要由吊杆、木龙骨和面层组成，其基本构造如图3－2所示。

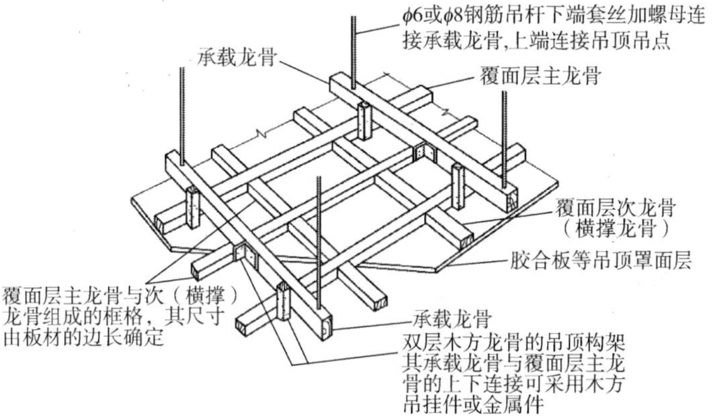

图3－2 木龙骨吊顶构造示意图

3.2.2 木龙骨吊顶材料的质量要求

（1）木龙骨

吊顶木龙骨骨架的截面尺寸通常为25mm×25mm，30mm×30mm，40mm×40mm三种。

（2）饰面板

饰面板的品种、规格、图案应满足设计要求，材质应按有关材料标准和产品说明书进行验收。饰面板表面应平整，边缘应整齐，颜色应一致。常用的饰面板有胶合板和纸面石膏板。

①胶合板：一般作为基层板使用，多用于隔墙、吊顶、造型、家具的结构层。胶合板的常用规格为1220mm×2440mm。胶合板柔软有弹性，有连续性，易加工，能与龙骨很好地连接，因此可以做出各种顶棚的造型。

②纸面石膏板：是以建筑石膏为主要原料，掺入纤维和外加剂构成芯材，并与特制

的护面纸牢固结合在一起的建筑板材。从板材的性能上可分为普通、防火、防潮三类。石膏板具有质量轻、隔热、隔声、可加工性好、防火抗震等优点。常做室内吊顶、隔墙用材，常用规格为3000mm×1200mm×9.5mm和2440mm×1200mm×9.5mm，与木龙骨可直接用自攻螺钉连接。

3.2.3 木龙骨吊顶施工机具

电动冲击钻、手电钻、电动修边机、电动或气动打钉枪、木刨、槽刨、锯、锤、斧、螺丝刀、卷尺、水平尺、墨线斗等。

3.2.4 木龙骨吊顶施工工艺流程

木龙骨吊顶施工工艺流程：施工准备—弹线定位—木龙骨处理—龙骨拼装—安装吊点、吊筋—固定沿墙龙骨—龙骨吊装固定—安装饰面板。

3.2.5 木龙骨吊顶施工要点

（1）施工准备

在吊顶工程施工前，顶棚上部的电器布线、空调管道、消防管道、报警线路等均应安装到位并调试完成；自顶棚至墙体的各开关和插座的有关线路铺设也应已经就绪；施工机具、材料和脚手架等已经准备完毕；顶棚基层和吊顶空间全部清理无误之后方可开始施工。

（2）弹线定位

弹线定位是吊顶施工的标准，弹线的内容主要包括：标高线、造型位置线、吊点布置线、大中型灯位线等。放线的作用：一方面使施工有了基准线，便于下一道工序确定施工位置；另一方面能检查吊顶以上部位的管道等对标高位置的影响。

①确定标高线：首先定出地面基准线，如果原地坪无饰面要求，则原地坪线为基准线；如果原地坪有饰面要求，则饰面后的地坪线为基准线。以地坪基准线为起点，根据设计要求在墙（柱）面上量出吊顶的高度，并在该点画出高度线（作为吊顶的底标高）。

②确定造型位置线：对于规则的建筑空间，应根据设计的要求，先在一个墙面上量出吊顶造型位置距离，并按该距离画出平行于墙面的直线，再从另外三个墙面用同样的方法画出直线，便可得到造型位置外框线，再根据外框线逐步画出造型的各个局部的

位置。

对于不规则的建筑空间，可根据施工图纸测出造型边缘距墙面的距离，运用同样的方法，找出吊顶造型边框的有关基本点，将各点连线形成吊顶造型线。

③确定吊点位置：在一般情况下，吊点按每平方米一个均匀布置，灯位处、承载部位、龙骨与龙骨相接处及叠级吊顶的叠级处应增设吊点。超过3kg的灯具、电扇及其他设备应设置独立吊挂结构。

（3）木龙骨处理

对建筑装饰工程中所用的木龙骨材料要进行筛选并进行防腐与防火处理。一般将防火涂料涂刷或喷涂于木材表面，也可以将木材放在防火涂料槽内浸渍。

（4）龙骨拼装

木龙骨架在吊装前应先在地面上进行拼装，拼装的面积一般控制在 $10m^2$ 以内，否则不便吊装。拼装时先拼装大片的木龙骨架，再拼装小片的局部骨架。拼装的方法常采用咬口（半榫扣接）拼装法，具体做法为：在龙骨上开出凹槽，槽深、槽宽以及槽与槽之间的距离应符合有关规定。然后，将凹槽与凹槽进行咬口拼装，凹槽处应涂胶并用钉子固定，如图3－3所示。

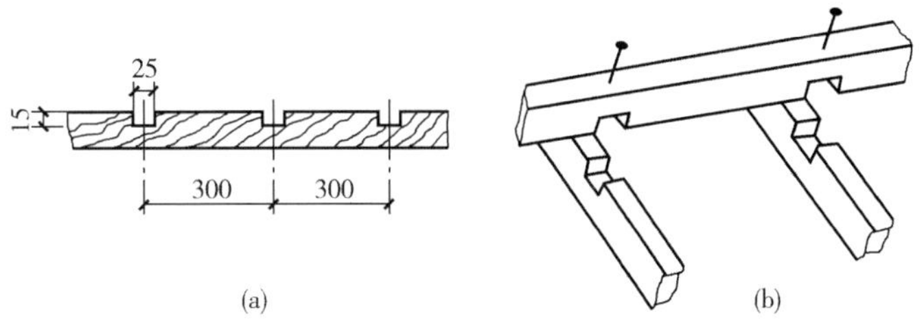

图3－3　木龙骨架槽口拼装示意图

（5）安装吊点、吊筋

吊点安装常采用膨胀螺栓、射钉、预埋铁件等方法，具体安装方法如图3－4所示。

①用冲击钻在建筑结构面上打孔，然后放入膨胀螺栓。用射钉将角铁等固定在建筑结构底面。

②当在装配式预制空心楼板顶棚底面采用膨胀螺栓或射钉固定吊点时，其吊点必须设置在已灌实的楼板板缝处。

吊筋常采用钢筋、角钢、扁铁或方木，其规格应满足承载要求，吊筋与吊点的连接可采用焊接、钩挂、螺栓或螺钉的连接等方法。吊筋安装时，应做防腐、防火处理。

（6）固定沿墙龙骨

沿吊顶标高线固定沿墙龙骨，一般是用冲击钻在标高线以上10mm处墙面打孔，孔径12mm，孔距400mm，孔内塞入木楔，将沿墙龙骨钉在墙内木楔上，沿墙龙骨与吊顶次龙骨的尺寸一样。边龙骨固定后，其底边与其他次龙骨底边标高一致。

（7）龙骨的吊装固定

木龙骨吊顶的龙骨架有两种形式，即单层网格式木龙骨架及双层木龙骨架。

①单层网格式木龙骨架的吊装固定

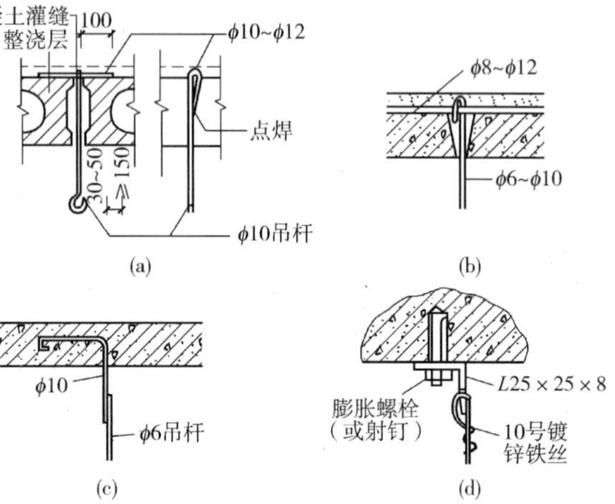

图3-4 木龙骨吊顶的吊点固定形式

（a）预制楼板内浇筑细石混凝土时，埋设 $\phi10\sim\phi12$ 短钢筋，另设吊筋将一端打弯勾于水平钢筋，另一端从板缝中抽出

（b）预制楼板内埋设通长钢筋，另一端系其上一端从板缝抽出

（c）预制楼板内预埋钢筋弯钩

（d）用膨胀螺栓或射钉固定角钢连接件

a. 分片吊装：单层网格式木龙骨架的吊装一般先从一个墙角开始，将拼装好的木龙骨架托起至标高位，对于高度低于3.2m的吊顶龙骨架，可在高度定位杆上作临时支撑，如图3-5所示。吊顶高度超过3.2m时，可用铁丝在吊点上做临时固定。根据吊顶标高线拉出纵横水平基准线，作为吊顶的平面基准。将吊顶龙骨架略作移位，使之与基准线平齐。待正片龙骨架调正、调平后，将其靠墙部分与边龙骨钉接。

b. 龙骨架与吊筋固定：龙骨架与吊筋的固定方法有多种，视选用的吊杆材料和构造而定，常采用绑扎、钩挂、木螺钉固定等，如图3-6所示。

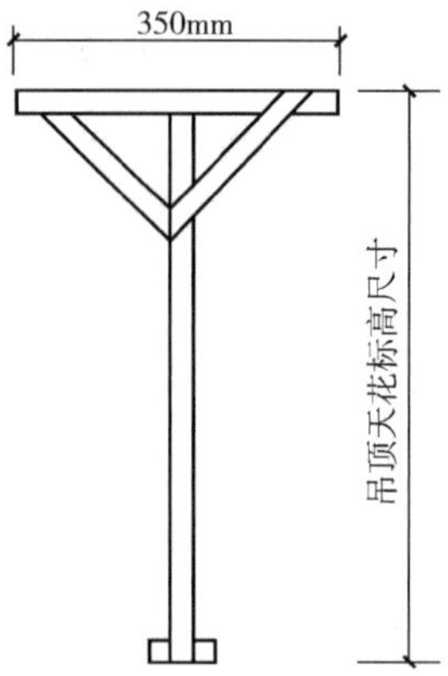

图3-5 吊顶高度临时定位杆

c. 龙骨架分片连接：龙骨架分片吊装在同一平面后，要进行分片连接形成整体。其方法是：将端头对正，用短方木进行连接，短方木钉于龙骨架对接处的侧面或顶面。对于一些重要部位的龙骨连接，可采用铁件进行连接加固，如图3-7所示。

d. 叠级吊顶龙骨架连接：对于叠级吊顶，一般是从最高平面（相对可接地面）吊装，其高低面的衔接，常用做法是先以一条方木斜向将上下平面龙骨架定位，然后用垂直的方木把上下两个平面龙骨

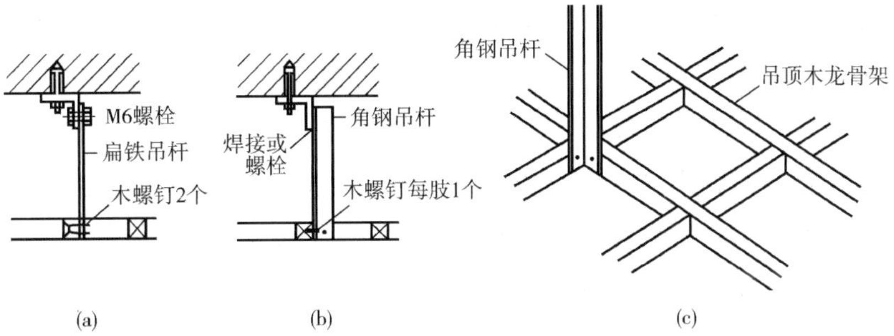

图3－6　木龙骨架与吊筋的连接

（a）用扁铁固定　（b）用角钢固定　（c）角钢与龙骨连接示意图

架连接固定，如图3－8所示。

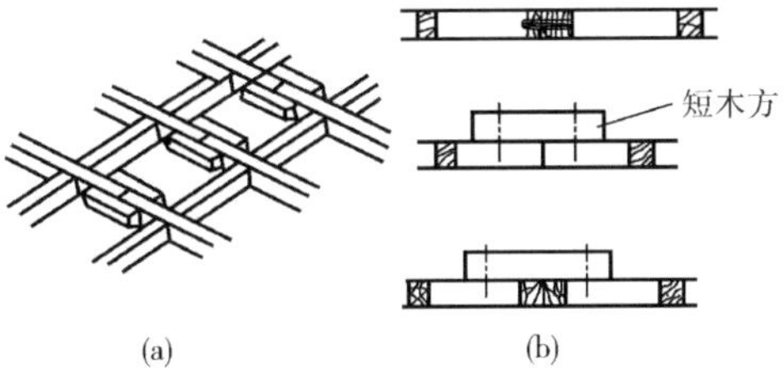

图3－7　木龙骨架分片连接

（a）短木方钉于龙骨架对接处的侧面　（b）顶面

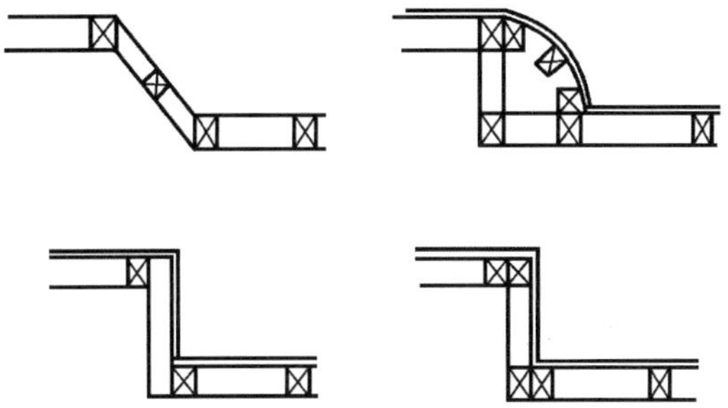

图3－8　木龙骨架叠级构造

e. 龙骨架调平与起拱：各个分片连接加固后，在整个吊顶面下拉出十字交叉的标高线来检查并调整吊顶平整度，使得误差在规定的范围内。对一些面积较大的龙骨架吊顶，可采用起拱的方法来平衡吊顶的下坠，一般情况下，跨度在7～10m间起拱量为3/1000，跨度在10～15m间起拱量为5/1000。

②双层木龙骨架的吊装固定

a. 主龙骨架的吊装固定：按照设计要求的主龙骨间距（通常为1000～1200mm）布置主龙骨（通常沿房间的短向布置）并与已固定好的吊杆间距一致。连接时先将主龙骨搁置在沿墙龙骨（标高线木方）上，调平主龙骨，然后与吊杆连接并与沿墙龙骨钉接或用木楔将主龙骨与墙体楔紧。

b. 次龙骨架的吊装固定：次龙骨即采用小木方通过咬口拼接而成的木龙骨网格，其规格、要求及吊装方法与单层木龙骨吊顶相同。将次龙骨吊装至主龙骨底部并调平后，用短木方将主、次龙骨连接牢固。

（8）安装饰面板

①饰面板预排：为了保证饰面装饰效果及方便施工，饰面板安装前要进行预排。胶合板罩面多为无缝罩面，即最终不留板缝，排板的形式有两种：一是将整板铺大面，分割板安排在边缘部位；二是整板居中，分割板布置在两侧。排板时，要根据设计图纸要求，留出顶面设备的安装位置，也可以将各种设备的洞口先在罩面板上画出，待板面铺装完毕，安装设备时再将板面取下来。排板完毕应将板编号堆放，装时按号就位。

②胶合板铺钉：胶合板铺钉用16～20mm长的小钉，钉固前先将钉帽砸扁。铺钉时将胶合板正面朝下托举到预定的位置，紧贴龙骨架，从板的中间向四周展开钉固。钉子的间距控制在150mm左右，钉头要钉入1～1.5mm，钉眼要用油性腻子抹平。胶合板全部安装完毕后，检查平整度，并对板缝做防开裂处理。最后板面满刮腻子2～4遍，打磨平整，喷涂面漆或裱糊壁纸。

任务3.3　轻钢龙骨吊顶

工作任务

通过本任务的学习掌握轻钢龙骨吊顶工程的施工材料及质量要求，熟悉轻钢龙骨吊顶工程施工中常用的施工机具及轻钢龙骨吊顶工程的施工工艺流程和质量验收标准与检验方法等有关知识。

工作情景

在建筑装饰施工“理实一体化”实训室，采用“理实一体化”教学方法，现场讲解轻钢龙骨吊顶工程中不同部分的施工工艺要点，让学生亲身体验轻钢龙骨吊顶工程的施工流程，在现场条件允许的情况下由学生亲自操作。

轻钢龙骨吊顶是以轻钢龙骨作为吊顶的基本骨架，以轻型装饰板材作为饰面层的吊顶体系。轻钢龙骨是轻金属龙骨的一种，是以镀锌钢板或彩色喷塑钢板（带）及薄壁冷轧钢板（带）等薄质轻金属材料，经冷弯或冲压等加工而成的顶棚支撑材料。此类龙骨具有自重轻、强度高、防火性好、耐蚀性高、抗震性强、安装方便等优点。它可以使龙骨规格标准化，有利于大批量生产，使吊顶工程实现装配化，可由各种规格的龙骨与其相配套的吊件、连接件、挂件、挂插件及吊杆等进行灵活组装，能有效地提高施工效率和装饰质量。

3.3.1 轻钢龙骨吊顶的构造

轻钢龙骨吊顶由吊杆、龙骨架和面层组成，其中龙骨骨架由主龙骨、次龙骨、横撑龙骨及配件组成，根据现行国家标准《GB/T 11981—2008 建筑用轻钢龙骨》的规定，建筑用轻钢龙骨型材制品是以冷轧钢板、镀锌钢板或彩色涂层钢板为原料，采用冷弯工艺生产的薄壁型钢。用作吊顶的轻钢龙骨，其钢板厚度为0.27～1.5mm；吊顶轻钢龙骨骨架及装配组合形式可以分为U形、H形、T形、V形四种基本类型，其基本构造如图3－9至图3－12所示。

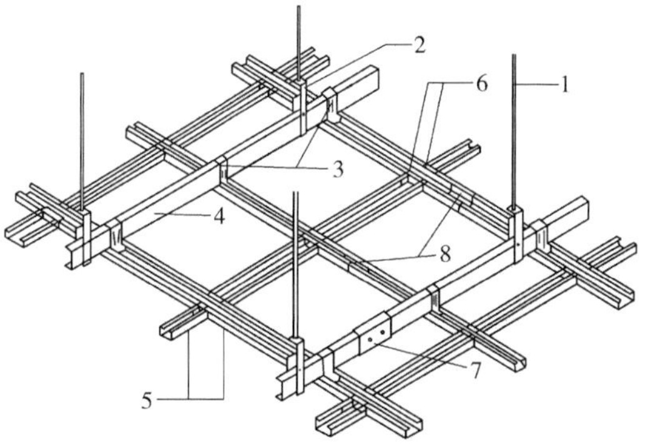

图3－9　U形吊顶龙骨示意图

1—吊杆　2—吊件　3—挂件　4—承载龙骨　5—覆面龙骨
6—挂插件　7—承载龙骨连接件　8—覆面龙骨连接件

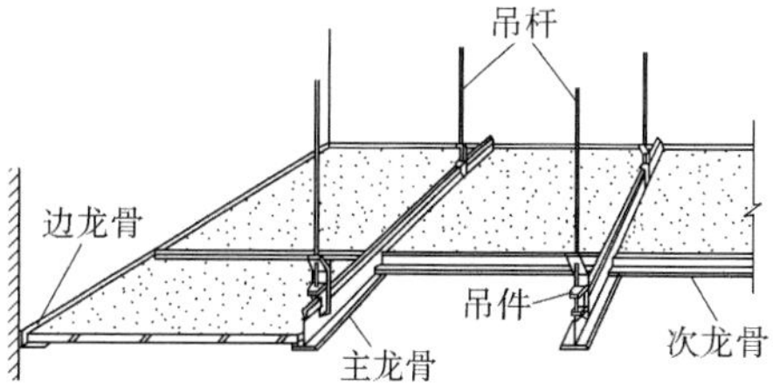

图3－10　H形吊顶龙骨示意图

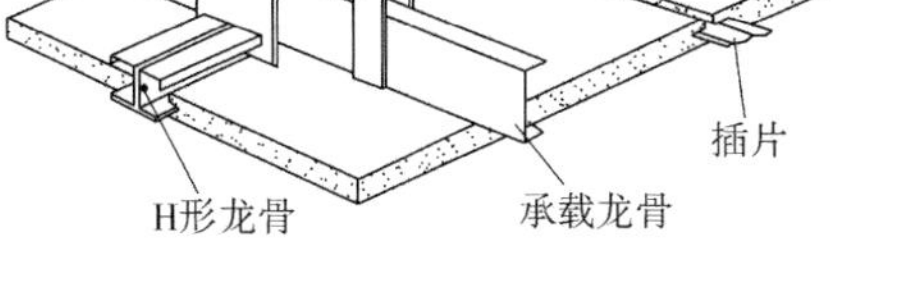

图3－11　T形吊顶龙骨示意图

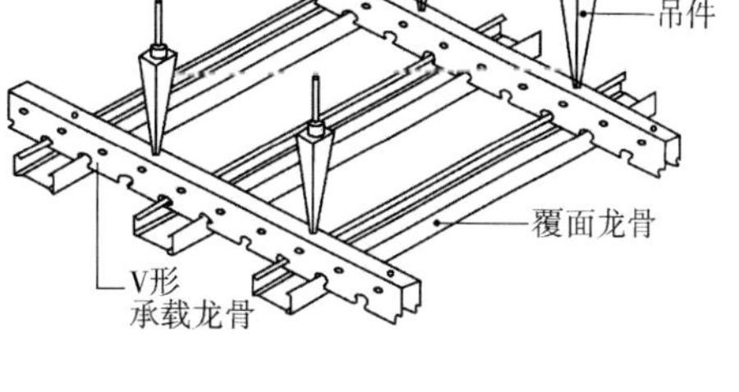

图3－12　V形吊顶龙骨示意图

（1）主龙骨

主龙骨是承载龙骨。整个吊顶重量是通过主龙骨传给吊杆的，所以主龙骨是一个受均布荷载或集中荷载的连续梁。因此主龙骨不仅应满足强度要求，更要满足刚度要求，否则会影响顶面的平整度。对于大型吊顶工程，主要受力构件均应经过计算并慎重选用。

（2）次龙骨

次龙骨的主要功能是固定饰面板，并将面板荷载传递给主龙骨。因此次龙骨又被称为覆面龙骨，其间距尺寸取决于饰面板的规格尺寸。对于单块面积较大的板材，如纸面石膏板、胶合板等，次龙骨的间距应适当控制。如果间距太大，板材会在自重等因素下发生明显的挠度。

（3）配件

配件有吊挂件、连接件、插接件，这些配件起连接或接长主、次龙骨，组成一个整体骨架的作用。如图3－13所示。

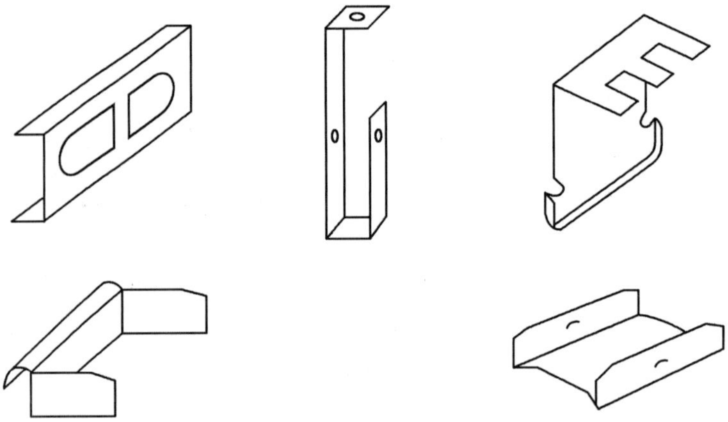

图3－13　轻钢龙骨吊顶配件示意图

3.3.2　轻钢龙骨吊顶材料及质量要求

（1）吊杆

轻钢龙骨吊顶中所用吊杆一般为直径4～8mm的钢筋。

（2）轻钢龙骨骨架材料

龙骨外形要平整、棱角要清晰，切口不允许有毛刺和变形，不允许有腐蚀、黑斑、麻点等明显缺陷。镀锌层不许有起皮、起瘤、脱落等缺陷，镀锌层厚度应符合相应标准。

（3）罩面板

罩面板应具有出厂合格证，不应有气泡、起皮、裂纹、缺角、污垢、图案不完整等缺陷，表面应平整，边缘整齐，色泽一致。其常用材料为纸面石膏板。

3.3.3 轻钢龙骨吊顶施工机具

电锯、无齿锯、射钉枪、手锯、手刨子、钳子、螺丝刀、方尺、钢尺、钢水平尺。

3.3.4 轻钢龙骨吊顶施工工艺流程

弹线—固定边龙骨—安装吊杆—安装主龙骨与调平—安装次龙骨—安装横撑龙骨—安装纸面石膏板—嵌缝

3.3.5 轻钢龙骨吊顶施工要点

（1）弹线

弹线的顺序是先竖向标高、后平面造型细部，竖向标高线弹于墙上，平面造型和细部弹于顶板上。主要应当弹出以下基准线：

①弹顶棚标高线：在弹顶棚标高线前，应先弹出施工标高基准线，一般常用0.5m为基线，弹于四周的墙面上。以施工标高基准线为准，按设计所定的顶棚标高，用仪器或量具沿室内墙面将顶棚高度量出，并将此高度用墨线弹于墙面上，其水平允许偏差不得大于5mm。如果顶棚有叠级造型，其标高均应弹出。

②弹水平造型线：根据吊顶的平面设计，以房间的中心为准，将设计造型按照先高后低的顺序逐步弹在顶板上，并注意累计误差的调整。

③吊筋吊点位置线：根据造型线和设计要求，确定吊筋吊点的位置，并弹于顶板上。

④弹吊具位置线：所有大型灯具、电扇等的吊杆位置，应按照具体设计测量准确，并用墨线弹于楼板的板底上。如果吊具、吊杆的锚固件须用膨胀螺栓固定，应将膨胀螺栓的中心位置一并弹出。

⑤弹附加吊杆位置线：根据吊顶的具体设计，将顶棚检修走道、检修口、通风口、柱子周边处及其他所有须加附加吊杆处的吊杆位置一一测出，并弹于混凝土楼板板底。

（2）固定边龙骨

边龙骨的固定一般采用木楔铁钉固定，在吊顶的标高线以上 10mm 处打孔，安放防腐木楔，孔距 400mm，用铁钉将边龙骨固定于墙面。

（3）安装吊杆

轻钢龙骨的吊杆一般用螺纹钢筋制作，吊杆端头螺纹部分长度应不小于 30mm，以便于有较大的调节量。

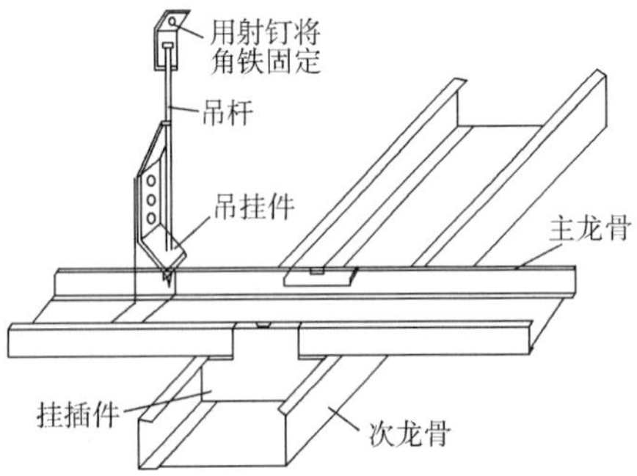

图 3-14 主、次龙骨安装示意图

（4）安装主龙骨与调平

将轻钢龙骨的主龙骨与吊挂件连接在吊杆上，并拧紧固定螺母。当一个房间的主龙骨与吊杆、吊挂件全部安装就位后，要进行平直的调整。轻钢龙骨的主龙骨调平一般以一个房间为单元，房间面积较大时，调平时要使主龙骨中间部位略有起拱，起拱高度为室内短向跨度的 1/1000 ~ 3/1000，如图 3-14 所示。

（5）安装次龙骨

使用配套的龙骨挂件将次龙骨与主龙骨相连接，在吊顶平面上使次龙骨与主龙骨相垂直，其间距按施工图规定来安排或按照装饰面板的尺寸合理布置。次龙骨的安装一般是按照预先弹线的位置，从一端依次安装到另一端，如有高低层次，则先高后低。

（6）安装横撑龙骨

灯具、检修孔和空调等位置的周边应安装横撑龙骨，以便于固定相应的设备。横撑龙骨一般从次龙骨截取并在截取端头插入挂插件，扣在次龙骨上，再用钳子将挂搭弯入次龙骨内。组装好后，次龙骨和横撑龙骨底面要平齐。横撑龙骨的间距根据饰面板的规格尺寸而定，要求饰面板的端部必须落在横撑龙骨上，一般情况下间距为 300，400，600mm。

（7）安装纸面石膏板

纸面石膏板是轻钢龙骨吊顶常用的罩面板材，通常采用平头自攻螺丝固定安装。固定板材时，应从板的中间向两边固定或从一端向另一端固定，不得多点作业。钉头间距为 200mm，距板边不小于 10mm、不大于 16mm；钉头嵌入板内 0.5 ~ 1mm，石膏板与墙面留 5mm 的缝隙。

（8）嵌缝

整个吊顶面的纸面石膏板安装完成后，应检查并将自攻螺钉的钉头做防锈处理，然后用石膏腻子嵌平。对于板缝应进行嵌缝处理，嵌缝时采用石膏腻子和穿孔纸带或网格胶带。最后板面满刮腻子2~3遍，然后做其他面层装饰。

任务3.4 T形金属龙骨吊顶

工作任务

通过本任务的学习掌握T形金属龙骨吊顶的施工材料及质量要求，熟悉T形金属龙骨吊顶的施工中常用的施工机具及T形金属龙骨吊顶工程的施工工艺流程和质量验收标准与检验方法等有关知识。

工作情景

在建筑装饰施工“理实一体化”实训室，采用“理实一体化”的教学方法，现场讲解T形金属龙骨吊顶工程中不同部分的施工工艺要点，让学生亲身体验T形金属龙骨吊顶的施工流程，在现场条件允许的情况下由学生亲自操作。

3.4.1 T形金属龙骨吊顶的构造

T形金属龙骨吊顶属于轻型活动式吊顶，其饰面板用搁置、卡接、粘贴等方法固定在铝合金龙骨上。T形龙骨既是吊顶的承重件又是吊顶饰面板的压条。T形龙骨的安装构造有双层龙骨和单层龙骨两种形式。

（1）双层龙骨吊顶

双层龙骨吊顶是在结构层下安装吊筋，吊筋连接承重龙骨吊挂件，承重龙骨再插入吊挂件内，而次龙骨用钩挂件与主龙骨挂在一起，横撑龙骨与次龙骨插接在一起，靠墙部分采用L形靠墙龙骨固定在墙上，如图3-15所示。

（2）单层龙骨吊顶

单层龙骨吊顶是吊筋下面连接卡挂件，卡挂件直接将主龙骨卡挂吊起，再次将次龙骨插入主龙骨上，其他部分做法与双层龙骨吊顶做法相同，如图3-16所示。

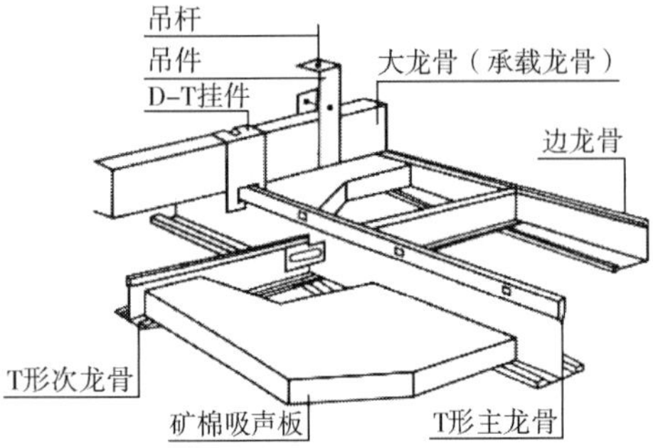

图 3－15 T 形双层龙骨吊顶示意图

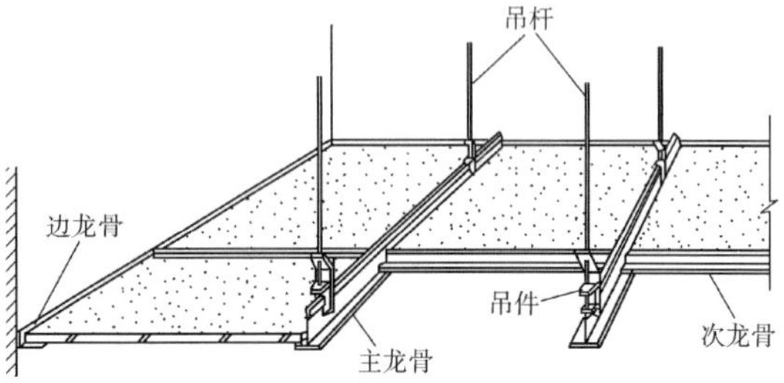

图 3－16 T 形单层龙骨吊顶示意图

3.4.2 T 形金属龙骨材料及质量要求

（1）T 形金属龙骨骨架材料

T 形金属龙骨骨架按材料可分为 T 形铝合金龙骨和 T 形轻钢龙骨。龙骨骨架由主龙骨、次龙骨、边龙骨、连接件和吊杆组成。一般主龙骨的长度为 500mm 和 600mm，侧面有长方形孔和圆形孔，长方形孔供主龙骨穿插连接，圆形孔供悬吊固定。次龙骨的长度根据罩面板的规格确定。

（2）T 形金属龙骨饰面板

T 形龙骨面板材料可以是装饰石膏板或矿棉板装饰吸声板，其材料品种、规格、质量应符合设计要求。

①装饰石膏板：以建筑石膏为主要原料，掺入少量纤维材料等制成的有多种图案、花饰的板材，如石膏印花板、穿孔吊顶板、石膏浮雕吊顶板等，是一种新型的室内装饰材料，具有质轻、防火、易加工、安装简单等特点，可结合铝合金 T 形龙骨广泛用于公共空间的顶棚装饰。装饰石膏板的规格尺寸有两种：500mm × 500mm，600mm × 600mm。

②矿棉吸声板：以矿渣棉为主要原料，加入适量的胶黏剂、防尘剂等，经加压成塑、烘干、表面处理等工序制成，具有质轻、阻燃、保温、隔热、吸声等优点，广泛用于各种公共空间。其形状主要为长方形和正方形，常见规格为 600mm × 600mm，300mm × 600mm，常见厚度为 12，15，20mm。

3.4.3 T 形金属龙骨吊顶施工机具

电锯、射钉枪、手锯、钳子、螺丝刀、方尺、钢尺、钢水平尺等。

3.4.4 T形金属龙骨吊顶施工工艺流程

弹线定位—固定边龙骨—固定悬吊体系—主次龙骨安装、调平—安装饰面板—检查修整

3.4.5 T形金属龙骨吊顶施工要点

（1）弹线定位

按设计图纸弹出吊顶的标高线、主龙骨布置线、吊挂点定位线、大中型灯具的吊顶定位线等。

（2）固定悬吊体系

边龙骨沿吊顶标高线钉牢，固定时可用木楔铁钉或水泥射钉，间距不大于500mm。一般情况下边龙骨不能承重，只起到封口的作用。由于T形龙骨吊顶常为活动式装配吊顶，吊顶内的设备检修随时随地都可进行（一般不考虑上人），所以其悬吊体系比较简单。其悬吊体系构造如图3－17和图3－18所示。

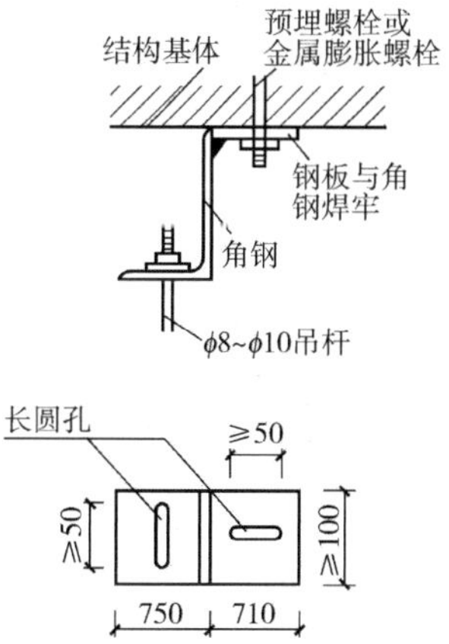

图3－17 吊杆左右位置调整构造示意图

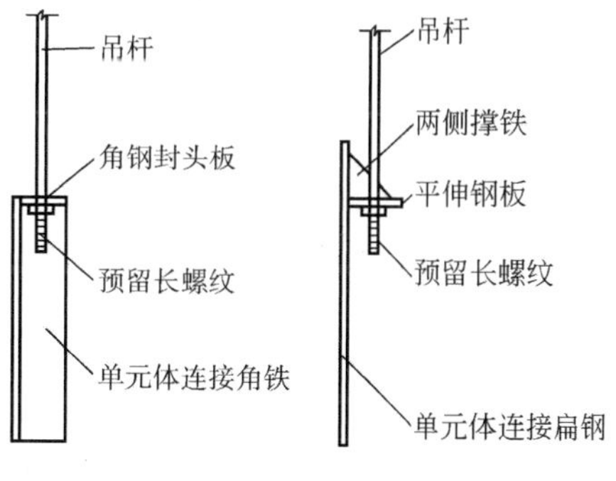

图3－18 吊杆高低位置调整构造示意图

（3）主、次龙骨的安装与调平

主、次龙骨通常采用相应的龙骨吊挂件与吊杆固定，其固定和调平方法与U形龙骨相同，次龙骨应紧贴主龙骨安装就位。龙骨就位后，拉纵横控制标高线，从一端开始，边安装边调整，直到龙骨调平、调直为止，如图3－19所示。

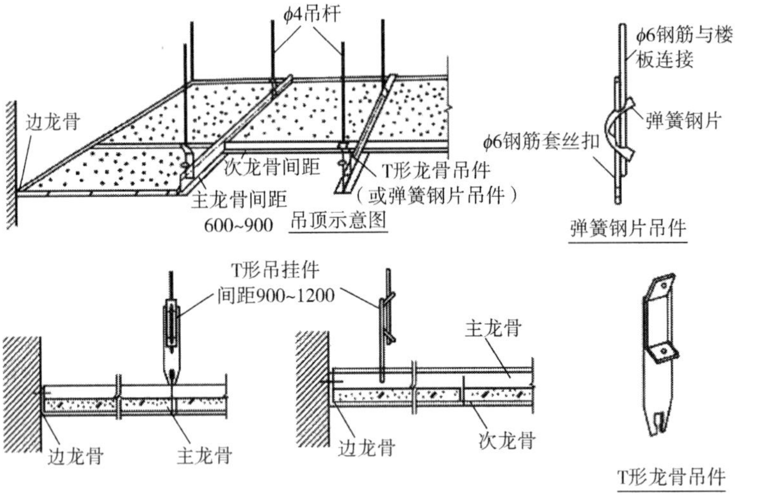

图 3－19　T 形金属龙骨吊顶安装示意图

（4）安装饰面板

根据 T 形龙骨面板材料的安装方式，可将 T 形金属龙骨吊顶分为活动式露明龙骨吊顶、部分露明龙骨（半隐蔽式）吊顶和隐蔽式龙骨（暗龙骨）吊顶。

明龙骨吊顶的构造是将饰面板直接搁置在骨架网格的倒 T 形龙骨的翼缘上；暗龙骨吊顶和半隐蔽式龙骨吊顶是将吊顶饰面板的板边做成卡口，从而直接卡入龙骨并将龙骨挡住。T 形金属龙骨吊顶饰面板安装如图 3－20 所示.

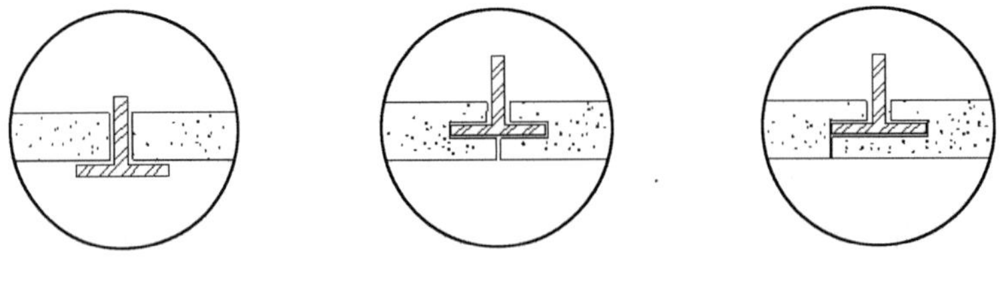

图 3－20　T 形金属龙骨吊顶饰面板安装示意图

（5）检查修整

饰面板安装完毕后，应进行检查，饰面板拼花不严密或色彩不一致要调换，花纹图案拼接有误要纠正。

任务3.5 金属装饰板吊顶

工作任务

通过本任务的学习，掌握金属装饰板吊顶工程的施工材料及质量要求，熟悉金属装饰板吊顶施工中常用的施工机具及施工工艺流程和质量验收标准与检验方法等有关知识。

工作情景

在建筑装饰施工“理实一体化”实训室，采用“理实一体化”教学方法，现场讲解金属装饰板吊顶工程中不同部分的施工工艺要点，让学生亲身体验金属装饰板吊顶的施工流程。

3.5.1 金属装饰板吊顶的构造

金属装饰板吊顶的形式有方板吊顶（卡入式、搁置式）（如图3－21）和条板吊顶（卡边、扣边）（如图3－22）两大类。

金属装饰板吊顶骨架的装配形式根据吊顶荷载和吊顶装饰板的种类来确定。有采用U形轻钢主龙骨与L形、T形龙骨或嵌龙骨、条板卡式龙骨相配合的双层龙骨形式，如图3－21所示，也有不使用U形轻钢主龙骨的单层龙骨形式。

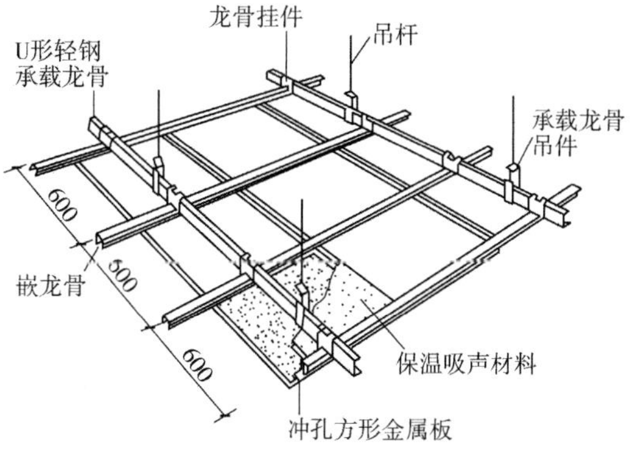

图3－21 双层龙骨的方形金属吊顶板卡入式安装示例

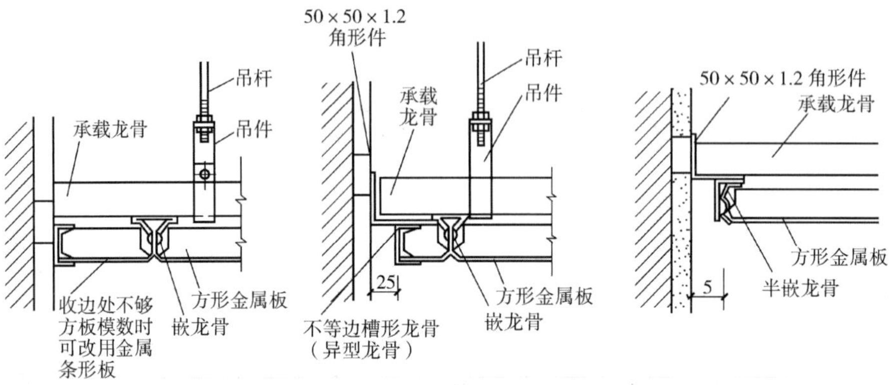

图3－22 方形金属吊顶板与墙柱等连接节点安装示例

3.5.2 金属装饰板吊顶材料及质量要求

（1）金属方板吊顶龙骨及配件

根据设计要求选择。

（2）金属条板卡式龙骨及配件

根据设计要求选择。

（3）覆面材料

根据设计要求选择饰面板材类型和规格。铝合金方板的常用尺寸为500mm×500mm，600mm×600mm，厚度0.6～1.2mm；铝合金条板常用尺寸为宽100～200mm，厚度0.5～1.5mm，长度不等。

各种连接件、吊挂件、接插件、挂插件等配件，有设计要求的按设计要求，设计中未说明的须符合相关标准规定，原则上须保证吊挂连接方便稳固、安全可靠、美观大方。

3.5.3 金属装饰板吊顶施工机具

型材切割机、冲击钻、手提式电动圆锯、铝合金切割锯、自攻螺丝钻、手锤、水平尺、钢卷尺、方尺、钳子、铝合金靠尺等。

3.5.4 金属装饰板吊顶施工工艺流程

弹线定位—固定吊挂杆件—龙骨安装与调平—安装罩面板—板缝处理

3.5.5 金属装饰板吊顶施工要点

（1）弹线定位

用激光水准仪在房间内每面墙（柱）角附近找出距楼、地面基准500mm标高控制点，弹出水平线。从弹出的水平线向上量至吊顶面设计标高，再加上10～20mm（罩面板构造厚度）用粉线沿墙（柱）面弹出水准线，即为吊顶次龙骨的标高线。同时按吊顶平面图弹出主龙骨的安装布置线。主龙骨应从吊顶中心向两边分，最大间距不超过1200mm，未预埋吊杆紧固件的还应在混凝土底面标出吊杆固定点位置。

（2）安装吊挂杆件

采用射钉固定吊杆件。方板、条板单层龙骨吊顶时，吊杆一般用8号铅丝或直径4mm的钢筋；双层龙骨吊顶时，吊杆常用直径6mm或8mm的钢筋。

（3）龙骨安装与调平

先安装边龙骨再安装主龙骨，然后安装次龙骨（方法同T形龙骨吊顶）。

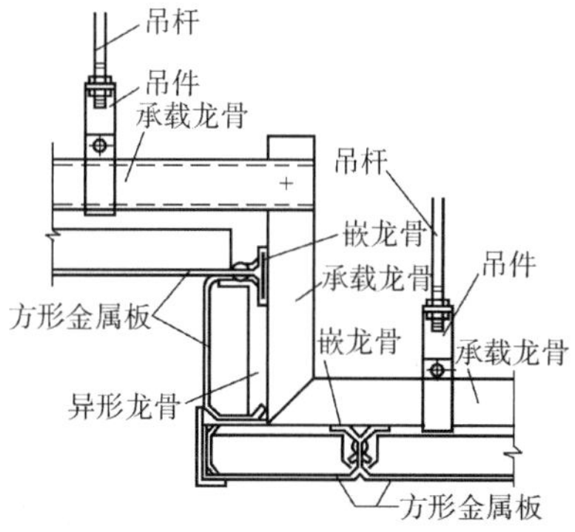

图3－23 方形金属吊顶板变标高构造做法示例

（4）罩面板安装

铝合金罩面板有条板和方板。铝合金条板基本上无须连接件，直接将条形板卡扣在特制的条龙骨内，即可完成安装。

铝合金方板安装有两种方式：一种为方板搁置式安装，即采用T形龙骨作吊顶覆面龙骨，因金属方形板的四边带翼，搁置于T形龙骨之上即可，搁置安装后的吊顶面形成格子式离缝效果。另一种为方板卡入式安装，这种安装方式的龙骨材料为带夹簧的嵌龙骨配套型材，即直接将方形板卡入三角龙骨的缝隙中即可，如图3－23和图3－24所示。

（5）板缝处理

金属条形板顶棚有闭缝和透缝两种形式，均使用敞缝式金属条板，可安装与其配套的嵌条达到封闭缝隙的效果，不安装嵌条即为透缝式。

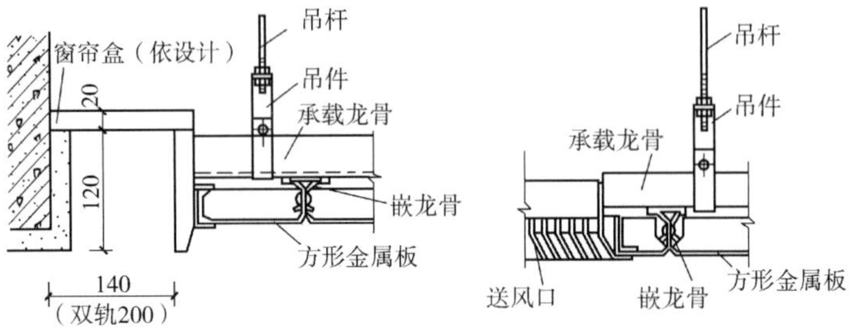

图 3－24 方形金属板吊顶窗帘盒与送风口构造做法示意图

任务3.6 吊顶工程的质量验收标准

3.6.1 暗龙骨吊顶工程的质量验收标准

（1）主控项目

①吊顶的标高、尺寸、起拱和造型应符合设计要求。

②饰面材料的材质、品种、规格、图案和颜色应符合设计要求。

③暗龙骨吊顶工程的吊杆、龙骨和饰面材料的安装必须牢固。

④吊杆和龙骨的材质、规格、安装间距及连接方式应符合设计要求。金属吊杆、龙骨应经过表面防腐处理；木龙骨吊杆应进行防腐、防火处理。

⑤石膏板的接缝应按其施工工艺标准进行板缝防裂处理。安装双层石膏板时，面层板与基层板的接缝应错开，且不得在同一根龙骨上接缝。

（2）一般项目

①饰面材料表面应清洁、色泽一致，不得有翘曲、裂缝及缺损。压条应平直、宽窄一致。

②饰面板上的灯具、烟感器、喷淋头、风口篦子等设备的位置应合理、美观，与饰面板的交接应吻合、严密。

③金属吊杆、龙骨的接缝应均匀一致，角缝应吻合，表面应平整，无翘曲、锤痕。木质吊杆、龙骨应顺直，无劈裂、变形。

④吊顶内填充材料的品种和铺设厚度应符合设计要求，并应有防散落措施。

⑤暗龙骨吊顶工程安装的允许偏差和检验方法应符合表 3－2 要求。

表3－2　暗龙骨吊顶工程安装的允许偏差和检验方法

项次	项目	允许偏差/mm				检验方法
		纸面石膏板	金属板	矿棉板	木板、塑料板、玻璃板	
1	表面平整度	3	2	2	2	用2m靠尺和塞尺检查
2	接缝直线度	3	1.5	3	3	拉5m线，不足5m拉通线，用钢尺检查
3	接缝高低差	1	1	1.5	1	用钢尺和塞尺检查

3.6.2　明龙骨吊顶工程的质量验收标准

（1）主控项目

①吊顶的标高、尺寸、起拱和造型应符合设计要求。

②饰面材料的材质、品种、规格、图案和颜色应符合设计要求。当饰面板材料为玻璃板时，应使用安全玻璃或采用可靠的安全措施。

③饰面材料的安装应稳固严密。饰面材料与龙骨的搭接宽度应大于龙骨受力面宽度的2/3。

④吊杆和龙骨的材质、规格、安装间距及连接方式应符合设计要求。金属吊杆、龙骨应进行表面防腐处理；木吊杆、龙骨应进行防腐、防火处理。

⑤明龙骨吊顶工程的吊杆和龙骨安装必须牢固。

（2）一般项目

①饰面材料表面应洁净、色泽一致，不得有翘曲、裂缝及缺损。饰面板与明龙骨的搭接应平整、吻合，压条应平直、宽窄一致。

②饰面板上的灯具、烟感器、喷淋头、风口篦子等设备的位置应合理、美观，与饰面板的交接应吻合、严密。

③金属龙骨的接缝应平整、吻合、颜色一致，不得有划伤、擦伤等表面缺陷。木质龙骨应平整、顺直，无裂痕。

④吊顶内填充吸声材料的品种和铺设厚度应符合设计要求，并应有防散落措施。

⑤明龙骨吊顶工程安装的允许偏差和检验方法应符合表3－3要求。

表3-3　明龙骨吊顶工程安装的允许偏差和检验方法

项次	项目	允许偏差/mm				检验方法
		石膏板	金属板	矿棉板	塑料板、玻璃板	
1	表面平整度	3	2	2	2	用2m靠尺和塞尺检查
2	接缝直线度	3	2	3	3	拉5m线，不足5m拉通线，用钢尺检查
3	接缝高低差	1	1	2	1	用钢尺和塞尺检查

思考与练习

（1）归纳顶棚装饰装修的常见类型。

（2）简述轻钢龙骨石膏板吊顶的施工要点。

（3）简述铝扣板吊顶的施工要点。

项目4　隔墙与隔断工程

知识目标

（1）了解隔墙、隔断的分类及常用的名词术语。

（2）掌握各种类型隔墙、隔断的构造以及隔墙、隔断工程所需材料的特性。

（3）掌握木龙骨隔墙、隔断的施工工艺流程及施工要点。

（4）掌握轻钢龙骨隔墙、隔断的施工工艺流程及施工要点。

（5）掌握玻璃砖隔墙、隔断的施工工艺流程及施工要点。

（6）了解隔墙、隔断的施工质量验收标准。

技能目标

（1）能够运用规范的建筑装饰施工术语对隔墙、隔断工程进行专业性介绍，并从实用性、艺术性、工艺性、技术性和经济性等方面合理地评价各种隔墙、隔断工程。

（2）熟悉隔墙、隔断工程常用的各种机具，并掌握其操作方法。

（3）能进行各种隔墙、隔断工程的施工操作。

本章着重介绍了木龙骨、轻钢龙骨、玻璃砖隔墙、隔断的构建形式和构件组成，以及以上不同材料的隔墙、隔断在施工中的材料选择、施工工艺流程、施工方法和注意事项。通过对本章内容的学习，重点掌握目前在隔墙、隔断工程中常用的施工工艺。

隔墙和隔断是出于使用功能的需要，通过设计手段并采用一定的材料来对建筑物内部空间做更深入、更细致的划分，使空间更丰富，功能更完善。

现代室内隔墙、隔断要求隔断物自身质量轻、厚度薄、拆移方便并具有一定刚度及隔声、保温能力。因此隔墙、隔断已逐渐由传统的砌筑空心砖、黏土砖、板条抹灰向各种轻质板材和轻质砌块发展。

任务4.1 隔墙与隔断工程概述

工作任务

通过本任务的学习了解隔墙、隔断工程的分类构造以及材料等方面的有关知识。

工作情景

建筑装饰施工“理实一体化”实训室或普通教室。采用“理实一体化”教学方法，现场讲解隔墙、隔断的分类、构造或材料等方面的基础知识。

4.1.1 隔墙和隔断的特点和作用

隔墙和隔断都是具有一定功能和装饰作用的建筑构件，二者均为非承重构件，其主要功能是分割室内外空间。常用分割与组合、引导与过渡的设计手法设置隔断和隔墙。

4.1.2 隔墙和隔断的区别

①隔墙高度是到顶的，而隔断高度可到顶或不到顶。

②隔墙在很大程度上是限定空间，即完全分隔空间；而隔断限定空间的程度较弱，相邻空间有似隔非隔的感觉。

③隔墙在一定程度上满足隔声、阻隔视线的要求；而隔断在隔声和阻隔视线方面并无要求，且具有一定的空透性，使两个空间有视线的交流。

④隔墙一经设置，往往具有不可更改性，至少是不能经常变动；而隔断有时比较容易移动和拆除，具有灵活性，可随时连通和分隔空间。

4.1.3 隔墙和隔断的种类

隔墙与隔断的种类很多。隔墙依其构造方式可分为骨架式隔墙、板材式隔墙和砌块式隔墙。隔断按隔断方式分为固定式隔断和活动式隔断；按其外部的形式分为空透式、移动式、屏风式、帐幕式、家具式等。

任务4.2 轻钢龙骨纸面石膏板隔墙

工作任务

通过本任务的学习了解轻钢龙骨纸面石膏板隔墙、隔断构造以及材料等方面的有关知识。

工作情景

建筑装饰施工“理实一体化”实训室或普通教室。采用“理实一体化”教学方法，现场讲解轻钢龙骨纸面石膏板隔墙、隔断的构造、材料以及施工等方面的基础知识。

4.2.1 轻钢龙骨纸面石膏板隔墙基本构造

轻钢龙骨隔墙是永久性墙体，以轻钢龙骨为骨架，以纸面石膏板为基材面层组合而成，面层可进行乳胶漆、壁纸、木材等多种材料的装饰，如图4-1所示。构造做法是用沿顶、沿地与沿墙龙骨构成隔墙边框，中间设立竖龙骨，如有需要还可加贯通龙骨、横撑龙骨和加强龙骨，龙骨间距可为300，400，600mm。

4.2.2 轻钢龙骨纸面石膏板隔墙材料及质量要求

(1) 龙骨材料

由沿顶、沿地、竖向龙骨、横撑龙骨、贯通龙骨以及加强龙骨组成，按其截面形状

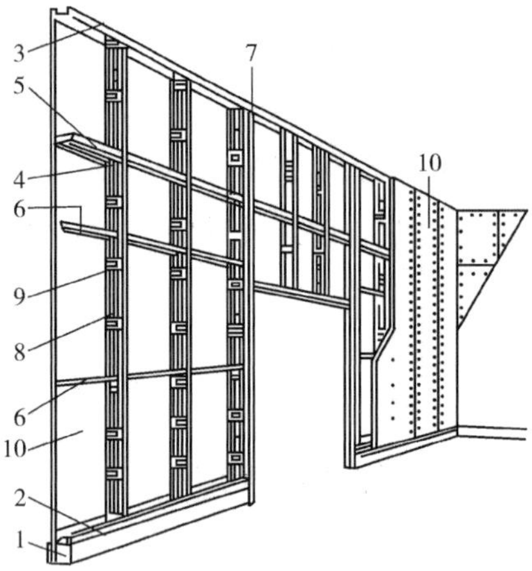

图4-1 轻钢龙骨纸面石膏板隔墙示意图

1—混凝土踢脚座 2—沿地龙骨 3—沿顶龙骨 4—竖龙骨 5—横撑龙骨 6—通贯横撑龙骨 7—加强龙骨 8—贯通孔 9—支撑卡 10—石膏板

可分为C形和U形两种，常用尺寸为Q50，Q75系列。龙骨规格的选择，应符合设计及构造要求。当墙高或荷载过大时，需选择规格大、壁厚的龙骨或采取加密龙骨、双龙骨等措施。

（2）纸面石膏板

有普通纸面石膏板、耐水纸面石膏板、耐火纸面石膏板以及吸音穿孔纸面石膏板。石膏板的种类、规格应按设计要求选用，其外观质量、尺寸、性能等均应符合相应质量标准要求。

（3）填充及嵌缝材料

骨架隔墙所用的填充材料及嵌缝材料的品种、规格、性能应符合设计要求。骨架隔墙内的填充材料应干燥、密实、均匀、无下坠。

4.2.3 轻钢龙骨纸面石膏板隔墙施工机具

型材切割机、无齿锯、冲击电钻、电动螺丝刀、射钉枪、嵌缝枪。

4.2.4 轻钢龙骨纸面石膏板隔墙施工工艺流程

弹线—地枕施工—安装沿地、沿顶及沿边龙骨—安装竖龙骨—固定洞口及门窗框—安装贯通龙骨和横撑龙骨—安装一侧石膏板—安装电线及附墙设备管线—安装另一侧石膏板—接缝处理—墙面装饰

4.2.5 轻钢龙骨纸面石膏板隔墙施工要点

（1）弹线

根据设计图纸确定隔断墙位置，在楼地面上弹出隔墙位置线并引至两端墙（柱）面及楼板（或梁）底面；同时将门洞口位置、竖向龙骨位置在地面和顶板上分别标出作为基准线。

（2）地枕施工

先对地枕与楼地面接触部位进行清理，然后刷素水泥浆或界面剂一道，随即用C20素混凝土制作地枕（踢脚台）。地枕上表面应平整，两侧应垂直。

（3）安装沿地、沿顶及沿边龙骨

沿地、沿顶龙骨与顶棚、地面连接及边、竖龙骨与墙、柱连接，一般可选用膨胀螺栓或射钉固定。对于砖砌体、柱体应采用金属膨胀螺栓、射钉或电钻打孔时，固定点的间距常按900mm布置，最大应不超过1000mm。在龙骨与基层之间应铺橡胶条或沥青泡沫塑料条使其结合良好，有的需要在龙骨的背面粘贴两个氯丁橡胶条作为防水、隔声的一道密封，如图4－2所示。

（4）安装竖向龙骨

竖向龙骨间距按设计要求确定，当设计无要求时可按板宽确定。例如选用1200mm板宽时，间距可定为300，400，600mm。竖向龙骨与沿地、沿顶龙骨采用拉铆钉的方法固定，如图4－3所示。

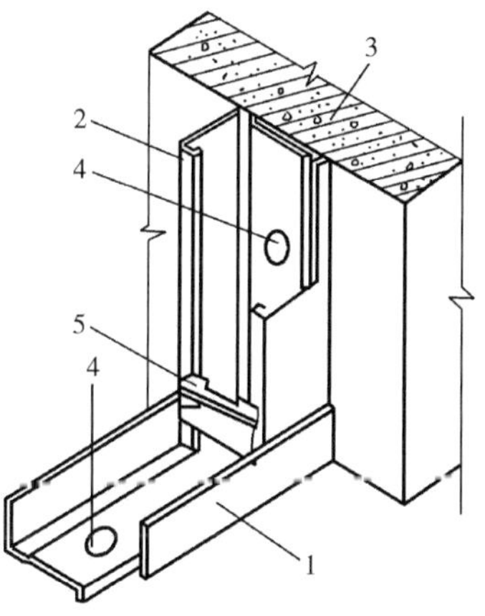

图4－2　沿地、沿墙龙骨与墙、地固定

1—沿地龙骨　2—竖向龙骨　3—墙或柱

4—射钉及垫圈　5—支撑卡

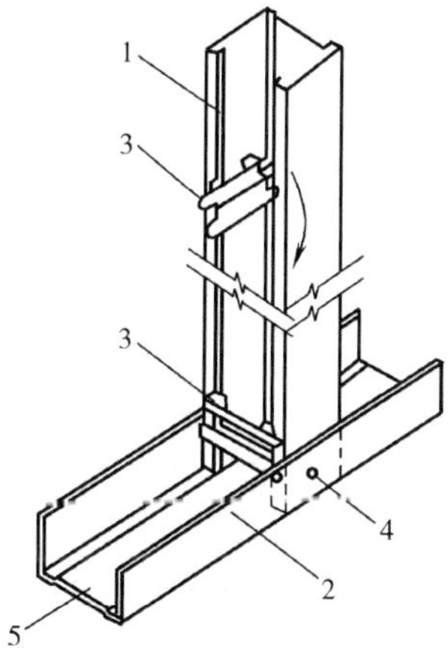

图4－3　竖向龙骨与沿地龙骨固定

1—竖向龙骨　2— 沿地龙骨　3—支撑卡

4—铆孔　5—橡皮条

（5）固定洞口及门窗框

门窗洞口处的竖龙骨安装，应依照图纸确定门洞的位置，采用双根并用的方式加强龙骨。如果门的尺度大且门扇较重，应在门框外的上下、左右增设斜撑，如图4－4所示。

（6）安装贯通龙骨

贯通龙骨的设置：低于3m的隔断墙安装一道，3～5m的隔断墙安装两道，5m以上

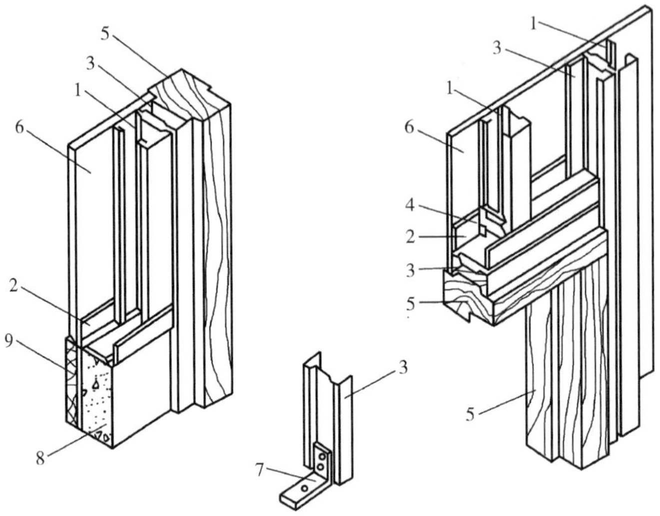

图4－4 木门框处的构造

1—竖向龙骨 2—沿地龙骨 3—加强龙骨 4—支撑卡

5—木门框 6—石膏板 7—固定件 8—混凝土踢脚座 9—踢脚板

的隔墙应安装三道。对贯通龙骨横穿各条竖龙骨进行贯通冲孔，需要接长时使用其配套的连接件，如图4－5和图4－6所示。

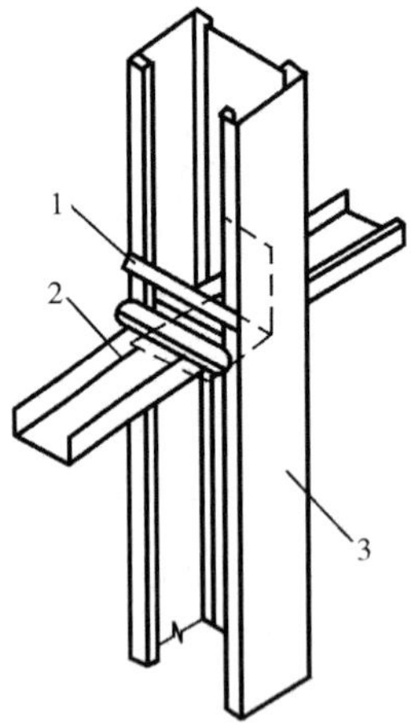

图4－5 贯通龙骨与竖龙骨的连接

1—支撑卡 2—贯通龙骨 3—竖龙骨

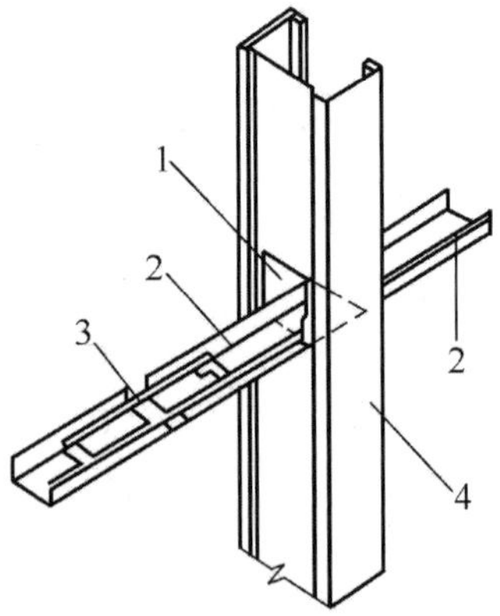

图4－6 贯通龙骨的接长

1—贯通孔 2—贯通龙骨 3—贯通龙骨连接件

4—竖龙骨（或加强龙骨）

（7）安装横撑龙骨

隔墙轻钢骨架的横向支撑除采用贯通龙骨外，有的需要设横撑龙骨，如图4－7所示。一般当隔墙骨架超过3m高度时，或是罩面板的水平方向板端（接缝）并非落在沿顶、沿地龙骨上时，应设横撑龙骨对骨架加强或予以固定板缝。

（8）安装电线及附墙设备管线

按图纸要求施工，安装电器管线时不应切断横、竖向龙骨，同时应避免沿墙下端走线，如图4－8所示。

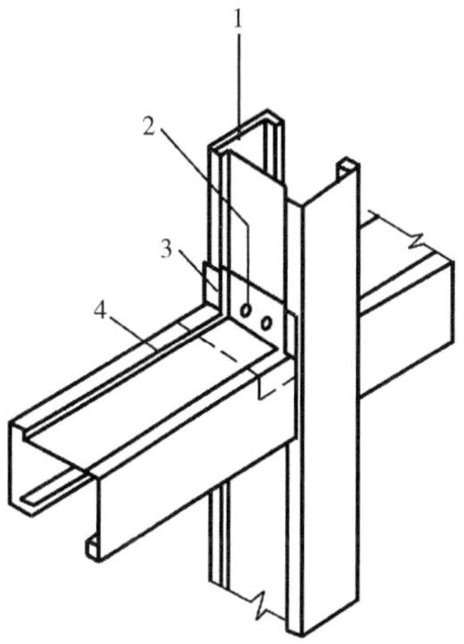

图4－7　竖龙骨与横龙骨或加强龙骨的连接

1—竖龙骨或加强龙骨　2—拉铆钉或自攻螺栓　3—角托　4—横龙骨或加强龙骨

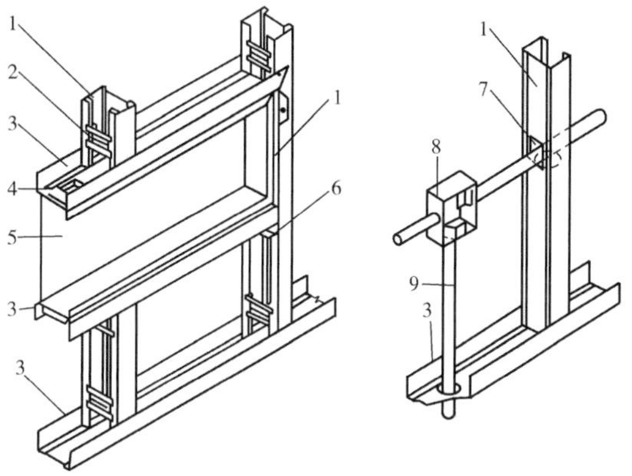

图4－8　配电箱和开关盒的构造示意图

1—竖龙骨　2—支撑卡　3—沿地龙骨　4—穿管开洞　5—配电箱　6—卡托　7—贯通孔　8—开关盒　9—电线管

（9）安装石膏板

纸面石膏板安装应竖向排列，龙骨两侧的石膏板应错缝。安装第一层纸面石膏板时，其上、下端与楼板应留6～8mm的间隙，使用自攻螺钉把石膏板与龙骨紧密连接，其间距为：板边部分200mm，中间部分300mm。螺钉距离石膏边缘距离为10～15mm，自攻螺钉紧固时，纸面石膏板必须与龙骨紧靠，如图4－9所示。罩面板长边接缝应落在竖龙骨上，墙两面的接缝不能落在同一根龙骨上。安装双层纸面石膏板时，第二层纸面石膏板的安装方法与第一层相同，但第二层板与第一层板的接缝不能落在同一根龙骨上。

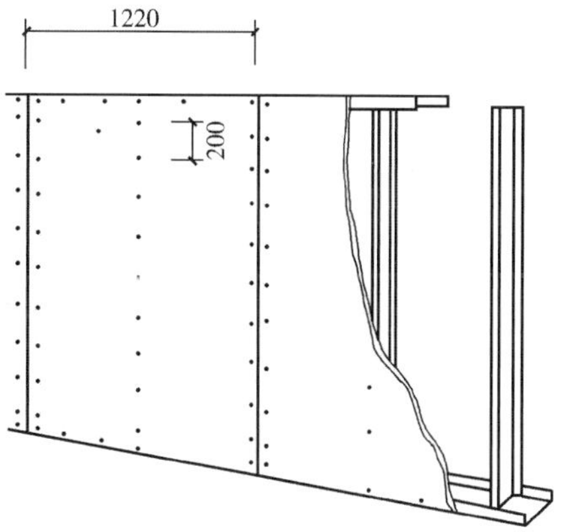

图4－9　固定板材及对缝

（10）接缝处理

板与墙、顶结构接缝：用嵌缝膏填缝密封，将管装的建筑嵌缝膏装入嵌缝枪内，把建筑嵌缝膏挤入预留的石膏板墙与顶板及结构墙的间隙内。板间接缝可按以下程序处理：将嵌缝腻子均匀饱满地嵌入板缝，并在接缝处刮上白乳胶，随即贴上接缝带，用刮刀沿接缝带方向将纸带内的胶黏剂挤出接缝带，然后满刮腻子 2～3 遍。待腻子完全干燥后，用砂纸打磨。嵌完的接缝处必须平滑，中部略微凸起向两边倾斜。

（11）墙面装饰

纸面石膏板隔墙的常见终饰方法有裱糊墙纸或裱糊织物、粘贴木纹片、涂料施工等。

任务 4.3　木龙骨隔墙施工

工作任务

通过本任务学习木龙骨隔墙、隔断构造及材料等方面的有关知识。

工作情景

建筑装饰施工“理实一体化”实训室或普通教室。采用“理实一体化”教学方法，现场讲解木龙骨隔墙、隔断的构造、材料以及施工等方面的基础知识。

4.3.1　木龙骨隔墙基本构造

木龙骨隔墙（隔断）一般采用木方材做骨架，采用木拼板、木条板、胶合板、纤维板、塑料板等作为饰面板。它可以代替刷浆、抹灰等湿作业施工，减轻建筑自身的重量，增强保温、隔热、隔声性能，并可降低劳动强度，加快施工进度。木龙骨轻质罩面板隔墙基本构造，如图 4－10 所示。

4.3.2　木龙骨隔墙材料及质量要求

（1）木龙骨

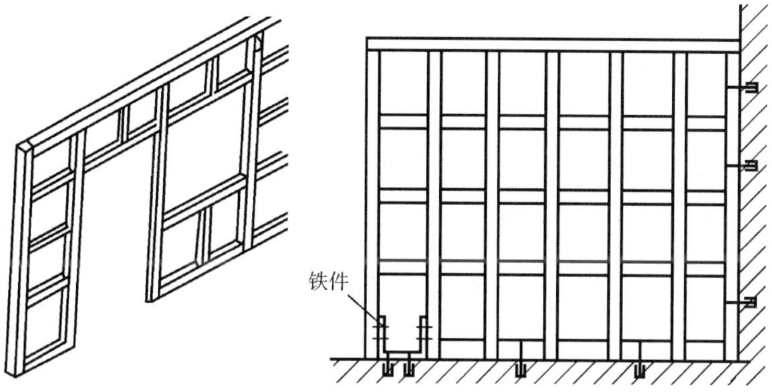

图4－10　木制隔墙、隔断构造示意图

按消防要求对木龙骨做防火处理。木龙骨架由上槛、下槛、立筋、斜撑或横档构成。木料断面通常为50mm×70mm或50mm×100mm，依房间的高度不同而选用。沿立筋高度方向每隔1.5m左右设斜撑一道，与立筋撑紧、钉牢。如表面铺钉面板，则改斜撑为水平横档。立筋与横档间距根据饰面材料规格而定，通常取300，400，600mm。

（2）罩面板

有纸面石膏板、矿棉板、胶合板、纤维板等。纸面石膏板表面应平整，边缘整齐，不应有污垢、裂缝、缺角、翘曲、起皮、色差和图案不完整等缺陷；胶合板、木质纤维板不应脱胶、变色和腐朽。

（3）防火涂料

有膨胀型防火涂料和非膨胀型防火涂料两大类。

4.3.3　木龙骨隔墙施工机具

手电钻、电锯、小台刨、线刨、槽刨、锯、斧、锤、螺丝刀、射钉枪等。

4.3.4　木龙骨隔墙施工工艺流程

弹线分格—木龙骨防火处理—拼装木龙骨—木龙骨骨架安装—罩面板安装

4.3.5　木龙骨隔墙施工要点

（1）弹线分格

在地面和墙面上弹出墙体位置宽度线和高度线，找出施工的基准点和基准线，使施工有所依据。

（2）木龙骨防火处理

隔墙所用木龙骨需进行防火处理和防腐处理。

（3）拼装木龙骨

对于面积不大的墙身可一次拼成木龙骨架后再安装固定在墙面上；对于面积较大的墙身，可将木龙骨架分片拼装，分片安装固定。

（4）木龙骨架安装

使用木楔铁钉将木龙骨架在墙上钉牢，钉距400～500mm，如图4－11和图4－12所示。

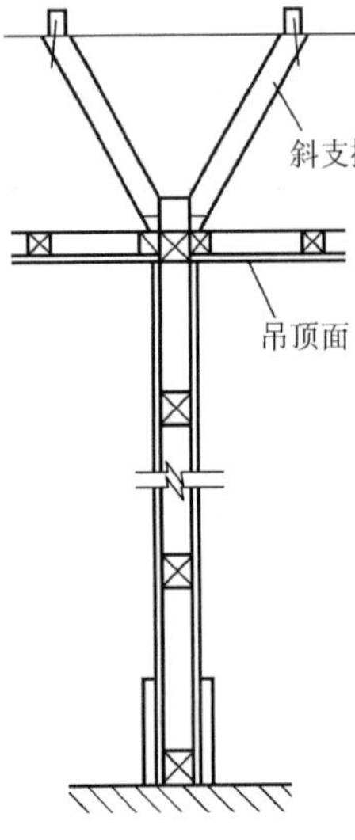

图4－11　带木门隔墙与建筑顶面的连接固定

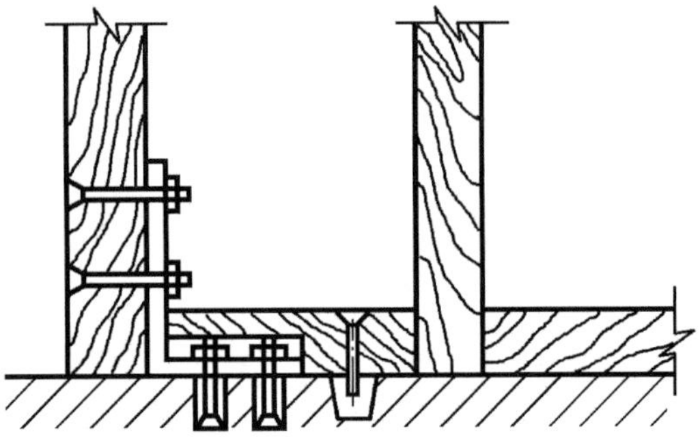

图4－12　木隔墙门框采用铁件加固的构造做法

（5）安装罩面板

立筋间距应与板材规格相配合，以减少浪费。一般在立筋的一面或两面钉板。胶合板罩面安装前，对基体应进行处理，其表面如采用油毡、油纸防潮时，应铺设平整，接触严密，不得有皱褶、裂缝和透孔等。用胶合板罩面时，钉长为25～35mm，钉距80～150mm，钉帽应打扁，并钉入板面0.5～1mm，钉眼应用油性腻子抹平，以防止板面空鼓、翘曲，钉帽生锈。用纤维板罩面时，如用圆钉固定，钉距为80～120mm，钉长为20～30mm，钉帽宜进入板内0.5mm，钉眼用油性腻子抹平。

任务4.4　骨架隔墙的质量标准

4.4.1　主控项目

①骨架隔墙所用龙骨、配件、隔墙板、填充材料及嵌缝材料的品种、规格、性能和木材的含水率应符合设计要求。有隔声、隔热、阻燃、防潮等特殊要求的工程，材料应有相应性能等级的检测报告。

②骨架隔墙工程边框龙骨必须与基体结构连接牢固，并应平整、垂直、位置正确。

③骨架隔墙中龙骨间的构造连接方法应符合设计要求。骨架内设备管线的安装、门窗洞口等部位加强龙骨应安装牢固、位置正确，填充材料的设计应符合要求。

④木龙骨及木墙面板的防火和防腐必须符合设计要求。

⑤骨架隔墙的墙面板应安装牢固，无脱层、翘曲、折裂及缺损。

⑥墙面板所用接缝材料的接缝方法应符合设计要求。

4.4.2　一般项目

①骨架隔墙表面应平整光滑，色泽一致，无裂缝，接缝应均匀、顺直。

②骨架隔墙上的孔洞、槽、盒应位置正确，套割吻合，边缘整齐。

③骨架隔墙金属吊杆、龙骨的接缝应均匀一致，角缝应吻合，表面应平整，无翘曲、锤痕。木质吊杆、龙骨应顺直，无劈裂、变形。

④骨架隔墙内的填充材料应干燥，填充密实、均匀、无下坠。

⑤骨架隔墙安装的允许偏差及检验方法应符合表4－1要求。

表4－1　骨架隔墙安装的允许偏差及检验方法

项次	项目	允许偏差/mm		检验方法
		纸面石膏板	人造木板、水泥纤维板	
1	立面垂直度	3	4	用2m垂直检测尺检查
2	表面平整度	3	3	用2m垂直检测尺检查
3	阴阳角方正	3	3	用直角检测尺检查
4	接缝直线度	—	3	拉5m线，不足5m拉通线，用钢直尺检查

续表

项次	项目	允许偏差/mm		检验方法
		纸面石膏板	人造木板、水泥纤维板	
5	压条直线度	—	3	拉5m线，不足5m拉通线，用钢直尺检查
6	接缝高低差	1	1	用钢直尺和塞尺检查

任务4.5　玻璃砖隔墙

工作任务

通过本任务学习玻璃砖隔墙、隔断构造以及材料等方面的有关知识。

工作情景

建筑装饰施工“理实一体化”实训室或普通教室。采用“理实一体化”教学方法，现场讲解玻璃砖隔墙、隔断的构造、材料以及施工等方面的基础知识。

玻璃砖隔墙是指木材、金属型材等做边框，在边框内将玻璃砖四周的凹槽内灌注黏结砂浆或专用胶黏剂，把多个玻璃砖拼装到一起形成的隔墙，不但能分割空间，还具有采光、保温、隔音和装饰的功能。玻璃隔墙一般常用于公共建筑之中。但近年来玻璃砖隔墙在家装市场中也深受青睐。

4.5.1　玻璃砖隔墙基本构造

玻璃砖在室内装饰装修的施工做法可分为砌筑法和胶筑法两种。前者做法比较陈旧，后者比较先进，施工简便。

4.5.2　玻璃砖隔墙材料及质量要求

（1）玻璃砖

由机械压制成型的玻璃对接而成，被称为“透光墙壁”，具有强度高、透明度好以及具有良好的隔声、绝热、耐水、防火等特点。玻璃砖按内部构造分为实心砖与空心砖两大类，按形状分有正方形、矩形及各种异型配件。在使用时各种玻璃砖的规格、尺寸、图案和质量应符合设计要求。

（2）轻金属型材或镀锌钢型材

型材的尺寸为空心玻璃砖厚度加滑动缝隙，型材深度至少应为50mm，用于玻璃砖墙边条重叠部分的涨缝。

（3）胶结材料

强度等级为32.5或42.5白色硅酸盐水泥或环氧树脂胶、玻璃胶黏剂。

（4）掺和料

石灰膏或石膏粉及少量胶黏剂。

（5）辅助材料

墙体水平钢筋、槽钢和玻璃丝毡或聚苯乙烯等，按设计要求备齐，质量要符合设计要求。

（6）硬质泡沫塑料

至少10mm厚，不吸水，用于构成涨缝。

（7）沥青纸

用于构成滑缝。

（8）硅树脂

为中性透明隔热材料。

（9）定位支架

一般为塑料制品，规格为6～10mm。

4.5.3　玻璃砖隔墙施工机具

电钻、水平尺、木榔头或橡胶榔头、砌筑和勾缝工具。

4.5.4　玻璃砖隔墙砌筑法施工工艺流程

固定型材—选砖排砖—安装定位支架—扎筋—砌砖—勾缝—嵌缝处理

4.5.5 玻璃砖隔墙砌筑法施工要点

（1）固定型材

砌筑前，应将玻璃砖墙的夹持型材固定在基面与砖墙相接的建筑物构架上，其型材选用槽钢、角钢或钢板。固定采用膨胀螺栓，螺栓最大间距为500mm。在型材的底面贴硬质泡沫塑料（作为涨缝），在型材侧面贴沥青纸（作为滑缝），泡沫塑料至少10mm厚。

（2）选砖排砖

玻璃砖砌体采用十字缝立砖法。根据弹好的位置线，首先要认真核对玻璃砖墙长度尺寸是否符合排砖模数。预排时应挑选棱角整齐、规格相同、对角线基本一致、表面无裂痕和磕碰的玻璃砖进行排砖。两玻璃砖对砌，砖缝间距为5～10mm。

（3）安装定位支架

在水平或垂直接缝中，每块空心砖间用塑料卡子隔开，使缝隙均匀牢固。

（4）扎筋

室内玻璃砖隔墙的高度和长度均超过1.5m时，应在每两到三层空心玻璃砖上水平布两根直径6mm或8mm的钢筋，在垂直方向上每三个缝至少布一根钢筋（错缝砌筑时除外）。钢筋深入槽口不小于35mm，用钢筋增强的玻璃砖隔墙高度不得超过4m。

（5）砌砖

砌砖时，应按上、下层对缝的方式，自下而上砌筑，两玻璃砖之间的砖缝不得小于10mm，也不得大于30mm。玻璃砖砌筑用砂浆按白水泥∶细砂＝1∶1或白水泥∶108胶＝100∶7（质量比）的比例调制。白水泥浆有一定稠度，以不流淌为好。玻璃砖墙宜以1.5m高为一个施工段，待下部施工段胶结材料达到设计强度后再进行上部施工。当玻璃砖墙面积过大时，应增加支撑。空心玻璃砖与顶部金属型材框的幅面之间应用木楔固定。砌筑完成后将塑料卡子裸露在砖外的部分轻轻掰掉。

（6）勾缝

砌筑完成后，要及时擦去多余的砂浆，并用白水泥勾缝。

（7）嵌缝处理

4个星期之后，在空心玻璃砖墙之间的接缝及边框等可见表面用硅树脂涂覆一遍。

4.5.6 玻璃砖隔墙胶筑法施工要点

胶筑法玻璃砖隔墙的施工流程与砌筑法大致相同，只是所用胶黏剂由水泥砂浆改为大力胶。

4.5.7 玻璃砖隔墙施工验收标准

（1）主控项目

①玻璃隔墙工程所用材料品种、规格、性能、图案和颜色应符合设计要求。

②玻璃砖隔墙的砌筑或玻璃板隔墙的安装方法应符合设计要求。

③玻璃砖隔墙其中埋设的拉筋必须与基体结构连接牢固，并应位置正确。

④玻璃板隔墙的安装必须牢固，玻璃板隔墙胶垫的安装应正确。

（2）一般项目

①玻璃隔墙表面应颜色一致、平整、洁净、美观。

②玻璃隔墙接缝应横平竖直，玻璃应无裂痕、缺损和划痕。

③玻璃板隔墙嵌缝及玻璃砖隔墙勾缝应密实严密、均匀顺直、深浅一致。

④玻璃砖隔墙安装的允许偏差和检验方法应符合表4－2。

表4－2 玻璃砖隔墙安装的允许偏差和检验方法

项次	项目	允许偏差/mm		检验方法
		玻璃砖	玻璃板	
1	立面垂直度	3	2	用2m垂直检测尺检查
2	表面平整度	3	—	用2m靠尺和塞尺检查
3	阴阳角方正	—	2	用直角检测尺检查
4	接缝直线度	—	2	拉5m线或通线，用钢直尺检查
5	接缝高低差	3	2	用钢直尺和塞尺检查
6	接缝宽度差	—	1	用钢直尺检查

思考与练习

（1）归纳隔断与隔墙的异同点。

（2）简述轻钢龙骨双层纸面石膏板隔墙的施工工艺。

（3）简述空心玻璃砖隔墙的施工工艺。

项目5　楼地面装饰工程施工

知识目标

（1）了解楼地面装饰工程的分类及常用的名词术语。

（2）掌握整体式楼地面分层构造以及所需要材料的特性和施工工艺要点。

（3）掌握块材式楼地面分层构造以及所需要材料的特性和施工工艺要点。

（4）掌握木质楼地面构造以及所需要材料的特性和施工工艺要点。

（5）掌握软质楼地面构造以及所需要材料的特性和施工工艺要点。

技能目标

（1）能够运用规范的建筑装饰施工术语对楼地面装饰工程进行专业性介绍，并从实用性、艺术性、工艺性和经济性等方面合理地评价各种楼地面装饰工艺。

（2）熟悉各种楼地面工程施工常用的机具，并掌握其操作方法。

（3）能进行各种楼地面工程各种做法的施工操作。

任务5.1　整体式楼地面

工作任务

本任务为整体式楼地面中水泥砂浆楼地面与现浇水磨石地面的施工，通过本任务的学习，了解整体式楼地面的分类、构造以及材料等方面的有关知识。

工作情景

建筑装饰施工“理实一体化”实训室或普通教室。采用“理实一体化”教学方法，现场讲解抹灰类楼地面的分类、构造或材料等方面的基础知识。

整体式楼地面的选材广泛，面层无接缝，可以通过加工处理获得丰富的装饰效果，一般造价较低，施工简便。它们是以胶凝材料和骨料的混合体现场整体浇筑抹平而成，从材料和施工工艺的角度来划分则属于抹灰类构造。

5.1.1 水泥砂浆楼地面施工

水泥砂浆楼地面是应用最普及、最广泛的一种地面做法。造价低廉、坚固耐磨、防潮、防水，是一种相对低档的楼地面装饰工艺。

5.1.1.1 水泥砂浆楼地面基本构造

水泥砂浆楼地面是将水泥砂浆涂抹于混凝土基层或垫层上，抹压制成的地面。水泥砂浆面层材料由水泥和沙按一定比例配制而成。水泥砂浆楼地面一般的做法是在结构层上抹水泥砂浆，有双层和单层之分。单层的做法是在面层抹一层15～20mm厚1∶2～1∶2.5水泥砂浆；双层做法是先抹一层15～20mm厚1∶3水泥砂浆找平层，再抹13mm厚1∶2.5～1∶2水泥砂浆面层，如图5－1所示。

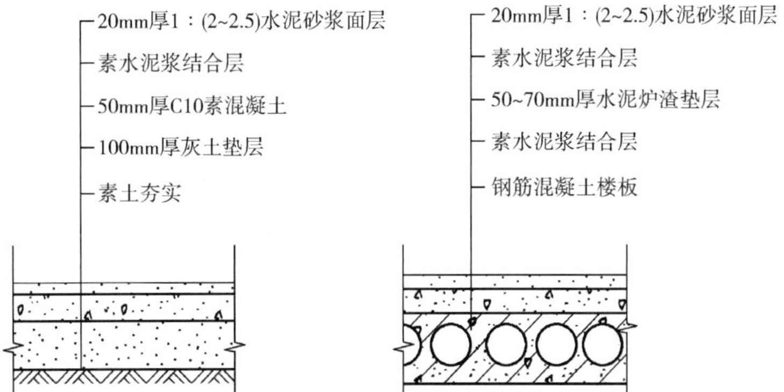

图5－1 水泥砂浆地（楼）面构造示意图

5.1.1.2 水泥砂浆楼地面材料及质量要求

（1）水泥

优先选用硅酸盐水泥、普通硅酸盐水泥，其标号应不低于32.5级；若采用矿渣水泥，标号应不低于42.5级。在施工中严禁不同品种不同标号的水泥混用。

（2）砂

应采用中砂或粗砂，过8mm孔径筛子，含泥量应不大于3%。

5.1.1.3 水泥砂浆楼地面施工机具

搅拌机、木杠、木抹子、铁抹子、喷壶、铁锹、小水桶、长把刷子、扫帚、钢丝刷、粉线包、錾子、锤子等。

5.1.1.4 水泥砂浆楼地面施工工艺流程

基层处理—刷水泥砂浆结合层—铺抹水泥砂浆—抹平压光—面层分格—养护

5.1.1.5 水泥砂浆楼地面施工要点

（1）基层清理

将基层表面积灰、浮浆、油污及杂物清理干净。抹砂浆前浇水湿润，表面积水应予以排除。

（2）找规矩

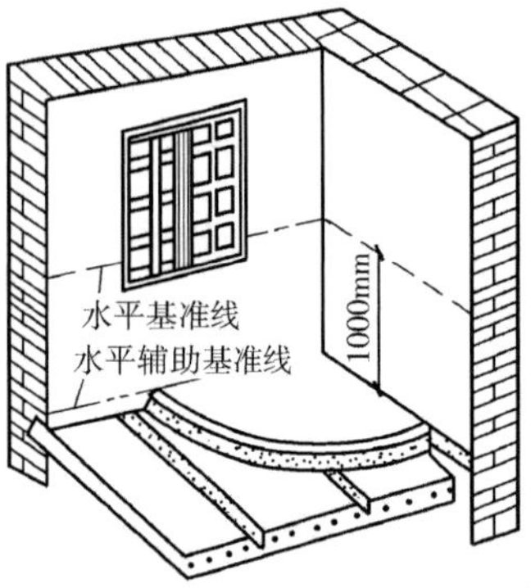

图5-2 弹基准线

①弹基准线：地面抹灰前，应先在四周墙上弹出一道水平基准线，作为确定水泥砂浆面层标高的依据。做法是以地面±0.00为依据，根据实际情况在四周墙上弹出0.5m或1m作为水平基准线。根据水平基准线量出地面标高并弹于墙上（水平辅助基准线），作为地面面层上皮的水平基准，如图5-2所示。要注意按设计要求的水泥砂浆面层厚度弹线。

②做标筋：根据水平辅助基准线，从墙角处开始沿墙每隔1.5~2m用1∶2水泥砂浆抹标志块，标志块大小一般是8~10cm见方。待标志块结硬后，再以标志块的高度做出纵横方向通长的标筋以控制面层的标高，如图5-3所示。地面标筋用1∶2水泥砂浆，宽度一般为8~10cm。做标筋时，要注意面层标高应与门框的锯口线吻合。

③找坡度：对于厨房、浴室、厕所等房间的地面，要找好排水坡度。有地漏的房间，要在地漏四周做出不小于5%的泛水，以避免地面“倒流水”或产生积水。抄平时要注意各室内地面与走廊高度的关系。

④校核找正：地面铺设前，还要将门框再一次校核找正。方法是先将门框锯口线抄

平找正，并注意当地面面层铺设后，门扇与地面的间隙应符合规定要求，然后将门框固定，防止松动、位移。

（3）铺抹水泥砂浆

面层铺抹前先刷一道4%～5%的108胶素水泥浆，随即铺抹水泥砂浆，用刮尺赶平并用木抹子压实、搓平。

（4）抹平压光

在水泥砂浆初凝后终凝前用铁抹子反复压光三遍，每遍抹压的时间要适当，以保证工程质量。压光过早或过迟都会造成地面起砂、起灰等质量问题。

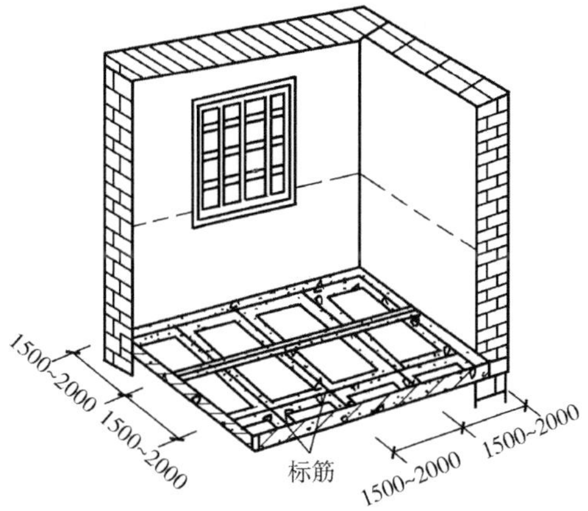

图5－3　做标筋

（5）面层分格

当地面面积较大、设计要求分格时，应根据地面分格线的位置和尺寸，在墙上或踢脚板上划好分格线位置，在面层砂浆刮抹搓平后，根据墙上或踢脚板上已划好的分格线，用地面分格器紧贴靠尺顺线划出格缝。待面层水泥终凝前，再用钢皮抹子压平压光，把分隔缝理直压平。

（6）养护

水泥砂浆面层铺好后1d内应用砂或锯末覆盖，并在7～10d内每天浇水不少于一次进行养护，养护期间不允许压重物或碰撞。

5.1.1.6　水泥砂浆楼地面验收标准

（1）主控项目

①水泥砂浆采用硅酸盐水泥、普通硅酸盐水泥，其强度等级不低于32.5。不同品种不同强度等级的水泥严禁混用。砂应为中粗砂，当采用石屑时，其粒径应为1～5mm，且含泥量应不大于3%。

②水泥砂浆面层的体积比（强度等级）必须符合设计要求，且体积比应为1∶2，强度等级应不小于M15。

③面层与下一层应结合牢固，无空鼓、裂纹。

（2）一般项目

①面层表面的坡度应符合设计要求，不得有倒泛水和积水现象。

②面层表面应洁净，无裂纹、脱皮、麻面、起砂等缺陷。

③踢脚线与墙体应紧密结合，高度一致，出墙厚度均匀。

④楼梯踏步的高度、宽度应符合设计要求。楼层梯段相邻踏步高度差应不大于

10mm，每踏步两端宽度差应不大于10mm；旋转楼梯梯段的两端宽度允许偏差为5mm，楼梯踏步的齿角应整齐，防滑条应顺直。

⑤水泥砂浆楼地面的允许偏差和检验方法应符合表5－1要求。

表5－1 水泥砂浆楼地面的允许偏差和检验方法

项次	项目	允许偏差/mm	检验方法
1	表面平整度	4	用2m靠尺和楔形塞尺检查
2	踢脚线上口平直	4	拉5m线和用钢尺检查
3	缝格平直	3	

5.1.2 现浇水磨石楼地面施工

现浇水磨石地面具有美观大方、平整光滑、坚固耐久、易于保洁、整体性好等优点，缺点是施工工序多、施工周期长、噪声大、现场湿作业多、易形成污染。水磨石地面适用于清洁要求较高或潮湿的场所，如洁净厂房车间、医疗办公用房、厕所、厨房等。

5.1.2.1 现浇水磨石楼地面基本构造

现浇水磨石楼地面是指在水泥砂浆或钢筋混凝土垫层上，按设计分格及相应配合比抹水泥石子浆，待其凝固硬化后，磨光露出石渣，并经补浆、细磨、打蜡成水磨石地面，如图5－4所示。

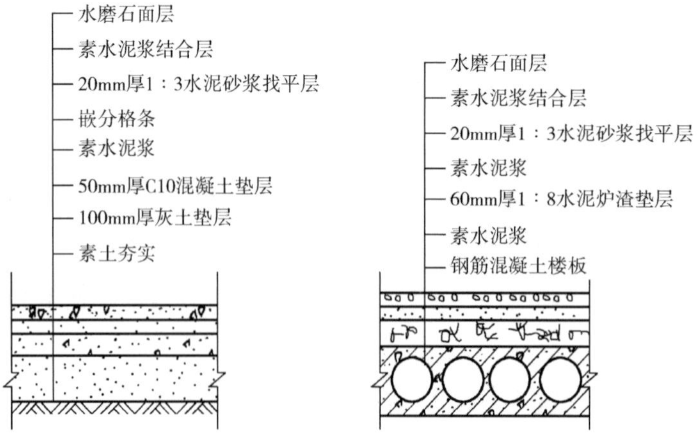

图5－4 现浇水磨石地（楼）面构造示意图

5.1.2.2 现浇水磨石楼地面材料及质量要求

（1）水泥

深色水磨石面层应采用硅酸盐水泥、普通硅酸盐水泥或矿渣硅酸盐水泥，且相同颜色的面层应使用同一批水泥。白色、浅色或彩色水磨石面层施工应采用白色水泥。无论使用何种水泥，其强度等级应不低于42.5级。

（2）石粒

应选用坚硬、可磨的白云石、大理石等岩石加工而成的石粒，其品种、规格、颜色应根据设计要求而定。石粒的粒径除特殊要求外，其规格应为5～15mm，石粒最大粒径应比水磨石面层厚度小1～2mm。各种石粒应洁净无杂物，无风化颗粒，按不同的品种、规格、颜色分别存放。

（3）砂

应选用中砂且含泥量不大于3%。

（4）分隔条

一般有玻璃条、铜条、铝条或彩色塑料条。玻璃厚3～5mm，宽12～15mm；铜条或铝条厚3mm，宽12～15mm；彩色塑料条厚2～3mm，宽10mm；使用时切成需要长度。

（5）颜料

应采用耐光、耐碱的矿物质颜料，不得使用酸性颜料，掺入量通常为水泥的3%～6%。同一彩色面层应采用同厂、同批次的颜料，以确保颜色一致。

（6）草酸

草酸即乙二酸，对皮肤有腐蚀作用。使用前用沸水溶解成浓度为10%～25%的溶液冷却后使用。

（7）地板蜡

由天然或石油中提取的固体石蜡和溶剂配制而成，按0.5kg石蜡配2kg煤油的配比自行配制，用时加300g松香水和100g鱼油调制，现在市面上有成品地板蜡。

5.1.2.3　现浇水磨石楼地面施工机具

方头铁抹子、木抹子、刮杠、水平尺、磨石机、湿式磨光机和滚筒等机具。

5.1.2.4　现浇水磨石楼地面施工工艺流程

基层清理—浇水冲洗湿润—设置标筋—做水泥砂浆找平—养护—弹线、嵌分隔条—铺抹水泥石粒浆面层—滚筒滚压—养护—分遍磨光—抛光—打蜡上光

5.1.2.5　现浇水磨石楼地面施工要点

（1）基层清理

把粘在基层上的浮浆、落地灰等用钢錾或钢丝刷刷干净，用扫帚将浮土清扫干净。根据水平标准线和设计厚度在四周的墙、柱上弹出面层标高以控制地面厚度。

（2）弹线、嵌分格条

抹好水泥砂浆找平层24h后，按设计要求在找平层上弹线分格，分格间距以1m左

右为宜。镶贴分格条时，先将平口板按分格线靠直，将分格条贴近板条，分左右两边用小铁抹子抹稠水泥浆，拉线粘贴分格条。水泥砂浆的涂抹高度应低于分格条顶4～6mm，并做成45°，如图5－5所示。嵌条应平直、牢固、接头严密，并作为铺设面层的标志。分格条十字交叉接头处粘嵌水泥浆时，宜留有30～40mm的空隙，以确保铺设水泥石粒浆时使石粒分布饱满，磨光后表面美观，如图5－6所示。分格条粘嵌后，经24h即可洒水养护，一般养护3～5d。

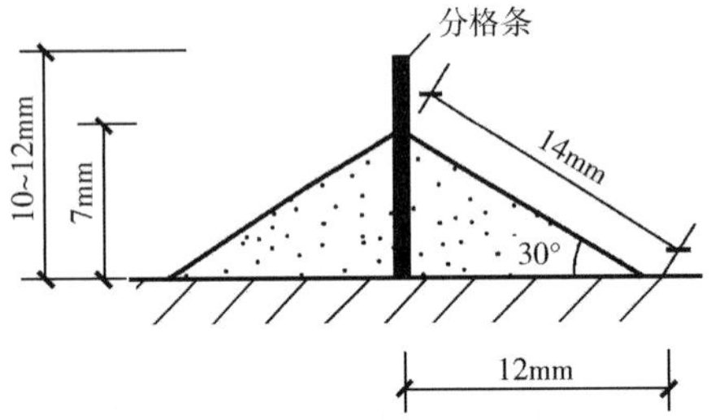

图5－5 分隔条正确的粘贴方式

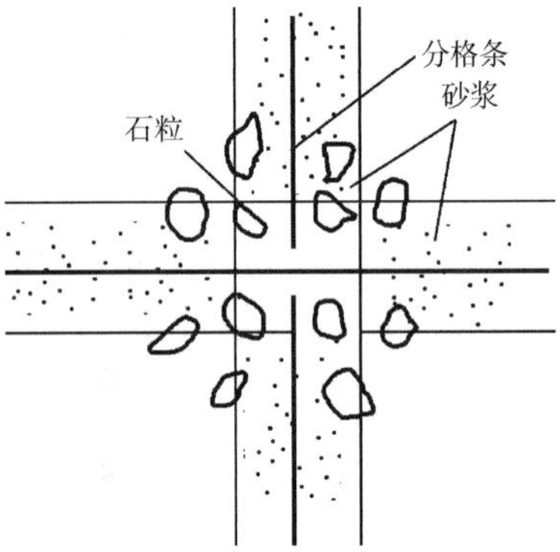

图5－6 分格条交叉处正确粘嵌法

（3）铺抹石粒浆面层

分隔条粘嵌养护后，清除积水、浮灰，涂刷与面层颜色一致的水泥砂浆结合层一道。结合层水泥砂浆的水灰比为0.4～0.5，也可在水泥砂浆内适当掺入胶黏剂，随刷随铺设面层水泥石粒浆。

（4）滚筒滚压

滚压应该从横竖两个方向轮换进行，用力均匀，防止压倒或压坏分格条。待表面出浆后，再用抹子抹平。滚压的过程中如发现表面石子偏少可在水泥浆较多处补撒石子并拍平，滚压至表面平整、泛浆且石粒均匀排列为止。

（5）养护

石子浆铺抹24h后，应进行浇水养护。

（6）分遍磨光

水磨石开磨时间与所用水泥品质、色粉品种及气候条件有一定关系。水磨石面层开磨前应先进行试磨，表面石渣不松动方可开磨。具体操作步骤是边磨边洒水，确保磨盘下有水并随时清除磨石浆。如果开磨时间过晚可在磨盘下撒少量沙子助磨。普通水磨石面层磨光次数应不少于三遍，高级水磨石面层应适当增加磨光遍数或提高油石号数。

（7）抛光

抛光是用10%的草酸溶液进行涂刷，随即用240～320#油石细磨，草酸溶液可立即腐蚀细磨表面的突出部分并将生成物挤压到凹陷部位，经物理和化学反应，使水磨石表面生成一层光泽膜。通过抛光对细磨面进行最后加工，使水磨石地面显现装饰效果。

（8）打蜡上光

在水磨石面层上薄涂一层蜡，稍干后用磨光机研磨或用钉有细帆布或麻布的木块代替油石在磨光机上研磨光亮后，再涂蜡研磨一遍，直到水磨石表面光滑洁亮为止。

5.1.2.6　现浇水磨石楼地面质量验收标准

（1）主控项目

①水磨石面层石粒，应采用坚硬可磨的白云石、大理石等岩石加工而成，石粒应洁净无杂物，其粒径除特殊要求外应为6～15mm；水泥强度等级应不低于32.5；颜料应采用耐光、耐碱的矿物颜料，不得使用酸性颜料。

②水磨石面层拌和料的体积比应符合设计要求，为1∶1.5～1∶2.5（水泥：石粒）。

③面层与下一层应结合牢固，无空鼓、裂缝。

（2）一般项目

①面层表面应光滑；无明显裂缝、砂眼和磨纹；石粒密实，显露均匀；颜色图案一致，不混色；分格条牢固、顺直和清晰。

②踢脚线与墙面应紧密结合，高度一致，出墙厚度均匀。

③楼梯踏步的宽度、高度应符合设计要求；楼层梯段相邻踏步高度差应不大于10mm，每踏步两端宽度差应不大于10mm；旋转楼梯段的每踏步的允许偏差为5mm；楼梯的齿角应整齐，防滑条应顺直。

④水磨石面层的允许偏差和检验方法如表5－2要求。

表5－2　水磨石面层的允许偏差和检验方法

项次	项目	允许偏差/mm		检验方法
		普通水磨石	高级水磨石	
1	表面平整度	3	2	用2m靠尺和楔形塞尺检查
2	踢脚线上口平直度	3	2	拉5m线和用钢尺检查
3	缝格平直	3	2	

任务 5.2 块材式楼地面

工作任务

本任务为块材式楼地面中陶瓷地砖地面与石材地面的施工，通过本任务的学习，了解块材式楼地面的分类、构造以及材料等方面的有关知识。

工作情景

建筑装饰施工“理实一体化”实训室或普通教室。采用“理实一体化”教学方法，现场讲解块材式楼地面的分类、构造或材料等方面的基础知识。

块材式楼地面是指用大理石、花岗石、陶瓷锦砖、陶瓷地砖、预制水磨石板等材料，用铺砌或粘贴的方法所形成的地面，属刚性地面。具有花色多样，经久耐用、易清洁、强度高、刚性大、施工速度快等优点，但弹性、保温、消声等性能差。一般适用于人流活动较大、磨损频率高的地面及比较潮湿的场所。块材式楼地面的构造做法除面层材料不同外，其施工工艺与整体式楼地面大致相同。

5.2.1 陶瓷类楼地面施工

陶瓷类地砖用于楼地面装饰已有很久的历史，但由于地砖花色品种多样，装饰效果多样，仍然是当今盛行的装饰材料之一，具有强度高、耐磨、色彩多、耐污染、易清洁、施工进度快、造价适中等特点，现广泛用于公共空间和住宅空间装饰。

5.2.1.1 陶瓷类楼地面基本构造

陶瓷类楼地面是由陶瓷锦砖、陶瓷地砖等在水泥砂浆胶结材料或胶黏剂结合层上铺设而成，其构造如图 5－7 所示。

5.2.1.2 陶瓷类楼地面材料及质量要求

（1）地砖

应符合施工要求，外观颜色一致，表面平整，边角整齐，无裂纹、缺棱掉角等缺陷。

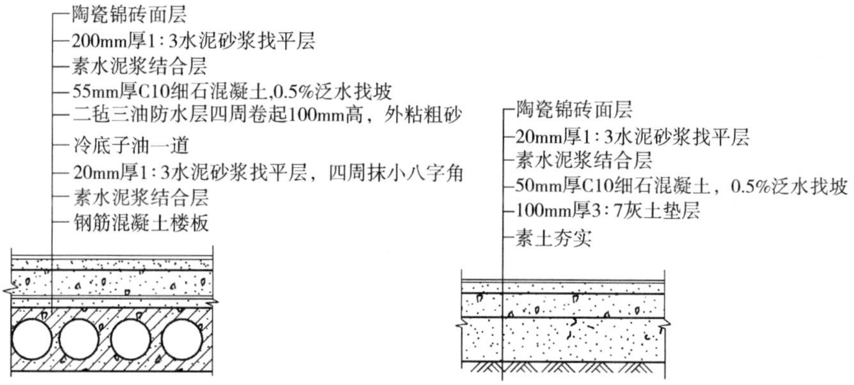

图5－7　陶瓷锦砖楼地面构造做法

（2）水泥

采用硅酸盐水泥、普通硅酸盐水泥或矿渣硅酸盐水泥或白水泥，其强度等级不宜小于42.5级。不同品种、不同强度等级的水泥严禁混用。

（3）砂

粗砂或中砂，过5mm孔径筛子，其含泥量不大于3%。找平层水泥砂浆采用过筛的中砂、粗砂，嵌缝用中、细砂。

（4）颜料

颜料应选用耐碱、耐光的矿物颜料，不得使用酸性颜料。

（5）胶黏剂

采用胶黏剂在结合层上粘贴砖面层时，胶黏剂选用应符合现行国家标准《GB 50325—2010民用建筑工程室内环境污染控制规范》的规定。

5.2.1.3　陶瓷类楼地面施工机具

小水桶、方尺、钢卷尺、木抹子、铁抹子、木拍板、手锹、筛子、喷壶、墨斗、长短刮杠、扫帚、橡皮锤、合金錾、开刀、手提式切割机等。

5.2.1.4　陶瓷类楼地面施工工艺流程

基层处理—铺结合层砂浆—弹线定位—浸砖—铺砖—勾缝养护—贴踢脚板

5.2.1.5　陶瓷类楼地面施工要点

（1）基层处理

混凝土地面应将基层凿毛，凿毛深度为5～10mm，凿痕的间距30mm左右。再将混凝土地面上杂物清理干净，如有油污，应用10%火碱水刷净并用清水及时将上面的碱液冲净。

（2）铺结合层砂浆

铺砂浆前基层浇水湿润，刷一道水灰比 0.4～0.5 素水泥浆，随刷随铺 1∶（2～4）的干硬性水泥砂浆。有防水要求时，找平层砂浆或水泥混凝土要掺防水剂或按照设计要求加铺防水卷材。

（3）弹线定位

铺贴前应在已有一定强度的找平层上弹出纵横定位线，应保证进门处为整砖，非整砖置于阴角或家具下面，同一方向不足模数的非整砖不能超过一排。

（4）浸砖

铺贴陶瓷地砖前，应先将陶瓷地砖背面湿润后阴干备用。

（5）铺砖

铺砌前，按基板块先拉通线，对准纵横缝按线铺砌。为使砂浆密实，应用橡皮锤轻击板块，如有空隙应补浆。有明水时撒少许水泥粉。缝隙、平整度满足要求后，揭开板块，浇一层素水泥浆，正式铺贴。每铺完一条，用 3m 靠尺纵横双向找平。随时将板面多余砂浆清理干净。铺贴应采用后退的顺序。

地砖的铺贴形式，对于小房间（面积小于 $40m^2$），通常是做 T 字形（直角定位法）标准高度面；对于大面积房间，通常在房间中心按十字形（有直角定位法和对角定位法）做出标准高度面，可便于多人同时施工，其方式如图 5－8 所示。

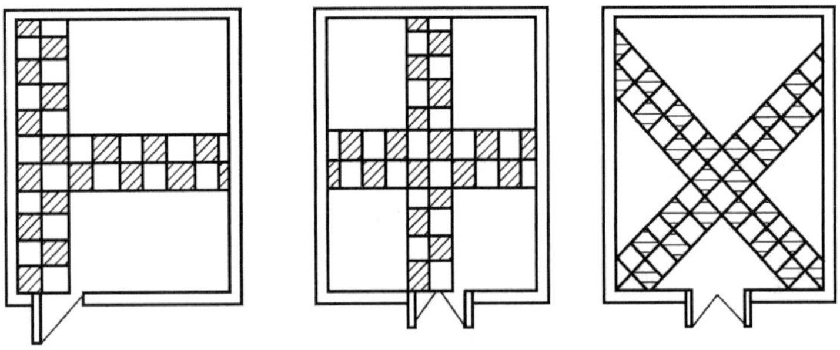

图 5－8　标准高度面的做法

当房间内外地砖品种不同时，其交接应在门扇下中间位置铺设过门石且门口不应出现非整砖。

（6）勾缝

铺贴完 2～3h 后，用白水泥或普通水泥砂浆擦缝，缝隙要填充密实，平整光滑；再用棉丝将表面擦净，铺撒锯末屑养护，4～5d 后方可上人。

5.2.1.6　陶瓷类楼地面质量验收标准

（1）主控项目

①面层所用的板块的品种、质量必须符合设计要求。

②面层与下一层的结合应牢固，无空鼓。

注：单块砖边角有局部空鼓，且每自然间（标准间）不超过总数5%可不计。

（2）一般项目

①砖面层的表面应洁净，图案清晰，色泽一致，接缝平整，深浅一致，周边顺直。板块无裂缝、吊脚和缺棱等缺陷。

②面层邻接的镶边用料应符合设计要求，边角整齐、光滑。

③踢脚线表面应洁净、高度一致、结合牢固、出墙厚度一致。

④楼梯踏步和台阶板块的缝隙宽度应一致、齿角整齐；楼层梯段相邻踏步高度差应不大于10mm；防滑条顺直。

⑤面层表面的坡度应符合设计要求，不倒泛水、无积水；与地漏、管道结合处应严密牢固，无渗漏。

⑥陶瓷类面层的允许偏差和检验方法应符合表5－3要求。

表5－3　陶瓷类面层的允许偏差和检验方法

项次	项目	允许偏差/mm		检验方法
		陶瓷锦砖、地砖	缸砖	
1	表面平整度	2.0	4.0	2m靠尺和塞尺
2	踢脚线上口平直度	3.0	4.0	拉5m线和钢尺
3	接缝高低差	0.5	1.5	钢尺和楔形塞尺
4	缝格平直	3.0	3.0	拉5m线和钢尺
5	板块间隙宽度	2.0	2.0	用钢尺检查

5.2.2　石材类楼地面施工

石材地面是指采用天然大理石、花岗石、预制水磨石板块、碎拼大理石板块以及新型人造石板块等装饰材料做饰面层的楼地面，具有强度高、硬度大、耐磨性好、色泽美观、纹理清晰等优点，广泛用于公共建筑空间和住宅空间的地面装饰。

5.2.2.1　石材类楼地面基本构造

石材楼地面的铺砌一般采用半干硬性水泥砂浆，其基层、垫层的做法和一般水泥砂浆楼地面做法相同，不过要做防潮处理，其构造如图5－9所示。

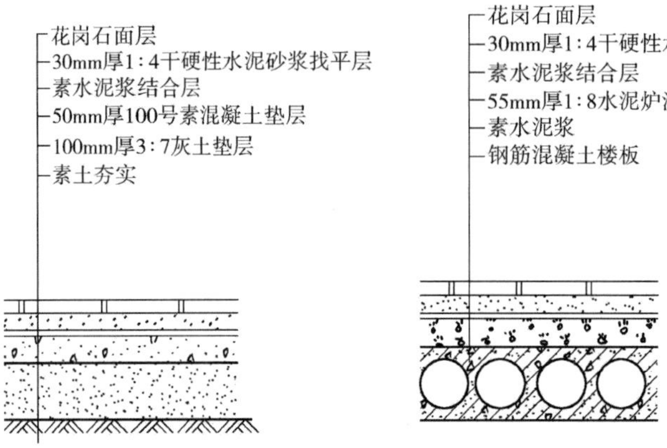

图5－9　大理石与花岗石楼地面构造做法

5.2.2.2　石材类楼地面材料及质量要求

（1）水泥

一般采用普通硅酸盐水泥，其强度等级不得小于42.5级。受潮结块的水泥禁止使用。

（2）砂

宜选用中砂或粗砂。

（3）石材

石材的技术等级、光泽度、外观等质量要求应符合国家现行行业标准的规定。凡有翘曲、歪斜、厚薄偏差太大以及缺边掉角、裂纹、隐伤和局部污染变色的石材应予剔除，完好的石材板块应套方检查，规格尺寸如有偏差，应磨边修正。

（4）辅助材料

包括矿物颜料、蜡、保护剂、清洁剂、封闭剂等应有出厂合格证及相关性能检测报告。

5.2.2.3　石材类楼地面施工机具

搅拌机、台钻、磨石机、角磨机、橡皮锤、木抹子、铁抹子、铁锹、水准仪、靠尺、水平尺等。

5.2.2.4　石材类楼地面施工工艺流程

基层处理—弹线—试拼、试排—湿润石材—摊铺结合层砂浆—铺贴石材—擦缝养护—打蜡

5.2.2.5　石材类楼地面施工要点

（1）基层处理

将地面垫层上杂物清理干净，用钢丝刷刷掉黏结在垫层上的砂浆并清理干净。

（2）弹线

根据设计要求并考虑结合层厚度与板块厚度确定地面标高位置后，在相应立面弹线，再按板块的尺寸及板缝的大小放样分块。与走廊直接相通的门口应与走道地面拉通线，板块布置要以十字线对称，在十字线交点处对角安放两块标准块，并用水平尺和角尺校正。

（3）试拼、试排

天然石材铺贴前应进行对色、拼花并试拼、编号，以使铺设出的地面花色一致。

（4）湿润石材

施工前应将石板材（特别是预制水磨石板）浸水湿润并阴干码好备用，铺贴时板材的底面以内潮外干为宜。

（5）摊铺结合层砂浆

铺贴前应根据设计要求确定结合层砂浆厚度，弹线控制其厚度和石材、地面砖表面平整度。结合层砂浆宜采用体积比 1∶3 的干硬性水泥砂浆，厚度宜高出实铺厚度 2～3mm。铺贴前应在水泥砂浆上刷一道水灰比为 1∶2 的素水泥浆或干铺水泥 1～2mm 后洒水。

（6）铺贴石材

石材的铺设也是从里向外，按照试铺的编号铺砌，在水泥砂浆结合层上再满浇一层素水泥浆结合层，然后铺设石板，铺设时石板四角同时向下落下，用橡皮锤轻敲木垫层，然后用水平尺找平。

（7）擦缝养护

铺贴后应及时清理表面，24h 后应用 1∶1 水泥砂浆勾缝，选择与地面颜色一致的颜料与白水泥拌和均匀后嵌缝。石材地面层铺设后，表面应进行湿润养护，其养护的时间应不少于 7d。

（8）上蜡

板材铺贴完工后，待其结合层砂浆强度达到 60%～70% 即可打蜡抛光。上蜡前先将石材地面晾干擦净，用干净的布或麻丝沾稀糊状的蜡涂在石材上，用抛光机压磨。随后用同样方法涂第二遍蜡，要求光亮、颜色一致。

5.2.2.6　石材类楼地面质量验收标准

（1）主控项目

①大理石、花岗石面层所用板块的品种、质量应符合设计要求。

②面层与下一层应结合牢固，无空鼓。

（2）一般项目

①大理石、花岗石面层表面应洁净、平整、无磨痕，且应图案清晰、色泽一致、接缝均匀、周边顺直、镶嵌正确，板块无裂缝、掉角和缺棱等缺陷。

②踢脚线表面应洁净、高度一致、结合牢固、出墙厚度一致。

③楼梯踏步和台阶板块的缝隙宽度应一致、齿角整齐，楼梯段相邻踏步高度差应不大于10mm；防滑条应顺直、牢固。

④面层表面的坡度应符合设计要求，不倒泛水，无积水；与地漏、管道结合处应严密牢固，无渗漏。

⑤大理石和花岗石面层的允许偏差和检验方法应符合表5-4要求。

表5-4 大理石和花岗石面层的允许偏差和检验方法

项次	项目	允许偏差/mm	检验方法
1	表面平整度	1.0	2m靠尺和塞尺
2	踢脚线上口平直度	1.0	拉5m线和钢尺
3	接缝高低差	0.5	钢尺和楔形塞尺
4	缝格平直	2.0	拉5m线和钢尺
5	板块间隙宽度	1.0	用钢尺检查

任务5.3 木质楼地面

工作任务

本任务为木质楼地面楼中实木地板、实木复合地板的实铺式与空铺式以及强化木地板的浮铺式施工，通过本任务的学习了解木质楼地面的分类、构造以及材料等方面的有关知识。

工作情景

建筑装饰施工“理实一体化”实训室或普通教室。采用“理实一体化”教学方法，现场讲解木质楼地面的分类、构造或材料等方面的基础知识。

木质楼地面是指表面采用实木地板、实木复合地板、强化木地板或竹木复合地板铺设而成的地面，具有弹性好、表面光洁、纹理自然美观、易清洁、无毒、无污染、保温、吸声、自重轻等优点，被广泛用于住宅、办公室、体育馆、健身房、舞台等。

5.3.1　木地板的种类

木地板分类较多，当前正在广泛流行的木地板，主要是实木地板、实木复合地板及复合强化木地板。

（1）实木地板

实木地板采用天然木材制成，具有装饰性强、冬暖夏凉、吸音无污染、寿命长等优点。但价格较高，具有干缩湿胀性，保养较麻烦。根据加工工艺的不同可分为条木地板、拼花地板及立木地板。

（2）实木复合地板

以实木拼板或单板为面层，实木条为芯层，单板为底层制成的企口地板或以单板为面层，胶合板为基材制成的企口地板，通常以面层树种来确定地板树种名称。这种地板表面装饰效果好，尺寸稳定，既保留了实木地板的自然木纹和舒适脚感，又解决了实木地板易变形、不耐磨的缺陷，且造价低。

（3）复合强化木地板

复合强化木地板又叫强化复合木地板，以一层或多层专用纸浸渍热固性氨基树脂，铺装在中高密度纤维板基材表面，背面加平衡层，正面加耐磨层，经热压而成的地板。一般为四层结构，即耐磨层、装饰层、基材及平衡层。其优点有：装饰效果丰富多彩（装饰纸可印多种花纹）；表面光滑平整，不易变形；耐磨性能优异，防腐防潮，易于保养；铺装方便快捷，节约木材。但脚感不如实木地板，且磨损后无法修复。

5.3.2　实木地板楼地面施工

5.3.2.1　实木地板楼地面基本构造

实木地板楼地面采用条材和块材实木地板或采用拼花实木地板，以空铺或实铺方式在基层（楼层结构层）上铺设而成。实木地板楼地面按照构造形式不同，可以分为两种形式：即实铺式木地板和空铺式木地板。

实铺式是指木地板通过木龙骨与基层相连或用胶黏剂直接粘贴于基层上，实铺式一般用于 2 层以上的干燥楼面。实铺式又分单层铺设和双层铺设两种。单层铺设是指采用长条木板直接铺钉于地面木龙骨上，而不设毛地板。双层铺设是指木地板铺设时在长条形或块形面层木板下采用毛地板的构造做法，毛地板铺钉于木龙骨上，面层木地板铺钉于毛地板上，其构造如图 5－10 所示。

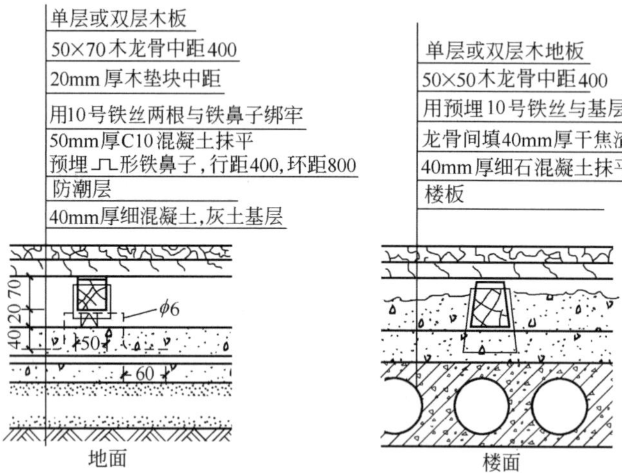

图 5－10　实铺木地板构造

空铺式是指木地板通过地垄墙或砖墩等架空后再安装，一般用于平房、底层房屋或较潮湿地面以及地面铺设管道需要将木地板架空等情况，其构造如图 5－11 所示。

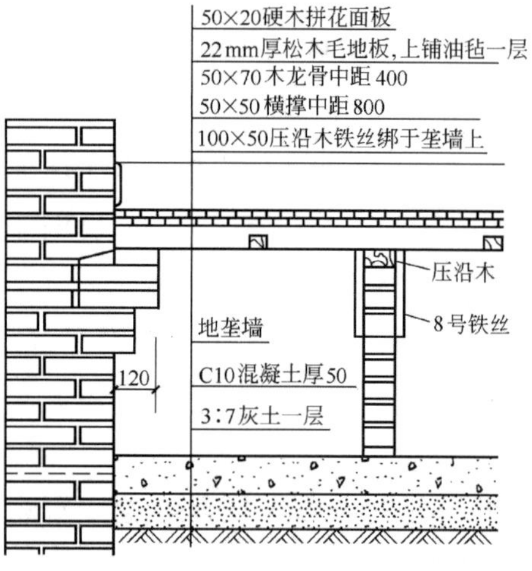

图 5－11　空铺木地板构造

5.3.2.2　实木地板楼地面材料及质量要求

（1）木质材料

木地板铺设所需要的木龙骨、垫木、沿缘木、剪刀撑等均采用红白松，经烘干、防腐处理后使用。木龙骨不得有扭曲变形，规格尺寸按设计要求加工。

（2）毛地板材料

可选用实木板、厚木夹板或刨花板，板厚 12～20mm。

（3）面层板材料

根据设计要求采用实木地板面层材料或采用复合木地板面层材料。

（4）硬木地板

优质硬木经过干燥设备处理，含水率 10% 以内，并经企口、刨光、油漆等加工而成，也可以按设计要求现场刨光、上漆。

（5）砖和石料

用于地垄墙和砖墩的砖强度等级不能低于 MU10。采用石料时，风化石不得使用；凡后期强度不稳定或受潮后会降低强度的人造块材均不得使用。

（6）黏结材料

木地板与地面直接黏结常用环氧树脂胶。木基层板与木地板粘贴常用 8173 胶、立时得胶等万能胶。

5.3.2.3　实木地板楼地面施工机具

电动圆锯、冲击钻、手电钻、刨平机、磨光机、锯、斧、锤、凿、螺丝刀、方尺、钢尺、割角尺、墨斗、铅笔等。

5.3.2.4　实木地板楼地面施工工艺流程

（1）实铺格栅式

基层处理—安装木龙骨—钉毛地板—（找平、刨平）—弹线、安装面层地板—钉踢脚板—刨光、打磨—油漆、打蜡

（2）实铺式粘贴式

基层处理—弹线定位—涂胶—粘贴地板—刨光、打磨—油漆、打蜡

（3）空铺式

基层处理—砌地垄砖—干铺油毡—铺垫木、找平—弹线、安装木搁栅—钉剪刀撑—钉硬木地板—钉踢脚板—刨光、打磨—油漆、打蜡

5.3.2.5　实木地板楼地面施工要点

（1）实铺格栅式木地板地面施工要点

①基层处理：基层表面的砂浆、浮灰必须先铲除干净，再用水冲洗，擦拭清洁、干燥。施工前对基层进行防潮处理，防潮层宜涂刷防水涂料或铺设塑料薄膜。

② 安装木龙骨：直接固定于楼地面的木龙骨，可采用截面尺寸为 30mm × 40mm 或 40mm × 50mm 的木方纵横铺设组成木框架。其木方应统一规格，无主次之分。连接方式一般采用半槽扣接，在纵、横方木扣接处应涂胶加钉进行固定。木龙骨与地面的连接固定，常采用木楔铁钉法，即用冲击钻在混凝土楼地面或楼板面上钻孔，孔深为 40mm 左右，然后向孔内打入木楔，用铁钉将龙骨木框架与木楔连接固定。也可用膨胀螺栓固定。

③钉毛地板：木地板面层下的毛地板，表面应刨平，其宽度不宜大于 120mm。铺设时，毛地板应与木龙骨成 30°或 50°角，用钉斜向钉牢，其板间缝隙应不大于 3mm。毛地板与墙之间，应留有 10 ~ 15mm 缝隙，接头应错开。每块毛地板应在每根木搁栅上各钉 2 枚钉子固定，钉子的长度应为毛地板厚度尺寸的 2.5 倍。毛地板铺钉后，可铺设一层沥青纸或防潮膜，以利于隔声和防潮。

④弹线、安装面层地板：铺钉完毕，弹方格网线，按网点抄平，并用刨子修平，达到标准后，方能钉面层地板。铺设面板有两种方法，即钉结法和黏结法。

a. 钉结法：钉结法可用于空铺式和实铺式。面板铺设应采用专用地板钉，钉与表面呈45°或60°斜角，钉长为板厚的2～3倍。先将钉帽砸扁，从板边企口凸榫侧边的凹角处斜向钉入，钉帽冲入板内不得外露。

当硬木地板不易直接施钉时，可事先用手电钻在板块施钉位置斜向预钻钉孔，以防钉裂地板。为使缝隙严密顺直，可在铺钉的板条处钉铁扒钉，用楔块将板条压紧。

地板铺钉时通常从房间较长的一面墙边开始，第一行板槽口对墙，从左至右，两板端头企口插接，直到最后一排最后一块板，最后截去长出的部分。接缝必须在搁栅中间，且应间隔错开。板与板间应紧密，仅允许个别地方有空隙，其缝宽不得大于1mm（如为硬木长条板，缝宽不得大于0.5mm）。板面层与墙之间应有10～15mm的缝隙，该缝隙用木踢脚板封盖。铺钉一段要拉通线检查，确保地板始终通直。

b. 黏结法：黏结法铺贴拼花木地板前，应根据设计图案和板块尺寸试拼、试铺，调整至符合要求后进行编号，铺贴时按照编号从房间中央向四周渐次展开。所采用的黏结材料，可以是沥青胶结料，也可以各种胶黏剂。拼花木地板的拼花图案形式有方格式、席纹式、人字纹式、阶梯错落长条式铺装式等。

⑤钉踢脚板：踢脚板所用木材应与木地板面层所用材质品质相同，常用规格为：高100～150mm，厚20～25mm。在墙面打孔安放防腐木楔，安装时木踢脚板应与防腐木块钉紧，上口要平直，出墙高度一致，钉帽要砸扁并冲入板内2～3mm。

⑥刨光、打磨：粗刨工序宜用转速较快的电刨地板机进行。粗刨以后用手推刨，修整局部高低不平之处，使地板光滑平整。地板刨光后需要用地板磨光机进一步磨光以达到油漆饰面的平整和光滑度要求。一般要求磨光两遍，第一遍用3#粗砂纸磨平，第二遍用0～1#细砂纸磨光。

⑦油漆、打蜡：将地板清理干净，然后补凹坑，刮批腻子，着色，最后刷清漆。油漆工程完毕，养护3～5d后进行打蜡。地板打蜡，首先应将地板清洗干净，完全干燥后开始操作。至少3遍打蜡，每打完一遍，等其干燥后再用非常细的砂纸打磨表面、擦干净，然后再打第二遍。每次都要用不带绒毛的布或打蜡器摩擦地板，使蜡油深入木头。每打一遍蜡都要用软布轻擦抛光，以达到光亮的效果。

（2）实铺粘贴式木地板地面施工要点

基层处理：将拼花地板块用胶黏剂直接粘贴于混凝土或水泥砂浆基层上，对其基层表面的平整度有较高要求。若事先做找平层，应使用素水泥浆加防水剂，或者用素水泥浆加108胶配成聚合物水泥浆，用以找平并封闭基层。

面层及其他工序做法：同实铺格栅式木地板地面施工做法。

（3）空铺式木地板地面施工要点

①基层处理：架铺前将基层上的砂浆、垃圾及杂物全部清理干净。

②砌地垄墙：地面找平后，采用 M2.5 的水泥砂浆砌筑地垄墙或砖墩，墙顶面采取涂刷焦油沥青两道或铺设油毡等防潮措施。对于大面积木地板铺装过程的通风构造，应按设计确定其构造层高度、室内通风沟和室外通风窗等的位置。

③铺设垫木：在地垄墙（或砖墩）与搁栅之间，一般应设垫木。其作用主要是将搁栅传来的荷载，较均匀地分布到地垄墙（或砖墩）上。垫木使用前应进行防腐处理，常采用涂刷两道煤焦油或氟化钠水溶液。在氟化钠水溶液中往往加入氧化铁红，使刷过的表面呈淡红色，以区别为做防腐处理的杆件。垫木与地垄墙（或砖墩）的连接，常用 8 号铅丝绑扎。铅丝预先固定在砖砌体中，待垫木放稳、放平，符合标高后，再用 8 号铅丝拧紧。也可采用预埋木方、木楔的方法或用膨胀螺栓固定。

④安装木龙骨：木搁栅与地垄墙成垂直设置，搭放在垫木上，主要起固定与承托面层的作用，是地板下的梁。木搁栅离墙面应留出不少于 30mm 的缝隙，以利隔潮通风。木搁栅安装后，必须用长 100mm 圆钉从木搁栅两侧中部斜向呈 45°角与垫木钉牢。木搁栅表面要做防腐处理。

⑤钉剪刀撑：剪刀撑的作用是将一根根单独的搁栅连成整体，以增加稳定性和整体刚度，同时可以限制木搁栅的翘曲变形，是保证木地板质量的构造措施。剪刀撑布置于木搁栅两侧面，用铁钉固定于木搁栅上，间距应按设计要求布置。

⑥地板的铺设及其他工序同实铺格栅式木地板地面施工做法。

5.3.3　复合地板楼地面施工

5.3.3.1　复合地板楼地面基本构造

复合地板一般采用浮铺式铺设方式，由于地板本身具有较精密的槽样企口边及配套的黏结胶、卡子和缓冲垫等，铺设时仅在板块企口咬接处施以胶黏剂或采用配件卡接即可连接牢固，整体铺设于建筑地面基层上。

5.3.3.2　复合地板楼地面材料

复合木地板、若干自制木楔、专用胶。

5.3.3.3　复合木地板施工机具

木工锯、钢凿、角尺、锤子、连系勾、铅笔等。

5.3.3.4　复合木地板楼地面施工工艺流程

基层处理—弹线、找平—铺垫层—试铺预排—铺地板—安装踢脚板—清洁表面

5.3.3.5 复合地板楼地面施工要点

（1）基层处理

由于采用浮铺式施工，复合地板基层平整度要求很高，平整度要求3m内偏差不得大于2mm。基层必须保持清洁干燥，可刷一层掺防水剂的水泥砂浆进行防潮。

（2）弹线、找平

在墙四周上弹出+50cm线，以控制地板面设计标高线。

（3）铺垫层

直接在建筑地面浮铺与地板配套的防潮底垫、缓冲底垫，垫层为聚乙烯泡沫塑料薄膜、宽1000mm的卷材，铺时按房间长度净尺寸加长120mm以上裁切，横向搭接150mm。底垫在四周边缘墙面与地面的阴角处上折60～100mm（或按具体产品要求）；较厚的发泡底垫相互之间的铺设连接边不采用搭接，应采用自粘型胶带进行粘接。

（4）试铺预排

地板块铺设时通常从房间较长的一面墙边开始，也可以长缝顺入射光线方向沿墙铺放。板面层铺贴应与垫层垂直。应先进行测量和尺寸计算，确定地板的布置块数，尽可能不出现过窄的地板条，同时长地板块的端头接缝，在行与行之间要相互错开。若遇建筑墙边不直，可用画线器将墙壁轮廓画在第一行地板上，依线锯裁后铺装。

第一行板槽口对墙，从左至右，两板端头企口插接，直到第一排最后一块板，切下的部分若大于300mm可以作为第二排的第一块板铺放，第一排最后一块的长度应不小于500mm，否则可将第一排第一块板切去一部分，以保证最后的长度要求。

地板与墙（柱）面相接处不可靠紧，要留出8～15mm宽度的收缩缝隙（最后用踢脚板封盖此缝隙）。地板试铺装时此缝隙用木楔临时调直，暂不涂胶，铺第三排时进行修正、检查平直度，符合要求后，按顺序拆下放好。

（5）铺地板

依据产品的使用要求，预排板块顺序，在地板块边部企口的槽（沟）榫（舌）部位涂胶（有的产品不涂胶而各有固定相邻板块的卡子），按顺序对接，用木槌敲击挤紧，精确平铺到位。一般要求将专用胶涂于槽与榫的朝上一面，并将挤出的胶水及时擦拭干净。所有的产品要求先完成几行后立即采取连系勾和固定夹及拉杆等稳固已粘贴的地板，静停1h左右，待黏结胶基本凝结后再继续铺装。

横向用紧固卡带将三排地板卡紧，1500mm左右设一道卡带，卡带两端有挂钩，卡带可调节长短和松紧度。从第四排起，每拼铺一排卡带就位移一次，直到最后一排。每排最后一块地板端都与墙留8～15mm的缝隙。逐块拼铺至最后，到墙面时，注意同样留出缝隙用木楔卡紧，并采取连系勾等将最后几行地板予以稳固。

在门洞口，地板铺至外墙皮与走廊地板平接。如遇不同材料时，留3～5mm缝隙，用卡口盖缝条盖缝。

（6）安装踢脚线

复合木地板可选用仿木塑料踢脚板、普通木踢脚板和复合木踢脚板。安装时，先按踢脚板高度弹水平线，清理地板与墙缝隙中杂物。

复合木地板配套的踢脚线安装，是在墙面弹线钻孔并钉入木楔或塑料膨胀头（有预埋木砖则直接标出其位置），再在踢脚板卡块（条）上钻孔（孔径比木螺丝直径小1～1.2mm），并按弹线位置用木螺丝固定，最后将踢脚板卡在卡块（条），接头尽量设在拐角处。

（7）清洁表面

每铺完一间房子，待胶干后扫净杂物，用湿布擦拭地板表面。

5.3.4　木地板楼地面施工质量验收标准

（1）主控项目

①木地板面层所采用的材质，其技术等级及质量要求应符合设计要求。木搁栅、垫木和毛地板等必须做防腐、防蛀处理。

②木搁栅安装应牢固平直。

③面层铺设应牢固；黏结无空鼓。

（2）一般项目

①木地板面层图案颜色应符合设计要求，图案清晰、颜色均匀一致，板面无翘曲。

②面层缝隙应严密，接头位置应错开，表面洁净。

③拼花地板接缝应对齐，粘、钉严密；缝隙宽度均匀一致；表面洁净，无溢胶。

④踢脚线表面应光滑，接缝严密，高度一致。

⑤木地板面层的允许偏差和检验方法应符合表5－5要求。

表5－5　木地板面层的允许偏差和检验方法

项次	项目	允许偏差/mm				检验方法
		实木地板面层			实木复合地板、强化复合地板	
		松木	硬木	拼花		
1	板面缝隙宽度	1.0	0.5	0.2	0.5	钢尺检查
2	表面平整度	3.0	2.0	2.0	2.0	2m靠尺和塞尺检查

续表

项次	项目	允许偏差/mm				检验方法
		实木地板面层			实木复合地板、强化复合地板	
		松木	硬木	拼花		
3	踢脚线上口平齐	3.0	2.0	2.0	3.0	拉5m线或通线检查
4	板面拼缝平直	3.0	3.0	3.0	3.0	钢尺和楔形塞尺检查
5	相邻板材高差	0.5	0.5	0.5	0.5	楔形塞尺检查
6	踢脚线与面层的接缝	1.0				

任务5.4　软质楼地面

工作任务

本任务为软质楼地面楼中塑料地板、地毯的施工，通过本任务的学习了解软质楼地面的分类、构造以及材料等方面的有关知识。

工作情景

建筑装饰施工“理实一体化”实训室或普通教室。采用“理实一体化”教学方法，现场讲解软质楼地面的分类、构造或材料等方面的基础知识。

软质楼地面是指以质地较软的地面覆盖材料所形成的楼地面。由于制品成型不同可分为块材和卷材两种，常见的软质制品有塑料制品、地毯等，具有自重轻、耐磨、抗冲击、耐腐蚀等优点，有良好的装饰效果。塑料制品地面适用于商场、通道、展厅等人流量大的场所，地毯适用于高级住宅、宾馆等有静音要求的场所。

5.4.1　塑料地板楼地面施工

塑料地板是指由高分子树脂及其助剂通过适当的工艺所制成的片状地面覆盖材料。近年来塑料地板发展非常快，材料从单一的PVC材料到目前流行的塑胶地板、EVA地板、彩色石英地板；形状从单一的卷材到块状形、几何形等；质地有软质、硬质和半硬质等。

塑料地板与石材、陶瓷地面相比，具有自重轻、脚感舒适、噪音小和防滑耐腐蚀、施工方便等优点，因而广泛用于公共空间及人流量较大的场所。

5.4.1.1　塑料地板楼面的基本构造

塑料地板楼地面是指塑料地板革、塑料地板砖等作为饰面材料铺贴而成的地面。其构造方法比较简单，主要有直接铺设和胶贴铺设两种方式，其中胶贴铺设为常用施工方式，主要采用胶黏剂粘贴的施工方法。

5.4.1.2　塑料地板楼地面的材料及质量要求

（1）塑料地板

塑料地板的块和卷材的品种、颜色、规格、等级应符合设计要求和现行国家标准的规定，应有出厂合格证。块材板面应平整、光洁，色泽均匀、厚薄一致、边缘顺直、密实无气孔、无裂纹，板内不允许有杂质和气泡，并应符合现行国家标准的有关规定。塑料板块及板材在运输过程中，应防止日晒、雨淋、撞击和重压；在储存时，应堆放在干燥、洁净的仓库内，并距热源3m以外，温度不宜超过32℃。

（2）胶黏剂

一般选择与塑料地板配套的胶黏剂，也可以根据基层和塑料板以及施工条件选用乙烯类、氯丁橡胶类、聚氨酯、环氧树脂、建筑胶等。所选胶黏剂应通过试验确定其相容性和使用方法，并应符合国家现行标准和有关规定。胶黏剂应放置在阴凉通风、干燥的室内。胶黏剂的稠度应均匀、颜色一致，无其他杂质和胶团，超过生产期三个月或保质期的产品要取样试验，合格后方可使用。

（3）焊条

宜选用等边三角形或圆形截面。焊条表面要平整光洁，无孔眼、节瘤、皱纹，颜色均匀一致，且焊条成分和性能必须与被焊板块相同。

（4）底子胶

用水乳型胶黏剂时，适当加水稀释。

5.4.1.3　塑料地板楼地面施工机具

梳形刮板、划线器、橡胶滚筒、橡胶压边滚筒、大压辊、裁切刀、墨斗、沙袋、棉纱、橡胶锤、油漆刷、钢尺等。

5.4.1.4　塑料地板楼地面施工工艺流程

基层处理—弹线—试铺—刷胶黏剂—铺塑料地板—粘贴踢脚板—打蜡上光

5.4.1.5　塑料地板楼地面施工要点

（1）基层清理

基层应达到表面不起砂、不起灰、不空鼓、无油渍，手摸无粗糙感。基层的表面还应平整干燥，表面如有麻面、凹坑，应用108胶水腻子（水泥∶108胶水∶水=1∶0.75∶4）修补平整。

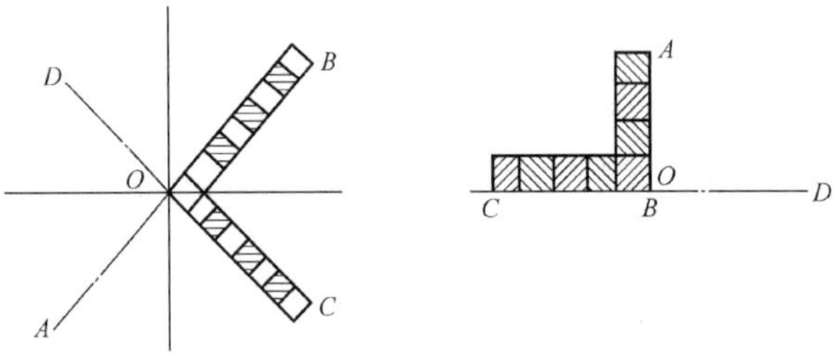

图5-12 塑料地板铺贴定位方法

（2）弹线分格

根据地面标高和设计要求，在房间基层上弹线分格，以房间中心为中心，弹出相互垂直的两条定位线。定位线有十字形、对角形和T形，如图5-12至图5-14所示。然后按块材尺寸，每隔2~3块弹一道分格线以控制贴块位置和使接缝顺直，并在地面周边距墙面200~300mm处做镶边。

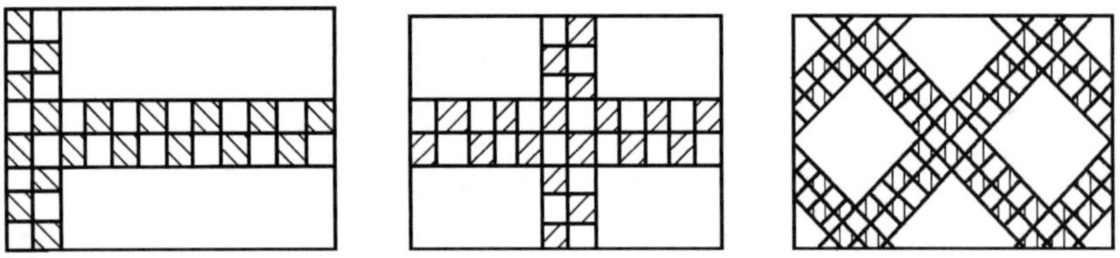

图5-13 块状塑料地板的铺贴方式

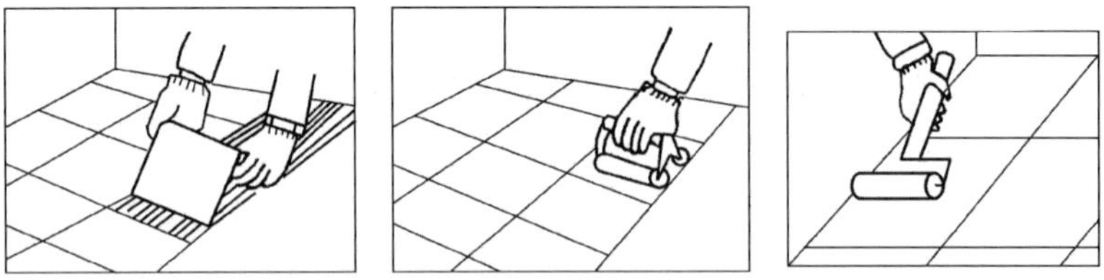

图5-14 铺贴及压实示意图

①软板预热：塑料地板试铺前，对于软质塑料地板块，应做预热处理。宜放入75℃的热水中浸泡10~20min，待板面全部松软伸平后，取出晾干备用，称为软板预热，注意不得使用炉火或电热炉预热。

②硬板脱脂：对于半硬质块状聚氯乙烯地板，应先用丝绵蘸丙酮与汽油混合溶液（丙酮∶汽油=1∶8）进行脱脂除蜡处理，称为硬板脱脂。

（3）试铺

按照弹线分格情况，在塑料板脱脂完成后即进行试铺。对于靠墙处不是整块的塑料板需进行裁切。对于卷材型塑料地板，在裁剪时要注意留足拼花、图案对接余量，同时应搭接 20～50mm，用刀从搭接中部割开，然后涂胶粘贴，如图 5－15 和图 5－16 所示。

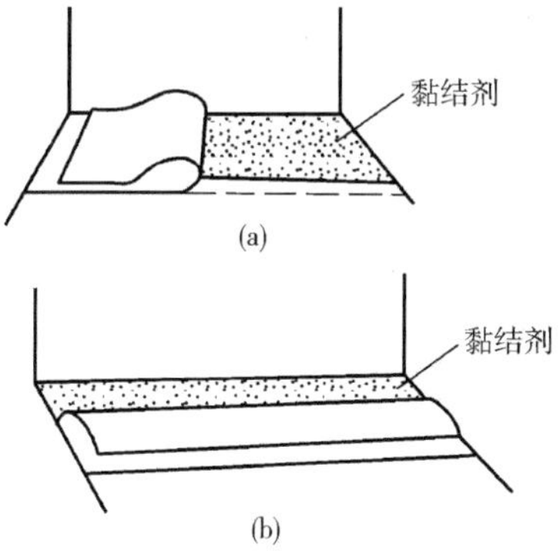

图 5－15　卷材的粘贴方法

（a）横叠法　（b）纵卷法

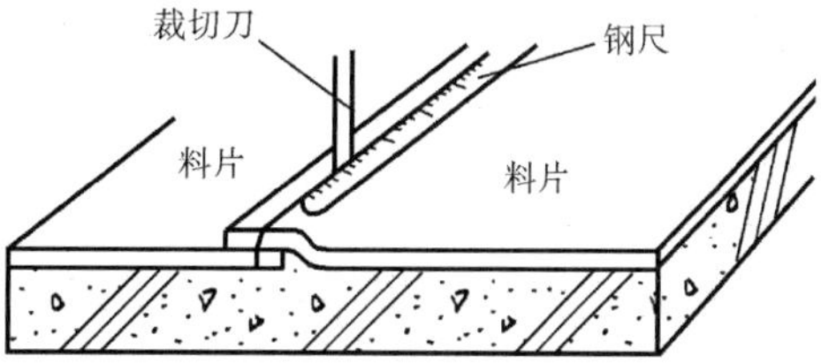

图 5－16　卷材地面接缝裁切

（4）刷胶黏剂

对于粘贴施工的塑料地板铺设，应先在清扫干净的基层表面均匀刮涂一层薄而均匀的底胶，以增强基层与面层的黏结强度。待其干燥后，即可进行铺贴操作。刷胶黏剂时，用齿形刮板刮涂均匀，厚度控制在 1mm 左右，塑料板粘贴面用齿形刮板或纤维滚筒涂刷胶黏剂，其涂刷方向与基层涂胶方向纵横相交。基层涂刷胶黏剂时，不得面积过大，要随贴随刷，一般超出分格线 10mm 以内。胶黏剂涂刮后在室温下暴露于空气中，使溶剂部分挥发至胶层表面手触不黏手时，即可铺贴。

当采用乳液型胶黏剂铺贴塑料地板时，应在塑料板背面和基层上都均匀涂刷胶黏剂。由于基层材料吸水性强，所以涂刮时，一般先涂刮塑料板块的背面，后涂刮基层表面，涂刮越薄越好，无须晾干，随刮随铺。当采用溶剂型胶黏剂时，只在基层上均匀涂胶一道，待胶层干燥至不黏手时（一般在室温 10～35℃时，静停 5～15min），即可进行铺贴。

（5）铺塑料地板

铺塑板铺贴时，应按弹线位置沿轴线由中央向四周进行。涂刷的胶黏剂必须均匀，塑料板的背面也应均匀涂刷胶黏剂，待胶层干燥至不黏手（10～20min）即可铺贴，应一次就位准确，粘贴密实。

当板块或卷材缝隙需要焊接时，宜在铺贴 48h 之后再进行施焊。也可采用先焊后铺贴的做法，焊条用等边三角形或圆形焊条，其成分和性能应与被焊塑料地板相同。接缝焊接时，两相邻边要切成V形槽，以增加焊接牢固性。焊缝冷却至常温，将突出面层的焊条用刨刀切削平整，切勿损伤两边的塑料地板面。

（6）粘贴塑料踢脚板

塑料踢脚板的铺贴要求与地面板材的铺贴要求相同。在踢脚线上口挂线粘贴，做到上口平直，铺贴顺序先阴角、阳角后大面，做到粘贴牢固。踢脚板对缝与地板缝做到协调一致。

（7）打蜡上光

铺贴好塑料地面及踢脚板后，用墩布擦干净，晾干。用软布包好已配好的上光软蜡，满涂1~2遍。光蜡质量配合比为软蜡∶汽油=100∶(20~30)，另掺1%~3%与地板相同颜色的颜料。

5.4.1.6 塑料地板楼地面的质量验收标准

（1）主控项目

①塑料地板面层所用的塑料板块和卷材的品种、规格、颜色、等级应符合设计要求和现行国家标准。

②面层与下一层黏结因牢固，不翘边、不脱胶、无溢胶。

注：卷材局部脱胶处面积不大于20cm^2，且相隔间距不小于50cm可不计；单块板块料局部脱胶，且每自然间（标准间）不超过5%者可不计。

（2）一般项目

①塑料地板面层应表面洁净，图案清晰，色泽一致，接缝严密、美观，拼缝处的图案、花纹吻合，无胶痕；与墙边交接严密，阴阳角收边方正。

②板块的焊接，焊缝应平整、光洁，无焦化变色、斑点、焊瘤和起鳞等缺陷，其凹凸允许偏差为±0.6mm。焊缝的抗拉强度不得小于塑料板强度的75%。

③镶边用料应尺寸准确、边角整齐、拼缝严密、接缝顺直。塑料地板面层的允许偏差和检验方法应符合表5-6要求。

表5-6 塑料地板面层的允许偏差和检验方法

项次	项目	允许偏差/mm	检验方法
1	表面平整度	2.0	用2m靠尺和楔形塞尺检查
2	踢脚线上口平直	3.0	拉5m线和钢尺检查
3	接缝高低差	0.5	用钢尺和楔形塞尺检查
4	缝格平直	3.0	拉5m线和钢尺检查
5	板缝间隙宽度	2.0	用钢尺检查

5.4.2　地毯楼地面施工

5.4.2.1　地毯的类型

地毯是一种高级的地面装饰材料，具有良好的弹性和保温性，极佳的吸声、隔声性能，而且色彩多样，图案丰富，施工简便，深受人们的喜爱。新型的地毯还能满足使用中的特殊要求，如防霉、防蛀、防静电等各种功能。地毯按材质不同可分为纯毛地毯、混纺地毯、化纤地毯等。

（1）纯毛地毯

纯毛地毯又叫羊毛地毯，是以羊毛为主要原料制成，属天然纤维地毯。羊毛地毯脚感舒适，弹性好，图案优美，色彩鲜艳，不带静电，具有天然的阻燃性，但其耐菌性、耐虫蛀性和耐潮湿性较差，且价格昂贵，多用于高级别墅、宾馆、酒店等场所。

（2）混纺地毯

混纺地毯是以羊毛纤维与合成纤维混纺后编织的地毯。这种地毯在图案花色、质地手感等方面与纯毛地毯差别不大，但却克服了纯毛地毯不耐虫蛀、易腐蚀、易霉变的缺点，同时提高了地毯的耐磨性能，大大降低了地毯的价格，因此使用的范围广泛，在高档家庭装修中成为地毯的主导产品。

（3）化纤地毯

化纤地毯又叫合成纤维地毯，是完全采用各种合成纤维（尼龙、丙纶、腈纶和涤纶等）制造的地毯。这种地毯不霉不蛀、耐腐蚀、耐磨、吸湿性能好，清洁擦洗方便，因此多用于公共场所、住宅居室和各种交通工具的地面装饰。

5.4.2.2　地毯楼地面的基本构造

地毯楼地面是指面层由方块、卷材地毯铺设在水泥类面层或基层上的楼地面，一般采用倒刺板铺设，其结构如图5－17所示。

5.4.2.3　地毯楼地面材料及质量要求

（1）地毯及衬垫

品种、规格、颜色、花色及其材质必须符合设计要求和国家现行地毯产品标准的规定。地毯的阻燃性应符合现行国家标准的防火等级要求。

（2）胶黏剂

应符合环保要求，且无毒、不霉、快干、有足够黏结强度，并应通过试验确定适用性和使用方法，胶黏剂中有害物质的释放限量应符合现行国家标准。

（3）胶带

一般在地毯连接缝拼缝时使用，黏合后有足够的强度，能满足使用张紧器时不脱缝

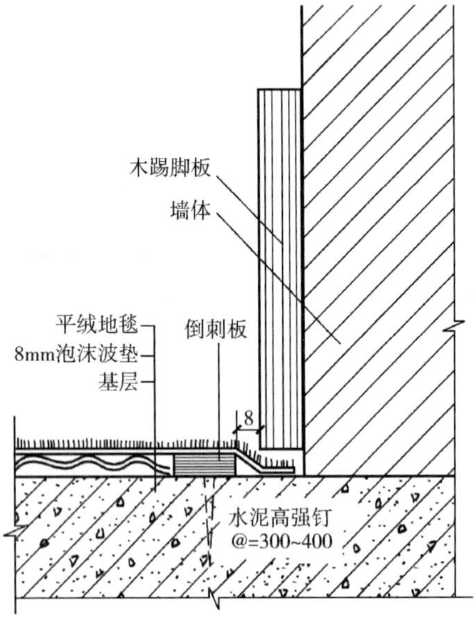

图 5－17　倒刺板固定地毯示意图

的要求。

（4）倒刺板

牢固顺直，倒刺均匀，长度、角度符合设计要求。

（5）金属压条

宜采用厚度为 2mm 铝合金（铜）材料制成。

5.4.2.4　地毯楼地面施工机具

裁边机、电剪刀、电熨斗、地毯撑子（张紧器）、吸尘器、裁剪刀、壁纸刀、剪刀、尖嘴钳子、手锤、扁铲、钢丝刷等。

5.4.2.5　地毯楼地面施工工艺流程

基层处理—弹线定位—裁割地毯—安装倒刺板—铺设地毯—固定地毯—收口处理—清洁毯面

5.4.2.6　地毯楼地面施工要点

（1）基层处理

铺地毯的基层一般是水泥地面，也可以是木地板或其他材质的地面。均要求表面平整、光滑、洁净。

（2）弹线定位

地毯铺设前要严格按照图纸要求对不同部位进行弹线、分格。若图纸无明确要求时，应对称找中弹线，以便定位铺设。

（3）裁割地毯

裁割地毯时应按房间尺寸加长 20mm 下料。地毯宽度应扣除地毯边来计算。大面积地毯用裁边机裁割，小面积地毯用手工裁刀，从地毯背面裁切，植绒地毯应从环毛的中间切开，将裁好的地毯卷起编号备用。

背面缝合拼接后，在接缝处涂刷 50～60mm 宽的一道白乳胶，粘贴布条或牛皮纸带；或采用电熨斗烫成品接缝带的方法。

（4）安装倒刺板

固定地毯的倒刺板，如图 5－18 所示，沿踢脚板边缘用水泥钢钉（或采用塑料胀管与螺钉）钉固于房间或大厅的四周墙角，间距 400mm 左右，并离开踢脚板 8～10mm，以地毯边刚好能卡入为宜。

（5）铺设地毯

把裁好的地毯平铺在地上，先固定房间里面的某一边，然后用张紧器张拉地毯。张拉一段后，接着固定相邻一边，边固定边用张紧器进行张拉，宜斜向推进。使用张紧器时，张拉力度要适中，以行走时不致产生褶皱为准，若张拉力过大，反而易损坏地毯的毛织结构。待第二个边固定张拉完好，再固定第三个边，最后固定靠门口的一边。

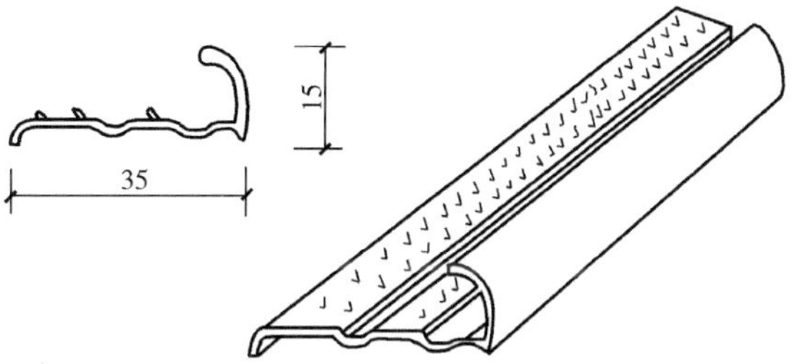

图5－18　“L”形铝合金收口条示意图

当地毯完全铺好后，用剪刀裁去墙边多余部分，再用扁铲将地毯边缘塞进木卡条与墙壁之间的间隙中。

（6）收口处理

地毯铺设的重要部位收口，一般多采用铝合金收口条，可以是L形倒刺收口条，也可以是带刺圆角梯条或不带刺的铝合金压条，以美观和牢固为原则。收口条与楼地面基体的连接，可以采用水泥钉钉固，也可以钻孔打入木楔或尼龙胀塞以螺钉拧紧，或采用其他固定连接方法。

（7）清洁毯面

地毯铺设完毕后，应将剩余的边角下料及其他材料和工具等清理干净，并用吸尘器清洁地毯上的灰尘、垃圾及脱落的绒毛。

思考与练习

（1）简述地砖地面的基本构造方法。

（2）简述木地板的种类及各自的施工方法。

（3）简述空心玻璃砖隔墙的施工工艺。

项目6　门窗工程施工

知识目标

（1）通过本章内容的学习，了解门窗的类型及构造；

（2）熟悉木门窗、金属门窗、塑料门窗、特种门及玻璃安装工程的质量验收要求；

（3）掌握木门窗、金属门窗、塑料门窗、特种门及玻璃安装工程工艺流程与技术要求。

技能目标

（1）通过本章内容的学习，能够进行木门窗、铝合金门窗的制作及木门窗、金属门窗、塑料门窗、特种门的安装；

（2）能依据设计要求和施工质量检验标准，对门窗工程施工质量进行检验、控制和验收。

任务6.1　门窗的作用、分类与构造组成

工作任务

通过本任务的学习掌握门窗的作用、分类与构造等基础知识。

工作情景

建筑装饰施工“理实一体化”实训室。采用“理实一体化”教学方法，通过现场讲解，以及施工现场观摩、考察，掌握门窗的作用、分类与构造等有关知识。

门窗是建筑物的眼睛，是建筑的重要组成部分，在塑造室内外空间艺术形象中起着十分重要的作用，经常作为重点装饰的对象。门是内外联系的重要洞口，供人通行，联系室内外和各房间，门作为建筑内外墙重要的组成部分，其造型、质地、色彩、构造方式等对建筑的立面及室内装修效果影响很大。窗的主要功能是采光和通风。

6.1.1 门窗的作用

（1）门的作用

①通行与疏散作用：门是人们进出建筑物和房间的重要通道口，供人们通行，联系室内外和各房间。如遇事故发生，可以供人们紧急疏散用。

②围护作用：在北方寒冷地区，外门起到保温防雨作用；门关闭后还能起到一定的隔声作用。此外，门还起到防风沙的作用。

③美化作用：作为建筑内外墙重要组成部分的门，其造型、质地、形状、位置、构造方式等，对建筑的立面及室内装修效果影响很大。

门除了具有以上作用外，根据用户需要和设计要求，还可以具有防水、防火、保温等方面的作用。另外，还能利用门来调节室内的空气温度和湿度。

（2）窗的作用

①采光作用：各类房间都必须满足一定的照度要求。在一般情况下，窗口采光面积是否恰当，是以窗口面积与房间地面净面积之比来确定，各类建筑的使用要求不同，采光标准也不同。

②通风作用：为确保室内外空气流通，使室内保持空气新鲜，在确定窗的位置、面积大小及开启方式时，应尽量考虑窗的通风功能。

窗除了具有以上作用外，根据用户需要和设计要求，还可以具有防水、防火、防风沙、隔声、保温等方面的作用。另外，还能利用窗调节室内的空气温度和湿度等。

6.1.2 门窗的分类

（1）按不同材质分类

门窗按不同材质分为木质门窗、铝合金门窗、钢门窗、塑料门窗、全玻璃门窗、复合门窗、特殊门窗等。钢门窗又有普通钢窗、彩板钢窗和渗铝钢窗三种。

（2）按不同功能分类

门窗按不同功能分为普通门窗、保温门窗、隔声门窗、防火门窗、防盗门窗、防爆门窗、装饰门窗、安全门窗等。

（3）按不同结构分类

门窗按不同结构，可以分为推拉门窗、平开门窗、弹簧门窗、旋转门窗、折叠门窗、卷帘门窗、自动门窗等。

（4）按不同镶嵌材料分类

窗按不同镶嵌材料，可分为玻璃窗、纱窗、百叶窗、保温窗、防风纱窗等。玻璃窗能满足采光的功能要求，纱窗在保证通风的同时，可以防止蚊蝇进入室内，百叶窗一般用于只需通风而不需要采光的房间。

6.1.3 门窗的构造组成

（1）门的构造组成

门一般是由门框（门樘）、门扇、五金零件及其他附件组成。门框一般由边框和上框组成，当其高度大于2400mm时，在上部可增加亮子，需增加中横框。当门宽度大于2100mm时，需增设一根中竖框。有保温、防水、防风沙和隔声要求的门应设下槛。门扇一般由上冒头、中冒头、下冒头、边梃、门芯板、玻璃、百叶等组成。门的构造如图6－1所示。

（2）窗的构造组成

窗由窗框（窗樘）、窗扇、五金零件等组成。窗框由边框、上框、中横框、中竖框等组成，窗扇由上冒头、下冒头、边梃、窗芯子、玻璃等组成，如图6－2所示。

6.1.4 门窗的制作与安装要求

（1）门窗的制作

在门窗的制作过程中，关键在于掌握好门窗框和扇的制作，应当把握好以下两个方面。

①下料原则：对于矩形门窗，要掌握纵向通长、横向截断的原则；对于其他形状门窗，一般应当需要放大样，所有杆件应留足加工余量。

②组装要点：保证各杆件在一个平面内，矩形对角线相等，其他形状应与大样重合。要确保各杆件的连接强度，留好扇与框之间的配合余量和框与洞的间隙余量。

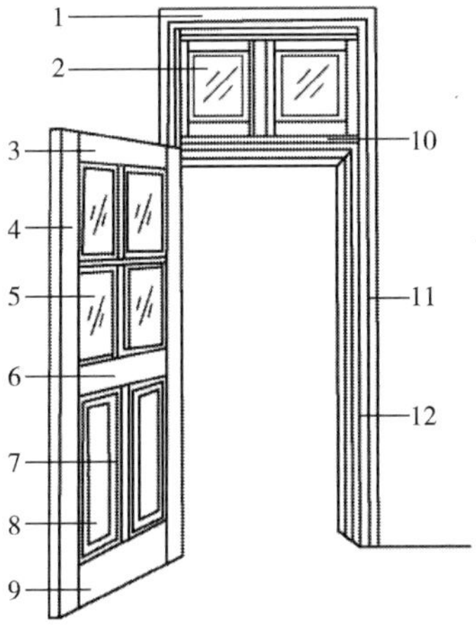

图6－1　门的构造

1—门樘冒头　2—亮子　3—上冒头
4—门边框　5—玻璃　6—中冒头
7—中框　8—门芯板　9—下冒头
10—中横框　11—门贴脸　12—门樘

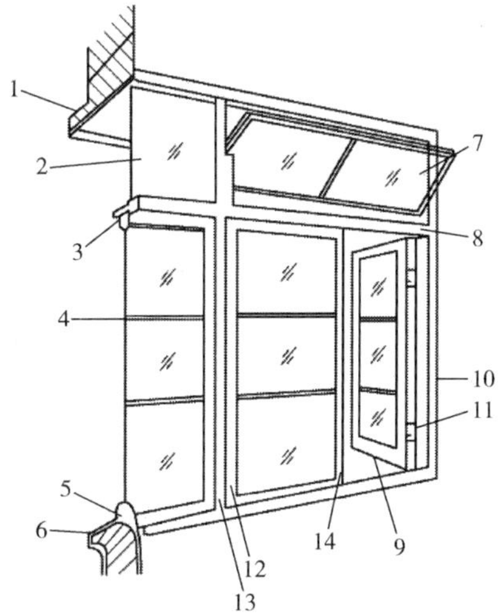

图6－2　窗的构造

1—过梁　2—固定亮子　3—上冒头　4—窗芯
5—下冒头　6—窗台　7—中旋亮子　8—中横框
9—风钩　10—贴脸　11—铰链　12—边梃
13—中竖框　14—插销

（2）门窗的安装

安装是门窗能否正常发挥作用的关键，也是对门窗制作质量的检验，是门窗施工的重点。因此，门窗安装必须把握下列要点：

①门窗所有构件要确保在一个平面内安装，而且同一立面上的门窗也必须在同一个平面内，特别是外立面，如果不在同一个平面内，则会导致出进不一，颜色不一致，使立面失去美观。

②确保连接要求。框与洞口墙体之间的连接必须牢固，且框不得产生变形，这也是密封的保证。框与扇之间的连接必须保证开启灵活、密封，搭接量不小于设计的80%。

（3）防水处理

门窗的防水处理，应先加强缝隙的密封，然后再打防水胶防水，阻断渗水的通路；同时做好排水通路，以防在长期静水的渗透压力作用下而破坏密封防水材料。门窗框与墙体是两种不同材料的连接，必须做好缓冲防变形的处理，以免产生裂缝而渗水。一般须在门窗框与墙体之间填充缓冲材料，材料要做好防腐蚀处理。

（4）注意事项

门窗的制作与安装除满足以上要求外，安装时还应注意以下方面：

①在门窗安装前，应根据设计和厂方提供的门窗节点图、结构图进行全面检查。主要核对门窗的品种、规格与开启形式是否符合设计要求，零件、附件、组合杆件是否齐全，所有部件是否有出厂合格证书等。

②门窗在运输和存放时，底部均需垫 200mm × 200mm 的方枕木，其间距 500mm，同时枕木应保持水平、表面光洁，并应有可靠的刚性支撑，以保证门窗在运输和存放过程中不受损伤和变形。

③金属门窗的存放处不得有酸碱等腐蚀物质，特别不得有易挥发性的酸，如盐酸、硝酸等，并要求有良好的通风条件，以防止门窗被酸碱等物质腐蚀。

④塑料门窗在运输和存放时，不能平堆码放，应竖直排放，樘与樘之间用非金属软质材料（如玻璃丝毡片、粗麻编织物、泡沫塑料等）隔开，并固定牢靠。由于塑料门窗是由聚氯乙烯塑料型材组装而成的，属于高分子热塑性材料，所以存放处应远离热源，以防止产生变形。塑料门窗型材是中空的，在组装成门窗时虽然插装轻钢骨架，但这些骨架未经铆固或焊接，其整体刚性比较差，不能经受外力的强烈碰撞和挤压。

⑤门窗在设计和生产时，由于未考虑作为受力构件使用，仅考虑了门窗本身和使用过程中的承载能力。如果在门窗框和扇上安放脚手架或悬挂重物，轻者引起门窗的变形，重者可能引起门窗的损坏。因此，金属门窗与塑料门窗在安装过程中，都不得作为受力构件使用，不得在门窗框和扇上安放脚手架或悬挂重物。

⑥要切实注意保护铝合金门窗和涂色镀锌钢板门窗的表面。铝合金表面的氧化膜、彩色镀锌钢板表面的涂膜，都有保护金属不受腐蚀的作用，一旦薄膜被破坏，就失去了保护作用，使金属产生锈蚀，不仅影响门窗的装饰效果，而且影响门窗的使用寿命。

⑦塑料门窗成品表面平整光滑，具有较好的装饰效果，如果在施工中不加以注意保护，很容易磨损或擦伤其表面，而影响门窗的美观。为保护门窗不受损伤，塑料门窗在搬、吊、运时，应用非金属软质材料衬垫和非金属绳索捆绑。

⑧为了保证门窗的安装质量和使用效果，对金属门窗和塑料门窗的安装，必须采用预留洞口后安装的方法，严禁采用边安装边砌洞口或先安装后砌洞口的做法。金属门窗表面都有一层保护装饰膜或防锈涂层，如果这层薄膜被磨损，是很难修复的。防锈层磨损后不及时修补，也会失去防锈的作用。

⑨门窗固定可以采用焊接、膨胀螺栓或射钉等方式。但砖墙不能用射钉，因砖受到冲击力后易碎。在门窗的固定中，普遍对地脚的固定重视不够，而是将门窗直接卡在洞口内，用砂浆挤压密实就算固定，这种做法非常错误、十分危险。门窗安装固定工作十

分重要，是关系使用安全的大问题，必须要有安装隐蔽工程记录，并应进行手扳检查，以确保安装质量。

⑩门窗在安装过程中，应及时用布或棉丝清理粘在门窗表面的砂浆和密封膏液，以免其凝固干燥后黏附在门窗的表面，影响门窗的表面美观。

任务6.2　装饰木门窗制作与安装

工作任务

通过本任务的学习掌握装饰木门窗制作与安装等有关知识。

工作情景

建筑装饰施工“理实一体化”实训室。采用“理实一体化”教学方法，通过现场讲解，施工现场观摩、考察，掌握装饰木门窗制作与安装等有关知识。

装饰木门窗在装饰工程中占有重要的地位，虽然新材料层出不穷，但木材的独特质感、自然花纹、特殊性能，是任何材料无法替代的。

6.2.1　装饰木门窗的开启方式

6.2.1.1　木门的开启方式

木门的开启方式主要是由使用要求决定的，通常有以下几种不同方式，如图6－3所示。

（1）平开门

平开门，即水平开启的门。其铰链安装在门的侧边，有单扇和双扇、向内开和向外开之分。平开门的构造简单、开启灵活，制作安装和维修均比较方便，是一般建筑中使用最广泛的门，如图6－3（a）所示。

（2）弹簧门

弹簧门的形式同平开门，但其侧边用弹簧铰链或下面用地弹簧传动，开启后能自动

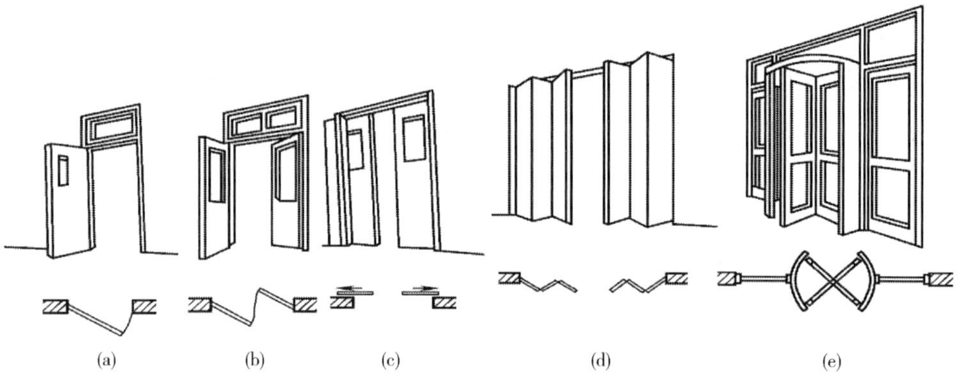

图 6－3 门的不同开启方式
（a）平开门 （b）弹簧门 （c）推拉门 （d）折叠门 （e）转门

关闭。多数为双扇玻璃门，能内、外弹动；少数为单扇或单向弹动的，如纱门。弹簧门的构造和安装比平开门稍为复杂些，多用于人流出入频繁或有自动关闭要求的场所。门上一般安装玻璃，如图 6－3（b）所示。

（3）推拉门

推拉门，也称拉门，在上下轨道上左右滑行。推拉门有单扇或双扇，可以藏在夹墙内或贴在墙面外，占用面积较少，如图 6－3（c）所示。推拉门构造较为复杂，一般用于两个空间需要扩大联系的门。在人流众多的地方，还可以采用光电管或触动式设施使推拉门自动启闭。

（4）折叠门

折叠门多为扇折叠，可折叠推移到侧边，如图 6－3（d）所示。传动方式简单者可以同平开门一样，只在门的侧边装铰链；复杂者在门的上边或下边需要装轨道及转动五金配件。一般用于两个空间需要更为扩大联系的门。

（5）转门

转门为三或四扇门连成风车形，在两个固定弧形门套内旋转的门，如图 6－3（e）所示，对防止内外空气的对流有一定的作用，可以作为公共建筑及有空气调节房屋的外门。一般在转门的两旁另设平开或弹簧门，以作为不需要空气调节的季节或大量人流疏散之用。转门构造复杂，造价较贵，一般情况下不宜采用。

其他还有上翻门、升降门、卷帘门等，一般适用于较大活动空间，如车库、车间及某些公共建筑的外门。

6.2.1.2 木窗的开启方式

窗的开启方式主要决定于窗扇的转动五金的部位和转动方式，可根据使用要求选用，通常有以下几种开启方式。

（1）固定窗

固定窗，即不能开启的窗，作采光及眺望之用，一般将玻璃直接安装在窗框上，尺寸可较大。

（2）平开窗

平开窗为侧边用铰链转动、水平开启的窗，有单扇、双扇、多扇及向内开、向外开之分。平开窗构造简单，开启灵活，制作、安装和维修均较方便，在一般建筑中使用最为广泛。

（3）横式悬窗

横式悬窗按转动铰链和转轴位置的不同，有上悬式、中悬式和下悬式旋窗之分。一般上悬式和中悬式旋窗向外开，其防雨效果较好，可用作外窗之用；而下悬式窗不能防雨，不适用外窗。这三种形式的窗都有利于通风，常被用于高窗及门上窗，其构造上较为简单。

（4）立体转窗

立体转窗为上、下冒头设转轴，立向转动的窗。转轴可设在中心或偏在一侧。立式转窗出挑不大时，可用较大块的玻璃，有利于采光和眺望，也便于擦窗，适用于不经常开启的窗扇。但安装纱窗很不方便，而且在构造上也比较复杂，特别要注意密封和防雨措施。

（5）推拉窗

推拉窗分垂直推拉和水平推拉两种。垂直推拉窗需要滑轮和平衡措施。国内用在外窗者较少，用在通风柜或传递窗较多。水平推拉窗一般上、下放槽轨，开启时两扇或多扇重叠。

（6）百叶窗

百叶窗是构造最简单的窗子，可用木板、塑料或玻璃条制成，有固定百叶和转动百叶两种，主要用于通风和遮阳。

6.2.2 装饰木门窗的制作

在现代装饰工程中，木门窗的制作仍占有很大比例，而且木门窗是室内装饰造型的一个重要的组成部分，也是创造装饰气氛与效果的一个重要手段。

6.2.2.1 装饰木门

（1）木门的基本构造

门是由门框（门樘）和门扇两部分组成的。当门的高度超过 2.1m 时，还要增加上窗结构（又称亮子），门的各部分名称如图6－4所示。各种门的门框构造基本相同，但门扇有较大的差别。

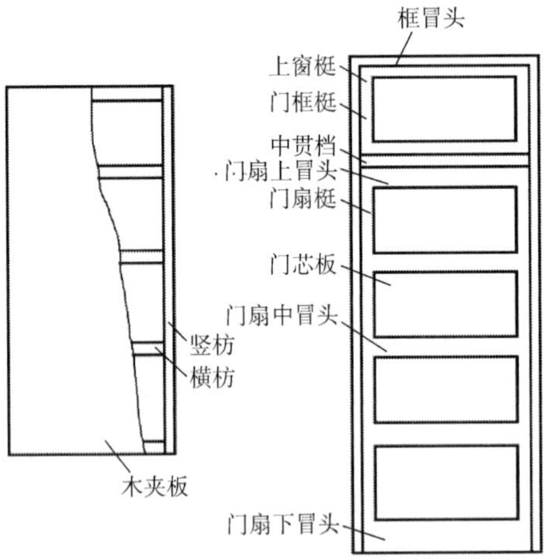

图6－4 门的构造形式

①门框：门框是门的骨架，主要由冒头（横档）、框梃（框柱）组成。有门的上窗时，在门扇与上窗之间设有中贯横档。门框架各连接部位都是用榫眼连接的。

②门扇：装饰木门的门扇，有镶板式门扇和蒙板式门扇两类。

a. 镶板式门扇：镶板式门扇是在做好门扇框后，将门板嵌入门扇框上的凹槽中。这种门扇框的木方用量较大，但板材用量较少。门扇梃与上冒头的连接如图6－5所示，与中冒头的连接和其与上冒头的连接基本一样。门扇梃与下冒头的连接如图6－6所示。

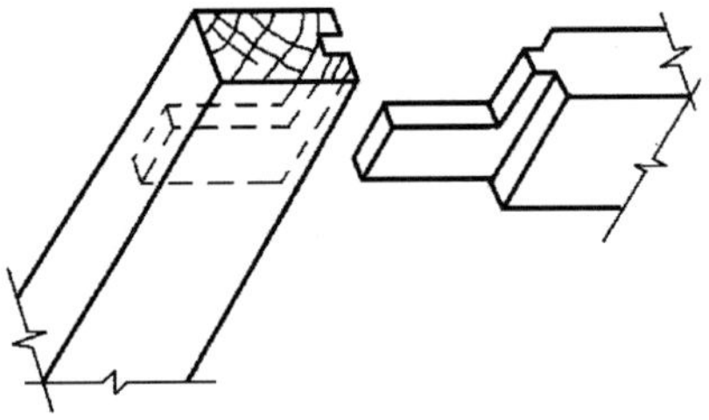

图6－5 门扇梃与上冒头的连接

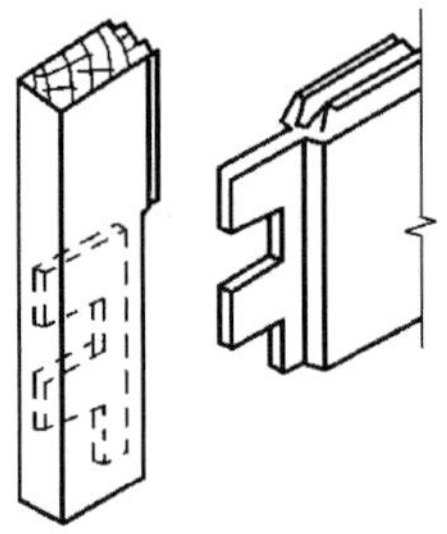

图6－6 门扇梃与下冒头的连接

为了将门板安装于门扇梃、门扇冒头之间，而在门扇梃和冒头上开出宽为门板厚度的凹槽，在安装门扇时，可将门芯板嵌入槽中。为了防止门芯板受潮发生膨胀，而使门扇变形或芯板翘鼓，门芯板装入槽内后，还应有2～3mm的间隙。

b. 蒙板式门扇：如图6－7所示，蒙板式门扇的门扇框，所使用的木方截面尺寸较小，而且是蒙在两块木夹板之间，所以又称为门扇骨架。门扇骨架是由竖向方木和横档方木组成，竖向方木与横档木方的连接通常采用单榫结构。在一些门扇较高、宽度尺寸较大，骨架的竖向与横向方木的连接可用钉胶相结合的连接方法。门扇两边的蒙板，通常采用4mm厚的夹板。

（2）装饰门常见形式

①镶板式门扇：目前，在建筑装饰工程中常用的镶板式门扇，主要有全木式和木材与玻璃结合式两类，实际中最常用的是木与玻璃结合式。

②蒙板式门扇：蒙板式门扇主要有平板式和木板与木线条组合式两类。将各种图案的木线条钉在板面上，从而组成饰面美观、图案多样的门扇，如图6－7所示。

6.2.2.2　装饰木窗

（1）木窗的基本构造

木窗由窗框和窗扇组成，在窗扇上按设计要求安装玻璃（如图6－8所示）。

①窗框：窗框由扇梃、上冒头、下冒头等组成，当顶部有上窗时，还要设中贯横档。

②窗扇：窗扇在上冒头、下冒头、扇梃、扇棂之间。

③玻璃：玻璃安装于冒头、窗扇梃、窗棂等之间。

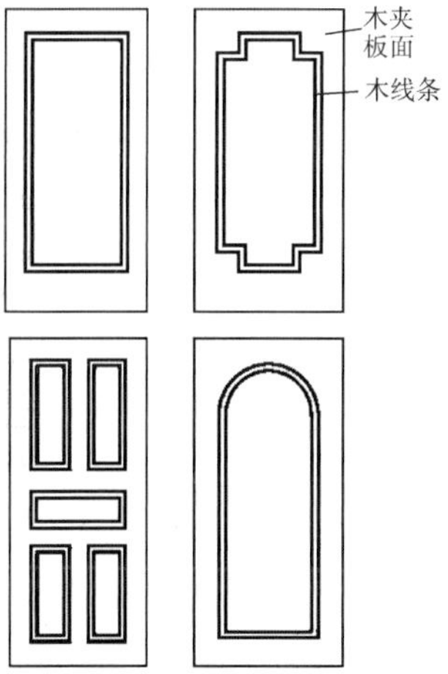

图6－7　蒙板式门扇示意图

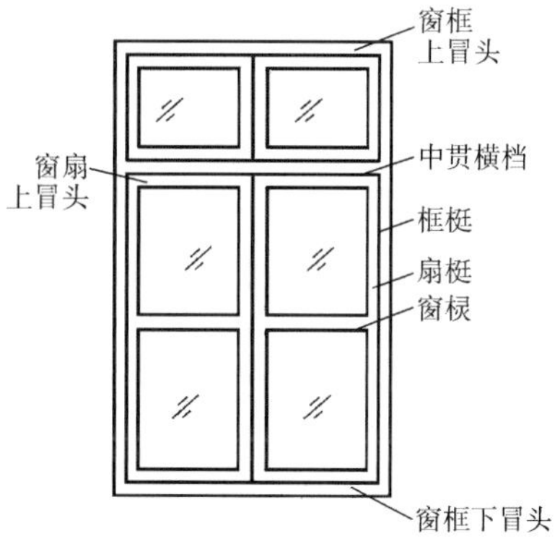

图6－8　木窗的构造形式

（2）连接构造

木窗的连接构造与门的连接构造基本相同，都采用榫式结合。一般是在扇梃上凿眼，冒头上开榫。如果采用先立窗框再砌墙的安装方法，应在上冒头和下冒头两端留出走头（延长端头），走头的长度一般为120mm。窗框与窗棂的连接，也是在扇梃上凿眼，窗棂上开榫。

（3）装饰窗常见式样

室内装饰工程的装饰窗，通常有固定式和开启式两大类。

①固定式装饰窗：固定式装饰窗没有可以活动和开闭的窗扇，窗棂直接与窗框相连

接。常见的固定式装饰窗如图 6 –9 所示。

②开启式装饰窗：开启式装饰窗分为全开启式和部分开启式两种。部分开启式也就是装饰窗的一部分是固定的，另一部分是可以开闭的。常见的开启式装饰窗如图 6 –10 所示。

图 6 –9　常见的固定式装饰窗

图 6 –10　常见的开启式装饰窗

6.2.2.3　木装饰门窗材料要求

①木门窗的木材品种、材质等级、规格、尺寸、框扇的线形及人造木板的甲醛含量应符合设计要求。当设计对材质等级未做规定时，应不低于国家规定的木门窗用木材的质量要求。

②木门窗应采用烘干的木材，其含水率应不大于当地气候的平衡含水率，一般在气候干燥地区不宜大于 12%，在南方气候潮湿地区不宜大于 15%。

③木门窗框与砌体、混凝土接触面及预埋木砖均应做防腐处理。沥青防腐剂不得用于室内。对易腐朽和虫蛀的木材应进行防腐、防虫处理。木材的防火、防腐、防虫处理应符合设计要求。

④制作木门窗所用的胶料，宜采用酚醛树脂胶和脲醛树脂胶。普通木门窗可采用半耐水的脲醛树脂胶，高档木门窗应采用耐水的酚醛树脂胶。

⑤工厂生产的木门窗必须有出厂合格证。由于运输堆放等原因受损的门窗框、扇，应进行预处理，达到合格要求后方可用于工程。

⑥小五金零件的品种、规格、型号、颜色等均应符合设计要求，质量必须合格，并

应有出厂合格证。

6.2.2.4　木装饰门窗制作工艺

（1）制作工序

木装饰门窗的制作工艺如下：

配料—截料—刨料—划线—凿眼—倒棱—裁口—开榫—断肩—组装—加楔—净面—油漆—安装玻璃

（2）施工工艺

①配料与截料

a. 为了进行科学配料，在配料前要熟悉图纸，了解门窗的构造、各部分尺寸、制作数量和质量要求。计算出各部分的尺寸和数量，列出配料单，按照配料单进行配料。如果数量较少，也可以直接配料。

b. 在进行配料时，对木方材料要进行选择。不用有腐朽、斜裂、节疤大的木料，不干燥的木料也不能使用。同时，要先配长料后配短料，先配框料后配扇料，使木料得到充分合理的使用。

c. 制作门窗时，往往需要大量刨削，拼装时也会有一定的损耗。所以，在配料时必须加大木料的尺寸，即各种部件的毛料尺寸要比其净料加大些，最后才能达到图纸上规定的尺寸。门窗料的断面，如要两面刨光，其毛料要比其净料加大4～5mm，如只是一面刨光，要加大2～3mm。

d. 门窗料的长度，因门窗框的冒头有走头（加长端），冒头（门框上的上冒头，窗框的上、下冒头）两端各需加长120mm，以便砌入墙内锚固。无走头时，冒头两端各加长20mm。安装时，再根据门洞或窗洞尺寸决定取舍。需埋入地坪下60mm，使门框牢固。在楼层上的门框梃只加长20～30mm。一般窗框的梃、门窗冒头、窗棂等可加长10～15mm，门窗的梃加长30～50mm。

e. 在选配的木料上按毛料尺寸划出截断、锯开线，考虑锯解木料时的损耗，一般留出2～3mm的损耗量。

②刨料

a. 刨料前，宜选择纹理清晰、无节疤和毛病较少的材面作为正面。对于框料，任选一个窄面为正面。对于扇面，任选一个宽面为正面。

b. 刨料时，应看清木料的顺纹和逆纹，应当顺着木纹刨削，以免戗槎。刨削中常用尺子量测部件的尺寸是否满足设计要求，不要刨过量，影响门窗的质量。有弯曲的木料，可以先刨凹面，把两头刨的基本平整，再用大刨子刨，即可刨平。如果先刨凸面，凹面朝下，用力刨削时，凸面向下弯，不刨时，木料的弹性又恢复原状，很难刨平。有扭曲的木料，应先刨木料的高处，直到刨平为止。

c. 正面刨平直以后，要打上记号，再刨垂直的一面，两个面的夹角必须都是90°，一面刨料，一面用角尺测量。然后，以这两个面为准，用勒子在料面上画出所需要的厚度和宽度线。整根料刨好，这两根线也不能刨掉。

检查木料是否刨好的方法是：取两根木料叠在一起，用手随便按上面一根木料的一个角，如果这根木料丝毫不动，则证明这根木料已经刨平。检查木料尺寸是否符合要求的方法是：如果每根木料的厚度为40mm，取10根木料叠在一起，量得尺寸为400mm（误差±4mm），其宽度方向两边都不凸出。

d. 门、窗的框料靠墙的一面可不刨光，但要刨出两道灰线。扇料必须四面刨光，划线时才能准确。料刨好以后，应按框、扇分别码放，上下对齐，以便安装时使用。放料的场地，要求平整、坚实，不得出现不均匀沉降。

③划线

a. 划线前，先要弄清楚榫头、榫眼的尺寸和形式，即什么地方做榫头，什么地方凿榫眼。榫眼的位置应在木料的中间，宽度不超过木料厚度的1/3，由凿子的宽度而确定。榫头的厚度是根据榫眼的宽度确定的，半榫长度应为木料宽度的1/2。

b. 对于成批的料，应选出两根刨好的木料，大面相对放在一起，划上榫头与榫眼的位置。要注意，使用角尺、画线竹笔、勒子时，都应靠在大号的大面和小面上。划的位置线经检查无误后，以这两根木料为样板再成批划线。要求划线一定要清楚、准确、齐全。

④凿眼

a. 凿眼时，要选择与榫眼的宽度相等的凿子，这是保证榫眼尺寸准确的关键。凿刃要锋利，刃口必须磨齐平，中间不能突起成弧形。先凿透眼，后凿半眼。凿透眼时先凿背面，凿到1/2～2/3眼深，把木料翻起来凿正面，直至将眼凿透。这样凿眼，可避免把木料凿劈裂。另外，榫眼的正面边线要凿去半条线，留下半条线，榫头开榫时也要留下半条线，榫头与榫眼合起来成为一条整线，这样榫头与榫眼结合才能紧密。榫眼的背面按划线凿，不留线，使榫眼比面略宽，这样在榫眼中插入榫头时，可避免挤裂眼口的四周。

b. 凿好的榫眼，要求形状方正、两侧平直。榫眼内要清洁，不留木渣。千万不要把中间部分凿凹。凿凹的眼在加楔时，一般不容易夹紧，榫头很容易松动，这是门窗出现松动、关不上、下垂等质量问题的主要原因之一。

⑤倒棱和裁口

a. 倒棱和裁口是在门框梃上做出，倒棱主要起到装饰作用，裁口在门扇关闭时起到限位作用。

b. 倒棱要平直，宽度要均匀；裁口要求方正平直，不能有戗槎起毛、凹凸不平的现象。最忌讳是口根有台，即裁口的角上木料没有刨净。也有不在门框梃木方上做裁口，而是用一条小木条黏钉在门框梃木方上。

⑥开榫与断肩

a. 开榫也称为倒卯，就是按榫头的纵向线锯开，锯到榫头的根部时，要把锯竖直锯几下，但不能锯过线。开榫时要留半线，其半榫长为木料宽度的1/2，应比半眼深1~2mm，以备榫头因受潮而伸长。为确保开榫尺寸的准确，开榫时要用锯小料的细齿锯。

b. 断肩就是把榫头两边的肩膀锯断。断肩时也要留线，快锯掉时要慢些，防止伤了榫头。断肩时要用小锯。

c. 榫头锯好后插进榫眼里，以不松不紧为宜。锯好的半榫应比榫眼稍微大些。组装时在四面磨角倒棱，抹上胶用锤敲进去，这样的榫使用比较长久，一般不易松动。如果半榫锯得过薄，插入榫眼中有松动，可在半榫上加两个破头楔，抹上胶打入半眼内，使破头楔把半榫头撑开借以补救。

d. 锯成的榫头要求方正平直，不能歪歪扭扭，不能伤榫眼。如果榫头不方正、不平直，会影响到门窗不能组装得方正、结实。

⑦组装与净面

a. 组装门窗框、扇之前，应选出各部件的正面，以便使组装后正面在同一侧，把组装后刨不到的面上的线用砂纸打磨干净。门框组装前，先在两根框梃上量出门的高度，用细锯锯出一道锯口，或用记号笔画出一道线，这就是室内地坪线，作为立门框的标记。

b. 门、窗框的组装，是把一根边梃平放，将中贯档、上冒头（窗框还有下冒头）的榫头插入梃的榫眼里，再装上另一边的梃，用锤轻轻敲打拼合，敲打时要垫上木块，防止打伤榫头或留下敲打的痕迹。待整个门窗框拼好并归方后，再将所有的榫头敲实，锯断露出的榫头。

c. 门窗扇的组装方法与门窗框基本相同。但门扇中有门板时，须先把门芯板按尺寸裁好，一般门芯板应比门扇边上量得的尺寸小3~5mm，门芯板的四边去棱、刨光。然后，先把一根门梃平放，将冒头逐个装入，门芯板嵌入冒头与门梃的凹槽内，再将另一根门梃的榫眼对准榫头装入，并用锤击木块敲紧。

d. 门窗框、扇组装好后，为使其成为一个坚固结实的整体，必须在榫眼中加适量木楔，将榫头在榫眼中挤紧。木楔的长度与榫头一样长，宽度比榫眼宽度窄2~3mm，楔子头用扁铲顺木纹铲尖。加楔时，应先检查门框、扇的方正，掌握其歪扭情况，以便再加楔时调整、纠正。

e. 一般每个榫头内必须加两个楔子。加楔时，用凿子或斧头把榫头凿出一道缝，将楔子两面抹上胶插进缝内，敲打楔子要先轻后重，逐步撙入，不要用力太猛。当楔子已打不动，榫眼已卡紧饱满时，不要再敲打，以防止将木料撙裂。在加楔过程中，对框、扇要随时用角尺或尺杆上下窜角找方正，并校正框、扇的不平整处。

f. 组装好的门窗框、扇用细刨子刨后，再用细砂纸修平修光。双扇门窗要配好对，对缝的裁口刨好。安装前，门窗框靠墙的一面，要刷一道沥青，以增加其防腐能力。

g. 为了防止校正好的门窗框再发生变形，应在门框下端钉上拉杆，拉杆下皮正好是锯口或记号的地坪线，大一些的门窗框，在中贯档与梃间要钉八字撑杆。

h. 门窗框组装好后，要采取措施加以保护，防止日晒雨淋或碰撞损伤。

6.2.2.5 装饰木门窗的安装

（1）门窗框的安装

①安装方法

a. 先立口法：即在砌墙前把门窗框按施工图纸立直、找正，并固定好。这种施工方法必须在施工前把门窗框做好运至施工现场。

b. 后塞口法：即在砌筑墙体时预先按门窗尺寸留好洞口，在洞口两边预埋木砖，然后将门窗框塞入洞口内，在木砖处垫好木片，并用钉子钉牢（预埋木砖的位置应避开门窗扇安装铰链处）。

②施工要点

先立口安装施工：

a. 当砌墙砌到室内地坪时，应当立门框；当砌到窗台时，应当立窗框。

b. 立口之前，按照施工图纸上门窗的位置、尺寸，把门窗的中线和边线画到地面或墙面上。然后，把窗框立在相应的位置上，用支撑临时支撑固定，用线锤和水平尺找平找直，并检查框的标高是否正确，如有不平不直之处应随即纠正。不垂直可挪动支撑加以调整，不平处可垫木片或砂浆调整。支撑不要过早拆除，应在墙身砌完后拆除比较适宜。

c. 在砌墙施工过程中，千万不要碰动支撑，并应随时对门窗框进行校正，防止门窗框出现位移和歪斜等现象。砌到放木砖的位置时，要校核是否垂直，如有不垂直，在放木砖时随时纠正。

d. 木门窗安装是否整齐，对建筑物的装饰效果有很大影响。同一面墙的木门窗框应安装整齐，并在同一个平、立面上。可先立两端的门窗框，然后拉一通线，其他的框按通线进行竖立。这样可以保证门框的位置和窗框的标高一致。

e. 在立框时，一定注意两个方面：特别注意门窗的开启方向，防止一旦出现错误难以纠正；注意施工图纸上门窗框是在墙中，还是靠墙的里皮。如果是与里皮平的，门窗框应出里皮墙面（即内墙面）20mm，这样抹完灰后，门窗框正好和墙面相平，如图6－11所示。

后塞口安装施工：

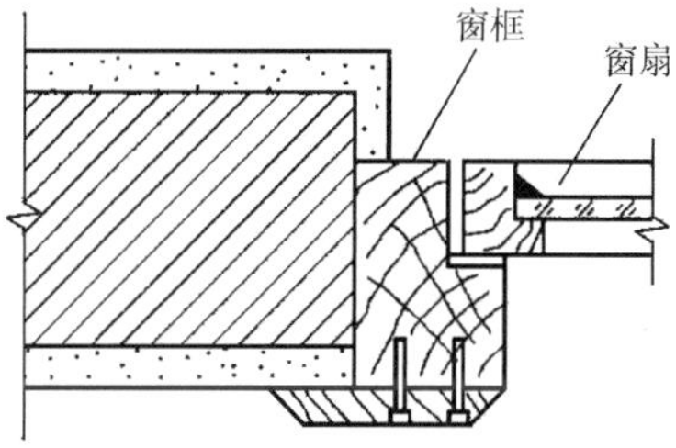

图6－11　门窗框在墙里皮的做法

a. 门窗洞口要按施工图纸上的位置和尺寸预先留出。洞口应比窗口大 30～40mm（即每边大 15～20mm）。

b. 在砌墙时，洞口两侧按规定砌入木砖，木砖大小约为半砖，间距不大于 1.2m，每边 2～3 块。

c. 在安装门窗框时，先把门窗框塞进门窗洞口内，用木楔临时固定，用线锤和水平尺进行校正。待校正无误后，用钉子把门窗框钉牢在木砖上，每个木砖上应钉两颗钉子，并将钉帽砸扁冲入梃框内。

d. 在立口时，一定要注意两个方面：特别注意门窗的开启方向；大窗更要注意上窗的位置。

（2）门窗扇的安装

施工准备：

①在安装门窗扇前，先要检查门窗框上、中、下三部分是否一样宽，如果相差超过 5mm，就应当进行修整。

②核对门窗的开启方向是否正确，并打上记号，以免将扇安错。

③安装扇前，预先量出门窗框口的净尺寸，确定扇的宽度和高度，并进行修刨。应将门扇定于门窗框中，并检查与门窗框配合的松紧度。由于木材有干缩湿胀的性质，而且门窗扇、门窗框上都需要有油漆及打底层的厚度，所以在安装时要留缝。一般门扇对口处竖缝留 1.5～2.5mm，窗的竖缝留 2mm，并按此尺寸进行修整刨光。

施工要点：

①将修刨好的门窗扇，用木楔临时立于门窗框中，排好缝隙后画出铰链位置。铰链位置距上、下边的距离，一般宜为门扇宽度的 1/10，这个位置对铰链受力比较有利，又可以避开榫头。然后把扇取下来，用扇铲剔出铰链页槽。铰链页槽应外边较浅、里边较深，其深度应当是把铰链合上后与框、扇平正为准。剔好铰链槽后，将铰链放入，上下铰链各拧一颗螺丝钉把扇挂上，检查缝隙是否符合要求，扇与框是否齐平，扇能否关住。检查合格后，再将剩余螺丝钉全部上齐。

②双扇门窗扇安装方法与单扇的安装方法基本相同，只是增加一道“错口”的工序。双扇应按开启方向看，右手是门盖口，左手是门等口。

③门窗扇安装好后要试开，其达到的标准是：以开到哪里就能停到哪里为合格，不能存在自开或自关现象。如果发现门窗扇在高、宽上有短缺的情况，高度上应补钉的板条钉在下冒头下面，宽度上应在安装铰链一边的梃上补钉板条。

④为了开关方便，平开扇的上冒头、下冒头最好刨成斜面。

（3）质量通病、原因及矫正

门窗安装后容易出现的质量通病有两种：一种是关不拢，一种是坠扇。门窗出现关不拢的原因很多，主要有：一是由于门窗扇与框之间的缝隙不均匀；二是门扇的坡口太小；三是门扇框不正造成门窗扇“走扇”（关上后自动打开）；四是门窗扇不平，关上后和门窗框不吻合。

门窗安装中的质量通病、原因分析及矫正方法，如表6－1所示。

表6－1 装饰木门窗安装中常见质量通病、原因分析及矫正方法

质量通病	原因分析	矫正方法
关不拢	缝隙不匀造成的关不拢； 门窗扇制作尺寸有误差； 门窗安装存在误差； 门窗在侧边与门框蹭口，窗扇在侧边或底边与窗框蹭口	出现这种情况时，需对门窗和窗扇用细刨进行修正
	门窗扇坡口太小造成关不拢； 门窗扇开关时扇边蹭口； 安装铰链的扇边抗口（即扇边蹭到框的裁口边上）	安装时，按规矩扇四边应当刨出坡口，这样门窗扇就容易关拢； 应把蹭口的扇边坡口再刨大一些，一般坡口大约为2°～3°
	门窗扇不平造成的关不拢； 这是由于门窗框安装得不正（不垂直），使得门窗扇安装后能自动打开，木工俗称为“走扇”	必须把门窗框找正找直否则这个毛病是不能完全除掉的； 向外移动门窗扇上的铰链，即能减少“走扇”的程度
	门窗扇不平造成的关不拢； 由于制作不当，门窗扇不平（扭翘），关上后有一个角关不拢； 木材未干透，做成制品后木材干缩性质不均匀，门窗扇不平	在扇的榫处再加一个楔； 调整铰链的位置，以减轻门窗的不平（扭翘）的程度； 严重者，重新制作门窗扇

续表

质量通病	原因分析	矫正方法
坠扇	门窗扇安装玻璃后质量增加，而门窗扇本身的结构出现变形而造成； 门窗安装的铰链强度不足而变形造成； 安装铰链的木螺丝较小或安装方法不对造成的； 在制作时，榫头宽窄厚薄均小于划线尺寸，而加楔又不饱满造成	在扇的边和冒头处设置铁三角，以增加抵抗下垂的能力； 装饰门必须采用尼龙无声铰链，装饰窗宜用大铰链； 安装铰链用的木螺丝钉宜采用粗长的规格，而且一定不能将木螺丝钉全部钉入木内，应将木螺丝钉逐丝拧入木内。在硬质木材上钉木螺钉时，先要钻眼，钻头直径比木螺钉直径小，孔深为木螺钉长度的2/3； 在榫眼位置再补加楔子，但只能临时改一下，不能保证长久有效

6.2.2.6 装饰木门窗制作与安装工程质量验收

（1）主控项目

①木门窗的木材品种、材质等级、规格、尺寸、框扇的线型及人造木板的甲醛含量应符合设计要求。设计未规定材质等级时，所用木材的质量应符合《GB 50210—2001 建筑装饰装修工程质量验收规范》附录A的规定。

②木门窗应采用烘干的木材，其含水率应符合规定。

③木门窗的防火、防腐、防虫处理应符合设计要求。

④木门窗的结合处和安装配件处不得有木节或已填补的木节。木门窗有允许限值以内的死节及直径较大的虫眼时，应用同一材质的木塞加胶填补。对于清漆制品，木塞的木纹和色泽应与制品一致。

⑤门窗框和厚度大于50mm的门窗扇应用双榫连接。榫槽应采用胶料严密嵌合，并应用胶楔加紧。

⑥胶合板门、纤维板门和模压门不得脱胶。胶合板不得刨透表层单板，不得有戗槎。制作胶合板门、纤维板门时，边框和横楞应在同一平面上，面层、边框及横楞应加压胶结。横楞和上、下冒头应各钻两个以上的透气孔，透气孔应通畅。

⑦木门窗的品种、类型、规格、开启方向、安装位置及连接方式应符合设计要求。

⑧木门窗框的安装必须牢固。预埋木砖的防腐处理，木门窗框固定点的数量、位置及固定方法应符合设计要求。

⑨木门窗扇必须安装牢固，并应开关灵活，关闭严密，无倒翘。

⑩木门窗配件的型号、规格、数量应符合设计要求，安装应牢固，位置应正确，功能应满足使用要求。

（2）一般项目

①木门窗表面应洁净，不得有刨痕、锤印。

②木门窗的割角、拼缝应严密平整。门窗框、扇裁口应顺直，刨面应平整。

③木门窗上的槽、孔应边缘整齐、无毛刺。

④木门窗与墙体间缝隙的填嵌材料应符合设计要求，填嵌应饱满。寒冷地区外门窗（或门窗框）与砌体间的空隙应填充保温材料。

⑤木门窗批水、盖口条、压缝条、密封条的安装应顺直，与门窗结合应牢固、严密。

⑥木门窗制作的允许偏差和检验方法应符合表6－2的规定。

⑦木门窗安装的留缝限值、允许偏差和检验方法应符合表6－3的规定。

表6－2　木门窗制作的允许偏差和检验方法

序号	项目	构件名称	允许偏差/mm		检验方法
			普通	高级	
1	翘曲	框	3	2	将框、扇平放在检查平台上，用塞尺检查
		扇	2	2	
2	对角线长度差	框、扇	3	2	用钢尺检查，框量裁口里角
3	表面平整度	扇	2	2	用1m靠尺和塞尺检查
4	高度、宽度	框	0；－2	0；－1	用钢尺检查，框量裁口里角，扇量外角
		扇	＋2；0	＋1；0	
5	裁门、线条结合处高低差	框、扇	1	0.5	用钢直尺和塞尺检查
6	相邻棂子两端间距	扇	2	1	用钢直尺检查

表6－3　木门窗安装的留缝限值、允许偏差和检验方法

序号	项目	留缝限值/mm		允许偏差/mm		检验方法
		普通	高级	普通	高级	
1	门窗槽口对角线长度差	—	—	3	2	用钢尺检查
2	门窗框的正、侧面垂直度	—	—	2	1	用1m垂直检测尺检查
3	框与扇、扇与扇接缝高低差	—	—	1	1	用钢直尺和塞尺检查

续表

序号	项目		留缝限值/mm		允许偏差/mm		检验方法
			普通	高级	普通	高级	
4	门窗扇对口缝		1～2.5	1.5～2	—	—	用塞尺检查
5	工业厂房双扇大门对口缝		2～5	—	—	—	
6	门窗扇与上框间留缝		1～2	1～1.5	—	—	
7	门窗扇与侧框间留缝		1～2.5	1～1.5	—	—	
8	窗扇与下框间留缝		2～3	2～2.5	—	—	
9	门扇与下框间留缝		3～5	3～4	—	—	
10	双层门窗内外框间距		—	—	4	3	用钢尺检查
11	无下框时门扇与地面间留缝	外门	4～7	5～6	—	—	用塞尺检查
		内门	5～8	6～7	—	—	
		卫生间门	8～12	8～10	—	—	
		厂房大门	10～12	—	—	—	

注：1. 表中除给出允许偏差外，对留缝尺寸给出了尺寸极限。考虑到所给尺寸限值是一个范围，故不再给出允许偏差。

2. 表中允许偏差栏中所列数值，凡有正负号的，表示《GB 50210—2001 建筑装饰装修工程质量验收规范》对此偏差的不同方向有不同的要求，应严格遵守。凡没有注明正负号的，即使其偏差可能具有方向性，但《GB 50210—2001 建筑装饰装修工程质量验收规范》并未对这类偏差的方向性做出规定，故检查时对这些偏差可以不考虑方向性要求。

3. 本表摘自《GB 50210—2001 建筑装饰装修工程质量验收规范》。

任务6.3　金属门窗的施工

工作任务

通过本任务的学习掌握金属门窗的安装等有关知识。

工作情景

建筑装饰施工“理实一体化”实训室。采用“理实一体化”教学方法，通过现场讲解，施工现场观摩，掌握金属门窗的安装等有关知识。

6.3.1 钢门窗的制作与安装

建筑装饰工程中应用较多的钢门窗主要为薄壁空腹钢门窗和实腹钢门窗。钢门窗在工厂加工制作后整体运到现场进行安装。

6.3.1.1 钢门窗安装材料要求

①钢门窗：钢门窗厂生产合格的钢门窗，其型号品种均应符合设计要求。

②水泥、砂：水泥强度等级 42.5 级及以上，砂为中砂或粗砂。

③玻璃、油灰：符合设计要求的玻璃和油灰。

④焊条：符合要求的电焊条。

进场前应先对钢门窗进行验收，不合格的不准进场。运到现场的钢门窗应分类堆放，不能挤压，以免变形。堆放场地应干燥，并有防雨、排水措施。搬运时轻拿轻放，严禁扔摔。

6.3.1.2 钢门窗安装工艺

（1）画线定位

按照设计图纸要求，在门窗洞口上弹出水平和垂直控制线，以确定钢门窗的安装位置、尺寸、标高。水平线应从 +50cm 水平线上量出门窗框下皮标高拉通线；垂直线应从顶层楼门窗边线向下垂吊至底层，以控制每层边线，并做好标志，确保各楼层的门窗上下、左右整齐统一。

（2）钢门窗就位

钢门窗安装前，首先应按设计图纸要求核对钢门窗的型号、规格、数量是否符合要求；拼樘构件、五金零件、安装铁脚和紧固零件的品种、规格、数量是否正确和齐全。然后应进行逐樘检查，如发现钢门窗框变形或窗角、窗梃、窗心有脱焊、松动等现象，应校正修复后方可进行安装。最后应检查门窗洞口内的预留孔洞和预埋铁件的位置、尺寸、数量是否符合钢门窗安装的要求，如发现问题应进行修整或补凿洞口。

安装钢门窗时必须按建筑平面图分清门窗的开启方向是内开还是外开，单扇门是左手开启还是右手开启。然后按图纸的规格、型号将钢门窗樘运到安装洞口处，并要靠放稳当。在搬运钢门窗时，不可将棍棒等工具穿入窗心或窗梃起吊或杠抬，严禁抛、摔，起吊时要选择平稳牢固的着力点。将钢门窗立于图纸要求的安装位置，用木楔临时固定，将其铁脚插入预留孔中，然后根据门窗边线、水平线及距外墙皮的尺寸进行支垫，并用托线板靠吊垂直。

钢门窗就位时，应保证钢门窗上框距过梁要有 20mm 缝隙，框左右缝宽一致，距外墙皮尺寸符合图纸要求。

（3）钢门窗固定

钢门窗就位后，校正其水平度和正、侧面垂直度，然后将上框铁脚与过梁预埋件焊牢，将框两侧铁脚插入预留孔内，用水把预留孔内湿润，用1∶2较硬的水泥砂浆或C20细石混凝土将其填实后抹平。终凝前不得碰动框扇。3d后取出四周木楔，用1∶2水泥砂浆把框与墙之间的缝隙填实，与框同平面抹平。

若为钢大门时，应将合页焊到墙的预埋件上。要求每侧预埋件必须在同一垂直线上，两侧对应的预埋件必须在同一水平位置上。

（4）安装五金配件

钢门窗的五金配件安装宜在内外墙面装饰施工结束后进行；高层建筑应在安装玻璃前将机螺钉拧在门窗框上，待油漆工程完成后再安装五金件。安装五金配件之前，要检查钢门窗在洞口内是否牢固；门窗框与墙体之间的缝隙是否已嵌填密实；窗扇轻轻关拢后，其上面密合，下面略有缝隙，看启闭是否灵活，里框下端吊角等是否符合要求（一般双扇窗吊角应整齐一致，平开窗吊高为2～4mm，邻窗间玻璃中心应平齐一致），如有缺陷，须经调整后方可安装零配件。所用五金配件应按生产厂家提供的装配图经试装合格后，方可全面进行安装。各类五金配件的转动和滑动配合处，应灵活无卡阻现象。装配螺钉拧紧后不得松动，埋头螺钉不得高出零件表面。

（5）安装橡胶密封条

氯丁海绵橡胶密封条是通过胶带贴在门窗框的大面内侧。胶条有两种，一种是K型，适用于25A空腹钢门窗；另一种是S型，适应于32mm实腹钢门窗的密闭。胶带是由细纱布双面涂胶，用聚乙烯薄膜作隔离层。粘贴时，首先将胶带粘贴于门窗框大面内侧，然后剥除隔离层，再将密封条粘在胶带上。

（6）安装纱门窗

先对纱门和纱窗扇进行检查，若有变形应及时校正。高、宽大于1400mm的纱扇，装纱前要在纱扇中部用木条做临时支撑，以防扇纱凹陷影响使用。在检查压纱条和纱扇配套后，将纱裁割且比实际尺寸长出50mm即可绷纱。绷纱时，先用机螺钉拧入上下压纱条，再装两侧压纱条，切除多余纱头，将机螺钉的丝扣剔平并用钢板锉锉平。待纱门窗扇装纱完成后，于交工前再将纱门窗扇安装在钢门窗框上。最后，在纱门上安装护纱条和拉手。

6.3.2 铝合金门窗的制作与安装

铝合金门窗是经过表面处理的型材，通过下料、打孔、铣槽等工序制作成门窗框料构件，然后再与连接件、密封件、开闭五金件一起组合装配而成。

6.3.2.1 铝合金门窗的特点、类型与性能

（1）合金门窗的特点

①质量轻：铝合金是一种质量较轻、强度较高的材料。在保证使用强度的要求下，门窗框料的断面可制成空腹薄壁组合断面，减轻了铝合金型材的重量。一般铝合金门窗重量与木门窗差不多，比钢门窗轻50%左右。

②密封性好：密封性能是评判门窗质量的重要指标，铝合金门窗和普通钢、木门窗相比，其气密性、水密性和隔声性均比较好。推拉门窗比平开门窗的密封性稍差，因此推拉窗在构造上加设尼龙毛条，以增加其密封性。

③变形性小：铝合金门窗的变形性小，一是因为铝合金型材的刚度好，二是由于制作过程中采用冷连接。横、竖杆件之间及五金配件的安装均是采用螺钉、螺栓或铝钉，通过角铝或其他类型的连接件使框、扇杆件连成一个整体。冷连接同钢门窗的电焊连接相比，可以避免在焊接过程中因受热不均而产生的变形现象，从而能确保制作的精度。

④表面美观：一是造型比较美观，门窗面积大，使建筑物立面效果简洁明亮，并增加了虚实对比，富有较强的层次感；二是色调比较美观，其门窗框料经过氧化着色处理，可具有银白色、金黄色、青铜色、古铜色、黑黄色等色调或带色的花纹，外观华丽雅致，不需要再涂漆或进行表面装饰。

⑤耐腐蚀性好：铝合金材料具有很高的耐蚀性，不仅可以抵抗一般酸碱盐的腐蚀，而且在使用中不需要涂漆，表面不褪色、不脱落，不必要进行维修。

⑥使用价值高：铝合金材料具有刚度好、强度高、耐腐蚀、美观大方、坚固耐用、开启轻便、无噪声等优异性能，特别是对于高层建筑和高档的装饰工程，无论从装饰效果、正常运行、年久维修，还是从施工工艺、施工速度、工程造价等方面综合权衡，铝合金门窗的总体使用价值都优于其他种类的门窗。

⑦实现工业化：铝合金门窗框料型材加工，配套零件制作，均可在工厂内进行大批量的工业化生产，有利于实现门窗设计标准化、产品系列化和零配件通用化，也能有力推动门窗产品的商业化。

（2）铝合金门窗的类型

根据结构与开启形式的不同，铝合金门窗可分为推拉门、推拉窗、平开门、平开窗、固定窗、悬挂窗、回转门、回转窗等。按门窗型材截面的宽度尺寸的不同，可分为许多系列，常用的有25，40，45，50，55，60，65，70，80，90，100，135，140，155，170系列等。图6－12所示为90系列铝合金推拉窗的断面。

铝合金门窗的断面几何尺寸目前虽然已经系列化，但对门窗料的壁厚还没有硬性规定，而门窗的壁厚对门窗的耐久性及工程造价影响较大。如果门窗料的板壁太薄，尽管是组合断面，也会因板壁太薄而使表面易受损或变形，影响门窗抗风压能力。如果门窗

的壁厚太厚，虽然对抗变形和抗风压有利，但投资效益会受到影响。因此，铝合金门窗的板壁厚度应当合理，过厚和过薄都是不妥的。一般建筑装饰所用的窗料板壁厚度不宜小于1.6mm，门壁厚不宜小于2.0mm。

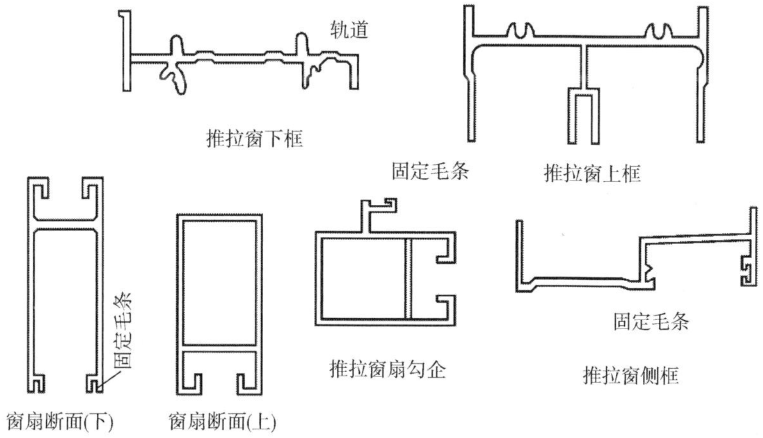

图6－12　90系列铝合金推拉窗的断面

（3）铝合金门窗的性能

铝合金门窗的性能主要包括气密性、水密性、抗风压强度、保温性能和隔声性能等。

①气密性：气密性也称空气渗透性能，指空气透过处于关闭状态下门窗的能力。与门窗气密性有关的气候因素主要是室外的风速和温度。在没有机械通风的条件下，门窗的渗透换气量起着重要的作用。不同地区气候条件不同，以及建筑物内部热压阻力和楼层层数不同，都会使门窗受到的风压相差很大。

②水密性：水密性也称雨水渗透性，指在风雨同时作用下，雨水透过处于关闭状态下门窗的能力。我国大部分地区对水密性要求不十分严格，对水密性要求较高的地区主要是以台风地区为主。

③抗风压性能：抗风压性能是指门窗抵抗风压的能力。门窗是一种围护构件，因此既需要考虑长期使用过程中，在平均风压作用下要保证其正常功能不受影响，又必须注意到在台风袭击下不遭受破坏，以免产生安全事故。

④保温性能：保温性能是指窗户两侧在空气存在温差条件下，从高温一侧向低温一侧传热的能力。要求保温性能高的门窗，传热的速度应当非常缓慢。

⑤隔声性能：隔声性能是指隔绝空气中声波的能力。这是评价门窗质量好坏的重要指标之一，优良的门窗其隔声性能也是良好的。

6.3.2.2　铝合金门窗的组成

（1）型材

铝合金型材是铝合金门窗的骨架，其质量如何关系到门窗的质量好坏。除必须满足铝合金的元素组成外，型材的表面质量应满足下列要求：

①铝合金型材表面应当清洁，无裂纹、起皮和腐蚀现象，在铝合金的装饰面上不允许有气泡。

②普通精度型材装饰面上的碰伤、擦伤和划伤深度不得超过0.2mm；由模具造成的纵向挤压痕深度不得超过0.1mm。对于高精度型材的表面缺陷深度，装饰面应不大于0.1mm，非装饰面应不大于0.25mm。

③型材经过表面处理后，其表面应有一层氧化膜保护层。在一般情况下，氧化膜厚度应不小于20μm，并应色泽均匀一致。

（2）密封材料

铝合金门窗安装密封材料品种很多，其特性和用途也各不相同。铝合金门窗安装密封材料品种、特性和用途，如表6－4所示。

表6－4　铝合金门窗安装密封材料

品种	特性与用途
聚氨酯密封膏	高档密封膏，变形能力为25%，适用于±25%接缝变形位移部位的密度
聚硫密封膏	高档密封膏，变形能力为25%，适用于±25%接缝变形位移部位的密度，寿命可达10年以上
聚硅氧烷密封膏	高档密封膏，性能全面、变形能力达50%，高强度、耐高温（－54～260℃）
水膨胀密封膏	遇水后膨胀将缝隙填满
密封垫	用于门窗框与外墙板接缝密封
膨胀防火密封件	主要用于防火门、遇火后可膨胀密封其缝隙
底衬泡沫条	和密封胶配套使用、在缝隙中能随密封胶变形而变形
防污纸质胶带纸	用于保护门窗料表面，防止表面污染

（3）五金配件

五金配件是组装铝合金门窗不可缺少的部件，也是实现门窗使用功能的重要组成。铝合金门窗的配件，如表6－5所示。

①门的地弹簧为不锈钢面或铜面，使用前应进行开闭速度的调整，液压部分不得出现漏油。暗插为锌合金压铸件，表面镀铬或覆膜。门锁应为双面开启的锁，门的拉手可因设计要求而有所差异，除了满足推、拉使用要求外，其装饰效果占有较大比重。拉手一般常用铝合金和不锈钢等材料制成。

②推拉窗的拉锁，其规格应与窗的规格配套，常用锌合金压铸制品，表面镀铬获覆膜；也可以用铝合金拉锁，其表面应当进行氧化处理。滑轮常用尼龙滑轮，滑轮架为镀锌的钢制品。

③平开窗的窗铰应为不锈钢制品，钢片厚度不宜小于1.5mm，并且有松紧调节装置。滑块一般为铜制品，执手为锌合金压铸制品，表面镀锌或覆膜，也可以用铝合金制品，其表面应当进行氧化处理。

表6－5　铝合金门窗五金配件

品名		用途
门锁（双头通用门锁）		配有暗藏式弹子锁，可以内外启闭，适用于铝合金平开门
勾锁（推拉门锁）		有单面和双面两种，可做推拉门、窗的拉手和锁闭器使用
暗掖锁		适用于双扇铝合金地弹簧门
滚轮（滑轮）		适用于推拉门窗（70，90，55系列）
滑撑铰链		能保持窗扇在0°～60°或0°～90°开启位置自行定位
执手	铝合金平开窗执手	适用于平开窗，上悬式铝合金窗开启和闭锁
	联动执手	适用于密闭型平开窗的启闭，在窗上下两处联动扣紧
	推拉窗执手（半月形执手）	有左右两种形式，适用于推拉窗的启闭
地弹簧		装于铝合金门下部，铝合金门可以缓速自动闭门，也可在一定开启角度位置定位

6.3.2.3　铝合金门的制作与组装

铝合金门的制作工艺主要包括：选料—断料—钻孔—组装—保护或包装。

（1）料具的准备

①材料的准备：主要准备制作铝合金门的所有型材、配件等，如铝合金型材、门锁、滑轮、不锈钢、螺钉、铝制拉铆钉、连接铁板、地弹簧、玻璃尼龙毛刷、压条、橡皮条、玻璃胶、木楔子等。

②工具的准备：主要准备制作和安装中所用的工具，如曲线刷、切割机、手电锯、扳手、半步扳手、角尺、吊线锤、打胶筒、锤子、水平尺、玻璃吸盘等。

（2）门扇的制作

①选料与下料：在进行选料与下料时，应当注意以下几个问题：

a. 选料时要充分考虑到铝合金型材的表面色彩、壁的厚度等因素，以保证符合设计要求的刚度、强度和装饰性。

b. 每一种铝合金型材都有其特点和使用部位，如推拉、开启、自动门等所用的型材规格是不相同的。在确认材料规格及其使用部位后，要按设计的尺寸进行下料。

c. 在一般建筑装饰工程中，铝合金门无详图设计，仅仅给出洞口尺寸和门扇划分尺寸。在门扇下料时，要注意在门洞口尺寸中减去安装缝、门框尺寸。要先计算，画简图，然后再按图下料。

d. 切割时，切割机安装合金锯片，严格按下料尺寸切割。

②门扇的组装：在组装门扇时，应当按照以下工序进行：

a. 竖梃钻孔：在上竖梃拟安装横档部位用手电钻进行钻孔，用角铝进行连接。两边框的钻孔部位应一致，否则将使横档不平。

b. 门扇节点固定。

c. 锁孔和拉手安装：注意门锁两侧要对正，为了保证安装精度，一般在门扇安装后再装门锁。

（3）门框的制作

①选料与下料：视门的大小选用 50mm × 70mm，50mm × 100mm 等铝合金型材作为门框梁，并按设计尺寸下料，具体做法与门扇的制作相同。

②门框钻孔组装：在安装门的上框和中框部位的边框上，钻孔安装角铝，方法与安装门扇相同。

③设置连接件：在门框上，左右设置扁铁连接件，扁铁连接件与门框用自攻螺栓拧紧，安装间距为 150 ~ 200mm，视门料情况与墙体间距而定。

（4）铝合金门的安装

铝合金门的安装工序主要包括：安框—塞缝—装扇—装玻璃—打胶清理。

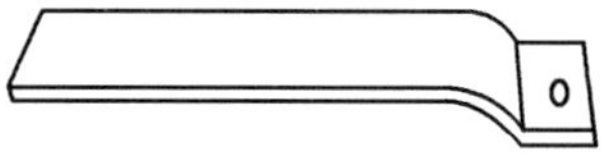

图 6 – 13 锚固板

①安装门框：铝合金门框的安装通常采用塞口法安装，一般采用锚固板，如图 6 – 13 所示，与洞口墙体连接固定。锚固板与墙体的连接固定方式主要有预埋件连接、金属膨胀螺栓连接、射钉连接等，如图 6 – 14 至图 6 – 16 所示。

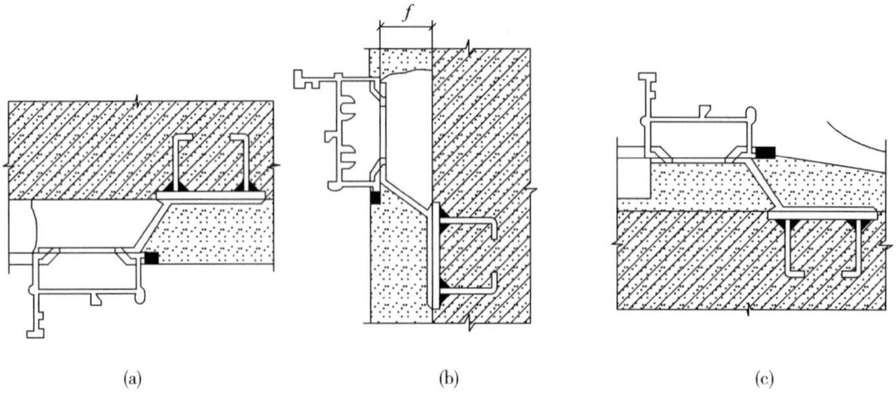

图 6 – 14 预埋件连接

（a）上框的连接 （b）边框的连接 （c）下框的连接

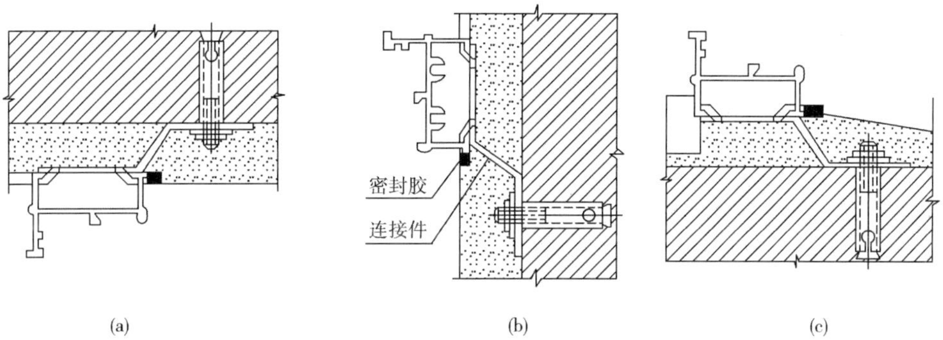

图6－15　金属膨胀螺栓的连接

（a）上框的连接　（b）边框的连接　（c）下框的连接

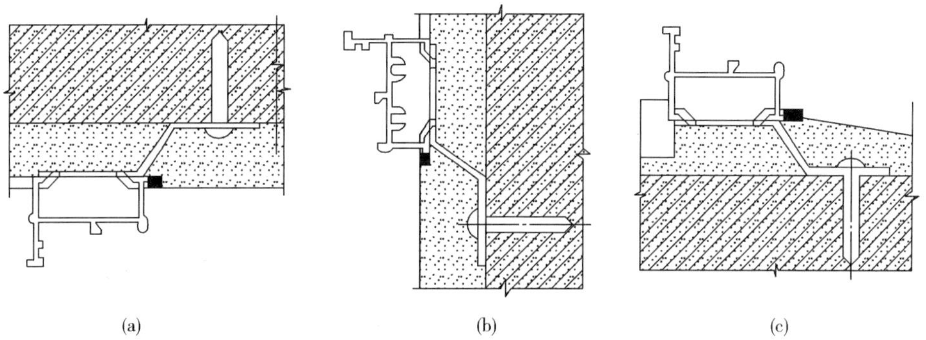

图6－16　射钉的连接

（a）上框的连接　（b）边框的连接　（c）下框的连接

②填塞缝隙：门框固定好以后，应进一步复查其平整度和垂直度，确认无误后，清扫边框处的浮土，洒水湿润基层，用1∶2的水泥砂浆将门口与门框间的缝隙分层填实。

③安装门扇：门扇与门框是按同一门洞口尺寸制作的，在一般情况下都能顺利安装上，但要求周边密封、开启灵活。对于固定门可不另做门扇，而是在靠地面处竖框之间按钻过踢脚板。

④安装玻璃：根据门框的规格、色彩和总体装饰效果选用适宜的玻璃，一般选用厚5～10mm的普通玻璃或彩色玻璃及厚10～22mm的中空玻璃。首先，按照门扇的内口实际尺寸合理计划用料，尽量减少玻璃的边角废料，裁割时应比实际尺寸少2～3mm，这样有利于顺利安装。裁割后应分类进行堆放，对于小面积玻璃，可以随裁割随安装。安装时先撕掉门框上的保护胶纸，在型材安装玻璃部位塞入胶带，用玻璃吸手安入玻璃，前后应垫实，缝隙应一致，然后再塞入橡胶条密封，或用铝压条拧十字圆头螺钉固定。

⑤打胶清理：大片玻璃与框扇接缝处，要用玻璃胶筒打入玻璃胶，整个门安装好后，用干净抹布擦洗表面，清理干净后交付使用。

（5）安装拉手

用双手螺杆将门拉手安装在门扇边框两侧。

铝合金门的安装操作基本完成。安装铝合金门的关键是主要保持上、下两个转动部分在同一轴线上。

6.3.2.4 铝合金窗的制作与安装

装饰工程中，使用铝合金型材制作窗较为普遍。目前，常用的铝型材有 90 系列推拉窗铝材和 38 系列平开窗铝材。

（1）组成材料

铝合金窗主要分为推拉窗和平开窗两类。所使用的铝合金型材规格完全不同，所采用的五金配件也完全不同。

①推拉窗的组成材料：推拉窗由窗框、窗扇、五金件、连接件、玻璃和密封材料组成。

a. 窗框由上滑道、下滑道和两侧边封所组成，这三部分均为铝合金型材。

b. 窗扇由上横、下横、边框和带钩的边框组成，这四部分均为铝合金型材，另外在密封边上有毛条。

c. 五金件主要包括装于窗扇下横之中的导轨滚轮，装于窗扇边框上的窗扇钩锁。

d. 连接件主要用于窗框与窗扇的连接，有厚度 2mm 的铝角型材及 M4×15 的自攻螺丝。

e. 窗扇玻璃通常用 5mm 厚的茶色玻璃、普通透明玻璃等。一般古铜色铝合金型材配茶色玻璃，银白色铝合金型材配透明玻璃、宝石蓝或海水绿玻璃。

f. 窗扇与玻璃的密封材料有塔形橡胶封条和玻璃胶两种。

②平开窗的组成材料：平开窗的组成材料与推拉窗大同小异。

a. 窗框：用于窗框四周的框边铝合金型材，用于窗框中间的工字型窗料型材。

b. 窗扇：有窗扇框料、玻璃压条以及密封玻璃用的橡胶压条。

c. 五金件：平开窗常用的五金件主要有窗扇拉手、风撑和窗扇扣紧件。

d. 连接件：窗框与窗扇的连接件有 2mm 厚的铝角型材，以及 M4×15 的自攻螺钉。

e. 玻璃：窗扇通常采用 5mm 厚的玻璃。

（2）施工机具

铝合金窗的制作与安装所用的施工机具，主要有：铝合金切割机、手电钻、ϕ8 圆锉刀、R20 半圆锉刀、十字螺丝刀、划针、铁脚圆规、钢尺和铁角尺等。

（3）施工准备

铝合金窗施工前的主要准备工作有：

①检查复核窗的尺寸、样式和数量：根据施工对照施工图纸，检查有无不符合之

处，有无安装问题，有无与电器、水暖卫生、消防等设备相矛盾的问题。

②检查铝合金型材的规格与数量：在制作之前，要检查铝合金型材的规格尺寸，主要是检查铝合金型材相互结合的尺寸。

③检查铝合金窗五金件的规格与数量：在制作前要检查五金件与所制作的铝合金窗是否配套，同时，还要检查各种附件是否配套，如各种封边毛条、橡胶边封条和碰口垫等，能否正好与铝合金型材衔接安装。

（4）推拉窗的制作与安装

推拉窗有带上窗及不带上窗之分。下面以带上窗的铝合金推拉窗为例，介绍其制作方法。

①按图下料：下料是铝合金窗制作的第一道工序，也是最重要、最关键的工序。下料不准确会造成尺寸误差、组装困难，甚至因无法安装而成为废品。下料应按照施工图纸进行，尺寸必须准确，误差值应控制在2mm 范围内。

②连接组装

a. 上窗连接组装：上窗部分的扁方管型材，通常采用铝角码和自攻螺钉进行连接，如图6－17 所示。采用这种方法进行连接组装的优点是：可隐蔽连接件，不影响外表美观，连接牢固，简单实用等。

铝角码多采用2mm 厚的直角铝角条，每个角码按需要切割其长度，长度最好能同扁方管内宽相符，以免发生接口松动现象。

两条扁方管在用铝角码固定连接时，应先用一小截同规格的扁方管做模子，长20mm 左右。在横向扁方管上要衔接的部位用模子定好位，将角码放在模子内并用手捏紧，用手电钻将角码与横向扁方管一并钻孔，再用自攻螺丝或抽芯铝铆钉固定，如图6－18 所示。然后取下模子，再将另一条竖向扁方管放到模子的位置上，在角码的另一方向打孔，固定便成。一般的角码每个面打两个孔就行。

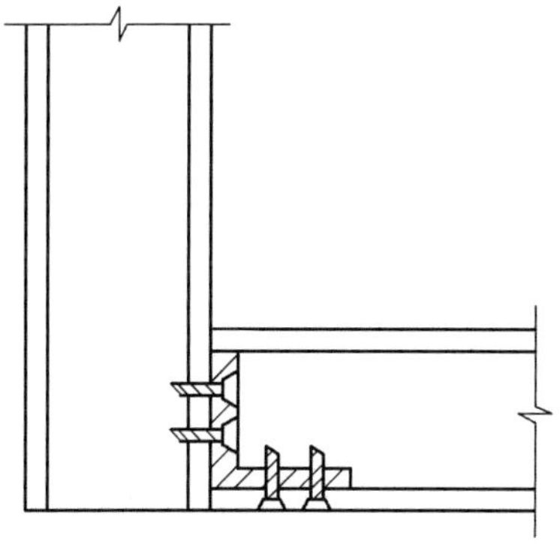

图6－17 窗扁方管连接

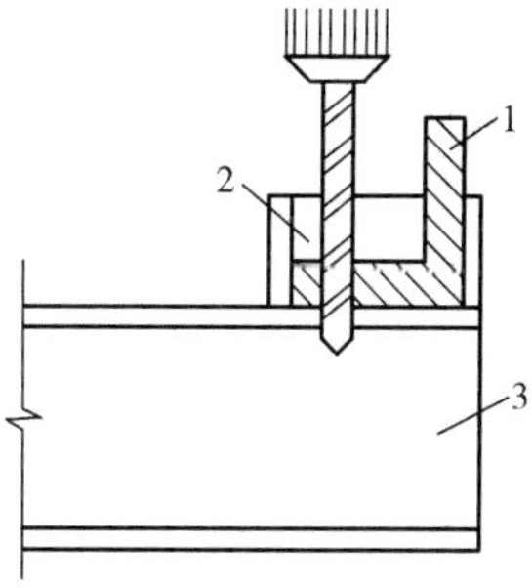

图6－18 安装前的钻孔方法

1—角码 2—模子 3—横向扁方管

上窗的铝型材在四个角处衔接固定后，再用截面尺寸为 12mm × 12mm 的铝槽做固定玻璃的压条。安装压条前，先在扁方管的宽度上画出中心线，再按上窗内侧长度切割四条铝槽。把上窗内侧高度减去两条铝槽截高的尺寸，切割四条铝槽，安装压条时，先用自攻螺丝把槽条紧固在中线外侧，然后再离出大于玻璃厚度 0.5mm 距离，安装内侧铝槽。自攻螺丝不能拧紧，最后装上玻璃时再紧固。

b. 窗框连接：首先测量出在上滑道上面两条固紧槽孔距侧边的距离和高低位置尺寸，然后按这个尺寸在窗框边封上部衔接处划线打孔，孔径在 ϕ5mm 左右。钻好孔后，用专用的碰口胶垫放在边封的槽口内，再将 M4 × 35mm 的自攻螺丝穿过边封上打出的孔和碰口胶垫上的孔，旋进下滑道下面的固紧槽孔内，如图 6 – 19 所示。

按同样的方法先测量出下滑道下面的固紧槽孔距、侧边距离和其距上边的高低位置尺寸。然后按这三个尺寸在窗框边封下部衔接处划线打孔，孔径在 ϕ5mm 左右。钻好孔后，用专用的碰口胶垫放在边封的槽口内，再将 M4 × 35mm 的自攻螺丝穿过边封上打出的孔和碰口胶垫上的孔，旋进下滑道下面的固紧槽孔内，如图 6 – 20 所示。

窗框的四个角衔接起来后，用直角尺测量并校正一下窗框的直角度，最后拧紧各角上的衔接自攻螺丝。将校正并紧固好的窗框立放在墙边，以防碰撞损坏。

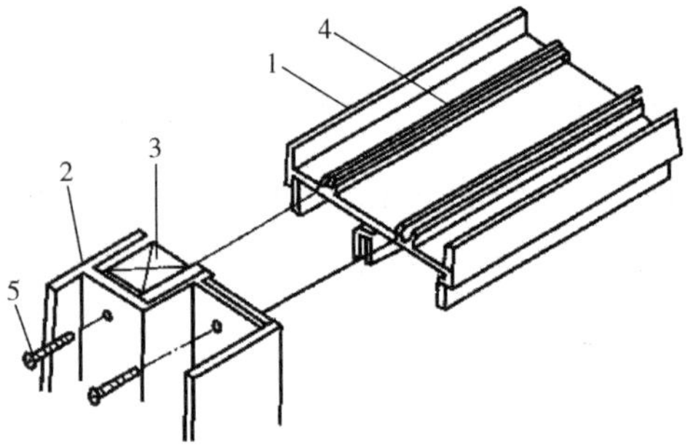

图 6 – 19　窗框上滑部分的连接安装

1—上滑道　2—边封　3—碰口胶垫

4—上滑道上的固紧槽　5—自攻螺丝

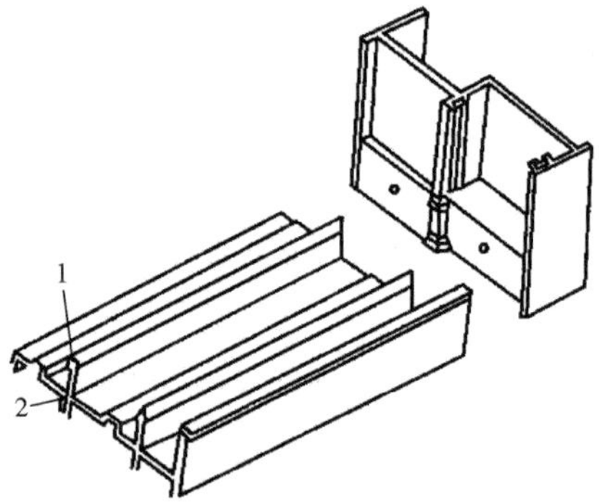

图 6 – 20　窗框下滑部分的连接安装

1—下滑道的滑轨　2—下滑道的固紧槽孔

c. 窗扇的连接：窗扇的连接分为五个步骤。

首先，在连接装拼窗扇前，要先在窗框的边框和带钩边框上、下两端处进行切口处理，以便将上、下横档插入其切口内进行固定。上端开切长 51mm，下端开切长 76.5mm，如图 6 – 21 所示。

第二步是在下横档的底槽中安装滑轮，每条下横档的两端各装一只滑轮。安装方法如下：把铝窗滑轮放进下横档一端的底槽中，使滑轮框上有调节螺钉的一面向外，该面与下横档端头边齐平，在下横档底槽板上划线定位，按划线位置在下横档底槽板上打两个直径为4.5mm的孔，然后再用滑轮配套螺丝将滑轮固定在下横档内。

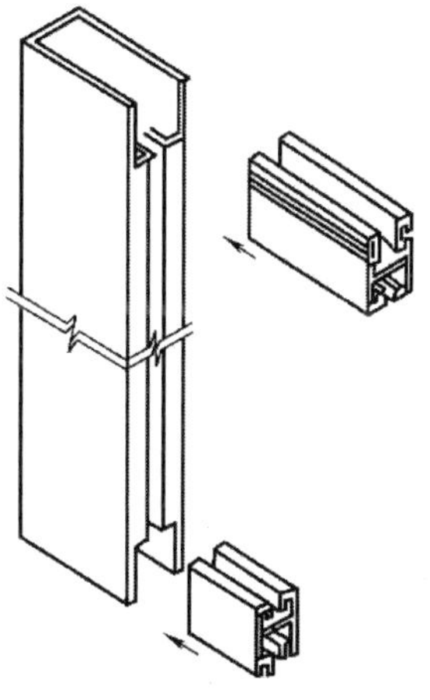

图6－21　窗扇的连接

第三步是在窗扇边框和带钩边框与下横档衔接端划线打孔。孔有三个，上、下两个是连接固定孔，中间一个是留出进行调节滑轮框上调整螺丝的工艺孔。这三个孔的位置固定后，边框下端与下横档底边平齐。边框下端固定孔的直径为4.5mm，并要用直径6mm的钻头划窝，以便固定螺钉与侧面基本平齐。工艺孔的直径为8mm左右，钻好后再用圆锉在边框和带钩边框固定孔位置下边的中线处，锉出一个直径8mm的半圆凹槽。此半圆凹槽是为了防止边框与窗框下滑道上的滑轨相碰撞。窗扇下横档与窗扇边框的连接如图6－22所示。

第四步是安装上横档角码和窗扇钩锁。其基本方法是截取两个铝角码，将角码放入横档的两头，使一个面与上横档端头面齐平，并钻两个孔（角码与上横档一并钻通），用M4自攻螺丝将角码固定在上横档内。再在角码另一面上（与上横档端头齐平的那个面）的中间打一个孔，根据此孔的上下左右位置，在扇的边框与待钩边框上打孔并划窝，以便用螺丝将边框与上横档固定，其安装方式如图6－23所示。注意所打的孔一定要与自攻螺丝相配。

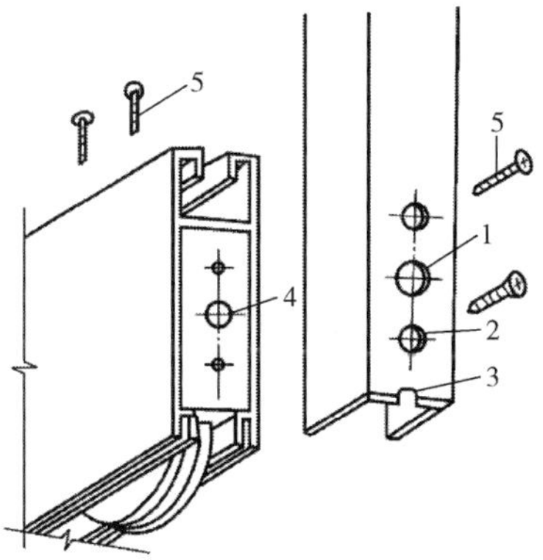

图6－22　窗扇下横档安装

1—上滑道　2—边封　3—碰口胶垫

4—上滑道上的固紧槽　5—螺丝

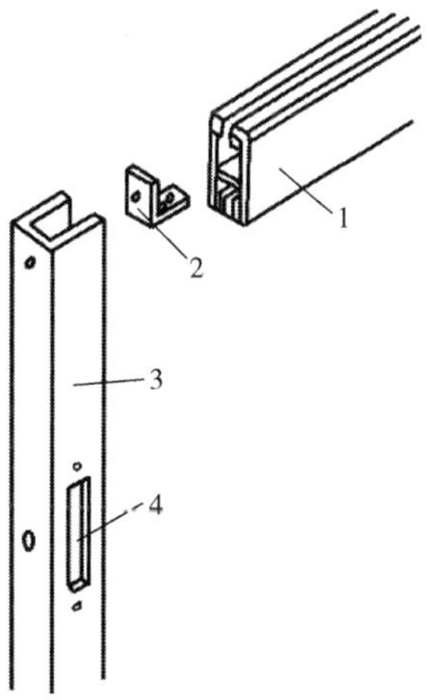

图6－23　窗扇上横档安装

1—上横档　2—角码

3—窗扇边框　4—窗洞锁

安装窗钩锁前，先要在窗扇边框开锁口，开口的一面必须是窗扇安装后面向室内的一面。而且窗扇有左右之分，所以开口位置要特别注意不要开错。窗钩锁通常是安装于边框的中间高度处，如果窗扇高度大于 1.5m，窗钩锁的位置可以适当降低一些。窗钩锁长条形锁扣的尺寸要根据锁钩可装入边框的尺寸来确定。

开锁口的方法是：先按钩锁可装入部分的尺寸在边框上划线，用手电钻卡死划线框内的角位打孔，或在划线框内沿线打孔，再把多余的部分取下，用平锉修平即可。然后在边框的侧面再挖一个直径 25mm 左右的锁钩插入孔，孔的位置应正对内钩之处，最后把锁放入长形口内。

通过侧边的锁钩插入孔检查锁内钩是否正对原插入孔的中线，内钩向上提起后，用手按紧锁身，再用手电钻通过钩锁上、下两个固定螺钉孔在窗扇边封的另一面打孔，以便用窗锁固定螺杆贯穿边框厚度来固定窗钩锁。

最后一步是上密封毛条及安装窗扇玻璃。窗扇上的密封毛条有两种：一种是长毛条，另一种是短毛条。长毛条装于上横档顶边的槽内和下横档底边的槽内，而短毛条是装于带钩边框的钩部槽内。另外，窗框边封的凹槽两侧也需装短毛条。毛条与安装槽有时会出现松脱现象，可用万能胶或玻璃胶局部粘贴。在安装窗扇玻璃时，要先检查复核玻璃的尺寸。通常玻璃长宽方向尺寸均比窗扇内侧大 25mm。然后从窗扇一侧将玻璃装入窗扇内侧的槽内，并紧固连接好边框，其安装方法如图 6－24 所示。最后，在玻璃与窗扇槽之间用塔形橡胶条或玻璃胶进行密封，如图 6－25 所示。

d. 上窗与窗框的组装：先切两小块 12mm 的板，将其放在窗框上滑的顶面，再将口字形上窗框放在上滑道的顶面，并将两者前后左右的边对正。然后，从上滑道向下打孔，把两者一并钻通，用自攻螺丝将上滑道与上窗框扁方管连接起来，如图 6－26 所示。

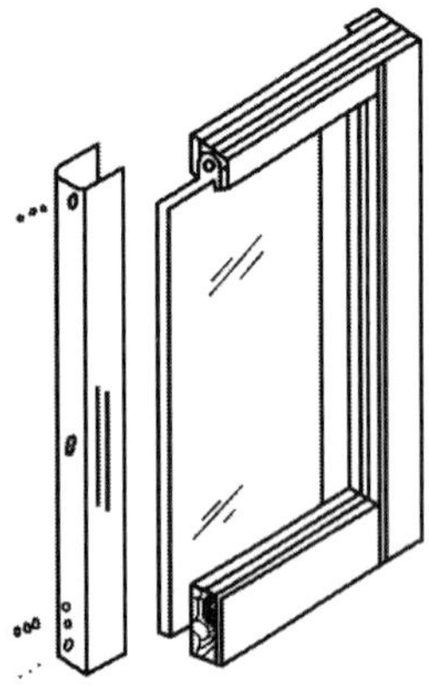

图 6－24　安装窗扇玻璃

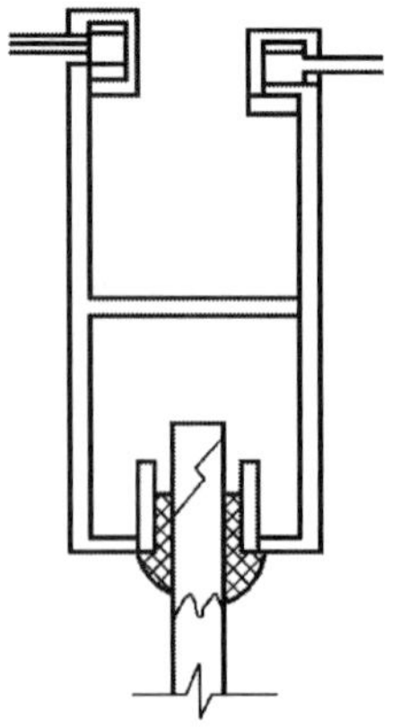

图 6－25　玻璃与窗扇槽的密封

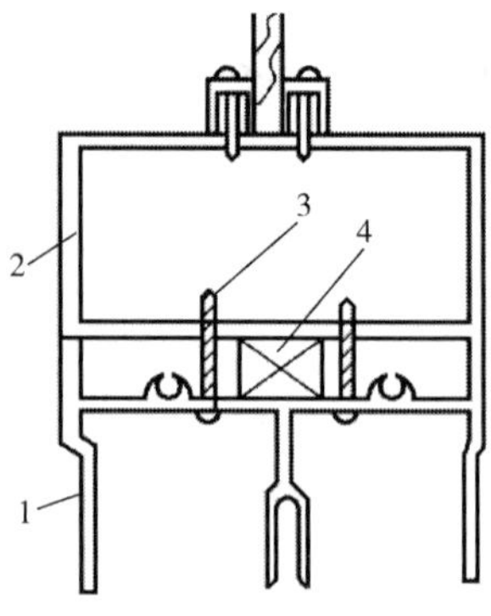

图 6－26　上窗与窗框的连接

1—上滑道　2—上窗扇方管

3—自攻螺丝　4—木垫块

③推拉窗的安装：推拉窗常安装于砖墙中，一般是先将窗框部分安装固定在砖墙洞内，再安装窗扇与上窗玻璃。

a. 窗框与砖墙安装：砖墙的洞口先用水泥修平整，窗洞尺寸要比铝合金窗框尺寸稍大些，一般四周各边均大25～35mm。在铝合金窗框安装角码或木块，每条边上各安装两个，角码需要用水泥钉固定在窗洞墙内，如图6－27所示。

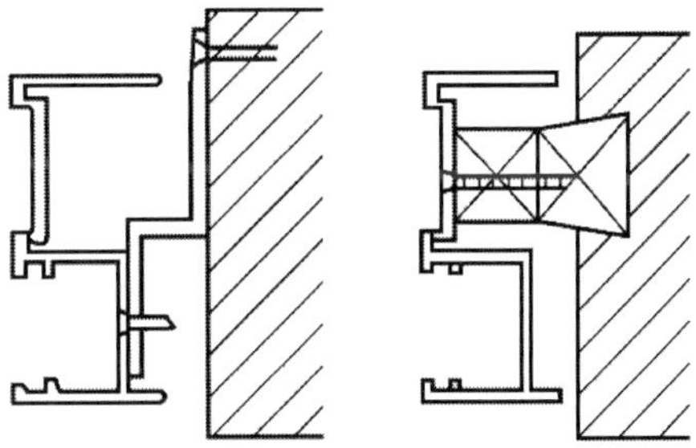

图6－27 窗框与砖墙的连接安装

对安装于墙洞中的铝合金框进行水平和垂直度的校正。校正完毕后用木楔做临时固定，然后用保护胶带纸把窗框周边贴好，以防止水泥周边塞口时造成铝合金表面损伤。该保护胶带可在水泥周边塞口工序完成及水泥浆固结后再撕去。

窗框周边填塞水泥浆时，水泥浆要有较大的稠度，以能用手握成团为准。将水泥浆用灰刀压入填缝中，水泥浆要填塞密实，填好后窗框周边要抹平。

b. 窗扇的安装：窗扇安装前，先检查一下窗扇上的各条密封毛条是否有少装或脱落现象。如果有脱落现象，应用玻璃胶或橡胶类胶水进行粘贴，然后用螺丝刀拧旋边框侧的滑轮调节螺丝，使滑轮向下横档内回缩。这样既可托起窗扇，使其顶部插入窗框的上滑槽中，使滑轮卡在下滑道的滑轮轨道上。再拧旋滑轮调节螺丝，使滑轮从下横档内外伸，外伸量通常以下横档内的长毛能与窗框下滑面接触为准，以便下横档上的毛条起到较好的防尘效果，同时窗扇在轨道上也可移动顺畅。

c. 上窗玻璃安装：上窗玻璃的尺寸必须比上窗内框尺寸小5mm左右，不能安装得与内框接触。因为玻璃在阳光的照射下，会因受热而产生体积膨胀。如果玻璃安装得与窗框接触，受热膨胀后往往会造成玻璃开裂。

上窗玻璃的安装比较简单，安装时只要把上窗铝压条取下一侧（内侧），安上玻璃后再装回玻璃框上，拧紧螺丝即可。

d. 窗钩锁挂钩的安装：窗钩锁的挂钩安装于窗框的边封凹槽内，如图6－28所示。挂钩的安装位置尺寸要与窗扇上挂锁钩洞的位置相对应。

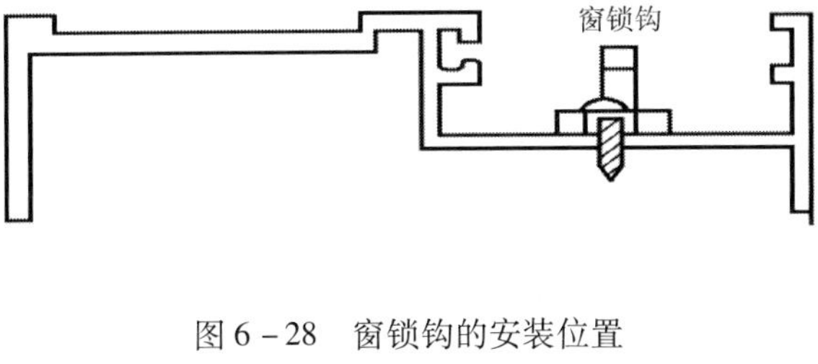

图6－28 窗锁钩的安装位置

（5）平开窗的制作与安装

平开窗主要由窗框和窗扇组成。平开窗根据需要也可以制成单扇、双扇、带上窗单扇、带上窗双扇、带顶窗单扇和带顶窗双扇等六种形式。下面以带顶窗双扇平开窗为例介绍其制作方法。

①窗框的制作：平开窗的上窗边框是直接取之于窗边框，故上窗边框和窗框为同一框料，在整个窗边上部适当位置（大约1m）横加一条窗工字料，即构成上窗的框架，而横窗工字料以下部位就构成了平开窗的窗框。

a. 按图下料：窗框加工的尺寸应比预留好的砖墙洞小20~30mm。按照这个尺寸将扇框的宽与高方向裁切好。窗框四个角是按45°对接方式对接，故在裁切时四条框料的端头应裁切成45°，然后再按窗框宽尺寸将横窗工字料截下来。竖窗工字料的尺寸应按窗扇高度加上20mm左右的榫头尺寸截取。

b. 窗框的连接：窗框的连接采用45°拼接，窗框的内部插入铝角，然后每边钻两个孔，用自攻螺丝上紧，并注意对角要对正对平。另外一种连接方法为撞角法，即利用铝材较软的特点，在连接铝角的表面冲压几个较深的毛刺。因为所用的铝角是采用专用型材，铝角的长度又按窗框内腔宽度裁割，能使其几何形状与窗框内腔吻合，故能使窗框和铝角挤紧，进而使窗框对角处连接。

横窗工字料之间的连接采用榫接方法。榫接方法有两种：一种是平榫肩方式，另一种是斜角榫肩方式，如图6－29所示。横窗工字料与竖窗工字料连接前，先在横窗工字料的长度中间开一个长条形榫眼，长度为20mm左右，宽度略大于工字料的壁厚。如果是斜角榫肩结合需在榫眼所对的工字料上横档和下横档的一侧开裁出90°的缺口，如图6－30所示。竖窗工字料的端头应先裁出凸字形榫头，榫头长度为8~10mm，宽度比榫眼长度大0.5~1mm，并在凸字榫头两侧倒出一点斜口，在榫头顶端中间开一个5mm深的槽口，如图6－30所示。然后再裁切出与横窗工字料相对的榫肩部分，并用细锉将榫肩部分修平整。需要注意的是，榫头、榫眼、榫肩这三者间的尺寸应准确，加工要精细。

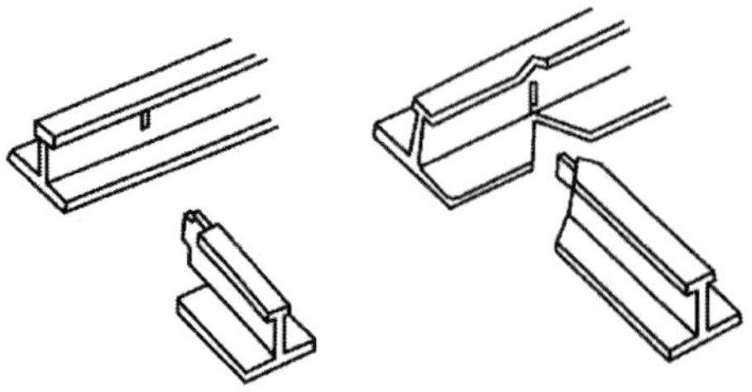

图6－29 横竖窗工字连接

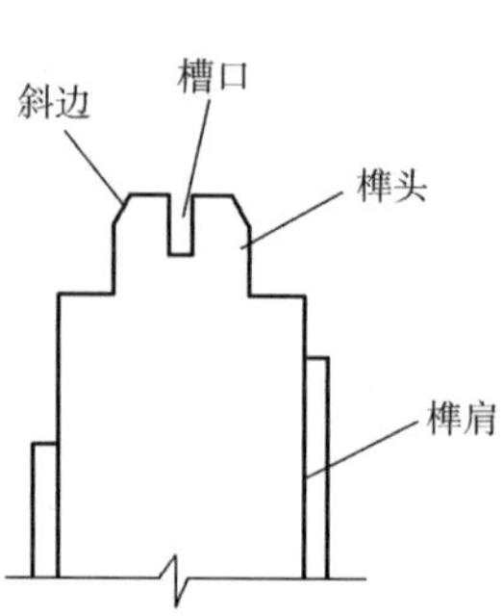

图6－30 竖窗工字料凸字形榫头做法

榫头、榫眼部分加工完毕后，将榫头插入榫眼，把榫头的伸出部分以开槽口为界分别向两个方向拧歪，使榫头结构部分锁紧，再将横向工字形窗料与竖向工字形窗料连接起来。

横向窗工字料与窗边框的连接同样也用榫接方法，其做法与前述相同，但在榫接时是以横向工字两端为榫头，窗框料上做榫眼。

在窗框料上所有榫头、榫眼加工完毕后，先将窗框料上的密封条上好，再进行窗框的组装连接，最后在各对口处上玻璃胶进行封口。

②平开窗扇的制作：

制作平开窗扇的型材有三种：窗扇框、窗玻璃压条和连接铝角。

a. 按图下料：下料前，先在型材上按图纸尺寸划线。窗扇横向框料尺寸要按窗框中心竖向工字形料中间至窗框边框料外边的宽度尺寸来切割。窗扇竖向框料要按窗框上部横向工字形料中间至窗框边框料外边的宽度尺寸来切割，使得窗扇组装后其侧边的密封胶条能压在窗框架的外边。

横、竖窗扇料切割下来后，还要将两端再切成45°的斜口，并用细锉修正飞边和毛刺。连接铝角是用比窗框铝角小一些的窗扇铝角，其裁切方法与窗框铝角相同。窗压线条按窗框尺寸开豁，端头也切成45°的角并整修好切口。

b. 窗扇连接：窗扇连接主要是将窗扇框料连成一个整体。连接前，需将密封胶条植入槽内。连接时的铝角安装方法有两种：一种是自攻螺丝固定法；另一种是撞角法。其具体方法与窗框铝角安装方法相同。

③安装固定窗框

a. 安装平开窗的砖墙窗洞，首先用水泥浆修平，窗洞尺寸大于铝合金平开窗框30mm左右。然后在铝合金平开窗框的四周安装镀锌锚固板，每边至少两道，根据其长度和宽度确定。

b. 对装入窗洞中的铝合金窗框，进行水平度和垂直度的校正，并用木楔块将窗框临时固紧在墙的窗洞中，再用水泥钉将锚固定在窗洞的墙边（如图6-31所示）。

c. 铝合金窗框边贴好保护胶带纸，然后再进行周边水泥浆塞口和修平，待水泥浆固结后再撕去保护胶带纸。

④平开窗的组装：平开窗组装的内容有上窗安装、窗扇安装、装窗扇拉手、安装玻璃、装执手和风撑。

a. 上窗安装：如果上窗是固定的，可将玻璃直接安放在窗框的横向工字形铝合金上，然后用玻璃压线条固定玻璃，并用塔形橡胶条或玻璃胶进行

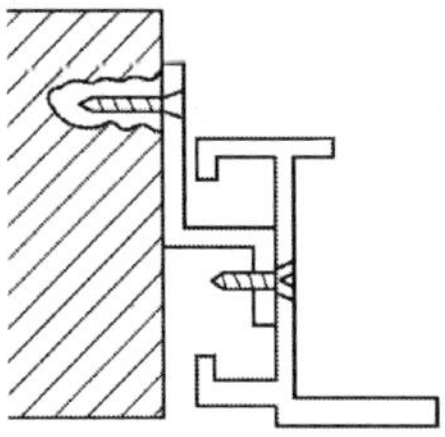

图6-31　平开窗框与墙身的固定

密封。如果上窗是可以开启的一扇，可按窗扇的安装方法先装好窗扇，再在上窗顶部装两个铰链，下部装一个风撑和一个拉手即可。

b. 装执手和风撑基座：执手是用于将窗扇关闭时的扣紧装置，风撑则是支撑窗扇的铰链和决定窗扇开闭角度的重要配件，风撑有90°和60°两种规格。

执手的把柄装在窗框中间竖向工字形铝合金料的室内一侧，两扇窗需装两个执手。执手的安装位置一般在窗扇高度的中间位置。执手与窗框竖向工字形料的连接用螺丝固定。与执手相配的扣件装于窗扇的侧边，扣件用螺丝与窗扇框固定。在扣紧窗扇时，执手连动杆上的钩头，可将装在窗扇框边相应位置上的扣件钩住，窗扇便能扣紧锁住。窗扇高度大于1.0m时，也可以安装两个执手。

风撑的基座装于窗框架上，使风撑藏在窗框架和窗扇框架之间的空位中，风撑基底用抽芯铝铆钉与窗框的内边固定。每个窗扇的上、下边都需装一只风撑，所以与窗扇对应窗框上、下都要装好风撑。安装风撑的操作应在窗框架连接后，即在窗框架与墙面窗洞安装前进行。

在安装风撑基座时，先将基座放在窗框下边靠墙的角位上，用手电钻通过风撑基座上的固定孔在窗框上按要求钻孔，再用与风撑基座固定孔相同直径的铝抽芯铆钉将风撑基座固定。

图6-32　窗扇与风撑的连接安装

c. 窗扇与风撑连接：窗扇与风撑连接有两处：一处是小滑块；另一处是支杆。这两处定位在一个连杆上，与窗扇框固定连接。该连杆与窗扇固定时，先移动连杆，使风撑开启到最大位置，然后将窗扇框与连杆固定。风撑安装后，窗扇的开启位置如图6-32所示。

d. 装拉手及玻璃：拉手安装在窗扇框的竖向边框中部，窗扇关闭后，拉手的位置与执手靠近。装拉手前先在窗扇竖向边框中部，用锉刀或铣刀把边框上压线条的槽锉一个缺口，再把装在该处的玻璃压线条切一个缺口，缺口大小按拉手尺寸而定。然后钻孔，用自攻螺丝将把手固定在窗扇边框上。

玻璃的尺寸应小于窗扇框内边尺寸15mm左右，将裁好的玻璃放入窗扇框内边，并马上把玻璃压线条装卡到窗扇框内边的卡槽上。然后在玻璃的内外边各压上一周边的塔形密封橡胶条。

在平开窗的安装工作中，最主要的是掌握好斜角对口的安装。斜角对口要求尺寸、角度准确，加工精细。如果在窗框、扇框连接后，仍然有些角位对口不密合，可用与铝合金相同色的玻璃胶补缝。

平开窗与墙面窗洞的安装，有先装窗框架再安装窗扇的方法，也有先将整个平开窗完全装配好之后再与墙面窗洞安装。具体采用哪种方法，可根据不同情况而定。一般大批量的安装制作可用前一种方法，少量的安装制作可用后一种方法。

6.3.3 涂色镀锌钢板门窗安装工艺

涂色镀锌钢板门窗安装工艺流程为：画线定位—洞口处理—门窗就位固定—五金配件安装—纱门窗安装—橡胶密封条安装。

（1）画线定位

按图纸中门窗的安装位置、尺寸和标高，以门窗中线为准向两边量出门窗边线。当工程为多层或高层时，以顶层门窗安装位置线为准，用线坠或经纬仪将门窗边线标画到各楼层相应位置。从各楼层室内 +500mm 水平线量出门窗的水平安装线。依据门窗的边线和水平安装线做好各楼层门窗的安装标记。

（2）洞口处理

结构洞口边线与安装线有偏差者，应进行剔凿处理。剔凿削弱结构构件截面会影响安全，应对原结构进行修补加固。修补（或加固）方案应征得设计的认可。修补（或加固）完成并经过验收后，方可进行下一道工序施工。

墙厚方向的安装位置根据外墙大样图及内窗台的宽度来定。墙厚有偏差，原则上应以同一房间内窗台宽度一致为准。如内窗台安装窗台板，窗台板宜伸入窗下 5mm。

（3）门窗就位固定

①带副框门窗就位固定：按图纸中要求的型号、规格组装好副框，分别搬运到安装地点，并垫靠稳当，防止碰撞伤人。用 M5×12 的自攻螺丝将连接件固定在副框上，再将副框装入洞口并用木楔临时固定，调整至横平竖直。然后根据门窗边线、水平线及距外墙皮的尺寸进行支垫，并用托线板靠吊垂直。有预埋件的，连接件可采取与预埋件焊接的方式；无预埋件的，连接件可用膨胀螺栓或射钉固定于墙体上，但砖墙严禁用射钉固定。然后取出四周木楔，用 1∶3 水泥砂浆把副框与墙之间的缝隙填实，并将副框清理干净，洒水养护。抹灰收口时外表面留 5～8mm 深槽口填嵌密封膏。副框的顶面及两侧应贴密封条。用 M5×20 自攻螺丝将门窗框与副框紧固，盖好螺钉盖。安装推拉窗时还应调整好滑块。附框与门窗框拼接处的缝隙应用密封膏封严，安装完毕后剥去保护胶条。

②不带副框门窗固定：安装不带副框的门窗时，门窗与洞口宜用膨胀螺栓连接，用密封膏密封门窗与洞口间的缝隙，最后剥去保护胶条。

（4）五金配件安装

待浆活修理完、油漆工序涂刷完后方可安装门窗五金配件。安装按其说明书进行，要求安装牢固，使用灵活。

安装前须检查门窗扇启闭是否灵活，不应有阻滞、倒翘、回弹等缺陷。如有问题必须调整后再安装。还应检查五金零件安装孔的位置是否准确，如有问题必须调整后再安装。

（5）纱门窗安装

安装工作主要为裁纱和绷纱。裁出的纱要比实际尺寸每边各长50mm，以利于压纱。绷纱时先将纱铺平，将上压条压好、压实，机螺钉拧紧，将纱拉平绷紧，装下压条，用机螺钉拧紧，然后再装两侧压条，用机螺钉拧紧，将多余的纱用扁铲割掉，要切除干净不留纱头。

（6）橡胶密封条安装

安装橡胶条前，必须将窗口内的油漆腻子、杂物清除干净。新刷油漆的门窗，必须待油漆干燥后再安装胶条，安装方法按产品说明，胶条安装应在气温5℃以上进行。

6.3.4 金属门窗制作与安装工程质量验收

（1）主控项目

①金属门窗的品种、类型、规格、尺寸、性能、开启方向、安装位置、连接方式及铝合金门窗的型材壁厚应符合设计要求。金属门窗的防腐处理及填嵌、密封处理应符合设计要求。

②金属门窗框和副框的安装必须牢固。预埋件的数量、位置、埋设方式与框的连接方式必须符合设计要求。

③金属门窗扇必须安装牢固，并应开关灵活、关闭严密、无倒翘。推拉门窗扇必须有防脱落措施。

④金属门窗配件的型号、规格、数量应符合设计要求，安装应牢固，位置应正确，功能应满足使用要求。

（2）一般项目

①金属门窗表面应洁净、平整、光滑、色泽一致，无锈蚀。大面应无划痕、碰伤。漆膜或保护层应连续。

②铝合金门窗，推拉门窗扇开关力应不大于100N。

③金属门窗框与墙体之间的缝隙应填嵌饱满，并采用密封胶密封。密封胶表面应光滑、顺直、无裂纹。

④金属门窗扇的橡胶密封条或毛毡密封条应安装完好，不得脱槽。

⑤有排水孔的金属门窗，排水孔应畅通，位置和数量应符合设计要求。

⑥钢门窗安装的留缝限值、允许偏差和检验方法应符合表6－6的规定。

表6－6　钢门窗安装的留缝限值、允许偏差和检验方法

项次	项目		留缝极限/mm	允许偏差/mm	检验方法
1	门窗槽口宽度、高度	≤1500mm	—	2.5	用钢尺检验
		＞1500mm	—	3.5	
2	门窗槽口对角线长度差	≤2000mm	—	5	用钢尺检验
		＞2000mm	—	6	
3	门窗框的正、侧面垂直度		—	3	用1m垂直检测尺检查
4	门窗横框的水平度		—	3	用1m水平尺和塞尺检查
5	门窗横框标高		—	5	用钢尺检验
6	门窗竖向偏离中心		—	4	用钢尺检验
7	双层门窗内外框间距		—	5	用钢尺检验
8	门窗框、扇配合间隙		≤2	—	用塞尺检查
9	无下框时门扇与地面间留缝		4～8	—	用塞尺检查

注：1. 表中允许偏差栏中所列数值，凡注明正负号的，表示GB 50210对此偏差的不同方向有不同要求，应严格遵守。凡没有注明正负号的，即使其偏差可能具有方向性，但GB 50210并未对这类偏差的方向性做出规定，故检查时对这些偏差可以不考虑方向性要求。

2. 本表摘自《GB 50210—2001 建筑装饰装修工程质量验收规范》。

⑦铝合金门窗安装的允许偏差和检验方法应符合表6－7的规定。

⑧铝合金门窗安装质量要求及检验方法应符合表6－8的规定。

⑨涂色镀锌钢板门窗安装的允许偏差和检验方法应符合表6－9的规定。

表6－7　铝合金门窗安装的允许偏差和检验方法

项次	项目		允许偏差/mm	检验方法
1	门窗槽口宽度、高度	≤1500mm	1.5	用钢尺检验
		＞1500mm	2	
2	门窗槽口对角线长度差	≤2000mm	3	用钢尺检验
		＞2000mm	4	
3	门窗框的正、侧面垂直度		2.5	用垂直检测尺检查
4	门窗横框的水平度		2	用1m水平尺和塞尺检查

续表

项次	项目	允许偏差/mm	检验方法
5	门窗横框标高	5	用钢尺检验
6	门窗竖向偏离中心	5	用钢尺检验
7	双层门窗内外框间距	4	用钢尺检验
8	推拉门窗扇与框搭接量	1.5	用钢直尺检查

注：1. 表中允许偏差栏中所列数值，凡注明正负号的，表示 GB 50210 对此偏差的不同方向有不同要求，应严格遵守。凡没有注明正负号的，即使其偏差可能具有方向性，但 GB 50210 并未对这类偏差的方向性做出规定，故检查时对这些偏差可以不考虑方向性要求。

2. 本表摘自《GB 50210—2001 建筑装饰装修工程质量验收规范》。

表 6-8 铝合金门窗安装质量要求及检验方法

项次	项 目	质量等级	质量要求	检验方法
1	平开门扇窗	合格	关闭严密，间隙基本均匀，开关灵活	观察和开闭检查
1	平开门扇窗	优良	关闭严密，间隙均匀，开关灵活	观察和开闭检查
2	推拉门扇窗	合格	关闭严密，间隙基本均匀，扇与框搭接量不小于设计要求的 80%	观察和用深度尺检查
2	推拉门扇窗	优良	关闭严密，间隙基本均匀，扇与框搭接量符合设计要求	观察和用深度尺检查
3	弹簧门扇	合格	自动定位准确，开启角度为 90°±3°，关闭时间 3~15s	用秒表、角度尺检查
3	弹簧门扇	优良	自动定位准确，开启角度为 90°±1.5°，关闭时间 6~10s	用秒表、角度尺检查
4	门窗附件安装	合格	附件齐全，安装牢固，灵活适用，达到各自的功能	观察、手扳和尺量检查
4	门窗附件安装	优良	附件齐全，安装位置正确、牢固，灵活适用，达到各自的功能，端正美观	观察、手扳和尺量检查
5	门窗框与墙体	合格	填嵌基本饱满密实，表面平整、光滑、无裂缝，填嵌材料，方法基本符合要求	观察检查
5	门窗框与墙体	优良	填嵌基本饱满密实，表面平整、光滑、无裂缝，填嵌材料，方法基本符合要求	观察检查
6	门窗外观	合格	表面洁净，无明显划痕、碰伤，基本无锈蚀；涂胶表面基本光滑，无气孔	观察检查
6	门窗外观	优良	表面洁净，无划痕、碰伤，无锈蚀、涂胶表面基本光滑、平整，厚度均匀，无气孔	观察检查
7	密封质量	合格	关闭后各配合处无明显缝隙，不透气、透光	观察检查

表6-9 涂色镀锌钢板门窗安装的允许偏差和检验方法

项次	项目		允许偏差/mm	检验方法
1	门窗槽口宽度、高度	≤1500mm	2	用钢尺检验
		>1500mm	3	
2	门窗槽口对角线长度差	≤2000mm	4	用钢尺检验
		>2000mm	5	
3	门窗框的正、侧面垂直度		3	用垂直检测尺检查
4	门窗横框的水平度		3	用1m水平尺和塞尺检查
5	门窗横框标高		5	用钢尺检验
6	门窗竖向偏离中心		5	用钢尺检验
7	双层门窗内外框间距		4	用钢尺检验
8	推拉门窗扇与框搭接量		2	用钢直尺检查

注：表中允许偏差栏中所列数值，凡注明正负号的，表示GB 50210对此偏差的不同方向有不同要求，应严格遵守。凡没有注明正负号的，即使其偏差可能具有方向性，但GB 50210并未对这类偏差的方向性做出规定，故检查时对这些偏差可以不考虑方向性要求。

任务6.4 塑料门窗的施工

工作任务

通过本任务的学习，掌握塑料门窗的施工等有关知识。

工作情景

建筑装饰施工“理实一体化”实训室。采用“理实一体化”教学方法，通过现场讲解，施工现场观摩、考察，掌握塑料门窗的施工等有关知识。

塑料门窗是以聚氯乙烯或其他树脂为主要原料，以轻质碳酸钙为填料，添加改性剂，经双螺杆挤压机挤压成型的各种截面的空腹门窗异型材，再根据不同的品种规格选用不同截面异型材组装而成。由于塑料的刚度较差、变形较大，一般在空腹内嵌装型钢或铝合金型材进行加强，从而增强了塑料门窗的刚性。

塑料门窗是目前最具有气密性、水密性、耐腐蚀性、隔热保温、隔声、耐低温、阻燃、电绝缘性、造型美观等优异综合性能的门窗制品。实践证明：其气密性为木窗的3倍，为铝合金门窗的1.5倍；热导率是金属门窗的1/12～1/8，可节约暖气费20%左右；其隔声效果也比铝合金门窗高30dB以上。另外，塑料本身的耐腐蚀生和耐潮性优异，提高了塑料门窗的牢固性和抗风能力。因此，塑料门窗又称为“钢塑门窗”。建筑、地下工程、卫生间浴室内都能使用，是一种应用广泛的建筑节能产品。

塑料门窗的各类很多，根据原材料的不同，塑料门窗可以分为以聚氯乙烯树脂为主要原料的钙塑门窗（又称“U－PVC”）；以改性聚氯乙烯为主要原料的改性聚氯乙烯门窗（又称“改性PVC门窗”）；以合成树脂为基料、以玻璃纤维及其制品为增强材料的玻璃钢门窗。

6.4.1 塑料门窗材料质量要求

（1）塑料异型材及密封条

塑料门窗采用的塑料异型材、密封条等原材料，应符合国家标准《GB/T 8814—2004 门、窗用未增塑聚氯乙烯（PVC－U）型材》和《GB/T 12002—1989 塑料门窗用密封条》的有关规定。

（2）塑料门窗配套件

塑料门窗采用的紧固件、五金件、增强型钢、金属衬板及固定片等，应符合以下要求。

①紧固件、五金件、增强型钢、金属衬板及固定片等，应进行表面防腐处理。

②紧固件的镀层金属及其厚度，应符合国家标准《GB/T 5267.1—2002 紧固件 电镀层》的有关规定；紧固件的尺寸、螺纹、公差、十字槽及机械性能等技术条件，应符合国家标准《GB/T 845—2017 十字槽盘头自攻螺钉》《GB/T 846—2017 十字槽沉头自攻螺钉》的有关规定。

③五金件的型号、规格和性能，均应符合国家现行标准的有关规定；滑撑铰链不得使用铝合金材料。

④全防腐型塑料门窗，应采用相应的防腐型五金件及紧固件。

⑤固定片的厚度≥1.5mm，最小宽度≥15mm，其材质应用Q235－A冷轧钢板，其表面应进行镀锌处理。

⑥组合窗及连窗门的拼樘料，应采用与其内腔紧密吻合的增强型钢作为内衬，型钢两端应比拼樘长出10～15mm。外窗的拼樘料截面尺寸及型钢形状、壁厚，应能使组合

窗承受瞬时风压值。

（3）玻璃及玻璃垫块

塑料门窗所用的玻璃及玻璃垫块的质量，应符合以下规定：

①玻璃的品种、规格及质量，应符合国家现行产品标准的规定，并应有产品出厂合格证，中空玻璃应有检测报告。

②玻璃的安装尺寸，应比相应的框、扇（梃）内口尺寸小4~6mm，以便于安装并确保阳光照射膨胀不开裂。

③玻璃垫块应选用邵氏硬度为70~90（A）的硬橡胶或塑料，不得使用硫化再生橡胶、木片或其他吸水性材料；其长度宜为80~150mm，厚度应按框、扇（梃）与玻璃的间隙确定，一般宜为2~6mm。

（4）门窗洞口框墙间隙密封材料

门窗洞口框墙间隙密封材料，一般常为嵌缝膏（建筑密封胶），应具有良好的弹性和黏结性。

（5）材料的相容性

与聚氯乙烯型材直接接触的五金件、紧固件、密封条、玻璃垫块、嵌缝膏等材料，其性能应与PVC塑料具有相容性。

6.4.2　塑料门窗的安装施工

6.4.2.1　塑料门窗的制作

塑料门窗的制作一般都是在专门的工厂进行的，很少在施工工地现场组装。在国外，甚至会将玻璃都在工厂中安装好才送往施工现场。在国内，一些较为高档的产品，也常常采取这种方式供货。但是，由于我国的塑料门窗组装厂还很少，而且组装后的门窗经长途运输损耗太大。因此，很多塑料门窗装饰仍然存在着由施工企业自行组装的情况，这对于确保制作质量还是有一定难度的。

6.4.2.2　安装施工准备工作

（1）安装材料

①塑料门窗：门窗框多为工厂制作的成品，并有齐全的五金配件。

②其他材料：主要有木螺丝、平头机螺丝、塑料胀管螺丝、自攻螺钉、钢钉、木楔、密封条、密封膏、抹布等。

（2）安装机具

塑料门窗在安装时所用的主要机具有冲击钻、射钉枪、螺丝刀、锤子、吊线锤、灰线包等。

（3）现场准备

①门窗洞口质量检查。按设计要求检查门窗洞口尺寸，若无具体的设计要求，一般应满足下列规定：门洞口宽度为门框宽加50mm，门洞口高度为门框高加20mm；窗洞口宽度为窗框宽加40mm，窗洞口高度为窗框高加40mm。

门窗洞口尺寸的允许偏差值为：洞口表面平整度允许偏差3mm；洞口正、侧面垂直度允许偏差3mm；洞口对角线允许偏差3mm。

②检查洞口的位置、标高与设计要求是否符合，若不符合应立即进行改正。

③检查洞口内预埋木砖的位置和数量是否准确。

④按设计要求弹好门窗安装位置线，并根据需要准备好安装用的脚手架。

6.4.2.3 塑料门窗的安装方法

由于塑料门窗的热膨胀性较大，且弯曲弹性模量较小，加之又是成品现场安装，如果稍不注意就可能造成塑料门窗变形，影响其使用功能、装饰效果和耐久性。因此，安装塑料门窗的技术难度比钢门窗大得多，在施工过程中应当特别注意。

塑料门窗安装施工工艺流程为：门窗洞口处理—找规矩—弹线—安装连接件—塑料门窗安装—门窗四周嵌缝—安装五金配件—清理。主要的施工要点如下。

（1）门窗框与墙体的连接

塑料门窗框与墙体的连接固定方法，常见的有连接件固定法、直接固定法和假框固定法三种。

①连接件固定法：这是用一种专门制作的铁件将门窗框与墙体相连接，是我国目前运用较多的一种方法。其优点是比较经济，且基本上可以保证门窗的稳定性。连接件固定法的做法是：先将塑料门窗放入门窗洞口内，找平对中后用木楔临时固定，然后将固定在门窗框型材靠墙一面的锚固铁件用螺钉或膨胀螺钉固定在墙上（如图6－33所示）。

②直接固定法：在砌筑墙体时，先将木砖预埋于门窗洞口设计位置处，当塑料门窗安入洞口并定位后，用木螺钉直接穿过门窗框与预埋木砖进行连接，从而将门窗框直接固定于墙体上（如图6－34所示）。

③假框固定法：先在门窗洞口内安装一个与塑料门窗框配套的镀锌铁皮金属框，或者当木门窗换成塑料门窗时，将原来的木门窗框保留不动，待抹灰装饰完成后，再将塑料门窗框直接固定在原来的框上，最后再用盖口条对接缝及边缘部分进行装饰（如图6－35所示）。

（2）连接点位置的确定

在确定塑料门窗框与墙体之间的连接点的位置和数量时，应主要从力的传递和PVC门窗的伸缩变形两个方面来考虑（如图6－36所示）。

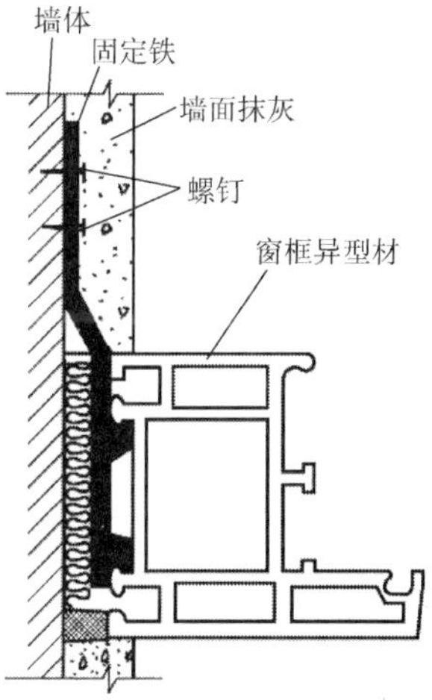

图6－33　框墙间连接件固定法

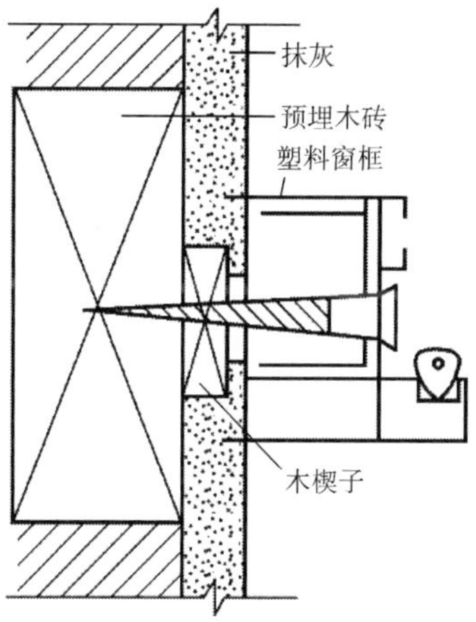

图6－34　框墙间直接固定法

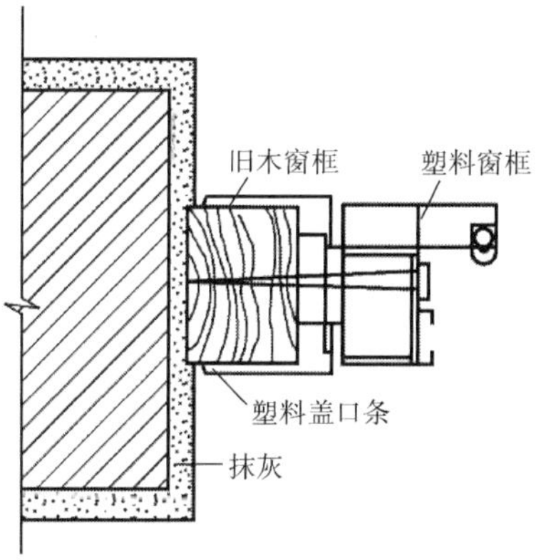

图6－35　框墙间假框固定法

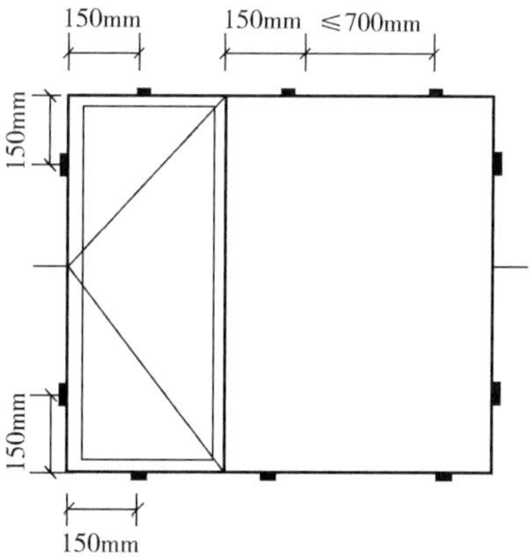

图6－36　框墙连接点布置图

①在确定连接点的位置时，首先考虑能使门窗扇通过合页作用于门窗框的力尽可能直接传递给墙体。

②在确定连接点的数量时，必须考虑防止塑料门窗在温度应力、风压及其他静荷载作用下可能产生的变形。

③连接点的位置和数量，还必须适应塑料门窗变形较大的特点，保证在塑料门窗与墙体之间微小的位移，不至于影响门窗的使用功能及连接本身。

④在合页的位置应设连接点，相邻两个连接点的距离应不大于700mm。在横档或竖框的地方不宜设连接点，相邻的连接点应在距其150mm处。

（3）框与墙间缝隙的处理

①由于塑料的膨胀较大，所以要求塑料门窗与墙体间留出一定宽度的缝隙，以适应

塑料伸缩变形。

②框与墙间的缝隙宽度，可根据总跨度、膨胀、年最大温差计算出的最大膨胀量再乘以要求的安全系数求得，一般可取10～20mm。

③框与墙间的缝隙，应用泡沫塑料条或油毡卷条填塞，填塞不宜过紧，以免框架发生变形。门窗框四周的内外接缝缝隙应用密封材料嵌填严密，也可用硅橡胶嵌缝条，但不能采用嵌填水泥砂浆的做法。

④不论采用何种填缝方法，均要做到以下两点：

a. 嵌填封缝材料应当能承受墙体与框间的相对运动，并且保持其密封性能，雨水不能由嵌填封缝材料处渗入。

b. 嵌填封缝材料不应对塑料门窗腐蚀、软化，尤其是沥青类材料对塑料有不利作用，不宜采用。

⑤嵌填密封完成后，则可进行墙面抹灰。当工程有较高要求时，最后还需加装塑料盖口条。

（4）五金配件的安装

塑料门窗安装五金配件时，必须先在杆件上进行钻孔，然后用自攻螺丝拧入，严禁在杆件上直接锤击钉入。

（5）安装完毕后的清洁

塑料门窗扇安装完毕后，应暂时将其取下，并编号单独保管。门窗洞口进行粉刷时，应将门窗表面贴纸保护。粉刷时如果框扇沾上水泥浆，应立即用软质抹布擦洗干净，切勿使用金属工具擦刮。粉刷完毕后及时清除玻璃槽口内的渣灰。

6.4.3 塑料门窗安装成品保护

塑料门窗安装成品保护措施如下：

①塑料门窗在安装过程中及工程验收前，应采取防护措施，不得污损。

②已装门窗框、扇的洞口，不得再作运料通道。应防止利器划伤门窗表面，并应防止电、气焊火花烧伤或烫伤面层。

③严禁在门窗框、扇上安装脚手架、悬重物；外脚手架不得顶压在门窗框、扇或窗撑上，并严禁蹬踩窗框、窗扇或窗撑。

6.4.4 塑料门窗安装工程质量验收

（1）主控项目

①塑料门窗的品种、类型、规格、尺寸、开启方向、安装位置、连接方式及填嵌密封处理应符合设计要求，内衬增强型钢的壁厚及设置应符合国家现行产品标准的质量要求。

②塑料门窗框、副框和扇的安装必须牢固。固定片或膨胀螺栓的数量与位置应正确，连接方式应符合设计要求。固定点应距窗角、中横框、中竖框150～200mm，固定点间距应不大于600mm。

③塑料门窗拼樘料内衬增强型钢的规格、壁厚必须符合设计要求，型钢应与型材内腔紧密吻合，其两端必须与洞口固定牢固。窗框必须与拼樘料连接紧密，固定点间距应不大于600mm。

④塑料门窗扇应开关灵活、关闭严密，无倒翘。推拉门窗扇必须有防脱落措施。

⑤塑料门窗配件的型号、规格、数量应符合设计要求，安装应牢固，位置应正确，功能应满足使用要求。

⑥塑料门窗框与墙体间缝隙应采用闭孔弹性材料填嵌饱满，表面应采用密封胶。密封胶应黏结牢固，表面应光滑、顺直、无裂纹。

（2）一般项目

①塑料门窗表面应洁净、平整、光滑，大面应无划痕、碰伤。

②塑料门窗扇的密封条不得脱槽，旋转窗间隙应基本均匀。

③塑料门窗扇的开关力应符合下列规定：平开门窗扇平铰链的开关力应小于80N，滑撑铰链的开关力应大于30N且小于80N；推拉门窗扇的开关力应小于100N。

④玻璃密封条与玻璃及玻璃槽口的接缝应平整，不得卷边、脱槽。

⑤排水孔应畅通，位置和数量应符合设计要求。

⑥塑料门窗安装的允许偏差和检验方法应符合表6－10的规定。

表6－10　塑料门窗安装的允许偏差和检验方法

项次	项目		允许偏差/mm	检验方法
1	门窗槽口宽度、高度	≤1500mm	2	用钢尺检验
		>1500mm	3	
2	门窗槽口对角线长度差	≤2000mm	3	用钢尺检验
		>2000mm	5	
3	门窗框的正、侧面垂直度		3	用1m垂直检测尺检查
4	门窗横框的水平度		3	用1m水平尺和塞尺检查

续表

项次	项目	允许偏差/mm	检验方法
5	门窗横框标高	5	用钢尺检验
6	门窗竖向偏离中心	5	用钢直尺检验
7	双层门窗内外框间距	4	用钢尺检验
8	同樘平开门窗相邻扇高度差	2	用钢直尺检查
9	平开门窗铰链部位配合间隙	+2，-1	用塞尺检验
10	推拉门窗扇与框搭接量	+1.5，-2.5	用钢直尺检查
11	推拉门窗扇与竖框平行度	2	用1m水平尺和塞尺检查

注：本表摘自《GB 50210—2001 建筑装饰装修工程质量验收规范》。

任务6.5　自动门的施工

工作任务

通过本任务的学习，掌握自动门施工的有关知识。

工作情景

建筑装饰施工“理实一体化”实训室。采用“理实一体化”教学方法，通过现场讲解，施工现场观摩、考察，掌握自动门施工等有关知识。

自动门是一种新型金属门，主要用于高级建筑装饰。自动门按门体材料的不同，有铝合金自动门、无框全玻璃自动门及异型薄壁钢管自动门等；按门的扇数区分，有两扇型、四扇型和六扇型自动门等；按自动门所使用的探测传感器的不同，又可分为超声波传感器、红外线探头、微波探头、遥控探测器、毯式传感器、开关式传感器、拉线开关式传感器和手动按钮式传感器等。目前，我国比较有代表性的自动门品种与规格见表6-11。

表6－11 国产有代表性的自动门品种与规格

品种	规格尺寸/mm		生产单位
	宽度	高度	
TDLM－100系列铝合金推拉自动门	2050～4150	2075～3575	沈阳黎明航空铝窗公司
ZM－E型铝合金中分式微波自动门	分两扇、四扇、六扇型，除标准尺寸外，可根据用户尺寸订制		上海红光建筑五金厂
100系列铝合金自动门	950	2400	哈尔滨有色金属材料加工厂

注：表中所列自动门品种均含无框全玻璃自动门

我国生产的微波自动门，具有外观新颖、结构精巧、启动灵活、运行可靠、功耗较低、噪声较小等特点，适用于高级宾馆、饭店、医院、候机楼、机站、贸易楼、办公大楼等建筑物。下面重点介绍微波自动门的结构与安装施工。

6.5.1 微波自动门的结构

微波自动门的传感系统采用微波感应方式，当人或其他活动目标进入微波传感器的感应范围时，门扇便自动开启，当活动目标离开感应范围时，门扇又会自动关闭。门扇的自动运行有快、慢两种速度自动变换，使启动、运行、停止等动作达到良好的协调状态，同时可确保门扇之间的柔性合缝。当自动门意外地夹住行人或门体被异物卡阻时，自控电路具有自动停机的功能，所以安全可靠。

（1）微波自动门的门体结构

以上海红光建筑五金厂生产ZM－E2型微波自动门为例，微波自动门体结构分类见表6－12。

表6－12 ZM－E2型微波自动门立方体分类系列

门体材料	表面处理（颜色）		门体材料	表面处理（颜色）	
铝合金 无框全玻璃门	银白色 白色全玻璃	古铜色 茶色全玻璃	异型薄壁钢管	镀锌	油漆

微波自动门一般多为中分式，标准立面主要分为两扇型、四扇型、六扇型等，如图6－37所示。

（2）控制电路结构

控制电路是自动门的指挥系统，由两部分组成。一是用来感应开门目标信号的微波

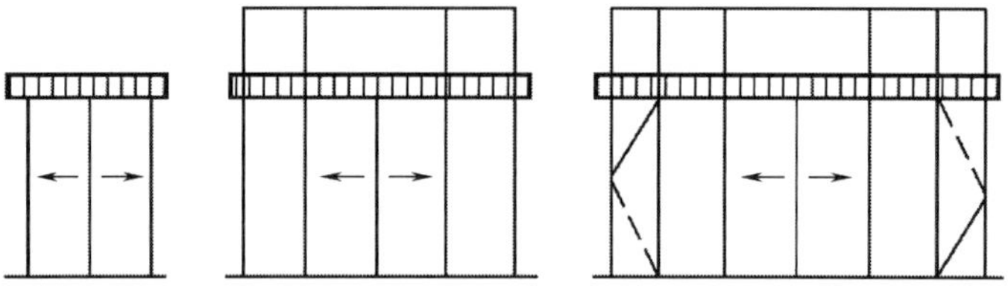

图 6－37　自动门标准立面示意图
（a）两扇型　（b）四扇型　（c）六扇型

传感；二是进行信号处理的二次电路控制。微波传感器采用 X 波段微波信号的“多普勒”效应原理，对感应范围内的活动目标所反映的作用信号进行放大检测，从而自动输出开门或关门控制信号。一档自动门出入控制一般需要用 2 只感应探头、1 台电源器配套使用。二次电路控制箱是将微波传感器的开关门信号转化成控制电动机正、逆旋转的信号处理装置，它由逻辑电路、触发电路、可控硅主电路、自动报警停机电路及稳压电路等组成。主要电路采用集成电路技术，使整机具有较高的稳定性和可靠性。微波传感器和控制箱均使用标准插件连接，因而同机种具有互换性和通用性。微波传感器和控制箱在自动门出厂前均已安装在机箱内。

6.5.2　微波自动门的技术指标

以 ZM－E2 型微波自动门为例，微波自动门的技术参数如表 6－13 所示。

表 6－13　ZM－E2 型微波自动门的技术参数

项目	指标	项目	指标
电源	AC220V/50Hz	感应灵敏度	现场调节至用户需要
功耗	150W	报警延时时间	10～15s
门速调节范围	0～350mm/s（单扇门）	使用环境温度	－20～＋40℃
微波感应范围	门前 1.5～4m	断电时手推力	＜10N

6.5.3　微波自动门的安装施工

（1）地面导向轨道安装

铝合金自动门和玻璃自动门地面上装有导向性下轨道。异型钢管自动门无下轨道。有下轨道的自动门在土建做地坪时，必须在地面上预埋 50mm×75mm 方木条 1 根。微波自动门在安装时，撬出方木条便可埋设下轨道，下轨道长度为开门宽的 2 倍。图

6－38为自动门下轨道埋设示意。

（2）微波自动门横梁安装

自动门上部机箱层主梁是安装中的重要环节。由于机箱内装有机械及电控装置，因此，对支撑横梁的土建支撑结构有一定的强度及稳定性要求。常用的两种支撑节点如图6－39所示，一般砖结构宜采用6－39（a）的形式，混凝土结构宜采用图6－39（b）的形式。

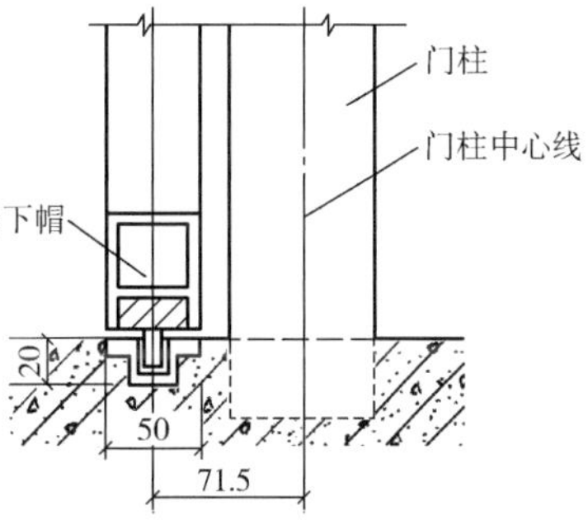

图6－38　自动门下轨道埋设示意图

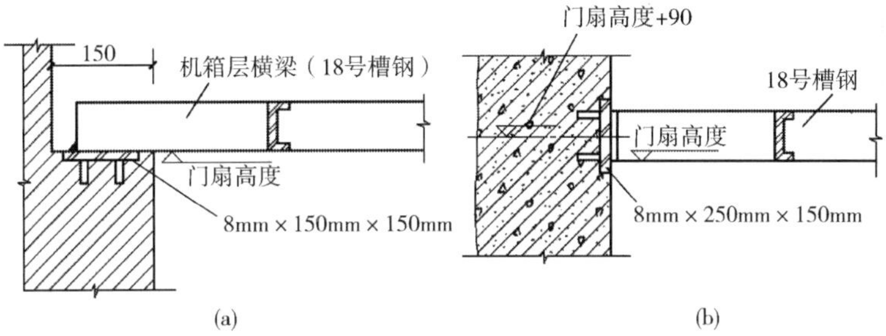

图6－39　机箱横梁支撑节点

（3）微波自动门使用与维修

自动门的使用性能与使用寿命，与施工及日常维护有密切关系，因此，必须做好下列各个方面工作。

①门扇地面滑行轨道应经常进行清洗，槽内不得留有异物。结冰季节要严格防止有水流进下轨道，以免卡阻活动门扇。

②微波传感器及控制箱等一旦调试正常，就不能再任意变动各种旋钮的位置，以防止偏离最佳工作状态，而达不到应有的技术性能。

③铝合金门框、门扇及装饰板等，是经过表面化学防腐氧化处理的，产品运抵施工现场后应妥善保管，并注意门体不得与石灰、水泥及其他酸、碱性化学物品接触。

④对使用比较频繁的自动门，要定期检查传动部分装配紧固零件是否有松动、缺损等。对机械活动部位要定期加油，以保证门扇运行润滑、平稳。

任务6.6　全玻璃门的施工

工作任务

通过本任务的学习，掌握全玻璃门的施工等有关知识。

工作情景

建筑装饰施工“理实一体化”实训室。采用“理实一体化”教学方法，通过现场讲解，施工现场观摩、考察，掌握全玻璃门的施工等有关知识。

在现代装饰工程中，采用全玻璃装饰门的施工日益普及。所采用玻璃多为厚度在12mm的厚质平板白玻璃、雕花玻璃及彩印图案玻璃等，有的设有金属扇框，有的活动门扇除玻璃之外，只有局部的金属边条。其门框部分通常以不锈钢、黄铜或铝合金饰面，从而展示豪华气派（如图6－40所示）。

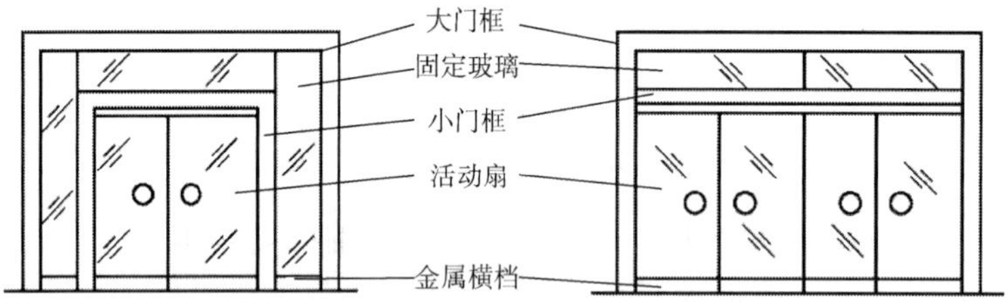

图6－40　全玻璃装饰门形式示例

6.6.1　全玻璃门固定部分的安装

（1）施工准备工作

在正式安装玻璃之前，地面的饰面施工应已完成，门框的不锈钢或其他饰面包覆安装也应完成。门框顶部的玻璃限位槽已经留出，其槽宽应大于玻璃厚度2～4mm，槽深为10～20mm（如图6－41所示）。

不锈钢、黄铜或铝合金饰面的木底托可采用木方条首先钉固于地面安装位置，然后再用胶黏剂将金属板饰面黏结卡在木方上（如图6－42所示）。如果采用铝合金方管，可采用木螺丝将方管拧固于木底托上，也可采用角铝连接件将铝合金方管固定在框柱上。

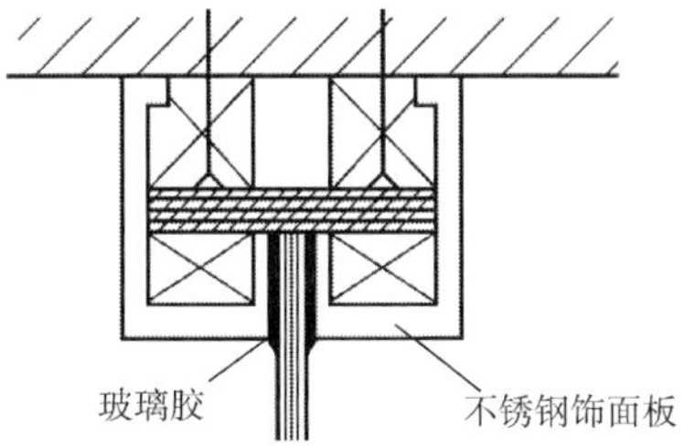

图6－41 顶部门框玻璃限位槽构造

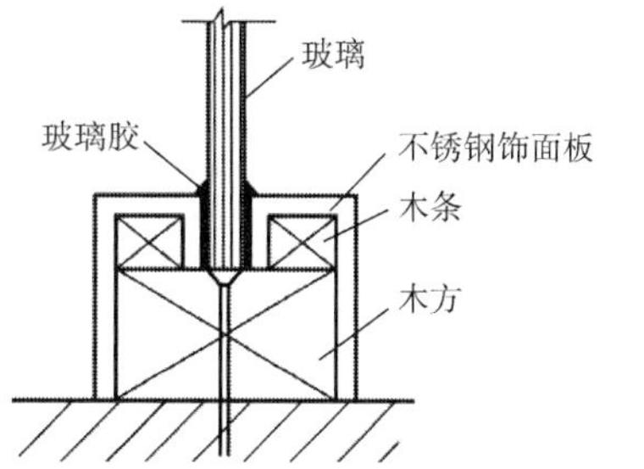

图6－42 固定玻璃扇下部底托

厚玻璃的安装尺寸应从安装位置的底部、中部和顶部进行测量，选择最小尺寸为玻璃板宽度的切割尺寸。如果上、中、下测得的尺寸一致，其玻璃宽度的裁割应比实测尺寸小2～3mm。玻璃板的高度方向裁割，应小于实测尺寸3～5mm。玻璃板裁割后，应将其四周进行倒角处理，倒角宽度为2mm，如若在施工现场自行倒角，应手握细砂轮做细磨操作，防止出现崩角、崩边现象。

（2）安装固定玻璃板

用玻璃吸盘将玻璃板吸起，由2～3人合力将其抬至安装位置，先将上部插入门顶框限位槽内，下部落于托之上，而后校正安装位置，使玻璃板的边部正好封住侧框柱的金属板饰面对缝口（如图6－43所示）。在底托上固定玻璃板时，可先在底托木方上钉木条板，一般距玻璃板面4mm左右，然后在木板条上涂刷万能胶，将饰面板不锈钢板片贴卡在木方上，安装构造如图6－44所示。

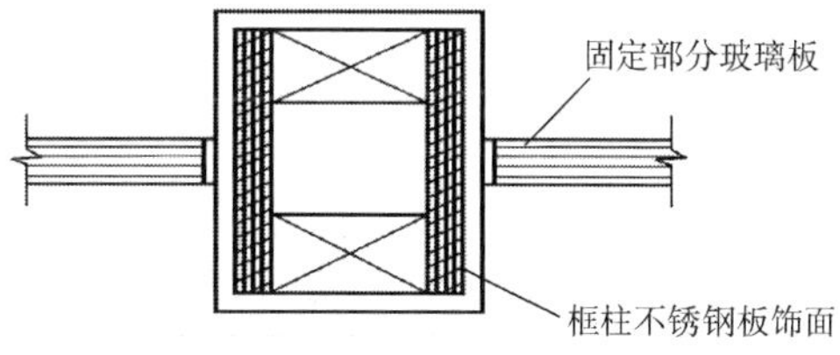

图6－43 固定玻璃扇与框柱的配合

（3）注胶封口

在玻璃准确就位后，在顶部限位槽处和底托固定处，以及玻璃板与框柱的对缝处，均注入玻璃密封胶。首先将玻璃胶开封后装入胶枪内，随即用胶枪的后压杆顶住玻璃胶罐的底部，然后一只手托住胶枪的枪身，另一只手握着注胶压柄不断松压循环地操作压

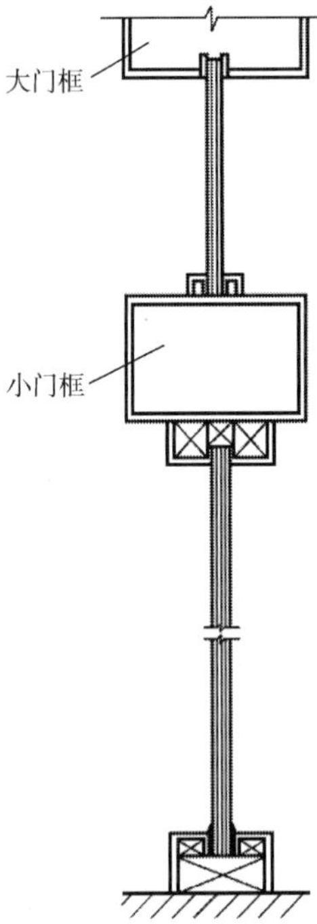

图 6－44　玻璃门竖向安装构造图

柄，将玻璃胶注于需要封口的缝隙端（如图 6－45 所示）。由需要注胶的缝隙端头开始，顺着缝隙匀速移动，使玻璃胶在缝隙处形成一条均匀直线，最后用塑料片刮去多余的玻璃胶，用棉布擦净胶迹。

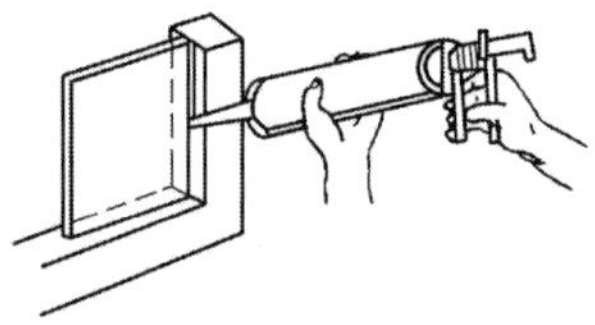

图 6－45　注胶封口操作示意图

（4）玻璃板之间的对接

门上固定部分的玻璃板需要对接时，其对接缝应有 2～4mm 宽度，玻璃板的边部都要进行倒角处理。当玻璃块留缝定位并安装稳固后，即将玻璃胶注入其对接的缝隙，用塑料片在玻璃板对缝的两边把胶刮平，用棉布将胶迹擦干净。

6.6.2　玻璃活动门扇的安装

玻璃活动门扇的结构是不设门扇框，活动门扇的启闭由地弹簧进行控制。地弹簧同时又与门扇的上部、下部金属横档进行铰接，如图 6－46 所示。

①活动门扇在安装前，应先将地面上的地弹簧和门扇顶面横梁上的定位销安装固定完毕，两者必须在同一轴线上，安装时应用吊锤进行检查，做到准确无误，地弹簧转轴与定位销为同一中心线。

②在玻璃门扇的上、下金属横档内划线，按线固定转动销的销孔板和地弹簧的转动轴连接板。具体操作可参照地弹簧产品安装说明书。

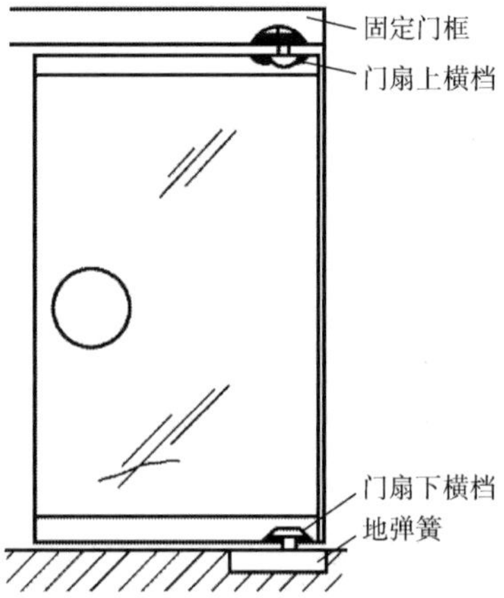

图 6－46　活动门扇的安装示意图

③玻璃门扇的高度尺寸，在裁割玻璃时应注意包括插入上、下横档的安装部分。一般情况下，玻璃高度尺寸应小于实测尺寸3～5mm，以便安装时进行定位调节。

④把上、下横档（多采用镜面成型）分别装在厚玻璃门扇的上、下端，并进行门扇高度的测量。如果门扇高度不足，即其上、下边距门横框及地面的缝隙超过规定值，可在上、下横档内加垫胶合板条进行调节，如图6－47所示。如果门扇高度超过安装尺寸，只能请专业玻璃工将门扇多余部分切割去，但要特别小心加工。

⑤门扇高度确定后，即可固定上、下横档，在玻璃板与金属横档内的两侧空隙处，由两边同时插入小木条，轻敲稳固，然后在小木条、门扇玻璃及横档之间形成的缝隙中注入玻璃胶，如图6－48所示。

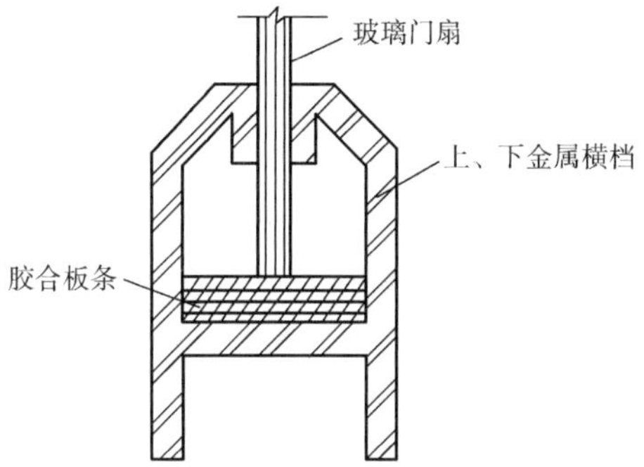

图6－47　加垫胶合板条调节玻璃门扇高度尺寸

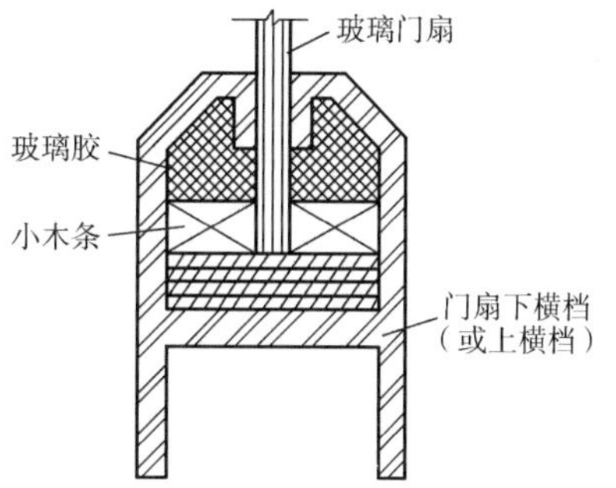

图6－48　门扇玻璃与金属横档的固定

⑥进行门扇定位的安装。先将门框横梁上的定位销本身的调节螺钉调出横梁平面1～2mm，再将玻璃门扇竖起来，把门扇下横档内的转动销连接件的孔位对准地弹簧的转动销轴，并转动门扇将孔位套在销轴上。然后把门扇转动90°使之与门框横梁成直角，把门扇上横档中的转动连接件的孔对准门框横梁上的定位销，将定位销插入孔内15mm左右（调动定位销上的调节螺钉），如图6－49所示。

⑦安装门拉手。全玻璃门扇上的拉手孔洞，一般是订购时就加工好的。拉手连接部分插入孔洞时不能太紧，应当略有松动。安装前在拉手插入玻璃的部分涂少量的玻璃胶；如若插入过松，可在插入部分裹上软质胶带。在拉手组装时，其根部与玻璃贴靠紧密后再拧紧固定螺钉，如图6－50所示。

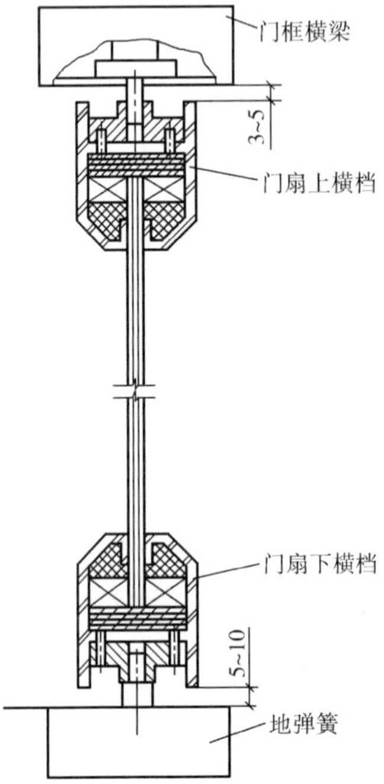

图 6－49　门扇的定位安装

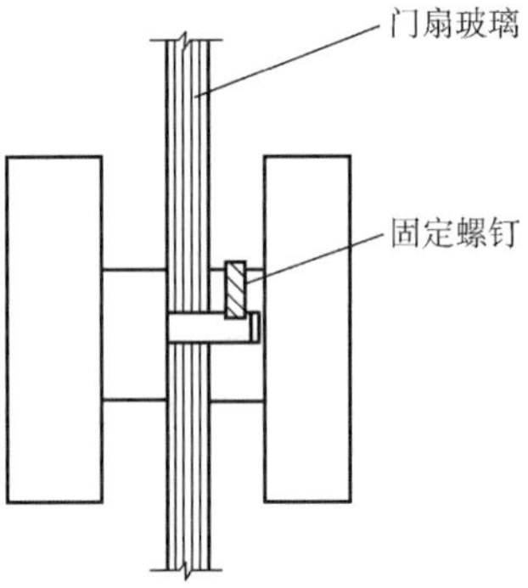

图 6－50　玻璃门拉手安装示意图

任务 6.7　特种门窗的施工

工作任务

通过本任务的学习掌握特种门窗的施工等有关知识。

工作情景

建筑装饰施工“理实一体化”实训室。采用“理实一体化”教学方法，通过现场讲解，施工现场观摩、考察，掌握特种门窗的施工等有关知识。

特种门窗的种类很多。在建筑装饰工程中常用的有：卷帘防火、防盗窗，防火门，隔声门，金属转门，金属铰链门和弹簧门等。

6.7.1 防火门的安装施工

防火门是具有特殊功能的一种新型门，是为了解决高层建筑的消防门而发展起来的，目前在现代高层建筑中应用比较广泛，并深受使用单位的欢迎。

6.7.1.1 防火门的种类

（1）根据耐火极限不同分类

根据标准（ISO），防火门可分为甲、乙、丙三个等级。

①甲级防火门：甲级防火门以防止扩大火灾为主要目的，它的耐火极限为1.2h，一般为全钢板门，无玻璃窗。

②乙级防火门：乙级防火门以防止开口部分火灾蔓延为主要目的，它的耐火极限为0.9h，一般为全钢板门，在门上开一个小玻璃窗，玻璃选用5mm厚的夹丝玻璃或耐火玻璃。性能较好的木质防火门也可以达到乙级防火门效果。

③丙级防火门：耐火极限为0.6h，为全钢板门，在门上开一个小玻璃窗，玻璃选用5mm厚夹丝玻璃或耐火玻璃。大多数木质防火门都在该范围内。

（2）根据门的材质不同分类

根据防火门的材质不同，可以分为木质防火门和钢质防火门两种。

①木质防火门：即在木质门表面涂以耐火涂料，或用装饰防火胶合板贴面，以达到防火要求，其防火性能要稍差一些。

②钢质防火门：即采用普通钢板制作，在门扇夹层中填入岩棉等耐火材料，以达到防火要求。

6.7.1.2 防火门的特点

防火门具有表面平整光滑，美观大方，开启灵活，坚固耐用，使用方便，安全可靠等特点。防火门的规格有多种，除按国家建筑门窗洞口统一模数制规定的门洞口尺寸外，还可依用户的要求而定制。

6.7.1.3 防火门的施工

（1）划线

按设计要求尺寸、标高，画出门框框口位置线。

（2）立门框

先拆掉门框下部的固定板，凡框内高度与门扇的高度差大于30mm者，洞两侧地面必须设预留凹槽。门框一般埋入±0.000标高以下20mm，必须保证框口上、下尺寸相同，允许误差小于1.5mm，对角线允许误差小于2mm。将门框用木楔临时固定在洞内，经校正合格后，固定木楔，门框铁脚与预埋铁板件焊牢。

（3）安装门扇及附件

门框周边缝隙用1∶2的水泥砂浆或强度不低于10MPa的细石混凝土嵌塞牢固，应保证与墙体连接成整体；经养护凝固后，再粉刷洞口及墙体。

粉刷完毕后，安装门扇、五金配件及有关防火装置。门扇关闭后，门缝应均匀平整，开启自由轻便，不得有过紧、过松和反弹现象。

6.7.1.4 防火门注意事项

①为了防止火灾蔓延和扩大，防火门必须在构造上设计有隔断装置，即装设保险丝，一旦火灾发生，热量使保险丝熔断，自动关锁装置就开始进行隔断，达到防火目的。

②金属防火门由于火灾时的温度使其膨胀可能不好关闭，或是因为门框阻止门膨胀而产生翘曲，从而引起间隙或使门框破坏，必须在构造上采取措施，避免这类现象产生。

6.7.2 隔声门的安装施工

（1）隔声门的类型

隔声门主要起隔声作用，常用于声像室、广播室、会议室等有隔声要求的房间。隔声门要求用吸声材料做成门扇，门缝用海绵橡胶条等具有弹性的材料封严。常见的隔声门主要有下列三种。

①填芯隔声门：用玻璃棉丝岩棉填充在门扇芯内，门扇缝口处用海绵橡胶条封严。

②外包隔声门：在普通木门扇外面包裹一层人造革或其他软质吸声材料，内填充岩棉，并将通长的人造革压条用泡钉钉牢，四周缝隙用海绵橡胶条粘牢封严。

③隔声防火门：在门扇木框架中嵌填岩棉等吸声材料，外部用石棉板、镀锌铁皮及耐火纤维板镶包，四周缝隙用海绵橡胶条粘牢封严。

（2）隔声门的施工

①在制作隔声门时，门扇芯内应用超细玻璃棉丝或岩棉填塞，但不宜挤压太密实，应保持其不太松动而又有一定空隙，以确保其隔声效果。

②门扇与门框之间的缝隙应用海绵橡胶条等弹性材料嵌入门框上的凹槽中，并且一定要粘牢卡紧。海绵橡胶条的截面尺寸应比门框上的凹槽宽度大1mm，并凸出框边2mm，保证门扇关闭后能将缝隙处挤紧关严。

③双扇隔声门的门扇搭接缝应做成双L形缝。在搭接缝的中间应设置海绵橡胶条。门扇关闭时，搭接边将海绵橡胶条挤紧，门扇之间应留2mm的缝隙，接头处木材与木材不应直接接触。

④外包隔声门宜用人造革进行包裹。在人造革与木门窗之间应填塞岩棉毯，然后用双层人造革压条规则地压在门扇表面，再用泡钉钉牢，人造革表面应包紧、绷平。

⑤在隔声门扇底部与地面间应留5mm宽的缝隙，然后将3mm厚的橡胶条用通长扁铁压钉在门扇下部。与地面接触处的橡胶条应伸长5mm，封闭门扇与地面的缝隙。

⑥有防火要求的隔声防火门，门扇可用耐火纤维板制作，两面各镶钉5mm厚的石棉板，再用26号镀锌铁皮满包，外露的门框部分也应包裹镀锌铁皮。

⑦隔声门的五金应与隔声门的功能相适应，如合页应选用无声合页等。

6.7.3　金属转门的安装施工

（1）金属转门的特点

金属转门有铝质、钢质两种。铝质结构是采用铝镁硅合金挤压成型，经阳极氧化成银白、古铜等色，其外形美观，耐腐蚀性强，质量较轻，使用方便。钢质结构是采用20号碳素结构钢无缝异型管，选用YB431－64标准，冷拉成各种类型转门、转壁框架，然后喷涂各种涂料而成。它具有密闭性好、抗震性能优良、耐老化能力强、转动平稳、使用方便、坚固耐用等特点。金属转门主要适用于宾馆、机场、商店等高级民用及公共建筑。

（2）金属转门的施工

金属转门的安装施工，应当按以下步骤进行：

①在金属转门箱后，检查各类零部件是否齐全、正常，门樘外形尺寸是否符合门洞口尺寸，以及转门壁位置要求，预埋件位置和数量。

②木桁架按洞口左右、前后位置尺寸与预埋件固定，并保持水平，一般转门与弹簧门、铰链门或其他固定扇组合，就可先安装其他组合部分。

③装转轴，固定底座。底座下要垫实，不允许出现下沉，临时点焊上轴承座，使转轴垂直于地平面。

④装圆转门顶与转门壁。转门壁不允许预先固定，便于调整与活扇的间隙，装门扇保持90°，旋转转门，保证上下间隙。

⑤调整转门壁的位置，以保证门扇与转门壁的间隙。门扇高度与旋转松紧调节，如图6－51所示。

⑥先焊上轴承座，用混凝土固定底座，埋插销下壳，固定门壁。

⑦安装门扇上的玻璃，一定要安装牢固，不准有松动现象。

⑧若用钢质结构的转门，在安装完毕后还应喷涂料。

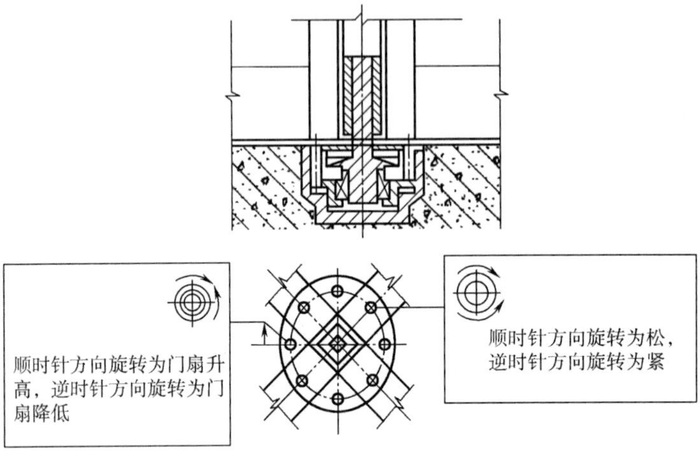

图 6－51　转门调节示意图

6.7.4　装饰门的安装施工

（1）装饰门的类型

装饰门主要起着装饰的作用，建筑工程中常用的有普通装饰门、塑料浮雕装饰门和普通木板门改装装饰门三种类型。

①普通装饰门：普通装饰门根据其组成结构不同，又可分为镶板门和玻璃门两种。

②塑料浮雕装饰门：塑料浮雕装饰门，门扇用木材安装钉成框架，面板为三合板塑料浮雕热压黏合而成。

③普通木板门改装装饰门：普通木板门改装装饰门是住宅重新装修中最常见的一种形式，即在普通老式木门扇的两侧加装饰面板与压条，如水曲柳胶合板、层压板、硬木板或塑料层压板改造而成的装饰门。

（2）装饰门的安装施工

①实木装饰门要采用干燥的硬木制作，要求木纹自然、协调、美观，所选用的五金配件应与门相适应。

②普通装饰门要显示木材的本色，一般应刷透明聚酯涂料。

③塑料浮雕装饰门一般是工厂加工成型，在现场进行安装，安装时与门框配套，并选用与其色调相适应的五金配件。塑料浮雕装饰门在运输和存放过程中，要特别注意对成品的保护，以免将塑料浮雕损坏，门扇要直立存放在仓库内，避免风吹、日晒、雨淋。

④将普通木门改装成装饰门时，应先将五金配件卸掉，将旧门拆下，清除旧门扇上

的涂料或油漆。如有压条时，应将其刨平，如旧门扇上有空档，要嵌入胶合板或门芯板，并用粘接法或用气钉钉牢，以便在铺贴新面板时能够提供均匀涂刷胶黏剂的表面。然后按照旧门的尺寸，根据装饰门的要求，将贴面薄板进行准确裁割，精心刨平、修整，以便准确地进行安装。一般应选用接触型胶黏剂，乳胶可用于内门，外门宜采用防水胶。在操作时，应在旧门表面及新加板的背面均匀涂刷胶黏剂，当胶不粘手时，按要求将其定位并粘接到一起，再用小圆钉临时固定。胶黏剂固化后，将门锁装配孔和执手装配孔开好，重新安装上全部小五金配件。如新改装的装饰门较厚，则需要重新调整合页的位置，使其与旧门框配套。为了确保美观，在旧门框两侧也需要用胶合板镶包平齐，使其与门扇配套、协调。

6.7.5 卷帘防火、防盗门窗的安装施工

(1) 卷帘门窗的特点

卷帘门窗具有造型美观新颖、结构紧凑先进、操作方便简单、坚固耐用、刚性较强、密封性好、不占地面面积、启闭灵活、防风防尘、防火防盗等优良特点，主要适用于各类商店、宾馆、银行、医院、学校、机关、厂矿、车站、码头、仓库、工业厂房及变电室等。

(2) 卷帘门窗的特点

①根据传动方式的不同，卷帘门窗可分为电动卷帘门窗、遥控电动卷帘门窗、手动卷帘门窗和电动手动卷帘门窗。

②根据外形的不同，卷帘门窗可分为全鳞网状卷帘门窗、直管横格卷帘门窗、帘卷帘门窗和压花帘卷帘门窗四种。

③根据材质不同，卷帘门窗可分为铝合金卷帘门窗、电化铝合金卷帘门窗、镀锌铁板卷帘门窗、不锈钢钢板卷帘门窗和钢管及钢筋卷帘门窗五种。

④根据门扇结构的不同，卷帘门可分为两种：

a. 帘板结构卷帘门窗：其门扇由若干帘板组成，根据门扇帘板的形状，卷帘门的型号有所不同。其特点是：防风、防沙、防盗，并可制成防烟、防火的卷帘门窗。

b. 通花结构卷帘门窗：其门扇由若干圆钢、钢管或扁钢组成。其特点是：美观大方，轻便灵活。

⑤根据性能的不同，卷帘门窗可分为普通型卷帘门窗、防火型卷帘门窗和抗风型卷帘门窗三种。

(3) 防火卷帘门的构造

防火卷帘门由帘板、卷筒体、导轨、电气传动等部分组成。帘板可用1.5mm厚的

冷轧带钢，轧制成C形板重叠连锁，具有刚度好、密封性能优的特点，也可采用钢质L形串联式组合结构。防火卷帘门配置温感、烟感、光感报警系统，水幕喷淋系统，遇有火情可自动报警、自动喷淋，门体自控下降，定点延时关闭，使受灾区域人员得以疏散。防火卷帘门全系统防火综合性能显著。

（4）防火卷帘门的安装

防火卷帘门的安装与配试是比较复杂的，一般应按如下顺序进行：

①按照设计型号，查阅产品说明书。检查产品零部件是否齐全；测量产品各部位的基本尺寸；检查门洞口是否与卷帘门尺寸相符；检查导轨、支架的预埋件位置和数量是否正确。

②测量洞口的标高，弹出两导轨的垂线及卷帘卷筒的中心线。

③将垫板电焊在预埋铁板上，用螺丝固定卷筒的左右支架，安装卷筒。卷筒安装完毕后，应检查其是否转动灵活。

④安装减速器和传动系统。安装电气控制系统。安装完毕后进行空载试车。

⑤将事先装配好的帘板安装在卷筒上。

⑥安装导轨。按施工图规定位置，将两侧及上方导轨焊牢于墙体预埋件上，并焊成一体，各导轨应在同一垂直面上。

⑦安装水幕喷淋系统，并与总控制系统连接。

⑧试车。先用手动手方法进行试运行，再用电动机启动数次。全部调试完毕，安装防护罩，调整至无卡阻、阻滞及异常噪声即可。

⑨安装防护罩。卷筒上的防护罩可做成方形，也可做成半圆形。防护罩的尺寸大小应与门的宽度和门条板卷起后的直径相适应，保证卷筒将门条板卷满后与防护罩仍保持一定的距离，不相互碰撞，经检查无误后，再与防护罩预埋件焊牢。

⑩粉刷或镶砌导轨墙体装饰面层。

6.7.6 特种门安装工程质量验收

（1）主控项目

①特种门的质量和各项性能应符合设计要求。

②特种门的品种、类型、规格、尺寸、开启方向、安装位置及防腐处理应符合设计要求。

③带有机械装置、自动装置或智能化装置的特种门，其机械装置、自动装置或智能化装置的功能应符合设计要求和有关标准的规定。

④特种门的安装必须牢固。预埋件的数量、位置、埋设方式与框的连接方式必须符

合设计要求。

⑤特种门的配件应齐全，位置应正确，安装应牢固，功能应满足使用要求和特种门的各项性能要求。

（2）一般项目

①特种门的表面装饰应符合设计要求。

②特种门的表面应洁净，无划痕、碰伤。

③推拉自动门安装的留缝限值、允许偏差和检验方法应符合表6－14的规定。

表6－14　推拉自动门安装的留缝限值、允许偏差和检验方法

项次	项目		留缝极限/mm	允许偏差/mm	检验方法
1	门窗槽口宽度、高度	≤1500mm	—	1.5	用钢尺检查
		>1500mm	—	2	
2	门窗框的正、侧面垂直度		—	1	用1m垂直检测尺检查
3	门构件装配间隙		—	0.3	用塞尺检查
4	门梁导轨水平度		—	1	用1m水平尺和塞尺检查
5	下导轨与门梁导轨平行度		—	1.5	用钢尺检查
6	门扇与侧框间留缝		1.2～1.8	—	用塞尺检查
7	门扇对口缝		1.2～1.8	—	用塞尺检查

④推拉自动门的感应时间限值和检验方法应符合表6－15的规定。

表6－15　推拉自动门的感应时间限值和检验方法

项次	项目	感应时间极限值/s	检验方法
1	开门响应时间	≤0.5	用秒表检查
2	堵门保护延时	16～20	用秒表检查
3	门扇全开启后保持时间	13～17	用秒表检查

⑤旋转门安装的允许偏差和检验方法应符合表6－16的规定。

表6－16　旋转门安装的允许偏差和检验方法

项次	项目	允许偏差/mm		检验方法
		金属框架玻璃旋转门	木质旋转门	
1	门扇正、侧面垂直度	1.5	1.5	用1m垂直检测尺检查
2	门扇对角线长度差	1.5	1.5	用钢尺检查

续表

项次	项目	允许偏差/mm		检验方法
		金属框架玻璃旋转门	木质旋转门	
3	相邻扇高度差	1	1	用钢尺检查
4	扇与圆弧边留缝	1.5	2	用塞尺检查
5	扇与上顶间留缝	2	2.5	用塞尺检查
6	扇与地面间留缝	2	2.5	用塞尺检查

任务6.8　门窗玻璃安装施工

工作任务

通过本任务的学习掌握门窗玻璃安装工程的施工等有关知识。

工作情景

建筑装饰施工“理实一体化”实训室或普通教室。采用“理实一体化”教学方法，通过现场讲解，施工现场观摩、考察，掌握门窗玻璃安装工程的施工等有关知识。

玻璃是建筑工程的重要材料之一。它既可以透过光和热，又能阻挡风、雨、雪；既不会老化，又不会失去光泽。随着现代建筑发展的需要，玻璃制品已由过去的单纯作为采光和装饰材料逐渐向着控制光线、调节热量、节约能源、减小噪声、降低建筑物自身重量、改善建筑环境、提高建筑艺术表现力等方面发展。

在建筑工程中，玻璃已逐渐发展成为一种重要的装饰材料。随着加工方法的改进以及性能的提高和品种的发展，除用于建筑物门窗外，还逐渐代替砖、瓦、混凝土等建筑材料，用于墙体和屋面。

6.8.1　门窗玻璃材料要求

（1）玻璃

平板、吸热、反射、中空、夹层、夹丝、磨砂、钢化、压花玻璃的品种、规格、质量要符合设计及规范要求。

(2) 腻子(油灰)

有自行配制的和在市场购买的成品两种。从外观看具有塑性、不泛油、不粘手等特征,且柔软、有拉力和支撑力,为灰白色的稠塑性固体膏状物,常温下20d内硬化。

(3) 其他材料

红丹、铅油、玻璃钉、钢丝卡子、油绳、橡胶垫、木压条、煤油等,应满足设计及规范要求。

6.8.2 门窗玻璃安装作业条件

①门窗五金安装完毕并经检查合格后,在涂刷最后一道油漆前进行玻璃安装。

②外檐门窗玻璃安装须在外墙粉刷已完成,上部脚手架已拆除后进行。

③门窗玻璃槽口已清理干净,无灰尘污垢,槽口的排水孔通畅无阻,干净整洁。

④门窗玻璃表面无水分、灰尘、油脂、油或其他有害物质,并已擦洗干净。

6.8.3 门窗玻璃安装工艺

门窗玻璃的安装工艺流程为:玻璃裁割—材料工具准备(分放玻璃)—清理槽口—玻璃安装—玻璃固定。

(1) 玻璃裁割

根据所需安装的玻璃尺寸,结合玻璃规格统一考虑,合理集中裁割,套裁时应按"先裁大,后裁小,先裁宽,后裁窄"的顺序进行。使用玻璃刀时,玻璃刀杆应垂直于玻璃表面。裁割厚而大的玻璃时,应在裁割刀上先刷上煤油。对于裁割好的玻璃半成品,应按规格靠墙斜立放,下面垫好厚度一致宽度为50mm的木方。

(2) 材料工具准备

门窗玻璃常见的玻璃产品厚度有3,5,8,10,12mm等,应根据设计要求选用或定做。对于加工进场的半成品玻璃,提前核实来料的尺寸留量,长宽各应缩小一个裁口宽的1/4(一般每块玻璃上下余量3mm,宽窄余量4mm),边缘不得有斜曲或缺角等情况,并应有针对性地选择几樘进行试行安装,如有问题,应做再加工处理或更换。

门窗玻璃安装应准备的工具包括工作台、玻璃刀、尺板、钢卷尺、木折尺、丝钳、扁铲、油灰刀、木柄小锤等。

(3) 清理槽口

门窗玻璃安装前，槽口一定要清理干净，确保无灰尘污垢、排水孔畅通无阻、干净整洁。

（4）玻璃安装与固定

①钢木门窗无玻璃压条时，先在玻璃底面与裁口之间，沿裁口的全长均匀涂抹1～3mm厚的底油灰，接着把玻璃推铺平整、压实，然后收净底油灰。木门窗玻璃推平、压实后，四边分别钉上钉子或钢丝卡，钉子间距150～200mm，每边不少于两个钉子；钢丝卡间距不得大于300mm，且框口每边至少有两个。然后用油灰填实，将灰边压平压光，并不得将玻璃压得过紧。油灰应抹成斜坡，表面抹平。

②木门窗有压条玻璃安装，应先将压条撬出，并将裁口处抹上底油灰，把玻璃推铺平整，然后嵌好四边木压条将钉子钉牢，底灰修好、刮净。钢门窗采用压条固定时，先将橡胶垫嵌入裁口内，装上玻璃，随即装压条并用螺丝钉固定。

③塑料、铝合金框扇安装玻璃前，应清除框的槽口内所有灰渣、杂物等，畅通排水孔。在框口下边槽口放入橡胶垫块，以免玻璃直接与框接触。

采用橡胶条固定玻璃时，先用100mm长的橡胶块断断续续地将玻璃挤住，再在胶条上注入密封胶，密封胶要连续、均匀地注满周边。采用橡胶块固定玻璃时，先将橡胶压条嵌入玻璃两侧密封，然后将玻璃挤住，再在其上面注入密封胶；采用橡胶压条固定玻璃时，先将橡胶压条嵌入玻璃两侧密封，容纳后将玻璃挤紧，上面不再注密封胶。橡胶压条长度不得短于所需嵌入长度，不得强行嵌入胶条。

④安装斜天窗的玻璃，如设计没有要求时，应用夹丝玻璃，并应从顺留方向盖叠安装。盖叠安装搭接长度视天窗的坡度而定，当坡度为1/4或大于1/4时，不小于30mm；坡度小于1/4，不小于50mm，盖叠处应用钢丝卡固定，并在缝隙中用密封膏嵌填密实；采用平板或浮法玻璃时，要在玻璃下面加设一层镀锌铁丝网。

6.8.4 门窗玻璃安装工程质量验收

（1）主控项目

①玻璃的品种、规格、尺寸、色彩、图案和涂膜朝向应符合设计要求。单块玻璃大于1.5m^2时应使用安全玻璃。

②门窗玻璃裁割尺寸应正确。安装后的玻璃应牢固，不得有裂纹、损伤和松动。

③玻璃的安装方法应符合设计要求。固定玻璃的钉子或钢丝卡的数量、规格应保证玻璃安装牢固。

④镶钉木压条接触玻璃处，应与裁口边缘平齐。木压条应互相紧密连接，并与裁口边缘紧贴，割角应整齐。

⑤密封条与玻璃、玻璃槽口的接触应紧密、平整。密封胶与玻璃、玻璃槽口的边缘应黏结牢固、接缝平齐。

⑥带密封条的玻璃压条，其密封条必须与玻璃全部贴紧，压条与型材之间应无明显缝隙，压条接缝应不大于0.5mm。

（2）一般项目

①玻璃表面应洁净，不得有腻子、密封胶、涂料等污渍。中空玻璃内外表面均应洁净，玻璃中空层内不得有灰尘和水蒸气。

②门窗玻璃不应直接接触型材。单面镀膜玻璃的镀膜层及磨砂玻璃的磨砂面应朝向室内。中空玻璃的单面镀膜玻璃应在最外层，镀膜层应朝向室内。

③腻子应填抹饱满、黏结牢固；腻子边缘与裁口应平齐，固定玻璃的卡子不应在腻子表面显露。

思考与练习

（1）简述门窗的作用与组成及其分类。

（2）门窗制作与安装的基本要求是什么？应注意哪些事项？

（3）简述木门与窗的基本组成构造。其制作工艺主要包括哪些方面？

（4）按开启方式不同，木门窗有哪几种？

（5）简述装饰木门窗的特点、类型、性能和组成。

（6）简述铝合金门窗的特点、类型、性能和组成。

（7）简述铝合金窗的制作、安装等施工流程。

（8）制作铝合金门窗时，下料应符合哪些要求？

（9）涂色镀锌钢板门窗的五金配件安装应符合哪些要求？

（10）塑料门窗的主要优点是什么？对材料有哪些质量要求？

（11）简述塑料门窗的施工工艺和质量要求。

（12）简述自动门的种类、微波自动门的结构和安装施工工艺。

（13）简述全玻璃门的安装施工工艺。

（14）卷帘门的类型有哪些？

（15）简述防火门、隔声门、金属转门、装饰门、卷帘防火与防盗门窗的安装施工工艺。

（16）门窗玻璃安装材料应符合哪些要求？

项目7　饰面装饰工程施工

知识目标

（1）了解常用饰面工程材料及材料的种类。

（2）了解不同饰面材料的适用范围及特点。

（3）掌握不同饰面装饰工程施工作业的工艺流程及技术要求。

（4）熟悉饰面装饰工程施工的质量验收要求。

技能目标

（1）能够专业地介绍不同饰面工程的材料及工艺特点和质量验收方法。

（2）熟悉饰面装饰工程施工常用的各种工具，掌握其操作方法。

（3）能进行常规的饰面板、饰面砖施工安装操作。

任务7.1　木质护墙板的施工

工作任务

通过本任务的学习，掌握木质护墙板的施工材料、规格及质量要求，熟悉施工的常用工具、工艺流程，掌握工程质量验收标准与检验方法等有关知识。

工作情景

建筑装饰施工“理实一体化”实训室或普通教室。采用“理实一体化”教学方法，通过现场讲解，施工现场观摩、考察，掌握木质护墙板工程的材料、安装结构、工艺等方面的基础知识。

7.1.1　木质护墙板的基本构造

木质护墙板包括实木板、胶合板、细木工板、微薄木贴面板、硬质纤维板、硬木格条、圆竹、劈竹等，其基本构造做法如下：

①在墙体中预埋木砖或预埋铁件。

②刷热沥青或粘贴油毡防潮层。

③固定木骨架或金属骨架。

④在骨架上钉面板（或钉垫层板再做饰面材料）。

⑤粘贴各种饰面板。

⑥清漆罩面。

7.1.2　施工准备及材料要求

（1）施工准备工作

①施工机具：小电动台刨、手电钻、木刨子、大中小槽刨、木锯、斧子、锤子、平铲、冲子、螺丝刀、方尺、割角尺、小钢尺、靠线板、线坠、墨斗等。

②对于未进行饰面处理的半成品实木护墙板及其配套的细木装饰制品（如装饰线脚、木雕图案镶板、横档冒头及边框或压条等），应预先涂刷一遍干性底油，以防止受潮变形，影响装饰施工质量。

③检查结构墙面质量，其强度、稳定性及表面的垂直度、平整度应符合装饰面的要求。有防潮要求的墙面，应按设计要求进行防潮处理。

④根据设计要求，安装护墙板骨架需要预埋防腐木砖时，应事先埋入墙体；当工程需要有其他后置埋件时，也应准确到位。埋件的位置、数量，应符合龙骨布置的要求；对于采用木楔进行安装的工程，应按设计弹出标高和竖向控制线、分格线，打孔埋入木楔，木楔的埋入深度一般应≥50mm，并应做防腐处理。

（2）施工材料准备及质量要求

①木龙骨：也叫墙筋，一般使用杉木或红、白松制作，木龙骨架间距为400～600mm，具体间距根据面板规格而定。骨架断面尺寸为（20～45）mm×（40～50）mm，高度及横料长度按设计要求确定，大面刨平、刨光。木料的含水率不得大于10%。

②饰面板：饰面板的品种、规格和性能应符合设计要求，表面平整洁净、色泽一致、无裂缝等缺陷。

③木装饰线：木装饰线的品种、规格、外形应符合设计要求。从材质上分为硬杂木条、白木条、水曲柳木条、核桃木线、柚木线、桐木线等，长度2～5m。

④胶黏剂：有白乳胶、脲醛树脂胶或骨胶等。

⑤所用木龙骨骨架以及人造木板的板背面，均应涂刷防火涂料（防火涂料一般也应具有防潮性能），按具体产品的使用说明确定涂刷方法。

7.1.3 木质护墙板的安装施工

木质护墙板安装施工工艺流程为：弹线分格—检查预埋件—拼装木龙骨架—墙面防潮—固定龙骨架—铺钉罩面板—钉收口条—磨光—油漆。

（1）弹线分格

根据设计图在墙上弹出木龙骨的分档、分格线。竖向木龙骨的间距应与胶合板等块材的宽度相适应，板缝应在竖向木龙骨上。

（2）检查预埋件

在墙上加木楔或预先砌入木砖（或木楔），位置应符合龙骨分档尺寸。木砖的间距，横竖一般不大于400mm，如木砖位置不适用可补设木楔。如不采用预埋木砖而采用木楔圆钉、水泥钢钉及射钉等方式方法固定木龙骨时，要求建筑墙体基面层必须具有足够的刚性和强度，否则应采取必要的补强措施。

（3）拼装木龙骨

通常使用25mm×30mm的木方，按分档加工出凹槽榫，在地面进行拼装，制成木龙骨架。在开槽榫之前应先刷防火及防腐涂料，待防火防腐涂料干后再加工凹槽榫。拼装木龙骨方格网规格通常是300mm ×300mm或400mm ×400mm。

（4）墙面防潮

在木龙骨与墙之间要刷一道热沥青，并干铺一层油毡，或用水性高分子防水涂料处理，以防止湿气进入而使木墙裙、木墙面变形。

（5）固定龙骨

墙面有预埋防腐木砖的，即将木龙骨钉固于木砖部位，并且要钉平、钉牢，使其立筋（竖向龙骨）保证垂直。龙骨间距应符合设计要求，一般竖向龙骨间距400mm，横向间距为300mm。

采用木楔圆钉法固定龙骨时，可用16～20mm的冲击钻头在墙面上钻孔，钻孔深度最小应等于40mm。钻孔位置按事先所做的龙骨布置分格弹线确定，在孔内打入防腐木楔，再将木龙骨与木楔用圆钉固定。

在龙骨安装操作过程中，要随时校正骨架的垂直度及水平度，并检查木龙骨与基层表面的靠平情况，然后再将木龙骨钉牢。

（6）铺钉罩面板

罩面板应进行挑选，使其颜色、木纹自然协调、基本一致；有木纹拼花要求的罩面应按设计规定的图案分块试排，按照预排编号上墙就位铺装。为确保罩面板接缝落在龙骨上，罩面铺装前可在龙骨上弹好中心控制线，板块就位安装时其边缘应与控制线吻合，并保持接缝平整、顺直。板材罩面板固定一般用射钉与木龙骨钉牢，封钉前应调整好每块板的拼缝，拼缝要平直，木纹要对齐。要求布钉均匀，钉距100～150mm当采用胶黏剂固定饰面板时，应按照胶黏剂产品的使用要求进行操作。

在曲面墙或弧形造型体上固定胶合板时（一般选用材质优良的三夹板），应先进行试铺。如果胶合板弯曲有困难或设计要求采用较厚的板块（如五夹板）时，可在胶合板背面用刀割竖向的卸力槽，等距离划割，槽深1mm。再在木龙骨表面涂胶，将胶合板横向（整幅板的长边方向）围住龙骨骨架进行包覆粘贴，而后用圆钉或钉枪从一侧开始向另一侧顺序铺钉。圆柱体罩面铺装时，圆曲面的包覆应准确交圈。

采用木质企口装饰板罩面时，可根据产品配套材料及其应用技术要求进行安装，使用其异型板卡或带槽口的压条（上下横板、压顶条、冒头板条）等对板块进行嵌装固定。对于硬木压条或横向设置的腰带，应先钻透眼，然后再用钉固定。

（7）钉收口条

安装封边收口条时，收口线条规格尺寸要一致，木纹、颜色近似的收口条钉在一起，钉的位置应在线条的凹槽处或背视线的一侧，以保证其装饰的美观。

（8）安装踢脚板

踢脚板的处理主要有外凸式与内凹式两种。当护墙板与墙之间距离较大时，一般宜采用内凹式处理，踢脚板与地面之间宜平接。

（9）磨光油漆

罩面板安装完毕后，应进行全面扩平及严格的质量检查，并对木墙裙进行打磨、批填腻子、刷底漆、磨光滑、涂刷清漆处理或其他的二次饰面处理。

任务7.2 饰面砖的镶贴施工

工作任务

通过本任务的学习，了解饰面砖的材料种类、规格及质量要求，熟悉施工的常用工具、工艺流程、施工方法等方面的有关知识。

工作情景

建筑装饰施工“理实一体化”实训室或普通教室。采用“理实一体化”教学方法，通过现场讲解和实地工艺构造分析，学习饰面砖镶贴工程的材料类别、施工工艺等方面的知识。

7.2.1 饰面砖镶贴的基本构造

陶瓷面砖饰面是一种传统的装饰工艺和手法，可用于室内外墙面装饰，有湿贴法与胶粘法，一般采用湿贴法。

湿贴法是指单纯用水泥砂浆而不用其他辅助材料粘贴饰面砖的一种施工方法，常用于较小尺寸的面砖、石材的粘贴；胶粘法是将大力胶涂抹在釉面砖背面直接粘贴在墙面上。

7.2.2 施工准备及材料要求

(1) 施工工具准备工作

施工主要工具：云石机、瓷砖切割机、红外线水准仪、冲击钻、手电钻、孔径5mm筛子、手推车、水桶、平锹、木抹子、铁抹子、大杠、中杠、小杠、靠尺、水平尺、灰槽、灰勺、毛刷、钢丝刷、笤帚、钢錾、锤子、粉线包、小白线、擦布或棉丝、钢片开刀、小灰铲、勾缝托灰板、拖线板、盒尺、钉子、红铅笔、铁丝、小铁锤、木槌、垫板、开刀、墨斗等。

（2）施工材料准备及质量要求

①对已到场的饰面材料进行数量清点、核对，检查其图案、花色、颜色是否与选定样品相符，有无色差。瓷砖应表面光洁、质地坚固、尺寸色泽一致，不得有暗痕、裂缝及破损，其性能指标应符合现行国家标准的规定，吸水率低于 10%。

②黏结材料：强度等级为 42.5 的普通硅酸盐水泥（或矿渣硅酸盐水泥）、白水泥、砂（中砂），并应用窗纱过筛。

③其他材料：如石灰膏、108 胶、勾缝剂等。石灰膏内不得有未熟化的颗粒和其他杂质。勾缝剂、胶黏剂等应有出厂合格证、性能检测报告和使用说明书。

7.2.3　内墙面砖镶贴施工工艺

内墙面砖镶贴的施工工艺流程为：基层处理—抹底层砂浆—选砖—浸砖—排砖弹线—做标志块—垫木托板—镶贴—擦缝。

（1）基层处理

基础表面做到干净、平整、无空鼓。光滑的混凝土基层应“毛化处理”，即将表面尘土、污垢清理干净，浇水湿润，将 1∶1 水泥细砂浆喷洒或用毛刷甩到光滑基面上，甩点要均匀，终凝后要再浇水养护，直至水泥砂浆有较高的强度，用手掰不动为止。砖墙面基层提前一天浇水湿润，抹 1∶3 水泥砂浆底灰，表面用木条刮毛，便于找平层与釉面砖的粘贴。基层表面砂浆、灰尘及油渍等，应用钢丝刷或清洗剂清洗干净；基层表面凹凸明显部位，要事先剔平或用水泥砂浆补平。

（2）抹底层砂浆

施工时分层进行，先刷一遍掺水 10% 的 107 胶水泥素灰，紧跟着分层分遍抹底层砂浆（采用配合比为 1∶30 水泥砂浆），第一遍厚度为 5mm，用木抹子搓平，隔天浇水养护，待第一遍干至六七成时抹第二遍，厚度约 8 ~ 12mm，随即用刮杠刮平、木抹子搓毛，隔天浇水养护，若需要抹第三遍，其操作方法同第二遍，直至把底层砂浆抹平为止。

（3）选砖

选砖是保证饰面砖镶贴质量的关键工序。必须在镶贴前按颜色的深浅、尺寸的大小不同进行分选。

（4）浸砖

陶瓷釉面砖在镶贴前，先要将面砖清理干净，并充分浸水湿润，防止用干砖镶贴后吸收砂浆（灰浆）中的水分，致使砂浆中水泥不能完全水化造成黏结不牢或面砖浮滑。一般饰面砖浸水时间不少于 2h，取出后阴干到表面无水膜再进行镶贴，以手摸无水感为宜。

（5）排砖弹线

按图纸设计图案要求，结合瓷砖规格进行排砖弹线。量出镶贴瓷砖的尺寸，在墙面从上往下弹出若干条水平线，控制水平排数，再按整块瓷砖的尺寸弹出竖直方向的控制线。弹线时要考虑接缝宽度符合设计要求，并注意水平方向和垂直方向的砖缝一致。内墙面砖镶贴排列方法，主要有直缝镶贴和错缝镶贴两种。

（6）做标志块

镶贴前，用混合砂浆将废瓷砖按粘贴厚度粘贴在基层下、左右合适的位置上，做标志块，用拖线板上下挂直，横向拉通，用以控制镶贴瓷砖表面的平整度。间距一般为1500mm。阳角处正面、侧面都相应有标志块，即双面挂直。

（7）垫木托板

地面水平设置一根支撑面砖的木托板（或者是八字尺、直靠尺），用水平尺校正，作为第一排面砖水平方向的依据。木托板表面应加工平整，高度为非整块面砖的调节尺寸。镶贴时，面砖的下口在木托板上，防止水泥砂浆未硬化前将砖体下坠，确保横平竖直。

（8）镶贴

应自下向上镶贴，接缝宽度一般在1～1.5mm。横竖缝宽一致或按设计要求确定缝宽。砖背面应满抹灰浆，厚度为5mm，四周刮成斜面，砖就位固定后，用橡皮锤轻击砖面，使之压实并与邻面齐平。镶贴5～10块后，用靠尺板检查表面平整度及缝隙宽窄，若缝隙出现不均，应用灰匙子拔缝。阴阳角拼缝除了用塑料和陶瓷的阴阳角条解决拼缝外，也可用切割机将釉面砖边沿切成45°斜角，保证阳角处接缝平直、密实。如果遇到面砖几何尺寸差异较大，应在铺贴的过程中注意调整，最佳调整的方法是将相近尺寸的饰面砖贴在一排上。

（9）擦缝

瓷砖镶贴完毕，自检无空鼓、不平、不直后，用丝绵擦净。用素水泥浆或专用勾缝剂擦缝（颜色按设计要求配色，通常选用与面砖同色或近似色），用抹子把素水泥浆或专用勾缝剂浆抹到面砖表面，并将其压挤进砖缝内，然后用布将表面擦净。清洗面砖表面时，应待勾缝材料硬化后方可进行。起出米厘条，用1∶1水泥砂浆勾严、勾平，再用布擦净。

7.2.4 外墙面砖镶贴施工工艺

外墙面砖的施工工艺流程为：基层处理—抹找平层—选砖—预排—弹线分格—做标志块—镶贴面砖—勾缝—清理表面。

（1）基层处理

砖墙应清理干净墙面，提前一天浇水湿润；混凝土墙应凿毛处理，清洗油污，太光滑的墙面要拉毛或刷界面处理剂。

（2）抹找平层灰

抹底层和中层灰的做法同内墙抹灰。只是应特别注意各楼层的阳台和窗口的水平向、竖向和进出方向必须“三向”成线，以及墙面的窗台腰线、阳角及滴水线等部位饰面层镶贴排砖方法和换算关系。如正面砖要往下凸出3mm左右，底面砖要做出流水坡度等，如图7－1所示。

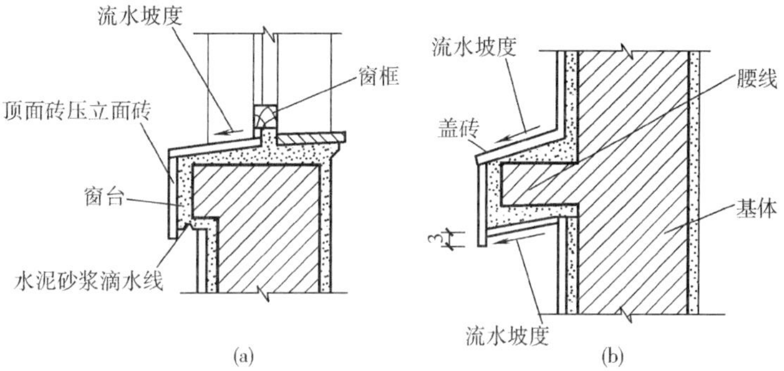

图7－1　窗台、腰线找平示意图

（a）窗台　（b）腰线

（3）选砖与预排

面砖进场后，根据砖的规格用自制选砖套板进行选砖，剔除尺寸、平整度差的砖，按不同规格、颜色分类码放。

按照立面分格的设计要求进行预排，以确定面砖的匹数、块数和具体位置，作为弹线和细部做法的依据。外墙面砖镶贴排砖的方法较多，常用的矩形面砖排列方法有矩形长边水平排列和竖直排列两种。按砖缝的宽度，又可分为密缝排列（缝宽1～3mm）与疏缝排列（大于4mm，小于20mm）。此外，还可采用密缝与疏缝，按水平、竖直方向排列。

在外墙面砖的预排中应遵循如下原则：阳角部位都应当是整砖，且阳角处正立面整砖应盖住侧立面整砖。对大面积墙面砖的镶贴，除不规则部位外，其他部位不允许裁砖。除柱面镶贴外，其余阳角不得对角粘贴，在预排中，对凸出墙面的窗台、腰线、滴水槽等部位的排砖，应注意台面砖须做出一定的坡度（一般为3%），台面砖应盖住立面砖。底面砖应贴成滴水鹰嘴。如图7－2和图7－3所示。

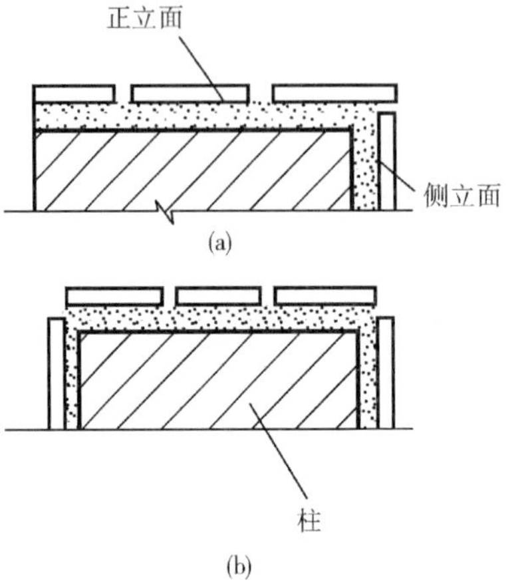

图7－2 外墙阳角镶贴排砖示意图

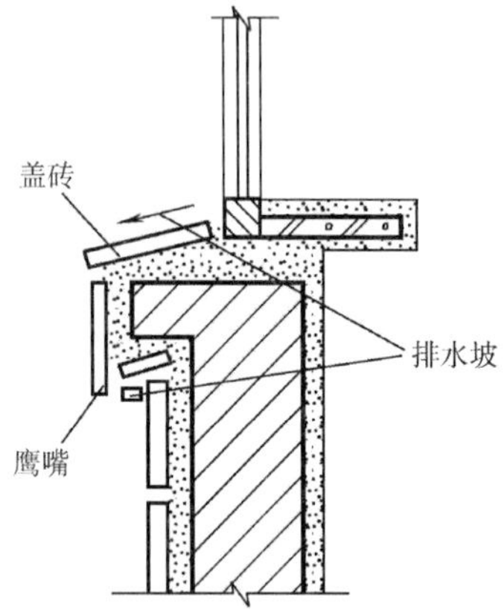

图7－3 外窗台线角面砖镶贴排砖示意图

（4）弹线分格

分格条应根据预排结果画出大样图，按照缝的宽窄大小（主要指水平缝）贴分格条作为镶贴面砖的辅助基准线。弹线的步骤如下：

①在外墙阳角处（大角）用大于5kg的线锤吊垂线并用经纬仪进行校核，最后用花篮螺栓将线锤吊正的钢丝固定绷紧上下端，作为垂线的基准线。

②以阳角基线为准，每隔1500～2000mm作标志块，定出阳角方正，抹灰找平。

③在找平层上，按照预排大样图先弹出顶面水平线，在墙面的每一部分，根据外墙水平方向面砖数，每隔约1000mm弹一垂线。

④在层高范围内，按照预排面砖实际尺寸和面砖对称效果，弹出水平分缝、分层匹数（或先做匹数杆，再按匹数杆弹出分层线）。

（5）镶贴施工

镶贴面砖前也要做标志块，其挂线方法与内墙面砖相同，并应将墙面清扫干净，清除妨碍铺贴面砖的障碍物，检查平整度和垂直度是否符合要求。外墙面砖镶贴应自上而下分段进行，并先贴墙柱后贴墙面再贴墙间墙。镶贴用砂浆与内墙要求相同。镶贴时，先按水平线垫平八字尺或直靠尺，再在面砖背面满铺黏结砂浆，黏结层的厚度在4～8mm。镶贴后，用小铲柄轻轻敲击，使之与基层粘牢，并随时用直尺找方，贴完一行后，须将面砖上的灰浆刮净。对于有设缝要求的饰面，可按设计规定的砖缝宽度制备小十字架，临时卡在四块相邻的砖的十字缝间，以保证缝隙精确；单元式的横缝或竖缝，则可用分格条。一般情况下只需挂线贴砖。

（6）勾缝

在完成一个层段的墙面铺贴并经检查合格后，即可进行勾缝。用刷子将横竖缝划出来，宽缝一般在8mm以上，用1∶1水泥砂浆勾缝。第一次用一般水泥砂浆，第二次按设计要求用彩色水泥浆或普通水泥浆勾缝。

（7）清理表面

勾缝后马上用绵丝擦净面砖，必要时用稀盐酸溶液擦洗后用水冲洗干净。

7.2.5 陶瓷锦砖施工工艺

陶瓷锦砖又称陶瓷马赛克，其施工工艺流程为：基层处理—抹找平层—排砖、分格、放线—镶贴—揭纸—调整—擦缝。

（1）基层处理

基层处理方法及要求同陶瓷面砖饰面施工。

（2）抹找平层

底灰一般为两次操作，第一次抹薄一层，用抹子压实。第二次用相同配合比砂浆按标筋抹平，用短刮杠刮平，低洼处填平补齐，最后用木抹子搓出麻面，终凝后浇水养护。

（3）排砖、分格和放线

陶瓷锦砖的排砖、分格是按照设计要求，根据门窗洞口横竖装饰线条的布置来做的。首先明确墙角、墙垛、出檐、线条、分格、窗台、窗套等节点的细部处理，按整砖模数排砖确定分格线。

（4）镶贴施工

应先找好标准，一般两间相连通的房间应由门口中间拉线，以此为标准。然后从里向外退着铺。有镶边的房间，应先铺镶边部分。

（5）揭纸

陶瓷锦砖贴到墙上后，在混合灰黏结层未完全凝固之前，用木拍板靠在贴好的陶瓷锦砖上，用小锤敲击拍板，满敲一遍使其黏结牢固。然后用软毛刷蘸水满刷陶瓷锦砖上的纸面使其湿润，约30min即可揭纸。揭纸时应从上向下揭，揭纸后检查各条缝大小是否均匀顺直、宽窄一致。

（6）调整

贴好锦砖后，如果发现“跳块”或“瞎缝”，应及时用开刀拨开复位。调缝方法是，用手将开刀置于调缝中，逐条按要求慢慢将缝调直、调匀；拨好后压上木拍板并用小木槌轻敲拍板压实，使锦砖黏结牢固。调整砖缝的工作要在黏结层砂浆初凝前进行。

（7）擦缝

待黏结水泥浆凝固后，用素水泥浆找补擦缝。其方法是先用橡胶刮板将水泥浆在陶瓷锦砖表面刮一遍，嵌实缝隙，接着加些干水泥，进一步找补擦缝，全面清理擦干净后，次日喷水养护。如为浅色陶瓷锦砖，擦缝用水泥应使用白水泥。

任务7.3 金属饰面板的安装施工

工作任务

通过本任务的学习，了解金属饰面板的种类、构造、施工工艺等方面的有关知识。

工作情景

建筑装饰施工“理实一体化”实训室或普通教室。采用“理实一体化”教学方法，通过现场讲解和工艺构造分析，学习金属饰面板的材料类别、特点、施工工艺等方面的知识。

7.3.1 金属饰面板饰面基本步骤

金属饰面板作室内墙体饰面，具有质轻、坚硬、色彩丰富、装饰效果好等特点。金属饰面板一般有彩色铝合金饰面板、彩色涂层镀锌钢饰面板和不锈钢饰面板三种。

其饰面基本步骤为：在墙体中打膨胀螺栓（混凝土构件中预埋铁件）；固定型钢连接板；固定金属骨架（钢管、铝管等）；固定金属薄板；缝隙处理。

7.3.2 施工准备及材料要求

（1）施工工具准备

圆盘踞、机刨、手电钻、冲击钻、水平尺、角尺、直尺、钢卷尺、锤子、锯子、切割机、电焊机等。

（2）施工材料准备及质量要求

①施工前应检查所选用的铝合金板材料及型材是否符合设计要求，规格是否齐全，表面有无划痕，有无弯曲现象。选用的材料最好一次进货（同批），这样可保证规格型

号统一、色彩一致。

②饰面板应分类堆放，防止碰坏变形。检查产品合格证书、性能检测报告和进场验收记录。

③骨架材料是由横竖杆件拼成，主要材质为铝合金型材或型钢等。因型钢较便宜、强度高、安装方便，所以多数工程采用角钢或槽钢。但骨架应预先进行防腐处理。

④固定骨架的连接件主要是膨胀螺栓、铁垫板、垫圈、螺帽及与骨架固定的各种设计和安装所需要的连接件，其质量必须符合要求。

7.3.3　铝合金墙板饰面安装施工

铝合金墙板安装的工艺流程：放线—固定骨架的连接件—固定骨架—骨架安装检查—安装铝合金板—收口处理。

（1）放线

铝合金板墙面的骨架由横竖杆件拼成，可以是铝合金型材，也可以是型钢。为了保证骨架的施工质量和准确性，首先要将骨架的位置弹到基层上。放线时，应以土建单位提供的中心线为依据。

（2）固定骨架的连接件

骨架的横竖杆件通过连接件与结构固定。连接件与结构之间，可以与结构预埋件焊牢，也可在墙上打膨胀螺栓。无论用哪一种固定法，都要尽量减少骨架杆件尺寸的误差，保证其位置的准确性。

（3）固定骨架

骨架在安装前均应进行防腐处理，固定位置要准确，骨架安装要牢固。

（4）骨架安装检查

骨架安装质量决定铝合金板的安装质量，因此安装完毕后应对中心线、表面标高等影响板安装的因素做全面的检查。有些高层建筑的大面积外墙板，甚至用经纬仪对横竖杆件进行贯通，从而进一步保证板的安装精度。要特别注意变形缝、沉降缝、变截面的处理，使之满足使用要求。

（5）安装铝合金板

墙板的安装顺序是从每面墙的边部竖向第一排下部第一块板开始，自下而上安装。安装完该面的第一排再安装第二排。每安装铺设 10 排墙板后，应吊线检查一次，以便及时消除误差。为了保证墙面外观质量，螺栓位置必须准确。根据板的截面类型，可以将螺钉拧到骨架上，也可将板卡在特制的龙骨上。安装时要认真，保证安全、牢固。

板与板之间一般留出一段距离，常用的间隙为 10 ~ 20mm。至于缝的处理，有的用橡胶条锁住，有的注入硅密封胶。铝合金板安装完毕后，在易于污染或易于碰撞的部位应加强保护。为防止被污染，多用塑料薄膜进行覆盖，而对于易于划破、碰撞的部位，则设一些安全保护栏杆。

（6）收口处理

各种材料饰面，都有一个如何收口的问题，如水平部位的压顶、端部的收口、伸缩缝的处理、两种不同材料的交接处理等，不仅关系到装饰效果，而且对使用功能也有较大影响。在铝合金墙板中，多用特制的铝合金型板进行上述这些部位的处理。

7.3.4 彩色涂层钢板饰面安装施工

①按照设计节点详图，检查墙筋的位置，计算板材及缝隙宽度，进行排板、划线定位，然后进行安装。

②在窗口和墙转角处应使用异型板，以简化施工，增加防水效果。

③墙板与墙筋用铁钉、螺钉及木卡条连接。其连接原则是：按节点连接做法沿一个方向顺序安装，安装方向相反则不易施工。如墙筋或墙板过长，可用切割机切割。

④尽管彩色涂层钢板在加工时其形状已考虑了防水性能，但若遇到材料弯曲、接缝处高低不平，其防水功能可能失去作用，在边角部位这种情况尤为明显，因此一些板缝填防水材料也是必要的。

7.3.5 彩色压型钢板饰面安装施工

①复合板安装是用吊挂件把板材挂在墙身骨架条上，再把吊挂件与骨架焊牢，小型板材也可用钩形螺栓固定。

②板与板之间的连接。水平缝为搭接缝，竖缝为企口缝，所有接缝处，除用超细玻璃棉塞严外，还用自攻螺丝钉钉牢固，钉距为200mm。

③门窗孔洞、管道穿墙及墙面端头处，墙板均为异型板。外墙顶部，门窗周围均设防雨泛水板，泛水板与墙板的接缝处用防水油膏嵌缝。压型板墙转角处均用槽形转角板进行外包角和内包角，转角板用螺栓固定。

④安装墙板可采用脚手架或利用檐口挑梁加设临时单轨，操作人员在吊篮上安装和焊接。板的起吊可在墙的顶部设滑轮，然后用小型卷扬机或人力吊装。

⑤墙板的安装顺序是从墙边部竖向第1排下部第1块板开始，自下而上安装。安装完第1排再安装第2排。每安装铺设10排墙板后，用吊线锤检查一次，以便及时消除误差。

⑥为了保证墙面的外观质量，须在螺栓位置画线，按线开孔，采用单面施工的钩形

螺栓固定，使螺栓的位置横平竖直。

⑦墙板的外、内包角及钢窗周围的泛水板，须在施工现场加工的异型件等，应参考图样，对安装好的墙面进行实测，确定其形状尺寸，使其加工准确，便于安装。

任务7.4 饰面装饰工程质量标准

工作任务

通过本任务的学习，了解饰面装饰工程施工规范、质量标准及检验方法等知识。

工作情景

建筑装饰施工“理实一体化”实训室或普通教室。采用“理实一体化”教学方法，通过现场讲解和实际工程质量分析，学习饰面装饰工程的质量标准及检验方法。

7.4.1 饰面质量验收标准

(1) 主控项目

①饰面板的品种、规格、颜色和性能应符合设计要求，木龙骨、木饰面板和塑料面板的燃烧性能等级应符合设计要求。所用骨架、配件、饰面板、填充材料及嵌缝材料的品种、规格、性能和木材的含水率、饰面板的颜色等应符合设计要求。有隔声、隔热、阻燃、防潮等特殊要求的工程，材料应有相应性能等级的检测报告。

②骨架必须与基体连接牢固，并应平整、垂直、位置正确。骨架间距和构造连接方法应符合设计要求。骨架内设备管线的安装、门窗洞口等部位加强龙骨应安装牢固、位置正确，填充材料的设置应符合设计要求。骨架隔墙的墙柱面板应安装牢固，无脱层、曲翘、折裂或缺损。

③饰面板安装工程的预埋件（或后置埋件）、连接件的数量、规格、位置、连接方法和防腐处理必须符合设计要求，后置埋件的现场拉拔强度必须符合设计要求。饰面板安装必须牢固。

④饰面板孔槽的数量、位置和尺寸应符合设计要求。所需预埋件、连接件的位置、

数量及连接方法应符合设计要求。

⑤贴板类墙柱面板材安装必须牢固。贴板类墙柱面板材所用接缝材料的品种及接缝方法符合设计要求。

（2）一般项目

①饰面板表面应平整、洁净、色泽一致，无裂纹和缺损。石材表面应无泛碱等污染。

②饰面板嵌缝应密实、平直，宽度和深度应符合设计要求，嵌填材料色泽应一致。

③采用湿作业法施工的饰面板工程，石材应进行防碱背涂处理。饰面板与基体之间的灌注材料应饱满、密实。

④饰面板上的孔洞、槽、盒位置正确、套割吻合，边缘应整齐。

⑤饰面板安装的允许偏差和检验方法应符合表7－1的规定。

表7－1 饰面板安装的允许偏差和检验方法

项次	项目	允许偏差/mm							检验方法
		石材			瓷板	木材	塑料	金属	
		光面	剁斧石	蘑菇石					
1	立面垂直度	2	3	3	2	1.5	2	2	用2m垂直检测尺检查
2	表面平整度	2	3	－	1.5	1	3	3	用2m靠尺和塞尺检查
3	阴阳角方正	2	4	4	2	1.5	3	3	用直角检测尺检查
4	接缝直线度	2	4	4	2	1	1	1	拉5m线，不足5m拉通线，用钢直尺检查
5	墙裙、勒脚上口直线度	2	3	3	2	2	2	2	拉5m线，不足5m拉通线，用钢直尺检查
6	接缝高低差	0.5	3	－	0.5	0.5	1	1	用钢直尺和塞尺检查
7	接缝宽度	1	2	2	1	1	1	1	用钢直尺检查

注：本表摘自《GB 50210—2001 建筑装饰装修工程质量验收规范》

7.4.2 饰面砖装饰工程质量

（1）主控项目

①饰面砖的品种、规格、图案、颜色和性能应符合设计要求。

②饰面砖粘贴工程的找平、防水、黏结和勾缝材料及施工方法应符合设计要求和国家现行产品标准和工程技术标准的规定。

③饰面砖粘贴必须牢固。

④满粘法施工的饰面砖工程应无空鼓、裂缝。

（2）一般项目

①饰面砖表面应平整、洁净、色泽一致，无裂纹和缺损。

②阴阳角处搭接方式、非整砖使用部位应符合设计要求。

③墙面凸出物周围的饰面砖应整砖套割吻合，边缘应整齐。墙裙、贴脸凸出墙面的厚度应一致。

④饰面砖接缝应平直、光滑，填嵌应连续、密实；宽度和深度应符合设计要求。

⑤有排水要求的部位应做滴水线（槽）。滴水线（槽）应顺直，流水坡向应正确，坡度应符合设计要求。

⑥饰面砖粘贴的允许偏差和检验方法应符合表7－2的规定。

表7－2　饰面砖粘贴的允许偏差和检验方法

项次	项目	允许偏差/mm		检验方法
1	立面垂直度	3	2	用2m垂直检测尺检查
2	表面平整度	4	3	用2m靠尺和塞尺检查
3	阴阳角方正	3	3	用直角检测尺检查
4	接缝直线度	3	2	拉5m线，不足5m拉通线，用钢尺检查
5	接缝高低差	1	0.5	用钢直尺和塞尺检查
6	接缝宽度	1	1	用钢直尺检查

注：本表摘自《GB 50210—2001 建筑装饰装修工程质量验收规范》

思考与练习

（1）简述木质护墙板的施工准备工作、材料要求及其安装施工工艺。

（2）简述金属饰面板铝合金墙板的施工工艺。

（3）简述金属饰面板彩色压型钢板的施工工艺。

（4）常用的饰面砖有哪些？

（5）简述金属饰面板的分类。

（6）彩色涂层钢板饰面安装应注意哪些问题？

（7）饰面砖镶贴前的基层处理应包括哪些内容？

项目8　涂料饰面工程施工

知识目标

（1）了解常用饰面工程涂料的基本类型。
（2）了解建筑涂料饰面工程施工质量验收要求。
（3）掌握涂饰工程的基本施工工艺及技术要求。

技能目标

（1）能够专业地介绍不同种类涂料饰面工程的特点、工艺和质量验收方法。
（2）熟悉涂料饰面装饰工程施工条件与方法。
（3）能进行常规的涂料饰面工程的施工。

任务8.1　涂饰工程施工基础技术

工作任务

通过本任务的学习，掌握涂饰工程施工基础技术要求，熟悉涂饰工程施工的基本方法。

工作情景

建筑装饰施工“理实一体化”实训室或普通教室。采用“理实一体化”教学方法，通过现场讲解，掌握涂饰工程的施工方法。

8.1.1 涂饰工程施工的基本要求

（1）涂料使用要求

应根据规定的施工方法选用符合设计要求的涂料品种，涂料在使用前及使用过程中要不断进行充分搅拌，以防止出现厚薄不匀、结块或饰面色泽差异；严格根据具体涂料产品种类的使用说明控制其黏稠度，不得任意稀释。

对于双组分或多组分的涂料产品，施涂之前应按使用说明规定的配合比分批混合，并在规定的时间内用完。

（2）基层要求

①基层平整度、含水率及 pH 应限制在涂料品种、涂料厚度及表面状态的允许范围之内。

②涂饰工程基层所用的腻子，应按基层、底涂料和面涂料的性能配套使用，其塑性和易涂性应满足施工的要求，干燥后应坚实牢固，不得粉化、起皮和出现裂纹。腻子干燥后，应打磨平整、光滑并清理干净。

③在涂饰基层上安装的金属件和钉件等，除不锈产品外均应进行防锈处理。

（3）施工环境要求

①施工环境气温一般要求为 10～35℃，最低温度不得低于 5℃；冬期在室内进行涂料施工时，应当采取保温和采暖措施，且室温要保持均匀。溶剂型涂料宜在 5～36℃气温条件下施工，不能采用现场烘烤饰面的加温方式促使涂膜表面干燥和固化。

②环境湿度一般为 60%～70%，如用氯乙烯－偏氯乙烯共聚乳液作为地面罩面涂布时，在湿度大于 85% 时就难以干燥。

③建筑涂料一般不宜在阳光直接照射及大风情况下进行施工，强烈日光照射及大风情况下会加速涂料中的溶剂或水分的挥（蒸）发，造成涂料的成膜不良而影响涂层质量。

8.1.2 涂饰工程基层清理方法和施工方法

（1）基层清理方法

基层清理工作是确保涂料、油漆涂刷质量的关键基础性工作，即采用手工、机械、化学及物理方法，清除被涂基层面上的灰尘、油渍、旧涂膜、锈迹等各种污染和疏松物质，或者改善基层原有的化学性质，以利于油漆涂层的附着效果和涂装质量。

手工清除主要包括铲除和刷涂，所用手工工具有铲刀、刮刀、打磨块及金属刷等；机械清除主要有动力钢丝刷清除、除锈枪清除、蒸汽清除，以及喷水或喷砂清除等；化学清除主要包括溶剂清除、油剂清除、碱溶液清除、酸洗清除及脱漆剂清除等，适用于对坚实基层表面的清除；高温清除也称为热清除，是指采用氧气、乙炔、煤气和汽油等为燃料的火焰清除，以及采用电阻丝作为热源的电热清除。其主要用于清除金属基层表面的锈蚀、氧化皮和木质基体表面上的旧涂膜。

（2）涂饰工程施工方法

①刷涂：刷涂施工主要是采用鬃刷或毛刷施涂，头遍横涂走刷要平直，有流坠马上刷开，回刷一次，蘸涂料要少，一刷一蘸，不宜蘸得太多，防止流淌，由上向下一刷紧挨一刷，不得留缝。第一遍干后刷第二遍，一般为竖涂。刷涂施工应注意：上遍涂层干燥以后，再进行下遍涂层，间隔时间依涂料性能而定；涂料挥发快的和流平性差的，不可过多重复回刷。注意每层厚薄一致；刷罩面层时，走刷速度要均匀，涂层要均匀；第一遍深层涂料稠度不宜过大，深层要薄，使基层快速吸收为佳。

②滚涂：滚涂施工应首先把涂料搅匀调至施工黏度，少量倒入平漆盘中摊开。用辊筒均匀地蘸涂料，并在底盘或辊网上滚动至均匀后再在墙面或其他被涂物上滚涂。滚涂施工应注意：接槎部位或滚涂达到一定段落时，应用空辊子滚压一遍，以保证滚涂饰面的均匀和完整，不留痕迹；光平面涂饰时，要求涂料流平性好，黏度可低些；立面滚涂时，要求用流平性小、黏度高的涂料，不要用力压滚，以保证厚薄均匀。不要在辊中的涂料全部挤出后才蘸料，应使辊内总保持一定数量的涂料。

③抹涂：其方法是底层涂料涂饰后 2h 左右即用不锈钢抹压工具涂抹，涂层厚度为 2～3mm；抹完后，间隔 1h 左右，用不锈钢抹子拍抹饰面压光，使涂料中的胶黏剂在表面形成一层光亮膜；涂层干燥时间一般为 48h 以上，期间未干应注意保护。抹涂施工应注意：涂抹层的厚度为 2～3mm；抹涂饰面涂料时，不得回收落地灰，不得反复抹压；工具和涂料应及时检查，如发现不干净或掺入杂物时应清除或不用。

④喷涂：采用喷涂方法施工时，喷枪移动的范围不能太大，一般直线喷涂 700～800mm 后下移折返喷涂下一行，一般选择横向或竖向往返喷涂。喷涂作业时手握喷枪要稳，涂料出口应与被涂面垂直。喷枪移动时应与被喷面保持平行，喷枪运行速度一般为 400～600mm/s。使用空气压缩机进行调节时，使其压力达到施工压力，施工喷涂压力一般为 0.4～0.8MPa。喷嘴与被涂面的距离一般控制在 400～600mm。将涂料调至施工所需稠度装入贮料罐或压力供料筒中，关闭所有开关。喷涂面的上下或左右搭接宽度

为喷涂宽度的1/2～1/3。喷涂时应先喷门、窗附近，涂层一般要求两遍成活（横一竖一）。喷枪喷不到的地方应用涂刷，排笔填补。

⑤油质涂料施工方法：刷、滚、喷、弹均可以采用，多以刷涂为主。刷涂的方法采用毛刷、排笔、鬃刷等工具进行操作，其方法见表8－1。

表8－1　刷涂油性涂料操作工序

工　序	操作方法
开　油	将刷子蘸上涂料，首先在被涂面上（木材面应顺木纤维方向）直刷几条，每条涂料的间距为50～60mm，把一定面积需要涂刷的涂料在表面上摊成几条
横油斜油	开油后，油刷不再蘸涂料，把开好的直条涂料，横向斜向刷涂均匀
竖　油	顺着木纹方向竖刷，以刷除接痕
理　油	待大面积刷匀刷齐后，将油刷上的剩余涂料在料油桶边上刮净，用油刷的毛尖轻轻地在涂料面上顺木纹理顺，并且刷均匀物面（构件）边缘和棱角的流漆

任务8.2　水性涂料涂饰工程施工

工作任务

通过本任务的学习，掌握水性涂料涂饰工程施工工艺与基本施工方法。

工作情景

建筑装饰施工“理实一体化”实训室或普通教室。采用“理实一体化”教学方法，通过现场讲解，掌握建筑内墙与外墙涂饰施工的施工工艺、方法等知识。

8.2.1　内墙面乳胶漆涂饰工程

（1）施工材料准备及作业要求

内墙面的涂料施工按材料可分为乳胶漆涂料、多彩花纹涂料、喷塑涂料、仿瓷涂料等。乳胶漆涂料施工是日常生活中常用的，性能较好。乳胶漆涂料施工中的材料包括乳胶漆、胶粘剂、清油、合成树脂溶液、聚醋酸乙烯乳液、白水泥、大白粉、石膏粉、滑石粉等。

施工现场温度宜为5～35℃，并应注意防尘，作业环境应通风良好，周围环境比较干燥。冬期涂料涂饰施工，应在采暖条件下进行，室内温度保持均衡，并不得突然变化。

（2）施工工艺及要点

工艺流程：基层处理—修补腻子—满刮腻子—涂刷第一遍乳胶漆—涂刷第二遍乳胶漆—涂刷第三遍乳胶漆—清扫。

①基层处理：将墙面上的灰渣、杂物、浮灰、尘土等清理干净。对于泛碱、析盐的基层应先用3%的草酸溶液清洗，然后用清水冲刷干净或在基层上满刷一遍耐碱底漆。

②修补腻子：用配好的石膏腻子，将墙面、窗口角等磕碰破损处，以及麻面、裂缝、接槎缝隙等分别找平补好，干燥后用砂纸将凸出处打磨平整。

③满刮腻子：一刮板接着一刮板的用橡胶刮板横向满刮，接头处不得留茬，每刮一刮板最后收头时，要收得干净利落。涂饰工程使用的腻子应坚实牢固，不得粉化、起皮和出现裂纹。厨房、厕所、浴室等部位应使用具有耐水性能的腻子。腻子配合比（质量比）为聚醋酸乙烯乳液∶滑石粉（或大白粉）∶水＝1∶5∶3.5。待满刮腻子干燥后，用砂纸将墙面上的腻子残渣、斑迹等打磨平整、光滑，然后将墙面清扫干净。

④涂刷第一遍乳胶漆：施涂前清理干净墙面粉尘。施涂墙面的顺序宜按先左后右、先上后下、先难后易、先边后面的顺序进行，不得乱涂刷，以防漏涂或涂刷过厚、涂刷不均匀等。一般用排笔涂刷时，使用新排笔注意将活动的笔毛清理掉。乳胶漆涂料使用前应搅拌均匀，根据基层及环境温度情况，可加10%水稀释，以防头遍涂料施涂不开。在涂刷涂料时，不得污染地面、踢脚线、窗台、阳台、门窗及玻璃等已完成的分部分项工程，必要时采取遮挡措施。干燥后复补腻子，待复补腻子干透后，用1#砂纸磨光并清扫干净。

⑤涂刷第二遍乳胶漆：操作要求同第一遍。乳胶漆的稠度要适中，排笔蘸涂料量要适宜，涂刷时要多理多顺，防止刷纹过大，使得刷纹明显。漆膜干燥后，用细砂纸将墙面小疙瘩和排笔毛打磨掉，磨光滑后用布擦干净。

⑥涂刷第三遍乳胶漆：由于乳胶漆膜干燥较快，应连续迅速操作，涂刷时从左端开始，逐渐涂刷向另一端，一定要注意上下顺刷互相衔接，后一排笔紧接前一排笔，避免出现接槎明显而再另行处理。因此，大面积涂刷时，应配足人员，互相衔接好。最后一遍涂料涂刷完后，设专人负责开关门窗使室内空气流通，以防漆膜干燥后表面无光或光泽不足。

⑦清扫：涂料未干透前，禁止打扫室内地面，严防灰尘等污染面层涂料。涂刷完的墙面要妥善保护，不得磕碰，不得在墙面上乱写乱画。

8.2.2　外墙氟碳涂料施工

（1）施工材料准备及作业要求

施工材料包括 E1622 弹性拉毛漆、柔性腻子、F200 封底漆、砂布、胶带、F231 中间漆、HF600AB 氟碳漆（HF800 精品氟碳漆）。

墙面基层处理完毕，并符合设计工艺要求，按抹灰面标准验收，满足喷涂条件，完成雨水管卡、设备洞口管道的安装，并将洞口四周用水泥砂浆抹平。双排架子或活动吊篮要符合国家安全规范要求，外架排木距墙面≥20cm。要求现场提供 380V，220V 电源。所有的成品门窗要提前保护。

（2）施工工艺及要点

施工工艺流程为：基层处理—刮腻子、打磨—弹线、分格、贴胶带—拉毛—封底漆—喷中间漆—刷面漆—局部修整。

①基层处理：基层处理应平整、光滑、无油污、无裂纹、无空洞、无砂眼、平整顺直。

②刮腻子、打磨：打磨批刮柔性腻子 1 ~ 2 遍，打磨后用毛刷清理。

③弹线、分格、贴胶带：按照设计方案在分色部位分格定位、弹线、粘贴胶带。

④拉毛：胶带粘贴完毕后，用专业毛辊在墙面上进行弹性拉毛，拉毛要做到纹路基本均匀、一致。

⑤封底漆：涂刷超强封底漆 F200 一道，要求涂刷均匀，无漏刷。

⑥喷中间漆：按设计要求涂刷弹性中间漆 F231，中间漆的涂刷应均匀，无透底现象。

⑦刷面漆：上道工序充分干燥后，在施工现场按配比配置氟碳漆 HF600/HF800。在规定时间内，用专用喷枪连续喷涂，并随时搅拌氟碳漆料，以保证涂层均匀一致，面漆的涂刷应平整、厚度均匀，无漏喷。

⑧局部修整：检查施工质量，对局部质量问题进行修补。

任务 8.3　溶剂型涂料涂饰工程施工

工作任务

通过本任务的学习，掌握常用溶剂型涂料涂饰工程施工工艺、材料与施工方法。

工作情景

建筑装饰施工“理实一体化”实训室或普通教室。采用“理实一体化”教学方法，通过现场讲解，掌握木质面、金属面等涂饰施工的施工工艺与方法。

8.3.1 油漆涂饰施工要点

（1）基层处理

基层处理的要求应符合前文中任务 8.1 的相关内容。

（2）腻子嵌批

嵌批的要点是实、平、光，即做到密实牢固、平整光洁，为涂饰质量打好基础。嵌批工序要在涂刷底漆并待其干燥后进行，以防止腻子中的漆料被基层过多吸收而影响腻子的附着性。为避免腻子出现开裂和脱落，要尽量降低腻子的收缩率，一次填刮不要过厚，最好不超过 0.5mm。批刮速度宜快，特别是对于快干腻子，不应过多地往返批刮，否则易出现卷皮脱落或将腻子中的漆料挤出封住表面而难以干燥。

（3）材质打磨

硬质涂料或含铅涂料一般需采用湿磨方法。如果湿磨易吸水且基层或环境湿度大，可用松香水与生亚麻油（3∶1）的混合物做润滑剂打磨。对于木质材料表面不易磨除的硬刺、木丝和木毛等，可采用稀释的虫胶漆［虫胶∶酒精 =1∶(7 ~9)］进行涂刷，待干后再行打磨；也可用湿布擦抹表面使木材毛刺吸水胀起，待干后再打磨。

（4）色漆调配

为满足设计要求，大部分成品色漆需进行现场混合调兑，但参与调配的色漆的漆基应相同或能够混溶，否则掺和后会引起色料上浮、沉淀或树脂分离与析出等。选定基本色漆后应先试配小样与样品色或标准色卡比照，尤须注意湿漆干燥后的色泽变化。调配浅色漆时若用催干剂，应在配兑之前加入。试配小样时须准确记录其色漆配比值，以备调配大样时参照。

（5）油漆黏稠度调配

桶装的成品油漆一般都较为稠厚，使用时需要酌情加入部分稀料（稀释剂）调节其黏稠度，以满足施工要求。常用的油基漆的各种底漆的平均稠度为 35 ~40s，一般情况下在此稠度范围内较适宜涂刷，油漆对毛刷的浮力与刷毛的弹力相接近。若刷毛软，还需降低稠度；当刷毛硬时则需提高稠度。常用喷涂的稠度一般为 25 ~30s，在此稠度范围内喷出油漆的速度快，覆盖力强，雾化程度好，中途干燥现象轻微。

（6）喷涂

①所用油漆品种应是干燥快的挥发性油漆，如硝基磁漆、过氯乙烯磁漆等。

②油漆喷涂的类别有空气喷涂、高压无气喷涂、热喷涂及静电喷涂等，在建筑工程中采用最多的是空气喷涂和高压无气喷涂。

③普通的空气喷涂喷枪种类繁多，一般有吸出式、对嘴式和流出式。高压无气喷涂利用0.4～0.6MPa 的压缩空气作动力，带动高压泵将油漆涂料吸入，加压到15MPa 左右通过特制喷嘴喷出，当加过高压的涂料喷至空气中时，即剧烈膨胀雾化成扇形气流冲向被涂物面，此设备可以喷涂高黏度油漆，效率高，成膜厚，遮盖率高，涂饰质量好。

8.3.2　木材面聚酯清漆涂饰施工工程

（1）施工材料准备及作业要求

施工材料有封闭底漆、聚酯清漆、腻子、稀释剂、砂蜡、光蜡等。施工时环境温度一般不低于10℃，相对湿度不宜大于60%。施工环境清洁、通风、无尘埃以免影响油漆质量。施工时应根据设计要求进行调色，确定色板并封样，应做好样板，经监理、建设单位及有关质量部门验收认定合格后，再进行大面积施工，并对操作人员进行安全技术交底。

（2）施工工艺及要点

木材面聚酯清漆施工工艺流程为：基层处理—刷封闭底漆—打磨第一遍—擦色—喷第一遍底漆—打磨第二遍—刮腻子—轻磨第一遍—喷第二遍底漆—轻磨第二遍—修色—喷第一遍面漆—打磨第三遍—喷第二遍面漆—擦砂蜡、上光蜡。

①基层处理：首先对基层表面进行仔细的检查，对缺棱掉角等基材缺陷应及时修整，其次用铲刀对基层表面上的灰尘、油污、斑点、胶渍等进行清理，然后用打磨器或用木擦板垫砂纸（120#）顺着木纹方向对基层表面进行来回打磨，先磨线角裁口，后磨四边平面，磨至平整光滑（不得将基层表面打透底），最后将基层表面粉尘清理干净。

②刷封闭底漆：涂刷前应进行器具清洁，将所用器具清洗干净，油刷需在稀释剂内浸泡清洗。新油刷使用前应将未粘牢的刷毛去除，并在120#砂纸上来回磨刷几下，以使端毛柔软适度。油漆涂刷一般先刷边框线角，后刷大面，按从上至下、从左至右、从复杂到简单的顺序，顺木纹方向进行，且需横平竖直、薄厚均匀、刷纹通顺、不流坠、无漏刷。线角及边框部分应多刷1～2 遍，每个涂刷面应一次性施工完成。

选用配套的封闭底漆，并按产品说明书和配比要求进行配兑，底漆的稠度应根据油漆涂料性能、涂饰工艺（手工刷或机械喷）、环境气候温度、基层状况等进行调配。环境温度低于15℃时应选用冬用稀释剂；25℃以上应选用夏用稀释剂；30℃以上时可适当添加“慢干水”等。

③打磨第一遍：打磨方法有手工打磨和机器打磨，前者用包砂纸的木擦板进行手工打磨，后者遇到面积较大的情况时，宜使用打磨器进行打磨作业 。

打磨必须在基层或涂膜干透后进行，以免磨料钻进基层或涂膜内，影响打磨的效果。对于涂膜坚硬不平或软硬相差较大时，必须选用磨料锋利并且坚硬的磨具打磨，避免越磨越不平。

打磨所用的砂纸应根据不同工序阶段、涂膜的软硬等具体情况正确选用砂纸的型号，见表8－2。

表8－2　砂纸型号的选用

打磨阶段	填补腻子层和白坯基层表面	封闭底漆满刮腻子	满刮腻子封闭底漆	面漆
砂纸型号	120～240#	240～400#	240～400#	600～800#

④擦色：调色分厂商调色和现场调色两类。厂商调色为事先按设计样板颜色要求，委托厂商调制成专门配套的着色剂和着色透明漆（或面漆）。对于厂商供应的成品着色剂或着色透明漆，应与样板进行比较，校对无误后方可使用；现场调色一般采用稀释剂与色精调配或透明底漆与色精配制调色，稀释剂应采用与聚酯漆配套的无苯稀释剂。

调色前应将调色用各种器具用清洗剂清洗干净，并在基层打磨清理后及时进行擦色，以免基层被污染。擦色时，先用蘸满着色剂的洁净细棉布对基层表面来回进行涂擦，面积范围约0.5m^2为一段，将所有的棕眼填平擦匀，各段要在4～5s内完成，以免时间过长着色剂干后出现接槎痕迹。然后用拧干的湿细棉（或麻丝）顺木纹方向用力来回擦，将多余的着色剂擦净，最后用净干布擦拭一遍。擦色后达到颜色均匀一致，无擦纹、无漏擦，并注意保护，防止污染。

⑤喷第一遍底漆：擦色后干燥2～4h即可喷第一遍底漆。喷涂前，应认真对喷涂机具进行清洗与检查调试，确保运行状况良好。喷涂底漆的调配方法应比刷涂底漆的配比多加入10%～15%的稀释剂进行稀释，使其黏度适应喷涂工艺要求。底漆的喷涂一般采用压枪法（也叫双重喷涂法）进行喷涂。压枪法是将后一枪喷涂的涂层，压住前一枪喷涂涂层的1/2，以使涂层厚薄一致，并且喷涂一次就可得到两次喷涂的厚度。采用压枪法喷涂的顺序和方法如下：

a. 先将喷涂面两侧边缘纵向喷涂一下，然后再沿喷涂线路，从喷涂面的上端左角向右水平横向喷涂，喷至右端头，然后从右向左水平横向喷涂，喷至左端头，如此循环反复喷至底部末端。

b. 第一喷路的喷束中心，必须对准喷涂面上端的边缘，以后各喷路间要相互重叠一半。即后一枪喷涂的涂层，压住前一枪喷涂涂层的 1/2，以使涂层厚薄一致。

c. 各喷路未喷涂前，应先将喷枪对准喷涂面侧缘的外部，缓慢移动喷枪，在接近侧缘前扣动扳机（即要在喷枪移动中扣动扳机）。在到达喷路末端后，不要立即放松扳机，要待喷枪移出喷涂面另一侧的边缘后，再放松扳机。

d. 喷枪应走成直线，不能呈弧形移动，喷嘴与被喷面垂直，否则就会形成中间厚、两边薄或一边厚一边薄的涂层。

e. 喷枪移动的速度应均匀平稳，一般控制在每分钟 10 ~ 12m，每次喷涂的长度以 1. 5m 为宜。喷到接头处要轻飘，以达到颜色深浅一致。

⑥打磨第二遍：底漆干燥 2 ~4h 后，用 240 ~400#砂纸进行打磨，磨至漆膜表面平整光滑为止。

⑦刮腻子

a. 腻子选用及调配：应按产品说明要求选用专门配套的透明腻子，如“特清透明腻子”或“特清透明色腻子”等（前者多用于大面积满刮腻子，后者多用于修补钉眼或需对基层表面进行擦色等）。透明色腻子有浅、中、深三种，修补钉眼或擦色时可根据基层表面颜色进行掺和调配。

b. 基层缺陷嵌补：刮腻子前应先将拼缝处及缺陷大的地方用较硬的腻子嵌补好，如钉眼、缝孔、节疤等缺陷的部位。嵌补腻子一般宜采用与基层表面相同颜色的色腻子，且需嵌牢嵌密实。腻子需嵌补得比基层表面略高一些，以免干后收缩。

c. 批刮腻子：批刮腻子的工艺可根据基层表面情况选择。对于基层表面平整光滑的木制品，一般无须满刮腻子，只需在有钉眼、缝孔、节疤等缺陷的部位上嵌补腻子即可；对于硬材类或棕眼较深的及不太平整光滑的木制品基层表面，需大面积满刮腻子。此时，一般常采用透明腻子满刮两遍。即第一遍腻子刮完后干燥 1 ~2h，用 240 ~400#砂纸打磨平整后再刮第二遍腻子。第二遍腻子打磨后应视其基层表面平整、光滑程度确定是否仍需批刮（或复补）第三遍腻子。

批刮腻子操作要点：批刮腻子要从上至下，从左至右，先平面后棱角，顺木纹批刮，从高处开始，一次刮下。手要用力向下按腻板，倾斜角度为 60° ~80°，用力要均匀，才能使腻子既饱满又结实。不必要的腻子要收刮干净，以免影响纹理清晰。

嵌补腻子操作要点：嵌补时要用力将腻子压进缺陷内，要填满、填实，但不可一次填得太厚，要分层嵌补，一般以 2 ~3 道为宜。分层嵌补时必须待上道腻子充分干燥，并经打磨后再进行下道腻子的嵌补。要将整个涂饰表面的大小缺陷都填到、填严，不得遗漏，边角不明显处要格外仔细，将棱角补齐。填补范围应尽量控制在缺陷处，并将四周的腻子收刮干净，减少刮痕。填刮腻子时不可往返次数太多，否则容易将腻子中的油分挤出表面，造成不干或慢干的现象，还容易产生腻子裂缝。嵌补时，对木材面上的翘花及松动部分要随即铲除再用腻子填平补齐。

⑧轻磨第一遍：腻子干燥 2 ~ 3h 后可用 240 ~ 400#水砂纸进行打磨，其打磨方法同前。

⑨喷第二遍底漆：打磨并擦干净后即可刷第二遍底漆。其涂刷方法同前。

⑩轻磨第二遍：底漆干燥 2 ~ 4h 后，用 400#水砂纸进行打磨，其打磨方法同前。

⑪修色

a. 色差检查：打磨前应仔细检查表面是否存在明显色差，对腻子疤、钉眼及板材间等色差处进行修色或擦色处理。

b. 修色剂调配：修色剂应按样板色样采用专门配套的着色剂或用色精与稀释剂调配等方法进行调配。着色剂一般需多遍调配才可达到要求，调配时应确定着色剂的深浅程度，并将试涂小样颜色效果与样板或涂饰物表面颜色进行对比，直至调配出比样板颜色或涂饰物表面颜色略浅一些的修色剂。

c. 修色方法：用毛笔蘸着色剂对腻子疤、钉眼等进行修色，或用干净棉布蘸着色剂对表面色差明显的地方擦色。最后将色深的修浅，色浅的修深，将深浅色差拼成一色，并绘出木纹。修好的颜色必须与原来的颜色一致，且要自然、无修色痕迹。

⑫喷第一遍面漆：修色干燥 1 ~ 3h 并经打磨后即可喷面漆。喷面漆前，面漆、固化剂、稀释剂应按产品说明要求的配比混合拌匀，喷涂方法同前。

⑬打磨第三遍：面漆干燥 2 ~ 4h 后，用 800#水砂纸进行打磨，但应注意漆膜表面应磨得非常平滑。打磨前应仔细检查，若发现局部尚需找补修色的地方，需进行找补修色。

⑭喷第二遍面漆：方法同喷第一遍面漆。

⑮擦砂蜡、上光蜡：面漆干燥 8h 后即可擦砂蜡。擦砂蜡时先将砂蜡捻细浸在煤油内，使其成糊状。然后，用棉布蘸砂蜡顺木纹方向用力来回擦。擦涂的面积由小到大，当表面出现光泽后，用干净棉布将表面残余砂蜡擦净。最后上光蜡，用清洁的棉纱布擦至漆面光亮。

8.3.3 金属面施涂混色油漆施工工程

（1）施工材料准备及作业要求

金属面施涂混色油漆施工材料包括调和漆、清漆、醇酸清漆、醇酸磁漆、金属漆、硝基磁漆（带配套底漆）、防锈漆等。

施工现场保证干净、无尘，以免影响油漆施工质量。

（2）施工工艺及要点

工艺流程为：基层处理—修补防锈漆—修补腻子—刮腻子—磨砂纸—刷第一遍油漆（刷铅油—抹腻子—磨砂纸—装玻璃）—刷第二遍油漆（刷铅油—擦玻璃、磨砂纸）—磨最后一遍砂纸—刷最后一遍油漆。

①基层处理：施工前，对金属表面进行妥善的处理，包括除油脂、污垢、锈蚀，最重要的是清除表面氧化皮。清除表面氧化皮的常用方法有机械和手工清除、火焰清除和喷砂清除。根据不同基层要彻底除锈、满刷1~2遍防锈漆。

②修补防锈漆：对安装过程的焊点和防锈漆磨损处要进行焊渣清除，有锈时要除锈，补1~2道防锈漆。

③修补腻子：将金属表面的砂眼、凹坑、缺棱拼缝等处找补腻子，做到基本平整。

④刮腻子：用开刀或胶皮刮板满刮一遍石膏或原子灰腻子，要刮得薄，收得干净，均匀平整，无飞刺。

⑤磨砂纸：用1#砂纸轻轻打磨，将多余腻子打掉，并清理干净灰尘。注意保护棱角，达到表面平整光滑，线角平直，整齐一致。

⑥刷第一遍油漆：要厚薄均匀，线角处要薄一些，但要盖底，不出现流淌，不显刷痕。

⑦刷第二遍油漆：方法同刷第一道油漆，但要增加油漆的总厚度。

⑧磨最后一遍砂纸：用1#或旧砂纸打磨，注意保护棱角，达到表面平整光滑，线脚平直，整齐一致。由于是最后一道，砂纸要轻磨，磨完后用湿抹布打扫干净。

⑨刷最后一遍油漆：要求刷油饱满，不流、不坠，光亮均匀，色泽一致，如有毛病要及时修整。

8.3.4 仿天然石涂料施工工程

（1）施工材料准备

①涂料：光油、清油、桐油、各色油性调和漆（酯胶调和漆、酚醛调和漆、醇酸调和漆）或各色水溶性涂料。

②稀释剂：汽油、煤油、松香水、酒精、醇酸稀料等与油漆相应配套的稀料。

③填充料：大白粉、滑石粉、石膏粉、双飞粉（麻斯面）、地板黄、红土子、黑烟子、立德粉、羧甲基纤维素、聚醋酸乙烯乳液等。

④各色颜料：应耐碱、耐光。

（2）仿天然石涂料施工要点

①涂底漆：底漆涂料用量每遍 0.3kg/m^2以上，均匀刷纹或用尼龙手辊滚涂，直到无渗色现象为止。

②放样弹线，粘贴线条胶带：为仿天然石材效果，一般设计均有分块、分格要求。施工时弹线粘贴线条胶带，先贴竖直方向，后贴水平方向，在接头处可临时钉上铁钉，便于施涂后找出胶带端头。

③喷涂中层：施工采用喷枪喷涂，空气压力为 6 ~ 8kg/m^2，涂层厚度为 2 ~ 3mm，涂料用量为 4 ~ 5kg/m^2，喷涂面应与事先选定的样片外观效果相符合。喷涂硬化 24h 后方可进行下道工序。

④揭除分格线胶带：揭除时不得损伤涂膜切角。应将胶带向上拉，而不是垂直于墙面牵拉。

⑤喷制及镶贴石头漆片：此做法仅用于室内饰面，一般是对于饰面要求颜色复杂，造型处理图案多变的现场情况。可预先在板片或贴纸类材料上喷成石头漆片，待涂膜硬化后，即可用强力胶黏剂将其镶贴于既定位置以达到富有立体感的装饰效果。漆片分硬版与软版两种，硬版用于平面镶贴，软版用于曲面或转角处。

⑥喷涂罩面屋：局部粘贴石头漆片胶结牢固后，即全面喷涂罩面涂料。其配套面漆一般为透明搪磁漆，罩面喷涂用量应在 0.3kg/m^2以上。

思考与练习

（1）涂饰工程在施工中需要哪些环境条件？

（2）涂饰工程施工对基层处理有哪些一般要求？处理的方法有哪些？

（3）简述油漆涂饰的施工工艺。

（4）简述建筑涂料喷涂、滚涂、刷涂的施工工艺。

（5）简述木材面聚酯清漆涂饰施工工艺要点。

（6）简述内墙面乳胶漆涂料施工工艺流程。

（7）简述金属面施涂混色油漆施工工艺流程。

（8）简述仿天然石涂料施工要点。

项目9　裱糊饰面工程施工

知识目标

（1）了解裱糊饰面工程的主要材料。

（2）了解裱糊工程的作业条件、机具。

（3）了解软包装饰工程的主要材料。

（4）掌握裱糊工程与软包装饰工程的施工工艺与技术要求。

（5）了解裱糊与软包装饰工程的质量检测标准。

技能目标

（1）能够专业地介绍不同裱糊饰面工程的材料及工艺特点和质量验收标准。

（2）熟悉裱糊饰面工程施工用的各种工具，掌握其操作方法。

（3）能进行常规的壁纸、墙布、软包施工操作。

任务9.1　裱糊工程的主要材料

工作任务

通过本任务的学习，了解裱糊工程的基本知识，掌握裱糊工程的主材料，熟悉壁纸及胶黏剂的类型、作用。

工作情景

建筑装饰施工“理实一体化”实训室或普通教室。采用“理实一体化”教学方法，通过现场讲解，施工现场观摩、考察，掌握裱糊工程的材料及胶黏剂等基础知识。

9.1.1 裱糊工程施工材料

裱糊工程在我国有着悠久的历史。它是指采用壁纸、墙布等软质卷材裱贴于室内墙、柱、顶面及各种装饰造型构件表面的装饰工程。壁纸、墙布色泽和凹凸图案效果丰富，装饰效果好；选用相应品种或采取适当的构造做法后还可以使之具有一定的吸声、隔声、保温及防菌等功能；施工和维护更新也较为方便简易，因此广泛使用于宾馆、酒店的标准房间及各种会议、展览与洽谈空间以及居民住宅卧室等，属于中高档建筑装饰。裱糊工程的主要材料包括饰面的各种壁纸、墙布以及起黏结作用的各类胶黏剂等。

9.1.2 壁纸、墙布

壁纸和墙布的种类很多，分类方式也多种多样，按外观装饰效果分，有印花壁纸、压花壁纸、浮雕壁纸等；按施工方法分，有现场刷胶裱糊壁纸、背面预涂压敏胶直接铺贴壁纸。在习惯上一般将壁纸分为普通壁纸、发泡壁纸和特种壁纸三类，常用壁纸的品种、特点及适用范围见表 9－1。

壁纸、墙布性能的国际通用标志，如图 9－1 所示。

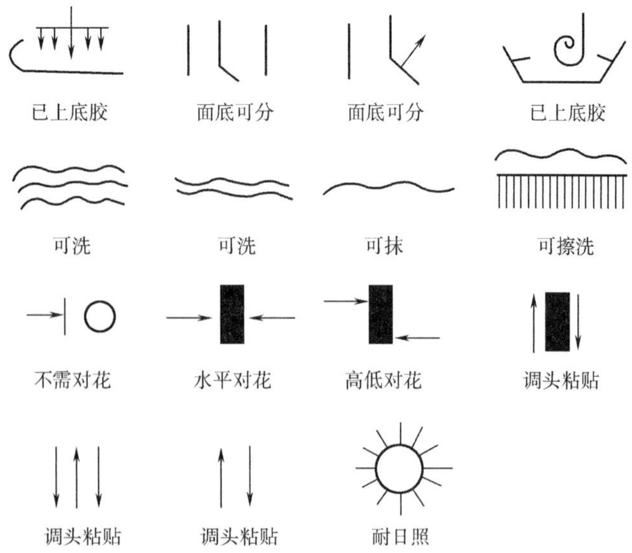

图 9－1 壁纸墙布性能的国际通用标志

表9－1　常用壁纸的品种、特点及适用范围

类别		说明	特点	适用范围
普通壁纸	单色压花壁纸	纸面纸基壁纸，有大理石、各种木纹及其他印花等图案	花色品种多，适用面广、价格低，可制成仿丝绸、织锦等图案	居住和公共建筑内墙面卫生间浴室等墙面
	印花壁纸		可制成各种色彩图案，并可压出立体感的凹凸花纹	
	耐水壁纸	用玻璃纤维毡作基材	具有一定的防水功能	卫生间浴室等墙面
	防火壁纸	选用100～200g/m^2的石棉纸作基材，并在PVC涂塑材料中掺有阻燃剂	具有一定的阻燃防火性能	防火要求高的室内界面
	彩色砂粒壁纸	在基材表面上撒布彩色砂粒，再喷涂胶黏剂，使表面具有砂粒毛面	具有一定的质感，装饰效果好	一般室内局部装饰
聚氯乙烯壁纸（PVC塑料壁纸）		以纸或布为基材，PVC树脂为涂层，经复印印花、压花、发泡等工序制成	具有花色品种多样，耐磨、耐折、耐擦洗，可选性强等特点，是目前产量最大、应用最广泛的一种壁纸。经过改进的、能够生物降解的PVC环保壁纸，无毒、无味、无公害	各种建筑物的内墙面及顶棚
织物复合壁纸		将丝、棉、毛、麻等天然纤维复合于纸基上制成	具有色彩柔和、透气、调湿、吸声、无毒、无味等特点；金属箔非常薄，很容易折坏，基层必须非常平整洁净，应选用配套胶粉裱糊	公共建筑的内墙面、柱面及局部点缀
复合纸质壁纸		将双层纸（表纸和底纸）施胶、层压，复合在一起，再经印刷、压花、表面涂胶制成	具有质感好、透气、价格较便宜等特点	各种建筑物的内墙面

壁纸、墙布的一般规格尺寸，可参见表9－2。根据国家标准《QB/T 3805—1999 聚氯乙烯壁纸》中的规定，每卷壁纸的长度为10m的，每卷为1段；每卷壁纸的长度为50m的，每卷的段数及每段长度应符合表9－3中的要求。

表 9－2 常用壁纸、墙布的规格尺寸

品种	规格尺寸			备注
	宽度/mm	长度/m	厚度/mm	
聚氯乙烯壁纸	530（±5） 900～1000（±10）	10（±0.05） 50（±0.50）	—	QB/T 3805—1999
纸基涂塑壁纸	530	10	0.15（±0.015）	天津新型建材二厂产品
纺织纤维墙布	500，1000	按用户要求	0.15～0.18	西安市建材厂产品
玻璃纤维墙布	910（±1.5）	50	0.12～0.18	统一企业标准 CW150
装饰墙布	820～840			天津第十六塑料厂产品
无纺贴墙布	850～900			上海无纺布厂产品

表 9－3 50m/卷壁纸的每卷段数及段长

级别	每卷段数	每小段长度
优等品	≤2 段	≥10m
一等品	≤3 段	≥3m
合格品	≤6 段	≥3m

塑料壁纸的外观质量要求应符合表 9－4 中的规定；塑料壁纸的物理性能应符合表 9－5中的规定。

表 9－4 塑料壁纸的外观质量

缺陷名称	等级指标		
	优等品	一等品	合格品
色差	不允许有	不允许有	允许有差异，但不影响使用
伤痕和皱折	不允许有	不允许有	允许基纸有明显折痕，但壁纸表面不许有死折
气泡	不允许有	偏差≤1mm	不允许有影响外观的气泡
套印精度偏差	偏差≤0.7mm	不允许有	偏差≤2mm
露底	不允许有	不允许有	允许有 2mm 的露底，但不允许密集
漏印	不允许有	不允许有	不允许有影响外观的漏印
污染点	不允许有	不允许有目视明显的污染点	允许有目视明显的污染点，但不允许密集

表9－5　塑料壁纸的物理性能

项目			等级指标		
			优等品	一等品	合格品
褪色性（级）			>4	≥4	≥3
耐磨擦色牢度试验（级）	干磨擦色	纵向 横向	>4	≥4	≥3
	湿磨擦色	纵向 横向	>4	≥4	≥3
遮蔽性（级）			4	≥3	≥3
湿润拉伸负荷 N/15mm		纵向 横向	>2.0	≥2.0	≥2.0
胶黏剂可拭性		横向	20次无外观上的损伤和变化	20次无外观上的损伤和变化	20次无外观上的损伤和变化

注：可拭性是指施工操作中粘贴塑料壁纸的胶黏剂附在壁纸的正面，在其未干时，应可用湿布或海绵拭去，而不留下明显痕迹。

9.1.3　胶黏剂

裱糊工程常用的胶黏剂包括聚乙烯醇缩甲醛胶（108胶）、801胶、聚醋酸乙烯胶黏剂（白乳胶）、SG8104胶、粉末壁纸胶等。裱糊工程常用胶黏剂的性能特点和用途见表9－6，裱糊工程常用胶黏剂可现场调制，配方见表9－7。

表9－6　裱糊工程常用胶粘剂的性能特点及用途

胶的品种	主要性能特点	用途
108胶	以聚乙烯醇与甲醛在酸性介质中进行缩合反应而得的一种透明水溶性胶体，其无臭、无毒、无味，具有良好的黏结性能	（1）可作为塑料壁纸、玻璃纤维粘贴墙布与墙面的胶黏剂 （2）在水泥砂浆中加入适量的108胶及少量的颜料和添加剂，可涂刷、喷涂、滚涂于墙面，在喷罩甲基硅酸钠憎水剂，形成外墙饰面层 （3）可作室内涂料的胶料，也可作室内地面涂层的胶料

续表

胶的品种		主要性能特点	用途
801 胶		由聚乙烯醇与甲醛在酸性介质中进行缩聚反应后再经氨基化而成。无毒、无味、不燃、无刺激性气味，耐磨性、剥离强度等性能优于 108 胶	可以用于墙布、墙纸、瓷砖及水泥制品等的粘贴，也可以当作地面、内外墙涂料的基料
白乳胶		由醋酸与乙烯合成醋酸乙烯，再经乳液聚合而成。其黏结强度较高、耐久性强、抗老化，可常温固化，固化快，配制使用方便	广泛地用于黏结纸质品（墙纸），还可以作为水泥的增强剂，或作为防水涂料、木材的胶黏剂
SG8104 胶		一种白色的胶液，其具有无臭、无毒的性能，耐水、防潮性好，对温度、湿度变化适应性强，适合于顶棚黏结，涂刷方便，用量省，黏结力强	适用于水泥砂浆、混凝土、水泥石棉板、石膏板、胶合板等墙面的粘贴，特别适用于纸基塑料壁纸的粘贴
粉末壁纸胶	BJ8504 胶	粘贴壁纸不剥离落，边角不翘起，黏结力很强，黏结速度很快。其防潮性能好，以在室温及湿度为 85% 的情况下，3 个月不翘边、不鼓泡	BJ8504 粉末壁纸胶特别适用纸基塑料壁纸的粘贴
	BJ8505 胶	其初始黏结力优于 108 胶、BJ8504 胶，在刮腻子砂浆面的干燥时间为 3h，在油漆和桐油面上的干燥时间为 2d	BJ8505 粉末壁纸胶特别适用于纸基塑料壁纸的粘贴，除了可以用于水泥抹灰、石膏板、木板等墙面外，还可以用于油漆及刷底油的墙面

表 9－7　裱糊工程常用胶黏剂现场调制配方

材料组成	配合比（重量比）	适用壁纸墙布	备注
白乳胶∶2.5% 羧甲基纤维素∶水	5∶4∶1	无纺墙布或 PVC 壁纸	配比可经试验调整
白乳胶∶2.5% 羧甲基纤维素溶液	6∶4	玻璃纤维墙布	基层颜色较深时可掺入 10% 白色乳胶漆
SJ－801 胶∶淀粉糊	1∶0.2		
面粉（淀粉）∶明矾∶水	1∶0.1∶适量	普通壁纸 复合纸基壁纸	调配后煮成糊状
面粉（淀粉）∶酚醛∶水	1∶0.002∶适量		
面粉（淀粉）∶酚醛∶水	1∶0.002∶适量		
成品裱糊胶粉或化学糨糊	加水适量	墙毡、锦缎	胶粉按使用说明

注：根据目前的裱糊工程实践，宜采用与壁纸墙布产品相配套的裱糊胶黏剂，或采用裱糊材料生产厂家指定的胶黏剂品种，尤其是金属壁纸等特殊品种的壁纸墙布裱糊，应采用专用壁纸胶粉。此外，胶黏剂在使用时，应按规范规定先涂刷基层封闭底胶。

任务9.2　裱糊饰面工程的施工

工作任务

通过本任务的学习，了解裱糊工程的作业条件，熟悉裱糊工程作业的常用机具，掌握裱糊饰面工程的施工工艺。

工作情景

建筑装饰施工“理实一体化”实训室或普通教室。采用“理实一体化”教学方法，通过现场讲解，施工现场观摩、考察，掌握裱糊饰面工程的施工工艺。

9.2.1　裱糊工程的作业条件

（1）施工基层条件

根据国家标准《GB 50210—2001　建筑装饰装修工程质量验收规范》及《GB 50327—2001　住宅装饰装修工程施工规范》等的规定，在裱糊之前，基层处理质量应达到下列要求：

①新建筑物的混凝土或水泥砂浆抹灰层在刮腻子前，应先涂刷一道抗碱底漆。

②旧基层在裱糊前，应清除疏松的旧装饰层，并涂刷界面剂，以利于黏结牢固。

③混凝土或抹灰基层的含水率不得大于8%，木材基层的含水率不得大于12%。

④基层的表面应坚实、平整，不得有粉化、起皮、裂缝和凸出物，色泽应基本一致。有防潮要求的基体和基层，应事先进行防潮处理。

⑤基层批刮腻子应平整、坚实、牢固，无粉化、起皮和裂缝；腻子的黏结强度应符合《JG/T 298—2010 建筑室内用腻子》中N型腻子的规定。

⑥裱糊基层的表面平整度、立面垂直度及阴阳角方正，应符合《GB 50210—2001 建筑装饰装修工程质量验收规范》中对于高级抹灰的要求。

⑦裱糊前，应用封闭底胶涂刷基层。

（2）施工环境条件

①环境温度 <5℃、湿度 >85% 及风雨天时均不得施工。

②新抹水泥石灰膏砂浆基层常温龄期至少需 10d 以上（冬期需 20d 以上），普通混凝土基层至少需 28d 以上才可粘贴壁纸。

③混凝土及抹灰基层的含水率 >8%，木基层的含水率 >12% 时，不得进行粘贴壁纸的施工。

④湿度较大的房间和经常潮湿的墙体表面使用壁纸及胶粘剂时，应采用防水性能优良者。

9.2.2 裱糊工程作业常用机具

（1）剪裁工具

①剪刀：对于较重型的壁纸或纤维墙布，宜采用长刃剪刀。剪裁时先依直尺用剪刀背划出印痕，再沿印痕将壁纸或墙布剪断。

②裁刀：裱糊材料较多采用活动裁纸刀，即普通多用刀。另外，裁刀还有轮刀，分为齿形轮刀和刃形轮刀两种。齿形轮刀能在壁纸上需要裁割的部位压出连串小孔，能够沿孔线将壁纸很容易地整齐扯开；刃形轮刀通过对壁纸的滚压而直接将其切断，适宜用于质地较脆的壁纸和墙布的裁割。

（2）刮涂工具

①刮板：刮板主要用于刮抹基层腻子及刮压平整裱糊操作中的壁纸墙布，可用薄钢片、塑料板或防火胶板自制，要求有较好的弹性且不能有尖锐的刃角，以利于抹压操作，但不至于损伤壁纸墙布表面。

②油灰铲刀：油灰铲刀主要用于修补基层表面的裂缝、孔洞及剥除旧裱糊面上的壁纸残留，如油漆涂料工程中的嵌批铲刀。

（3）刷具

用于涂刷裱糊胶黏剂的刷具，其刷毛可以是天然纤维或合成纤维，宽度一般为15～20mm；此外，涂刷胶黏剂较适宜的是排笔。

（4）滚压工具

滚压工具主要是指辊筒，其在裱糊工艺中有三种作用：一是使用绒毛辊筒以滚涂胶黏剂、底胶或壁纸保护剂；二是采用橡胶辊筒以滚压铺平、粘实、贴牢壁纸墙布；三是使用小型橡胶轧辊或木制轧辊，通过滚压而迅速压平壁纸墙布的接缝和边缘部位，滚压时在胶黏剂干燥前做短距离快速滚压，特别适用于重型壁纸墙布的拼缝压平与贴严。

（5）其他工具及设备

其他工具及设备包括裁纸案台、钢卷尺、水平尺、普通剪刀、粉线包、软布、毛巾、排笔及板刷等。

9.2.3　裱糊饰面工程施工工艺

裱糊工程施工工艺流程为：基层处理—基层弹线—壁纸、墙布处理—涂刷胶黏剂—裱糊—细部处理。

（1）基层处理

裱糊之前，应进行基层处理，应用封闭底胶涂刷基层，基层处理质量要求如下：

①新建筑物的混凝土或水泥砂浆抹灰层在刮腻子前，应先涂刷一道抗碱底漆。

②旧基层在裱糊前，应清除疏松的旧装饰层，并涂刷界面剂，以利于黏结牢固。

③混凝土或抹灰基层的含水率不得大于8%，木材基层的含水率不得大于12%。

④基层的表面应坚实、平整，不得有粉化、起皮、裂缝和凸出物，色泽应基本一致。有防潮要求的基体和基层，应事先进行防潮处理。

⑤基层批刮腻子应平整、坚实、牢固，无粉化、起皮和裂缝；腻子的黏结强度应符合《JG/T 298—2010　建筑室内用腻子》的规定。

⑥裱糊基层的表面平整度、立面垂直度及阴阳角方正，应符合《GB 50210—2001　建筑装饰装修工程质量验收规范》中对于高级抹灰的要求。

为达到上述规范规定的裱糊基层质量要求，在基层处理时，应清理基层上的灰尘、油污、疏松物和黏附物；安装于基层上的各种控制开关、插座、电气盒等凸出的设置，应先卸下扣盖等影响裱糊施工的部分。根据基层的实际情况，对基层进行有效嵌补，采取腻子批刮并在每遍腻子干燥后均用砂纸磨平。基层处理经工序检验合格后，即采用喷涂或刷涂的方法施涂封底涂料或底胶，做基层封闭处理一般不少于两遍。封底涂刷不宜过厚，并要均匀一致。

（2）基层弹线

为了使裱糊饰面横平竖直、图案端正、装饰美观，每个墙面第一幅壁纸墙布都要挂垂线找直，作为裱糊施工的基准标志线，自第二幅开始，可先上端后下端对缝依次裱糊，以保证裱糊饰面分幅一致，并防止累积歪斜。对于图案形式鲜明的壁纸墙布，为保证做到整体墙面图案对称，应在窗口横向中心部位弹好中心线，由中心线再向两边弹分格线；如果窗口不在中间位置，为保证窗间墙的阳角处图案对称，可在窗间墙弹中心线，然后由此中心线向两侧分幅弹线。对于无窗口的墙面，可以选择一个距离窗口墙面较近的阴角，在距壁纸墙布幅宽50mm处弹垂线。

对于壁纸墙布裱糊墙面的顶部边缘，如果墙面有挂镜线或顶棚阴角装饰线，即以此类线脚的下缘水平线为准，作为裱糊饰面上部的收口；如无此类顶部收口装饰，则应弹出水平线以控制壁纸墙布饰面的水平度。

（3）壁纸、墙布处理

①裁割下料：根据设计要求按照图案花色进行预拼，然后裁纸，裁纸长度应比实际尺寸长20～30mm。裁纸下刀前，要认真复核尺寸有无出入，尺子压紧壁纸后不得再移动，刀刃贴紧尺边，一气呵成，中间不得停顿或变换持刀角度，手劲要均匀。

②浸水润纸：这是针对纸胎的塑料壁纸的施工工序，传统称为闷水，即将要裱糊的壁纸事先湿润。对于玻璃纤维基材及无纺贴墙布类材料，遇水后无伸缩变形，因此不需要进行湿润；而复合纸质壁纸则严禁进行闷水处理。

对于聚氯乙烯塑料壁纸，遇水或胶液浸湿后即膨胀，需5～10min才能胀足，干燥后又自行收缩，掌握和利用这一特性是保证塑料壁纸裱糊质量的重要环节；对于金属壁纸，在裱糊前也需要进行适当的润纸处理，但闷水时间应当短些，即将其浸入水槽中1～2min取出，抖掉多余的水，再静置5～8min，然后再进行裱糊操作；对于湿强度较差的复合纸基壁纸，严禁进行裱糊前的浸湿处理。为达到软化此类壁纸以利于裱糊的目的，可在壁纸背面均匀涂刷胶黏剂，然后将其胶面自然对折静置5～8min，即可上墙裱糊；对于带背胶的壁纸，应在水槽中浸泡数分钟后取出，并由底部开始图案朝外卷成一卷，待静置1min后，便可进行裱糊；对于纺织纤维壁纸，不能在水中浸泡，可先用洁净的湿布在其背面稍做擦拭，然后即可进行裱糊操作。

（4）涂刷胶黏剂

壁纸、墙布裱糊胶黏剂的涂刷，应当做到薄而均匀，不得漏刷；墙面阴角部位应增刷胶黏剂1～2遍。对于自带背胶的壁纸，则无须再涂刷胶黏剂。

对于聚氯乙烯塑料壁纸用于墙面裱糊时，其背面可以不涂胶黏剂，只在被裱糊基层上施涂胶黏剂。当塑料壁纸裱糊于顶棚时，基层和壁纸背面均应涂刷胶黏剂；对于纺织纤维壁纸、化纤贴墙布等品种，为了增强其裱贴黏结能力，材料背面及装饰基层表面均应涂刷胶黏剂。复合纸基壁纸采用于纸背涂胶进行静置软化后，裱糊时其基层也应涂刷胶黏剂；对于玻璃纤维墙布和无纺贴墙布，要求选用黏结强度较高的胶黏剂，只需将胶黏剂涂刷于裱贴面基层上，而不同时在布的背面涂胶；对于金属壁纸，由于其质脆而薄，在其纸背涂刷胶黏剂之前，应准备一卷未开封的发泡壁纸或一个长度大于金属壁纸宽度的圆筒，然后一边在已经浸水后阴干的金属壁纸背面刷胶，一边将刷过胶的部分向上卷在发泡壁纸卷或圆筒上。

锦缎涂刷胶黏剂时，由于材质过于柔软，传统的做法是先在其背面衬糊一层宣纸，使其略挺韧平整，而后在基层上涂刷胶黏剂进行裱糊。

（5）裱糊

裱糊的基本顺序为：先垂直面，后水平面；先细部，后大面；先保证垂直，后对花拼缝；垂直面先上后下，先长墙面，后短墙面；水平面是先高后低。裱糊饰面的大面，尤其是装饰的显著部位，应尽可能采用整幅壁纸墙布，不足整幅者应裱贴在光线较暗或不明显处。与顶棚阴角线、挂镜线、门窗装饰包框等线脚或装饰构件交接处，均应衔接紧密，不得出现亏纸而留下残余缝隙。

根据分幅弹线和壁纸墙布的裱糊顺序编号，从距离窗口处较近的一个阴角部位开始，依次到另一个阴角收口，如此顺序裱糊，其优点是不会在接缝处出现阴影而方便操作。

对于无图案的壁纸墙布，接缝处可采用搭接法裱糊；对于有图案的壁纸墙布，为确保图案的完整性及其整体的连续性，裱糊时可采用拼接法。先对花，后拼缝，从上至下图案吻合后，用刮板斜向刮平，将拼缝处赶压密实；拼缝处挤出的胶液，及时用洁净的湿毛巾或海绵擦除。

（6）细部处理

裱糊工程细部处理主要指的是阴阳角处理和墙面凸出物部分处理。

对于阴阳角的处理：为了防止在使用时由于被碰、划而造成壁纸墙布开胶，裱糊时不可在阳角处甩缝，应包过阳角不小于20mm，如图9－2（a）所示。阴角处搭接时，应先裱糊压在里面的壁纸或墙布，再裱贴搭在上面者，一般搭接宽度为20～30mm；搭接宽度尺寸不宜过大，否则其褶痕过宽会影响饰面美观，如图9－2（b）所示。主要装饰面造型部位的阳角采用搭接时，应考虑采取其他包角、封口形式的配合装饰措施，由设计确定。

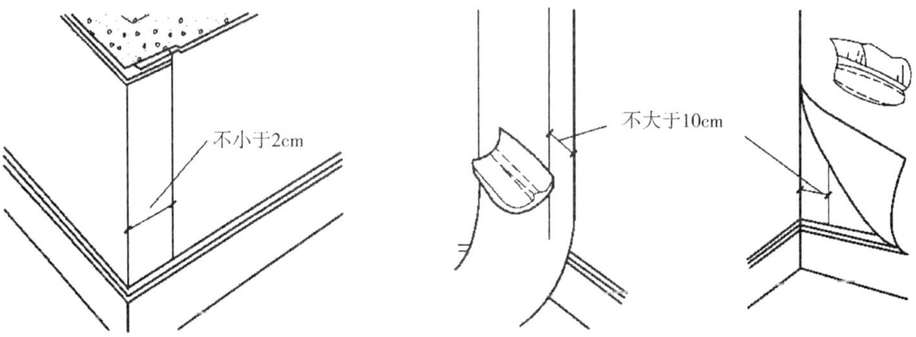

(a)　　(b)

图9－2　阴阳角处理

（a）阳角贴法　（b）阴角贴法

对于墙面凸出物部分处的处理：遇有基层卸不下的设备或附件，裱糊时可在壁纸墙布上剪口。方法是将壁纸或墙布轻糊于裱贴面凸出物件上，找到中心点，从中心点往外呈放射状剪裁，如图 9－3 所示，再使壁纸墙布舒平，用笔描出物件的外轮廓线，轻手拉起多余的壁纸墙布，剪去不需要的部分，如此沿轮廓线套割贴严，不留缝。

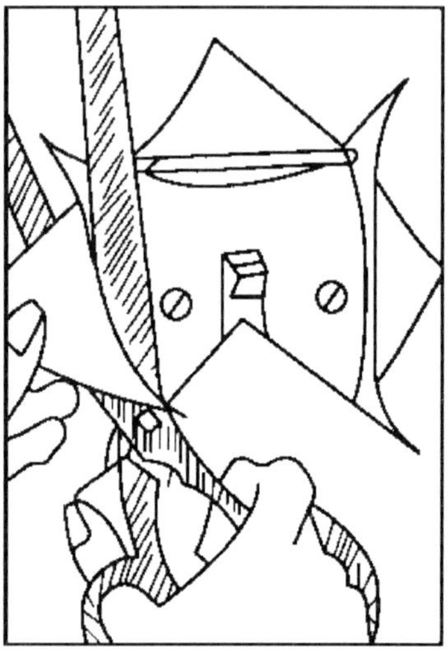

图 9－3　墙面凸出物部分处理

任务 9.3　软包装饰工程主要材料

工作任务

通过本任务的学习，了解软包装饰工程的主材料，熟悉木骨架、木基层、软包芯材、面层材料的类型、作用。

工作情景

建筑装饰施工“理实一体化”实训室或普通多媒体教室。采用“理实一体化”教学方法，通过现场讲解，施工现场观摩、考察，掌握软包装饰工程材料的基础知识。

软包工程是指用织物、皮革等作为墙、柱装饰饰面材料。软包饰面是现代新型高档装修之一，具有柔软、吸声、保温、色彩丰富、质感舒适等特点，一般用于会议厅、多功能厅、录音室、娱乐厅及影剧院局部墙面等。

9.3.1　木骨架、木基层材料

木骨架一般采用（30mm×50mm）~（50mm×50mm）断面尺寸的木方条，木龙骨钉于预埋防腐木砖或钻孔打入的木楔上。木砖或木楔的位置，即龙骨排布的间距尺寸，可在400~600mm单向或双向布置范围调整，按设计图纸的要求进行分格安装，龙骨应牢固地钉装于木砖或木楔上。基层板一般采用胶合板，满铺满钉于龙骨上，要求钉装牢固、平整。

9.3.2　软包芯材材料

软包墙面芯材材料，通常采用轻质不燃多孔材料，如玻璃棉、超细玻璃棉、自熄型泡沫塑料、矿渣棉等。

9.3.3　面层材料

软包墙面的面层，必须采用阻燃型高档豪华软包面料，如各种人造革和各种豪华装饰布，凡未经阻燃处理的软包面料均不得使用。

任务9.4　软包装饰工程施工

工作任务

通过本任务的学习，了解软包工程施工的有关规定，熟悉软包装饰工程作业的常用工具，掌握人造革软包饰面及装饰布软包饰面的施工工艺。

工作情景

建筑装饰施工“理实一体化”实训室或普通教室。采用“理实一体化”教学方法，通过现场讲解，施工现场观摩、考察，掌握人造革软包饰面及装饰布软包饰面的施工工艺。

9.4.1 软包工程施工的有关规定

根据国家标准《GB 50210—2001 建筑装饰装修工程质量验收规范》及《GB 50327—2001 住宅装饰装修工程施工规范》等的规定，用于墙面、门等部位的软包工程，应符合以下规定。

①软包面料、内衬材料和边框的材质、颜色、图案等以及木材的含水率，均应符合设计要求及国家现行标准的有关规定。

②软包墙面所用的填充材料、纺织面料和龙骨、木质基层等，均应进行防火处理。

③软包工程的安装位置及构造做法，应符合设计要求。

④基层墙面有防潮要求时，应均匀涂刷一层清油或满铺油纸（沥青纸），不得采用沥青油毡作为防潮层。

⑤木龙骨宜采用凹榫工艺进行预制，可整体或分片安装，与墙体连接紧密、牢固。

⑥填充材料的制作尺寸应正确，棱角应方正，固定安装时应与木基层衬板黏结紧密。

⑦织物面料裁剪时，应经纬顺直。安装时应紧贴基面，接缝应严密，无凹凸不平，花纹应吻合，无波纹起伏、翘边和褶皱，表面应清洁。

⑧软包饰面与压线条、贴脸板、踢脚板、电气盒等交接处，应严密、顺直，无毛边。电气盒盖等开洞处，套割尺寸应准确。

⑨单块软包面料不应有接缝，四周应绷压严密。

9.4.2 软包工程施工工具

软包工程施工所用的工具主要有软包型材角度剪、软包大塞刀和软包小塞刀，如图9－4所示。

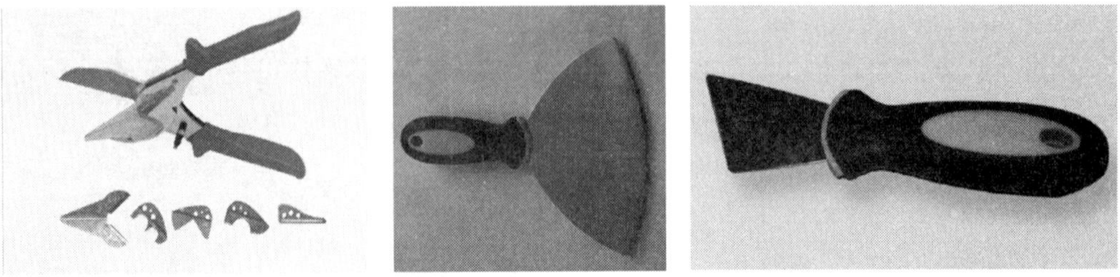

(a) (b) (c)

图9－4 软包施工工具

(a) 型材角度剪 (b) 软包大塞刀 (c) 软包小塞刀

9.4.3　人造革软包饰面的施工

（1）基层处理

软包饰面的基体应有足够的强度，要求其构造合理、基层牢固。对于建筑结构墙面或柱体表面，为防止结构内的潮气造成软包基面板、衬板的翘曲变形而影响使用质量，对于砌筑墙体应进行抹灰，对于混凝土和水泥砂浆基层应做防潮处理。

通常的做法是采用1∶3水泥砂浆分层抹灰至20mm厚，涂刷清油、封闭底漆或高性能防水涂料，或于龙骨安装前在基层满铺油纸。究竟采用何种防潮措施，由设计确定。

（2）构造做法

当在建筑基体表面进行软包时，其墙筋木龙骨一般采用（30mm × 50mm）~（50mm × 50mm）断面尺寸的木方条，钉子预埋防腐木砖或钻孔打入木楔上。木砖或木楔的位置，即龙骨排布的间距尺寸，可在400 ~ 600mm单向或双向布置范围调整，按设计图纸的要求进行分格安装，龙骨应牢固地钉装于木砖或木楔上。

（3）面层固定

皮革和人造革（或其他软包面料）软包饰面的固定式做法，可选择成卷铺装或分块固定等不同方式（如图9－5所示）；此外，还有压条法、平铺泡钉压角法等其他做法，由设计选用确定。

①成卷铺装法：由于人造革可以成卷供应，当较大

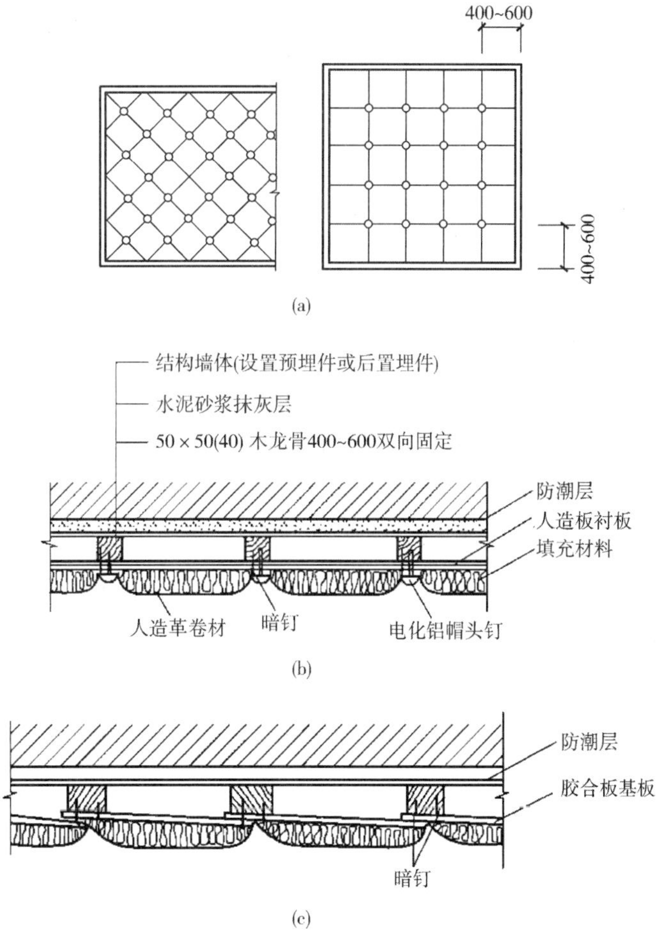

图9－5　软包饰面做法示例

（a）饰面分格示意　（b）饰面的成卷铺装　（c）分块固定安装

面积的软包施工时，可采用成卷铺装法。要求人造革卷材的幅面宽度大于横向龙骨间距尺寸 60～80mm，并要保证基面胶合板的接缝必须固定于龙骨中线上。

②分块固定法：分块固定法是先将人造革与胶合板衬板按设计要求的分格、划块尺寸进行预裁，然后一并固定于龙骨上。在安装时，从一端开始以胶合板压住人造革面层，压边 20～30mm 与龙骨钉固，同时塞入被包覆材料；另一端则不压人造革而直接固定于龙骨继续安装即重复以上过程。要求五合板的搭接必须置于龙骨中线。人造革剪裁时应注意必须大于装饰分格划块尺寸，并足以在下一条龙骨上剩余 20～30mm 的压边料头。

9.4.4 装饰布软包饰面的施工

9.4.4.1 装饰布的固定式软包

（1）平绒布软包饰面

作为棉织物中的高档产品，由于其表面被柔软厚实的平整绒毛所覆盖，故被称为平绒。平绒布的主要特点是绒毛丰满，绒面具有柔润、均匀的光泽和优良弹性及高耐磨性。

（2）家具布软包饰面

室内墙面装饰工程实践证明，选用各种颜色图案和不同质感的家具布料做软包饰面，可以满足建筑室内一定的声学要求。其固定式软包做法与人造革和平绒布饰面相同，但其填充层的泡沫塑料、矿棉、海绵或玻璃棉等材料的铺设厚度，可根据设计或实际需要适当增大。

9.4.4.2 装饰布的活动式软包

装饰布活动式软包施工比固定式软包复杂一些，主要包括：基层处理、基面造型、框线设置、软包单体预制和单体嵌装。

（1）基层处理

按照设计要求对基层进行认真处理，并涂刷高性能防潮涂料。

（2）基面造型

根据设计图纸规定的尺寸进行实测实量、分格划块；或是按设计要求利用木龙骨、胶合板等进行护壁装修造型处理，按造型尺寸确定软包单体饰面的面积。

（3）框线设置

按设计图纸要求的方式固定带凹槽的装饰线脚，线脚的槽口尺寸和相互间的对应关系，应与软包单体的嵌入相适应。

（4）软包单体预制

按分格划块尺寸制作单体软包饰件，采用泡沫塑料、海绵块等规则的软包芯材，外面包上装饰布。表面装饰布的封口处理，必须保证在单体安装后不露其封口的接缝，以确保其美观。

(5) 单体嵌装

将软包单体分块或分组嵌装于饰面框线之间，嵌装时要注意尺寸要吻合，表面应平整，各块之间要协调。

任务9.5　裱糊与软包装饰工程质量标准

工作任务

通过本任务的学习，了解裱糊工程及软包工程施工质量验收要求。

工作情景

建筑装饰施工"理实一体化"实训室或普通教室。采用"理实一体化"教学方法，通过现场讲解，掌握裱糊工程及软包工程施工质量验收要点。

9.5.1　裱糊工程施工质量验收

9.5.1.1　主控项目

①壁纸、墙布的种类、规格、图案、颜色和燃烧性能等级必须符合设计要求及国家现行标准的有关规定。

②裱糊工程基层处理：

a. 混凝土、抹灰基层上，应先涂刷抗碱封闭底漆。

b. 旧墙上应清理除去疏松的旧装饰层，并涂界面剂。

c. 混凝土、抹灰层涂刷溶剂型涂料时，含水率不大于8%；涂刷乳液型涂料时，含水率不大于10%；木材基层的含水率不大于12%。

d. 基层腻子应平整、坚实、牢固、无粉化、起皮及裂缝，腻子的黏结强度应符合《JG/T 298—2010　建筑室内用腻子》的规定。

e. 基层表面平整度、立面垂直度及阴阳角方正应达到《GB 50210—2001　建筑装饰装修工程质量验收规范》的相关要求。

f. 基层表面颜色应一致。

g. 裱糊前应用封闭底胶涂刷基层。

③裱糊后各幅拼接应横平竖直，拼接处花纹、图案应吻合，不离缝，不搭接，不显拼缝。

④壁纸、墙布应粘贴牢固，不得有漏贴、补贴、脱层、空鼓和翘边。

9.5.1.2　一般项目

①裱糊后的壁纸、墙布表面应平整，色泽应一致，不得有波纹起伏、气泡、裂缝、皱折及斑污，斜视时应无胶痕。

②复合压花壁纸的压痕及发泡壁纸的发泡层应无损坏。

③壁纸、墙布与各种装饰线、设备线盒应交接严密。

④壁纸、墙布边缘应平直整齐，不得有纸毛、飞刺。

⑤壁纸、墙布阴角处搭接应顺光，阳角处应无接缝。

9.5.2　软包工程施工质量验收

9.5.2.1　主控项目

①软包面料、内衬材料及边框的材质、颜色、图案、燃烧性能等级和木材的含水率应符合设计要求及国家现行标准的有关规定。

②软包工程的安装位置及构造做法应符合设计要求。

③软包工程的龙骨、衬板、边框应安装牢固，无翘曲，拼缝应平直。

④单块软包面料不应有接缝，四周应绷压严密。

9.5.2.2　一般项目

①软包工程表面应平整、洁净，无凹凸不平及皱折；图案应清晰、无色差，整体应协调美观。

②软包边框应平整、顺直、接缝吻合。其表面涂饰质量应符合《GB 50210—2001　建筑装饰装修工程质量验收规范》的有关规定。

③清漆涂饰木制边框的颜色、木纹应协调一致。

④软包工程安装的允许偏差和检查方法应符合表 9－8 的规定。

表9－8　软包工程安装的允许偏差和检查方法

项次	项目	允许偏差/mm	检验方法
1	垂直度	3	用1m垂直检测尺检查
2	边框宽度、高度	0；－2	用钢尺检查
3	对角线长度差	3	用钢尺检查
4	裁口、线条接缝高低差	1	用钢直尺和塞检查

思考与练习

（1）壁纸装饰材料主要有什么特点？目前有哪些新的品种？

（2）壁纸和墙布主要分为哪几类？各适用于什么场合？

（3）裱糊饰面工程施工的常用胶黏剂种类和施工机具有哪些？

（4）简述裱糊饰面工程施工的主要施工工艺。

（5）软包工程施工有哪些有关规定？

（6）简述人造革软包饰面施工的基本方法。

（7）简述装饰布软包饰面施工的基本方法。

项目 10　建筑幕墙工程施工

知识目标

（1）了解幕墙的分类及构造。
（2）掌握石材幕墙、金属幕墙、玻璃幕墙安装材料要求及其工艺技术要求。
（3）了解石材幕墙、金属幕墙、玻璃幕墙安装质量验收要求。

技能目标

通过本章内容的学习，能够进行石材幕墙、金属幕墙、玻璃幕墙的安装。

任务 10.1　幕墙工程的重要规定

工作任务

通过本任务的学习，了解幕墙工程的重要规定。

工作情景

普通教室。主要采用理论教学方法，通过讲解掌握幕墙工程等各项重要规定。

幕墙工程是外墙非常重要的装饰工程，其设计计算、所用材料、结构、施工方法等，关系到幕墙的使用功能、装饰效果、结构安全、工程造价、施工难易等各个方面。因此，为确保幕墙工程的装饰性、安全性、易装性和经济性，在幕墙的设计、选材和施工等方面，应严格遵守下列重要规定：

①幕墙及其连接件应具有足够的承载力、刚度和相对于主体结构的位移能力。幕墙构架立柱的连接金属角码与其他连接件应采用螺栓连接，并应有防松动措施。

②隐框、半隐框幕墙所采用的结构黏结材料，必须是中性硅酮结构密封胶，其性能必须符合《GB 16776—2005　建筑用硅酮结构密封胶》中的规定；硅酮结构密封胶必须在有效期内使用。

③立柱和横梁等主要受力构件，其截面受力部分的壁厚应经过计算确定，且铝合金型材的壁厚应≥3.0mm，钢型材壁厚应≥3.5mm。

④隐框、半隐框幕墙构件中，板材与金属之间硅酮结构密封胶的黏结宽度，应分别计算风荷载标准值和板材自重标准值作用下硅酮结构密封胶的黏结宽度，并选取其中较大值，且应≥7.0mm。

⑤硅酮结构密封胶应打注饱满，并应在温度15～30℃、相对湿度>50%、洁净的室内进行；不得在现场的墙上打注。

⑥幕墙的防火除应符合现行国家标准《GB 50116—2014　建筑设计防火规范》的有关规定外，还应符合下列规定：

a. 应根据防火材料的耐火极限决定防火层的厚度和宽度，并应在楼板处形成防火带。

b. 防火层应采取隔离措施。防火层的衬板应采用经过防腐处理，且厚度≥1.5mm的钢板，但不得采用铝板。

c. 防火层的密封材料应采用防火密封胶。

d. 防火层与玻璃不应直接接触，一块玻璃不应跨两个防火分区。

⑦主体结构与幕墙连接的各种预埋件，其数量、规格、位置和防腐处理必须符合设计要求。

⑧幕墙的金属框架与主体结构预埋件的连接、立柱与横梁的连接及幕墙面板的安装，必须符合设计要求，安装必须牢固。

⑨单元幕墙连接处和吊挂处的铝合金型材的壁厚应通过计算确定，并应≥5.0mm。

⑩幕墙的金属框架与主体结构应通过预埋件连接，预埋件应在主体结构混凝土施工时埋入，预埋件的位置必须准确。当没有条件采用预埋件连接时，应采用其他可靠的连接措施，并应通过试验确定其承载力。

⑪立柱应采用螺栓与角码连接，螺栓的直径应经过计算确定，并应≥10mm。不同

金属材料接触时应采用绝缘垫片分隔。

⑫幕墙上的抗裂缝、伸缩缝、沉降缝等部位的处理，应保证缝的使用功能和饰面的完整性。

⑬幕墙工程的设计应满足方便维护和清洁的要求。

任务 10.2　玻璃幕墙的施工

工作任务

通过本任务的学习，了解玻璃幕墙的材料，熟悉玻璃幕墙作业的常用机具，掌握玻璃幕墙的装饰施工工艺。

工作情景

建筑装饰施工“理实一体化”实训室或普通教室。采用“理实一体化”教学方法，通过现场讲解，施工现场观摩、考察，掌握玻璃幕墙工程的施工工艺。

10.2.1　玻璃幕墙材料及机具

（1）钢材

玻璃幕墙的不锈钢宜采用奥氏体不锈钢，不锈钢的技术要求应符合下列现行国家标准的规定：

①幕墙高度超过 40m 时，钢构件宜采用高耐候结构钢，并应在其表面涂刷防腐涂料。

②钢构件采用冷弯薄壁型钢时，其壁厚不得小于 3.5mm，承载力应进行验算，表面处理应符合现行国家标准《GB 50205—2001　钢结构工程施工质量验收规范》的有关规定。

③玻璃幕墙采用的标准五金件应符合铝合金门窗标准件现行国家行业标准的规定。

④玻璃幕墙采用的非标准五金件应符合设计要求，并应有出厂合格证。

（2）铝合金型材

材料进场应提供型材产品合格证、型材力学性能检验报告（进口型材应有国家商检部门的商检证），资料不全的均不能进场使用。

检查铝合金型材外观质量，材料表面应清洁，色泽应均匀，不应有皱纹、裂纹、起皮、腐蚀斑点、气泡、电灼伤、流痕、发黏以及膜（涂）层脱落等缺陷存在，否则应予以修补，达到要求后方可使用。

型材作为受力杆件时，其型材壁厚应根据使用条件通过计算选定，门窗受力杆件型材的最小实测壁厚应不小于1.2mm，幕墙用受力杆件型材的最小实测壁厚应不小于3mm。

按照设计图纸，检查型材尺寸是否符合设计要求。玻璃幕墙采用的铝合金型材应符合现行国家标准《GB 5237—2008　铝合金建筑型材》中高精级的规定。铝合金壁厚采用精度为0.05mm的游标卡尺测量，应在杆件同一截面的不同部位量测，不少于五个，并取最小值。

型材长度小于等于6m时，允许偏差为+15mm；长度大于6m时，允许偏差由双方协商确定。材料现场的检验，应将同一厂家生产的同一型号、规格、批号的材料作为一个验收批次，每批次应随机抽取3%且不得少于五件。

（3）玻璃

玻璃幕墙所使用的玻璃宜为钢化玻璃、半钢化玻璃、夹层玻璃。

①玻璃幕墙所用的单层玻璃厚度一般为6，8，10，12，15，19mm；夹层玻璃的厚度一般为（6+6）mm，（8+8）mm（中间夹聚氯乙烯醇缩丁醛胶片，干法合成）。

②玻璃幕墙采用阳光控制镀膜玻璃时，离线法生产的镀膜玻璃应采用真空磁控测射法生产工艺；在线法生产的镀膜玻璃应采用热喷涂法生产工艺。

③有保温隔热性能要求的幕墙宜选用中空玻璃。玻璃幕墙采用中空玻璃时，除应符合现行国家标准《GB/T 11944—2012　中空玻璃》的有关规定外，尚应符合下列规定：

a. 中空玻璃厚度为（$6+d+5$），（$6+d+6$），（$8+d+8$）mm等（d为空气厚度，可取6，9，12mm）。

b. 中空玻璃气体层厚度应不小于9mm。

c. 中空玻璃应采用双道密封。一道密封应采用丁基热熔密封胶。隐框、半隐框及点支承玻璃幕墙用中空坡璃的二道密封应采用硅酮结构密封胶；明框玻璃幕墙用中空玻璃的二道密封宜采用聚硫类中空玻璃密封胶，也可采用硅酮密封胶。二道密封应采用专用打胶机进行混合、打胶。

d. 中空玻璃的间隔铝框可采用连续折弯型或插角型，不得使用热熔型间隔胶条。间隔铝框中的干燥剂宜采用专用设备装填。

e. 中空玻璃加工过程应采取措施，消除玻璃表面可能产生的凹凸现象。

④热反射镀膜玻璃的外观质量应符合下列要求：

a. 热反射镀膜玻璃尺寸的允许偏差应符合表10－1的规定。

表10－1　热反射镀膜玻璃尺寸的允许偏差

<table>
<tr><th rowspan="2">玻璃厚度/mm</th><th colspan="2">玻璃尺寸及允许偏差/mm</th></tr>
<tr><th>≤2000×2000</th><th>≥2400×3300</th></tr>
<tr><td>4，5，6</td><td>±3</td><td>±4</td></tr>
<tr><td>8，10，12</td><td>±4</td><td>±5</td></tr>
</table>

b. 热反射镀膜玻璃的光学性能应符合设计要求。

c. 热反射镀膜玻璃的外观质量应符合表10－2的规定。

表10－2　热反射镀膜玻璃的外观质量

<table>
<tr><th colspan="2" rowspan="2">外观质量
项目</th><th colspan="3">等级划分</th></tr>
<tr><th>优等品</th><th>一等品</th><th>合格品</th></tr>
<tr><td rowspan="2">针眼</td><td>直径≤1.2mm</td><td>不允许集中</td><td>集中的每1m² 允许2处</td><td rowspan="2"></td></tr>
<tr><td>1.2mm＜直径≤1.6mm
1m² 允许数</td><td>中部不允许75mm
边部3处</td><td>不允许集中</td></tr>
<tr><td rowspan="2">针眼</td><td>1.6mm＜直径≤2.5mm
1m² 允许数</td><td>不允许</td><td>75mm边部4处
中部2处</td><td rowspan="2">75mm边部
8处中部3处</td></tr>
<tr><td>直径＞2.5mm</td><td colspan="2">不允许</td></tr>
<tr><td colspan="2">斑纹</td><td colspan="2">不允许</td><td></td></tr>
<tr><td>斑点</td><td>1.6mm＜直径≤2.5mm
1m² 允许数</td><td>不允许</td><td>4</td><td>8</td></tr>
<tr><td rowspan="2">划伤</td><td>0.1mm≤宽度≤0.3mm
1m² 允许数</td><td>长度≤50mm
4</td><td>长度≤100mm
4</td><td>不限</td></tr>
<tr><td>宽度＞0.3mm
1m² 允许数</td><td>不允许</td><td>宽度＜0.4mm
长度≤100mm
1</td><td>宽度＜0.4mm
长度≤100mm
2</td></tr>
</table>

注：表中针眼（孔洞）集中是指直径在100mm面积内超过20个针眼。

⑤幕墙玻璃应进行机械磨边处理，磨轮的目数应在180目以上。点支承幕墙玻璃的孔、板边缘均应进行磨边和倒棱，磨边宜细磨，倒棱宽度不宜小于1mm。

⑥钢化玻璃宜经过二次热处理。

⑦玻璃幕墙采用夹层玻璃时，应采用干法加工合成，其夹片宜采用聚乙烯醇缩丁醛

（PVB）胶片；夹层玻璃合片时，应严格控制温度、湿度。

⑧玻璃幕墙采用单片低辐射镀膜玻璃时，应使用在线热喷涂低辐射镀膜玻璃；离线镀膜的低辐射镀膜玻璃宜加工成中空玻璃使用，且镀膜面应朝向中空气体层。

⑨有防火要求的幕墙玻璃，应根据防火等级要求，采用单片防火玻璃或其制品。

⑩玻璃幕墙的采光用彩釉玻璃，釉料宜采用丝网印刷。

幕墙使用的密封胶主要有结构密封胶、耐候密封胶、中空玻璃二道密封胶、管道防火密封胶。结构密封胶无论是双组分或单组分都必须采用中性硅酮结构密封胶。耐候密封胶必须是中性单组分胶，酸碱性胶不能使用。

材料进场时，应提供结构硅酮胶剥离试验记录，每批硅酮结构胶的质量保证书及产品合格证，硅酮结构胶、密封胶与实际工程用基材的相容性报告（进口硅酮结构胶应有国家商检部门的商检证），密封材料及衬垫材料的产品合格证，资料不全不能进场使用。

将进场的密封胶厂家、型号、规格与材料报验单对照，检查胶桶上的有效日期是否能保证施工期内使用完；结构胶与耐候胶严禁换用。

（4）辅助材料

幕墙辅助材料很多，包括建筑密封材料、发泡双面胶带、填充材料、隔热保温材料、防水防潮材料、硬质有机材料垫片、橡胶片等。

①建筑密封胶：通常说的建筑密封胶多指聚硫密封胶、氯丁密封胶和硅酮密封胶，是保证幕墙具有防水性能、气密性能和抗震性能的关键。其材料必须有很好的防渗透、抗老化、抗腐蚀性能，并具有能适应结构变形和温度胀缩的弹性，有出厂证明和防水试验记录。

玻璃幕墙一般采用三元乙丙橡胶、氯丁橡胶密封材料；密封胶条应挤出成形，橡胶块应压模成形。若用聚硫密封胶，其应具有耐水、耐溶剂和耐大气老化性，并应有低温弹性与低透气性等特点。耐候硅酮密封胶应是中性胶，凡是用在半隐框、隐框玻璃幕墙上与结构胶共同工作时，都要进行建筑密封胶与结构胶之间相容性试验，由胶厂出示相容性试验报告，经允许方可使用。点式玻璃幕墙密封胶为单组分酸性硅酮结构密封胶。聚硫密封胶与硅酮胶结构胶相容性能差，不宜配合使用。硅酮结构密封胶应采用高模数中性胶；硅酮结构密封胶应在有效期内使用，过期的硅酮密封结构胶不得使用。

②发泡双面胶带：通常根据玻璃幕墙的风荷载、高度和玻璃的大小，选用低发泡间隔双面胶带。

③填充材料：主要用于幕墙型材凹槽两侧间隙内的底部起填充作用。聚乙烯发泡材料作填充材料，其密度应不大于0.037g/cm，也可用橡胶压条。一般还应在填充料上部使用橡胶密封材料和硅酮系列的防水密封胶。

④隔热保温材料：用岩棉、矿棉、玻璃棉、防火板等不燃烧性或是难燃烧性材料做

隔热保温材料。隔热保温材料的导热系数、防水性能和厚度应符合设计要求。

⑤防水、防潮材料：一般用铝箔或塑料薄膜包装的复合材料作防水和防潮材料。

⑥硬质有机材料垫片：主体结构与玻璃幕墙构件之间耐热的硬质有机材料垫片。

⑦橡胶条、橡胶垫：玻璃幕墙立柱与横梁之间的连接处橡胶条、垫等应有耐老化阻燃性能试验出厂证明，尺寸符合设计要求，无断裂现象。

10.2.2 玻璃幕墙的装饰施工

10.2.2.1 有框玻璃幕墙施工工艺

有框玻璃幕墙施工是指明框玻璃幕墙、隐框玻璃幕墙、半隐框玻璃幕墙的施工。有框玻璃幕墙施工工艺流程为：施工前的准备工作—测量放线—幕墙立柱安装—幕墙防雷系统安装—幕墙防火、保温材料安装—幕墙横梁（明框）安装—幕墙玻璃板块（明框）制作和安装—幕墙封口的安装。

（1）施工前的准备工作

施工单位在有框玻璃幕墙施工前，首先要做好施工前的设计、技术交底工作，即要参加设计单位主持的设计交底会议，并应在会前仔细阅读施工图纸，以便在设计交底会议上充分理解幕墙设计人员的陈述，同时能向幕墙设计人员提出自己的疑问。施工前还必须进行全面的技术和质量交底，熟悉图纸、安装施工工艺及质量验收标准。

施工前必须编制施工方案。施工方案内容应包含：工程概况，施工组织机构，构件运输，现场搬运，安装前的检查和处理，安装工艺流程，工程设计安装材料供应进度表，劳动力使用计划，施工机具，设备使用计划，资金使用，质量要求，安全措施，成品保护措施，交工资料的内容，设计变更解决方法和现场问题协商解决的途径等。

施工前必须对现场人员进行安全规范教育，备齐防火和安全器材与设施。构件进场搬运、吊装时需加强保护，构件应放在通风、干燥、不与酸碱类物质接触的地方，并要严防雨水渗入。构件应按品种、规格、种类和编号堆放在专用架子或垫木上，玻璃构件应按要求摆放，在室外堆放时，应采取防护措施。构件安装前均应进行检验与校正，构件应符合设计图纸及相关质量标准的要求，不得有变形、损伤和污染，不合格构件不得安装使用。对易损坏和丢失的构件、配件、玻璃、密封材料、胶垫等，应有一定数量的更换储备。幕墙与主体结构连接的预埋件，应在主体结构施工时按设计要求埋设。各种电动工具的临时电源已预先接好，并进行安全试运转。

（2）测量放线

根据幕墙分格大样图和土建单位给出的标高点、进出位线及轴线位置，采用线坠、钢丝线、墨线、测量器具等工具在主体上定出幕墙平面、立柱、分格及转角等基准线，并用经纬仪进行调校、复测，再从基准线向外测出设计要求间距的幕墙平面位置，以此线为基准确定立柱的前后位置，从而决定整片幕墙的位置。

测量放线前应使用经纬仪、水准仪等测量设备，配合标准钢卷尺、线坠、水平尺等复合主体结构轴线、标高及尺寸，注意是否有超出允许值的偏差。

高层建筑的测量放线应在风力不大于四级时进行，测量工作应每天定时进行。

对于由纵横杆件组成的幕墙骨架，一般先弹出竖向杆件的安装位置，再确定其锚固点，最后再弹出横向杆件的安装位置。若玻璃直接与主体结构连接固定，应将玻璃的安装位置弹到地面上后，再由外缘尺寸确定锚固点。

幕墙分格轴线的测量应与主体结构测量相配合，其偏差应及时调整，不得累积；应定期对幕墙的安装定位基准进行校核。对高层建筑的测量应在风力不大于四级时进行：在测量放线的同时，应对预埋件的偏差进行检验，预埋件标高偏差应不大于10mm，预埋件位置与设计位置的偏差应不大于20mm。对超过偏差的预埋件必须办理设计变更，与设计单位商洽后进行适当的处理，方可进行安装施工。

测量放线时，还应对预埋件的偏差进行校验，其上下左右偏差应不大于45mm，超出允许范围的预埋件必须进行适当处理或重新设计，应把处理意见上报监理工程师、业主代表和项目部。

（3）幕墙立柱安装

进行幕墙立柱安装的施工人员必须进行有关高空作业的培训，并取得上岗证书后方可参与施工活动。特别注意在风力超过六级时，不得进行高空作业。

幕墙立柱安装前应认真核对立柱的规格、尺寸、数量、编号是否与施工图纸一致。

立柱先与连接件连接，连接件再与主体预埋件连接，并进行调整和及时固定。无预埋件时，可采用后置钢锚板加膨胀螺栓的方法连接，但要经过试验决定其承载力。目前来看，采用化学浆锚螺栓代替普通膨胀螺栓效果较好。图10－1所示为立柱与角钢连接构造图。

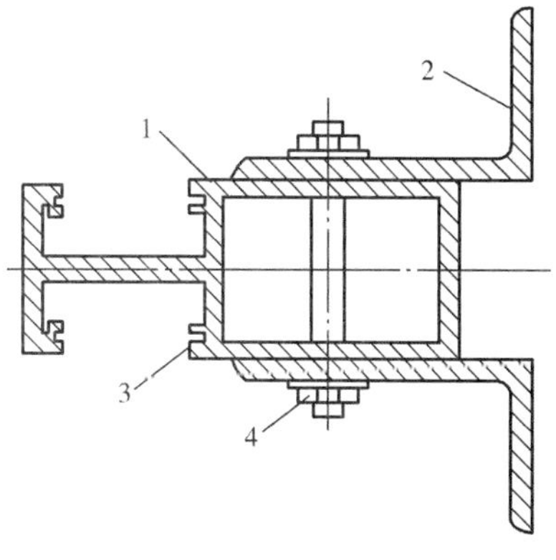

图10－1　立柱与角钢连接构造图

1—竖框　2—角钢　3—密封嵌条　4—不锈钢螺栓

立柱安装误差不得积累，且开启窗处为正公差。立柱与连接件（支座）接触面之间必须加防腐隔离柔性垫片。上、下立柱之间应留有不小于15mm的缝隙，闭口型材可采用长度不小于250mm的芯柱连接，芯柱与立柱应紧密配合。立柱先进行预装，立柱按偏差要求初步定位后，应进行自检；对不合格的应进行调校修正。自检合格后，须报质检人员进行抽检，抽检合格后才能将连接（支座）正式焊接牢固，焊缝位置及要求按设计图纸，焊缝高度不小于7mm，焊接质量应符合现行国家标准《GB 50205—2001 钢结构工程施工质量验收规范》的规定。焊接完毕后应进行二次复核。相邻两根立柱安装标高偏差应不大于3mm；同层立柱的最大标高偏差应不大于5mm；相邻两根立柱固定点的距离偏差应不大于2mm。立柱安装牢固后，必须取掉上、下两立柱之间用于定位伸缩缝的标准块，并在伸缩缝处打上密封胶，如图 10－2 所示。

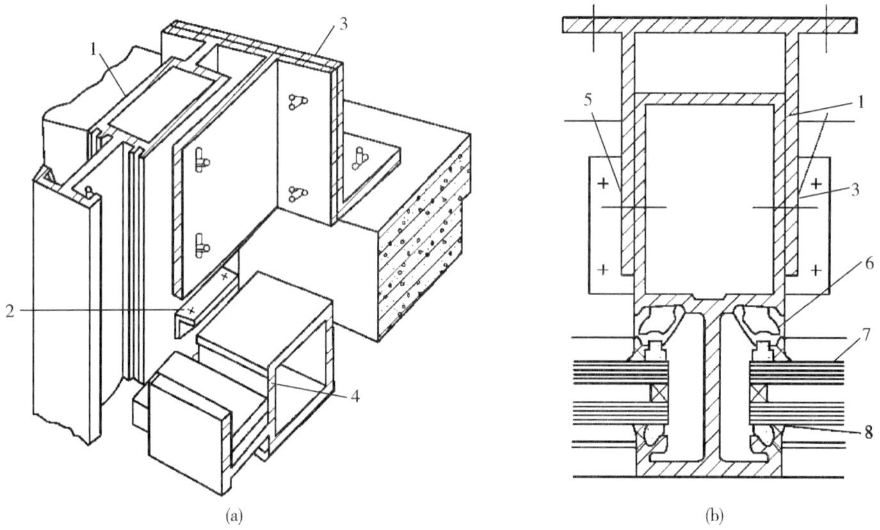

图 10－2　立柱安装示意图

（a）透视图　（b）剖面图

1—竖框　2—角铝　3—角钢连接件　4—横框　5—固定点　6—铝合金压条　7—玻璃　8—密封胶

（4）幕墙防雷系统安装

安装防雷系统的不锈钢连接片时，必须把连接处立柱的保护胶纸撕去，确保不锈钢连接片与立柱直接接触。水平避雷圆钢与钢支座相焊接时，要严格按图纸要求保证搭接长度和焊缝的高度，避免形成虚焊而降低导电性能。

（5）幕墙防火、保温材料安装

由于幕墙挂在建筑外墙，各竖向龙骨之间的孔隙通向各楼层，因此，幕墙与每层楼板、隔墙处的缝隙要采用不燃材料填充。防火材料要用镀锌铁板固定，镀锌铁板的厚度应不低于1.5mm；不得用铝板代替。有保温要求的幕墙，将矿棉保温层从内向外用胶黏剂粘在钢板上，并用已焊的钢钉及不锈钢片固定保温层。防火、保温材料先采用铝箔或塑料薄膜包扎，避免防火、保温材料受潮失效。防火、保温材料应铺设平整且可靠固定，拼接处不应留缝隙。

（6）幕墙横梁（明框）安装

幕墙横梁（明框）的安装必须在土建作业完成及立柱安装后进行，自上而下进行安装；同层自下而上安装；当安装完一层高度时，应进行检查、调整、校正、固定，使其符合质量要求。同一根横梁两端或相邻两根横梁的水平标高偏差应不大于1mm。同层标高偏差：当一幅幕墙宽度不大于35m时，应不大于5mm；当一幅幕墙宽度大于35m时，应不大于7mm。应按设计要求安装横梁，横梁与立柱接缝处应打上与立柱、横梁颜色相近的密封胶。横梁两端与立柱连接处应加弹性橡胶垫，弹性橡胶垫应有20%～35%的压缩性，以适应和消除横向温度变形的要求。横梁安装定位后应进行自检，对不合格的应进行调整修正；自检合格后再报质检人员进行抽检。

（7）幕墙玻璃板块（明框）制作和安装

钢化玻璃和夹丝玻璃都不允许在现场切割，而应按设计尺寸在工厂进行；玻璃切割、钻孔、磨边等加工工序应在钢化前进行。玻璃切割后，边缘不应有明显的缺陷，经切割后的玻璃，应进行边缘处理（倒棱、倒角、磨边），以防止应力集中而发生破裂。中空玻璃、圆弧玻璃等特殊玻璃应由专业的厂家进行加工。玻璃加工应在专用的工作台上进行，工作台表面平整，并有玻璃保护装置；加工后的玻璃要合理堆放，并做好标记，注明所用工程名称、尺寸、数量等。

结构硅酮胶注胶应严格按规定要求进行，确保胶缝的黏结强度。结构硅酮胶应在清洁干净的车间内、温度（23±2）℃、相对湿度45%～55%的条件下打胶。为保证嵌缝耐候胶的可靠黏结，打胶前必须对玻璃及支撑物表面进行清洁处理，为防止二次污染，每一次擦抹要求更换一块干净布。为控制双组分胶的混合情况，混胶过程中应留出蝴蝶试样和胶杯拉断试样，并做好当班记录，注胶后的板材应在温度为18～28℃、相对湿度为65%～75%的静置场静置养护，以保证结构胶的固化效果，双组分结构胶静置3d，单组分结构胶静置7d后才能运输。这时切开试验样品切口胶体表面平整、颜色发暗，说明已完全固化。完全固化后，板材运至现场仓库内继续放置14～21d，用剥离试验检验其黏结力，确认达到黏结强度后方可安装施工。

玻璃的镀膜面应朝向室内，若发现玻璃色差明显或镀膜脱落等，应及时向有关部门反映，得到处理方案后方可安装。幕墙玻璃镶嵌时，对于插入槽口的配合尺寸应按《JGJ 102—2003 玻璃幕墙工程技术规范》中的有关规定进行校核。玻璃与构件不得直接接触，玻璃四周与构件槽口应保持一定间隙，玻璃的下边缘必须按设计要求加装一定数量的硬橡胶垫块，垫块厚度应不小于5mm，长度不小于1mm，并用胶条或密封胶密封玻璃与槽口两侧之间的间隙。

用于固定玻璃组合件的压块或其他连接件及螺钉等，应严格按设计或有关规范执行，严禁少装或不装紧固螺钉。玻璃组合件安装时应采取保护措施，避免碰撞、损伤或跌落。当玻璃面积较大或自身重量较大时，应采用机械安装，或利用中空吸盘帮助提升安装。玻璃安装后应先自检，自检合格后报质检人员进行抽检，抽检量应为总数的5%以上，且不少于五件。

（8）幕墙封口的安装

建筑物幕墙上的封口，其安装应符合设计要求。首先制作钢龙骨，以幕墙厚度的最大值确定钢龙骨架的外轮廓。安装钢龙骨应从转角处或两端开始。钢龙骨制作完毕后应进行尺寸复核，无误后对其进行二次防腐处理。二次防腐处理后及时通知监理进行隐蔽工程验收，并做好隐蔽工程验收记录。安装压顶铝板的顺序与钢龙骨的安装顺序相同；铝板分格与幕墙分格相一致。封口铝板打胶前先把胶缝处的保护膜撕开，清洁胶缝后打胶；封口铝板其他位置的保护膜，待工程验收前方可撕去。幕墙边缘部位的封口，采用金属板或成型板封盖。幕墙下端封口设置挡水板，防止雨水渗入室内。

10.2.2.2 无框玻璃幕墙施工工艺

下面以吊挂式全玻璃幕墙为例介绍无框玻璃幕墙（全玻璃幕墙）安装施工工艺，其工艺流程为：测量放线—上部钢架安装—下部和侧面嵌槽安装—玻璃安装—缝隙处理及肋玻璃安装。

（1）测量放线

施工前，采用线坠、钢丝线、墨线、测量器具等工具在主体上进行测量放线。幕墙定位轴线的测量放线必须与主体结构的测量配合，其误差应及时调整，不得积累，以免幕墙施工与室内外装饰施工发生矛盾，造成阴阳角不方正和装饰面不平行等缺陷。

（2）上部钢架安装

上部钢架用于安装玻璃吊具的支架，强度和稳定性要求都比较高，应使用热渗镀锌钢材，严格按照设计要求施工、制作。在安装过程中，应注意以下事项：

①钢架安装前要检查预埋件或钢锚板的质量是否符合设计要求，锚栓位置离混凝土外缘不小于50mm。

②相邻柱间的钢架、吊具的安装必须通顺平直，吊具螺杆的中心线在同一铅垂平面内，应分段拉通线检查、复核，吊具的间距应均匀一致。

③钢架应进行隐蔽工程验收，需要经监理公司有关人员验收合格后，方可对施焊处进行防锈处理。

（3）下部和侧面嵌槽安装

嵌固玻璃的槽口应采用型钢，如尺寸较小的槽钢等。型钢应与预埋件焊接牢固，验收后做防锈处理。下部槽口内每块玻璃的两角附近放置两块氯丁橡胶垫块，长度不小于100mm。

（4）玻璃安装

吊装玻璃前，每个工位的人员必须到位，各种机具、工具必须齐全、正常，安全措施必须可靠。安装前应检查玻璃的质量，玻璃不得有裂纹和崩边等缺陷，并用干布将玻璃表面擦干净，用记号笔做好中心标记。

安装玻璃时应进行试起吊。定位后应先将玻璃试起吊2～3cm，以检查各个吸盘是否牢固；同时，应在玻璃适当位置安装手动吸盘、绳索和侧边保护胶套。安装玻璃的上下边框内侧应粘贴低发泡间隔胶条，胶条的宽度与设计的胶缝宽度相同。粘贴胶条时，要留出足够的注胶厚度。吊运安装玻璃时，应防止玻璃在升降移位时碰撞钢架和金属槽口。

玻璃定位后应反复调整，使玻璃正确就位。第一块玻璃就位后，检查玻璃侧边的垂直度，确保以后就位的玻璃上下缝隙符合设计要求。

（5）缝隙处理及肋玻璃安装

缝隙处理前，所有注胶部位的玻璃和金属表面，均用丙酮或专用清洁剂擦拭干净，但不得用湿布和清水擦洗，所有注胶面必须干燥。为确保幕墙玻璃表面清洁美观，防止在注胶时污染玻璃，在注胶前需要在玻璃上粘贴美纹纸加以保护。

灌注密封胶应安排受过训练的专业注胶工进行施工，在玻璃两侧缝隙内填填充料（肋玻璃位置除外）至距缝口10mm位置后再往缝内用注射枪均匀、连续、严密地注入密封胶，上表面与玻璃或框表面应成45°，并将多余的胶迹清理干净。注胶工作不能在风雨天进行，防止雨水和风沙侵入胶缝；注胶不宜在低于5℃的低温条件下进行，温度太低，胶液会发生流淌，延缓固化时间，甚至会影响强度。

按设计要求将肋玻璃粘在幕墙玻璃上后，向肋玻璃两侧的缝隙内填充填充料并连续、均匀地注入深度大于8mm的密封胶。

打胶后对幕墙玻璃进行清洁。拆除脚手架前对幕墙玻璃进行全面检查。

10.2.2.3 点支式玻璃幕墙施工工艺

点支式玻璃幕墙的全称为金属支撑结构点式玻璃幕墙，由玻璃面板、点支承装置和支撑结构构成。点支式玻璃幕墙是一门新兴技术，它体现的是建筑物内外的流通和融合，改变了用玻璃来表现窗户、幕墙等的传统做法，强调的是玻璃的透明性。透过玻璃，人们可以清晰地看到支撑玻璃幕墙的整个结构系统，将单纯的支撑结构系统转化为可视性、观赏性和表现性兼具的系统。

（1）钢架式点支玻璃幕墙安装工艺

钢架式点支玻璃幕墙是最早的点支式玻璃幕墙结构，也是采用最多的结构类型，其安装工艺流程为：施工准备—现场测量放线—钢桁架安装—驳接系统的固定与安装—玻璃安装—玻璃纵、横缝打胶。

①施工准备：施工前，应根据土建结构的基础验收资料复核各项数据，并标注在检测资料上。预埋件、支座面和地脚螺栓的位置、标高的尺寸偏差应符合相关的技术规定及验收规范，钢柱脚下的支撑预埋件应符合设计要求。

安装前，应检验并分类堆放幕墙构件。钢结构在装卸、运输堆放的过程中，应防止损坏和变形。钢结构运送到安装地点的顺序，应满足安装程序的需要。

②现场测量放线：钢架式点支玻璃幕墙分格轴线的测量应与主体结构的测量配合，其误差应及时调整，不得积累。钢结构的复核定位应使用轴线控制点和测量标高的基准点，保证幕墙主要竖向构件及主要横向构件的尺寸允许偏差符合有关规范及行业标准。

③钢桁架安装：钢桁架安装应按现场实际情况及结构采用整体或综合拼装的方法施工。确定几何位置的主要构件，如柱、桁架等应吊装在设计位置上，在松开吊挂设备后应做初步校正，构件的连接接头必须经检查合格后，方可紧固和焊接。对焊缝进行打磨消除棱角和尖角，达到光滑过渡要求后的钢结构表面应根据设计要求喷涂防锈、防火漆。

④驳接系统的固定与安装

a. 驳接座的安装：在结构调整结束后按照控制单元所控制的驳接座安装点进行驳接座的安装，对结构偏移所造成的安装点误差可用偏心座和偏心头来校正。

b. 驳接爪的安装：在驳接座安装结束后开始定位驳接爪，将驳接爪的受力孔向下，并用水平尺校准两横向孔的水平度（两水平孔偏差应小于0.5mm）配钻定位销孔，安装定位销如图10－3所示。

点式玻璃幕墙驳接爪的安装施工应符合下列要求：

第一，驳接爪安装前，应精确定出其安装位置，驳接爪的允许偏差应符合设计要求。

第二，驳接爪装入后应能进行三维调整，并应能减少或消除结构平面变形和温差的影响。

第三，驳接爪安装完成后，应对钢爪的位置进行检验。

第四，驳接爪与玻璃点连接件的固定应采用力矩扳手，力矩的控制应符合设计要求及有关规定。力矩扳手应定期进行力矩检测。

c. 驳接头的安装：在安装驳接头之前要对其螺纹的松紧度、头与胶垫的配合情况进行100%的检查。先将驳接头的前部安装在玻璃的固定孔上并销紧，确保每件驳接头内的衬垫齐全，使金属与玻璃隔离，保证玻璃的受力部分为面接触，并保证锁紧环锁紧密封，锁紧扭矩10N·m，在玻璃吊装到位后将驳接头的尾部与驳接爪相互连接并锁紧，同时要注意玻璃的内侧与驳接爪的定位距离应在规定范围以内，如图10－4所示。

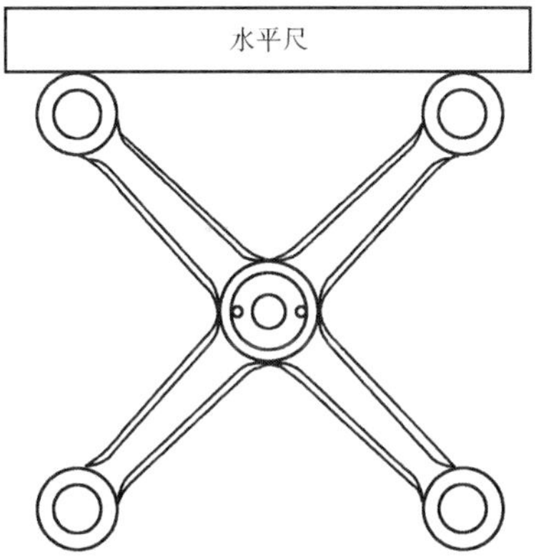

图10－3　定位销

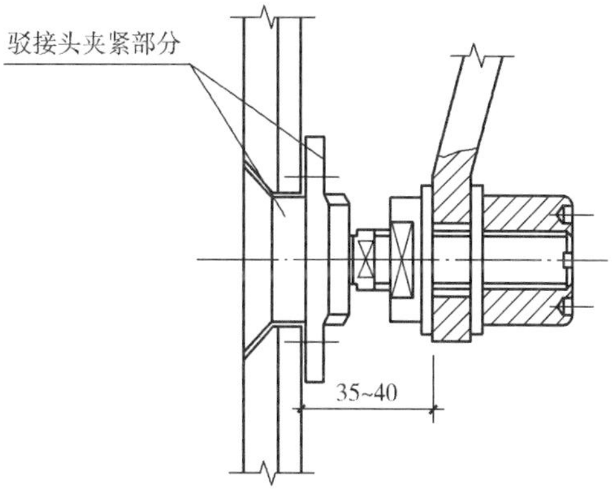

图10－4　玻璃的内侧与驳接爪的定位距离控制

⑤玻璃安装

a. 玻璃安装前，首先应检查、校对钢结构主支撑的垂直度、标高、横梁的高度和水平度等是否符合设计要求，特别要注意安装孔位的复查。然后清洁钢件表面杂物，驳接玻璃底部“U”形槽内应装入橡胶垫块，对应于玻璃支撑面的宽度边缘处应放置垫块。

b. 玻璃安装前应清洁玻璃及吸盘上的灰尘，根据玻璃重量及吸盘规格确定吸盘个数。然后检查驳接爪的安装位置是否正确，确保无误后，方可安装玻璃。

c. 安装玻璃时，应先将驳接头与玻璃在安装平台上装配好，然后再与驳接爪进行安装。为确保驳接头处的气密性、水密性，必须使用扭矩扳手，根据驳接系统的具体规格尺寸来确定扭矩的大小。

d. 玻璃现场初装后，应调整玻璃上下、左右的位置，保证玻璃水平偏差在允许范围内。玻璃全部调整好后，应进行立面平整度的检查，确认无误后，才能打密封胶。

⑥玻璃纵、横缝打胶：打胶前应进行清洁。打胶前在需打胶的部位粘贴保护胶纸，注意胶纸与胶缝要平直。打胶时要持续均匀，操作顺序为：先打横向缝，后打竖向缝；竖向胶缝宜自上而下进行，胶注满后，应检查里面是否有气泡、空心、断缝、夹杂，若有，应及时处理。

（2）拉杆（索）式点支玻璃幕墙施工

拉杆（索）式点支玻璃幕墙是以不锈钢拉杆或拉索为支撑结构，玻璃由金属紧固件和金属连接件与拉杆或拉索连接。拉杆（索）式玻璃幕墙的结构充分体现了机械加工的精度，其每个构件都十分精致。

拉杆（索）式玻璃幕墙安装工艺流程为：施工准备—现场测量放线—钢桁架的安装、调整、紧固—拉杆或拉索系统的安装—驳接件（钢爪）安装—玻璃安装—玻璃纵、横缝打胶。

①施工准备：施工前，应根据土建结构的基础验收资料复核各项数据，并标注在检测资料上。预埋件、支座面和地脚螺栓的位置、标高的尺寸偏差应符合相关的技术规定及验收规范，钢柱脚下的支撑预埋件应符合设计要求。

安装前，应检验并分类堆放幕墙构件。钢结构在装卸、运输堆放的过程中，应防止损坏和变形。钢结构运送到安装地点的顺序，应满足安装程序的需要。

②现场测量放线：拉杆（索）式玻璃幕墙分格轴线的测量应与主体结构的测量配合，其误差应及时调整，不得积累。钢结构的复核定位应使用轴线控制点和测量标高的基准点，保证幕墙主要竖向构件及主要横向构件的尺寸允许偏差符合有关规范及行业标准。

③钢桁架的安装、调整、紧固：钢桁架安装应按现场实际情况及结构采用整体或综合拼装、安装的方法施工。确定几何位置的主要构件，如柱、桁架等应吊装在设计位置上，在松开吊挂设备后应做初步校正，构件的连接接头必须经检查合格后，方可紧固和焊接。对焊缝进行打磨消除棱角和尖角，达到光滑过渡要求后的钢结构表面应根据设计要求喷涂防锈、防火漆。

④拉杆或拉索系统的安装：在安装横梁的同时按顺序及时安装横向及竖向拉杆或拉索，并按设计要求分阶段施加预应力。采用交叉索点支式玻璃幕墙，竖向平衡钢拉索承受面板自重及平衡水平索系，水平交叉拉索承受水平方向荷载，交叉索系标准跨间有竖向平面桁架做支撑。

拉杆或拉索安装时必须按设计要求施加预拉力，并设置拉力调节装置。

⑤驳接件（钢爪）安装：对于拉杆驳接结构体系，应保证驳接件位置的准确，紧固拉杆或调整尺寸有偏差时，宜采用先左后右、由上自下的顺序，逐步固定驳接件位置，以单元控制的方法调整校核结构体系安装精度。不锈钢爪的安装位置要准确。在固定孔、点和驳接爪间的连接应考虑可调整的余量。所有固定孔、点和玻璃连接的驳接螺栓都应用测力扳手拧紧，其力矩的大小应符合设计规定值，并且所有的驳接螺栓都应用自锁螺母固定。

⑥玻璃安装

a. 玻璃安装前，首先应检查、校对钢结构主支撑的垂直度、标高、横梁的高度和水平度等是否符合设计要求，特别要注意安装孔位的复查。然后清洁钢件表面杂物，驳接玻璃底部 U 形槽内应装入橡胶垫块，对应于玻璃支撑面的宽度边缘处应放置垫块。

b. 玻璃安装前应清洁玻璃及吸盘上的灰尘，根据玻璃重量及吸盘规格确定吸盘个数。然后检查驳接爪的安装位置是否正确，确保无误后，方可安装玻璃。安装玻璃时，应先将驳接头与玻璃在安装平台上装配好，然后再与驳接爪进行安装。为确保驳接头处的气密性、水密性，必须使用扭矩扳手，根据驳接系统的具体规格尺寸来确定扭矩的大小。

c. 玻璃现场初装后，应调整玻璃上下左右的位置，保证玻璃水平偏差在允许范围内。玻璃全部调整好后，应进行立面平整度的检查，确认无误后，才能打密封胶。

⑦玻璃纵、横缝打胶：打胶前应进行清洁，并在需打胶的部位粘贴保护胶纸，注意胶纸与胶缝要平直。打胶时要持续均匀，操作顺序为：先打横向缝，后打竖向缝；竖向胶缝宜自上而下进行，胶注满后，应检查里面是否有气泡、空心、断缝、夹杂，若有应及时处理。

任务10.3　石材幕墙的施工

工作任务

通过本任务的学习，了解石材幕墙的种类，熟悉石材幕墙的组成和构造，掌握石材幕墙的装饰施工工艺。

工作情景

建筑装饰施工“理实一体化”实训室或普通教室。采用“理实一体化”教学方法，通过现场讲解，施工现场观摩、考察，掌握石材幕墙工程的施工工艺。

10.3.1　石材幕墙的种类

（1）短槽式石材幕墙

短槽式石材幕墙是在幕墙石材侧边中间开短槽，用不锈钢挂件挂接、支撑石板的做法。短槽式做法的构造简单，技术成熟，目前应用较多。

（2）通槽式石材幕墙

通槽式石材幕墙是在幕墙石材侧边中间开通槽，嵌入和安装通长金属卡条，石板固定在金属卡条上的做法。此种做法施工复杂，开槽比较困难，目前应用较少。

（3）钢销式石材幕墙

钢销式石材幕墙是在幕墙石材侧面打孔，穿入不锈钢钢销将两块石板连接，钢销与挂件连接，将石材挂接起来的做法，这种做法目前应用也较少。

（4）背栓式石材幕墙

背栓式石材幕墙是在幕墙石材背面钻四个扩底孔，孔中安装柱锥式锚栓，然后再把锚栓通过连接件与幕墙的横梁相接的幕墙做法。背栓式是石材幕墙的新型做法，它受力合理、维修方便、更换简单，是一项引进的新技术，目前正在推广应用。

10.3.2 石材幕墙的组成和构造

石材幕墙主要是由石材面板、不锈钢挂件、钢骨架（立柱和横撑）及预埋件、连接件和石材拼缝嵌胶等组成。石材幕墙的横梁、立柱等骨架，是承担主要荷载的框架，可以选用型钢或铝合金型材，并由设计计算确定其规格、型号，同时也要符合有关规范的要求。

图 10－5 为有金属骨架的石材幕墙的组成示意图；图 10－6 和图 10－7 为短槽式石材幕墙的构造；图 10－8 为钢销式石材幕墙的构造；图 10－9 为背栓式石材幕墙的构造。

石材幕墙的防火、防雷等构造与有框玻璃幕墙基本相同。

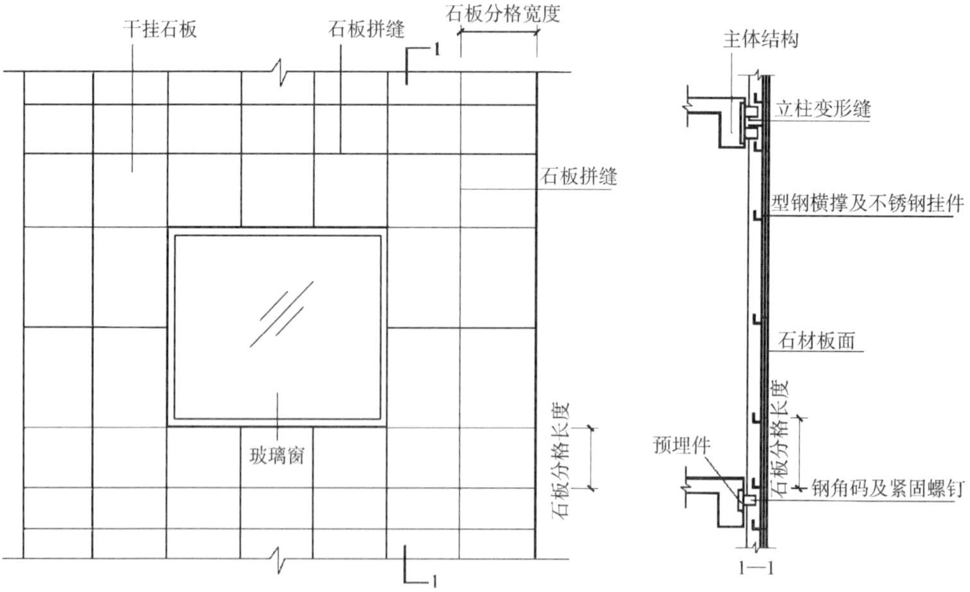

图 10－5　石材幕墙的组成示意图

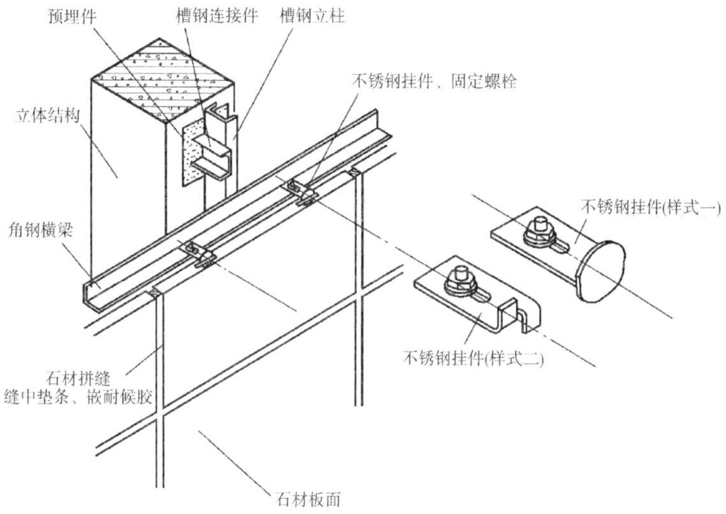

(a)

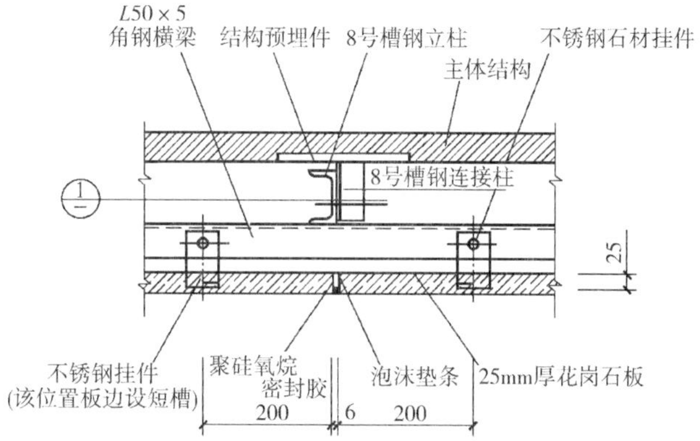

(b)

图10－6　短槽式石材幕墙的构造（一）

（a）立体图　（b）水平节点图

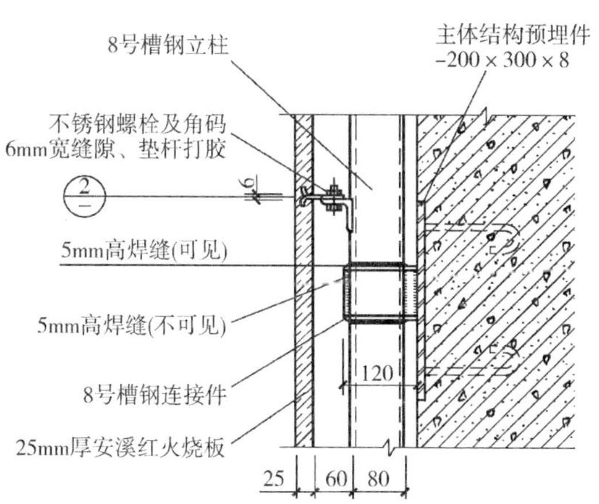

(a)

图10－7　短槽式石材幕墙的构造（二）

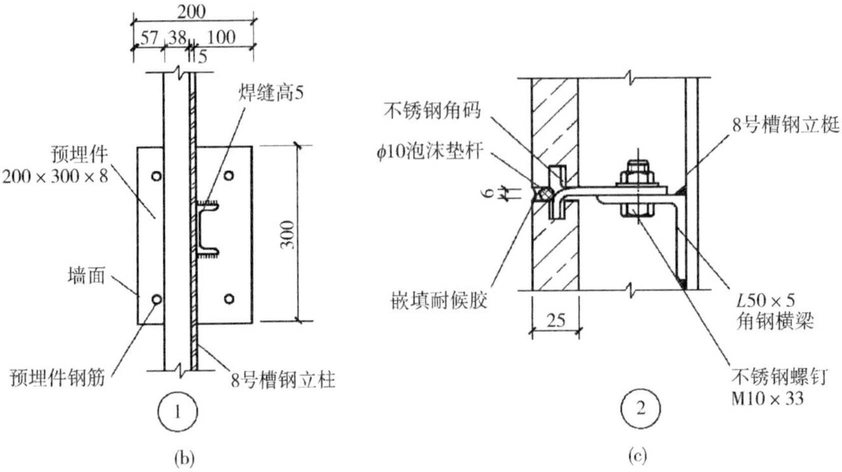

图 10－7　短槽式石材幕墙的构造（二）（续）

（a）竖向节点图　（b）预埋件节点图　（c）横梁与石板节点图

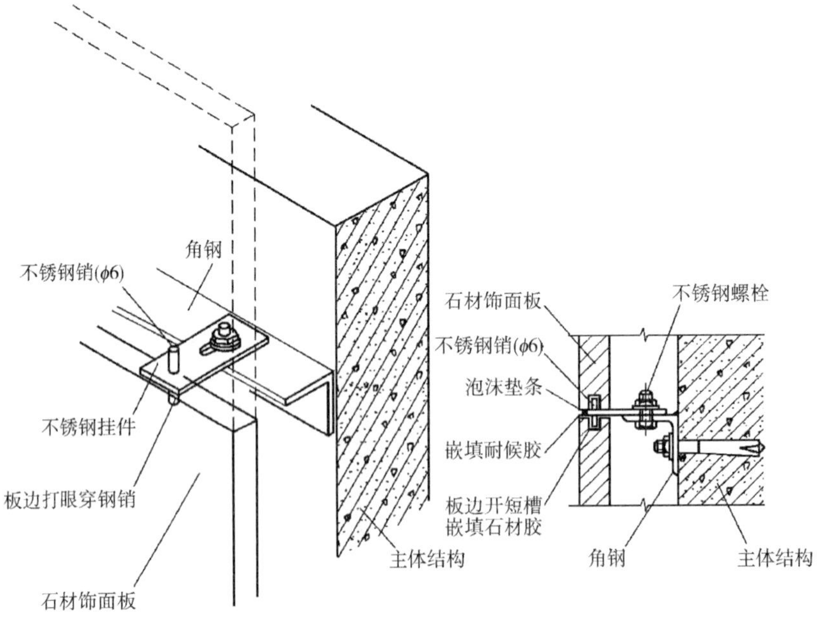

图 10－8　钢销式石材幕墙构造

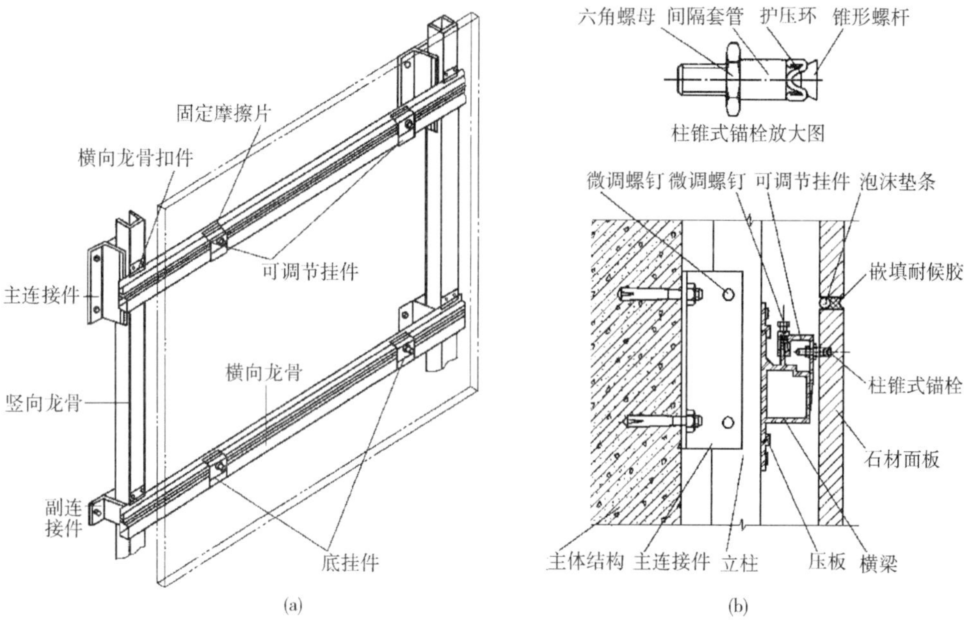

图10－9　背栓式石材幕墙构造

（a）立体图　（b）竖向节点详图

10.3.3　石材幕墙的施工工艺

（1）预埋件检查、安装

预埋件应在进行土建工程施工时埋设，幕墙施工前要根据该工程基准轴线和中线以及基准水平点对预埋件进行检查、校核，当设计无明确要求时，一般位置尺寸的允许偏差为±20mm，预埋件的标高允许偏差为±10mm。

（2）测量放线

①根据干挂石材幕墙施工图，结合土建施工图复核轴线尺寸、标高和水准点，并予以校正。

②按照设计要求，在底层确定幕墙定位线和分格线位置。

③用经纬仪将幕墙的阳角和阴角位置及标高线定出，并用固定在屋顶钢支架上的钢丝线做标志控制线。

④使用水平仪和标准钢卷尺等引出各层标高线。

⑤确定好每个立面的中线。

⑥测量时应控制分配测量误差，不能使误差积累。

⑦测量放线应在风力不大于4级情况下进行，并要采取避风措施。

⑧放线定位后要对控制线定时校核，以确保幕墙垂直度和金属立柱位置的正确。

（3）金属骨架安装

①根据施工放样图检查放线位置。

②安装固定立柱上的铁件。

③先安装同立面两端的立柱，然后拉通线顺序安装中间立柱，使同层立柱安装在同一水平位置上。

④将各施工水平控制线引至立柱上，并用水平尺校核。

⑤按照设计尺寸安装金属横梁，横梁一定要与立柱垂直。

⑥钢骨架中的立柱和横梁采用螺栓连接。如采用焊接时，应对下方和临近的已完工装饰饰面进行成品保护。

⑦待金属骨架完工后，应通过监理公司对隐蔽工程检查后，方可进行下道工序。

（4）防火、保温材料安装

①必须采用合格的材料，即要求有出厂合格证。

②在每层楼板与石材幕墙之间不能有空隙，应用 1.5mm 厚镀锌钢板和防火岩棉形成防火隔离带，用防火胶密封。

③在北方寒冷地区，保温层最好应有防水、防潮保护层，在金属骨架内填塞固定，要求严密牢固。

④幕墙保温层施工后，保温层最好应有防水、防潮保护层，以便在金属骨架内填塞固定后严密可靠。

（5）石材饰面板安装

①将运至工地的石材饰面板按编号分类，检查尺寸是否准确和有无破损、缺棱、掉角。按施工要求分层次将石材饰面板运至施工面附近，并注意摆放可靠。

②按幕墙墙面基准线仔细安装好底层第一层石材。

③注意每层金属挂件安放的标高，金属挂件应紧托上层饰面板（背栓式石板安装除外）而与下层饰面板之间留有间隙（间隙留待下道工序处理）。

④安装时，要在饰面板的销钉孔或短槽内注入石材胶，以保证饰面板与挂件的可靠连接。

⑤安装时，宜先完成窗洞口四周的石材镶边。

⑥安装到每一楼层标高时，要注意调整垂直误差，使得误差不积累。

⑦在搬运石材时，要有安全防护措施，摆放时下面要垫木方。

（6）嵌胶封缝

①要按设计要求选用合格且未过期的耐候嵌缝胶。最好选用含硅油少的石材专用嵌缝胶，以免硅油渗透污染石材表面。

②用带有凸头的刮板填装聚乙烯泡沫圆形垫条，保证胶缝的最小宽度和均匀性。选用的圆形垫条直径应稍大于缝宽。

③在胶缝两侧粘贴胶带纸保护，以免嵌缝胶迹污染石材表面。

④用专用清洁剂或草酸擦洗缝隙处石材表面。

⑤安排受过训练的注胶工注胶。注胶应均匀无流淌，边打胶边用专用工具勾缝，使嵌缝胶成型后呈微弧形凹面。

⑥施工中要注意不能有漏胶污染墙面，如墙面上粘有胶液应立即擦去，并用清洁剂及时擦净余胶。

⑦在刮风和下雨时不能注胶，因为刮起的尘土及水渍进入胶缝会严重影响密封质量。

（7）清洗和保护

施工完毕后，除去石材表面的胶带纸，用清水和清洁剂将石材表面擦洗干净，按要求进行打蜡或刷防护剂。

（8）施工注意事项

①严格控制石材质量，材质和加工尺寸都必须合格。

②要仔细检查每块石材有没有裂纹，防止石材在运输和施工时发生断裂。

③测量放线要精确，各专业施工要组织统一放线、统一测量，避免各专业施工因测量和放线误差发生施工矛盾。

④预埋件的设计和放置要合理，位置要准确。

⑤根据现场放线数据绘制施工放样图，落实实际施工和加工尺寸。

⑥安装和调整石材板位置时，可用垫片适当调整缝宽，所用垫片必须与挂件是同质材料。

⑦固定挂件的不锈钢螺栓要加弹簧垫圈，在调平、调直、拧紧螺栓后，在螺母上抹少许石材胶固定。

（9）施工质量要求

①石材幕墙的立柱、横梁的安装应符合下列规定：

a. 立柱安装标高偏差应不大于3mm，轴线前后偏差应不大于2mm，轴线左右偏差应不大于3mm。

b. 相邻两立柱安装标高偏差应不大于3mm，同层立柱的最大标高偏差应不大于5mm，相邻两根立柱的距离偏差应不大于2mm。

c. 相邻两根横梁的水平标高偏差应不大于1mm，同层标高偏差：当一幅幕墙宽度小于等于35m时，应不大于5mm；当一幅幕墙宽度大于35m时，应不大于7mm。

②石扳安装时左右、上下的偏差应不大于1.5mm。石板空缝安装时必须有防水措施，并有符合设计的排水出口。石板缝中填充硅酮密封胶时，应先垫比缝略宽的圆形泡沫垫条，然后填充硅酮密封胶。

③幕墙钢构件施焊后，其表面应进行防腐处理，如涂刷防锈漆等。

④幕墙安装施工应对下列项目进行验收：

a. 主体结构与立柱、立柱与横梁连接节点安装及防腐处理。

b. 墙面的防火层、保温层安装。

c. 幕墙的伸缩缝、沉降缝、防震缝及阴阳角的安装。

d. 幕墙的防雷节点的安装。

e. 幕墙的封口安装。

任务 10.4　金属幕墙的施工

工作任务

通过本任务的学习，了解金属幕墙的类型、组成与构造。掌握金属幕墙的装饰施工工艺。

工作情景

建筑装饰施工“理实一体化”实训室或普通教室。采用“理实一体化”教学方法，通过现场讲解，施工现场观摩、考察，掌握玻璃幕墙工程的施工工艺。

10.4.1　金属幕墙类型与构造

10.4.1.1　金属幕墙的分类

金属幕墙按照面板的材质不同，可以分为铝单板、蜂窝铝板、搪瓷板、不锈钢板幕墙等。有的还用两种或两种以上材料构成金属复合板，如铝塑复合板、金属夹心板幕墙等。

按照表面处理不同，金属幕墙又可分为光面板、亚光板、压型板、波纹板等。

10.4.1.2　金属幕墙的组成和构造

（1）金属幕墙的组成

金属幕墙主要由金属饰面板、连接件、金属骨架、预埋件、密封条和胶缝等组成。

（2）金属幕墙的构造

按照安装方法不同，有直接安装和骨架式安装两种。与石材幕墙构造不同的是金属面板采用折边加副框的方法形成组合件，然后再进行安装。图10－10所示为铝塑复合板面板的骨架式幕墙构造示例，它是用镀锌钢方管作为横梁立柱，用铝塑复合板做成带副框的组合件，用直径为4.5mm自攻螺钉固定，板缝垫杆嵌填硅酮密封胶。

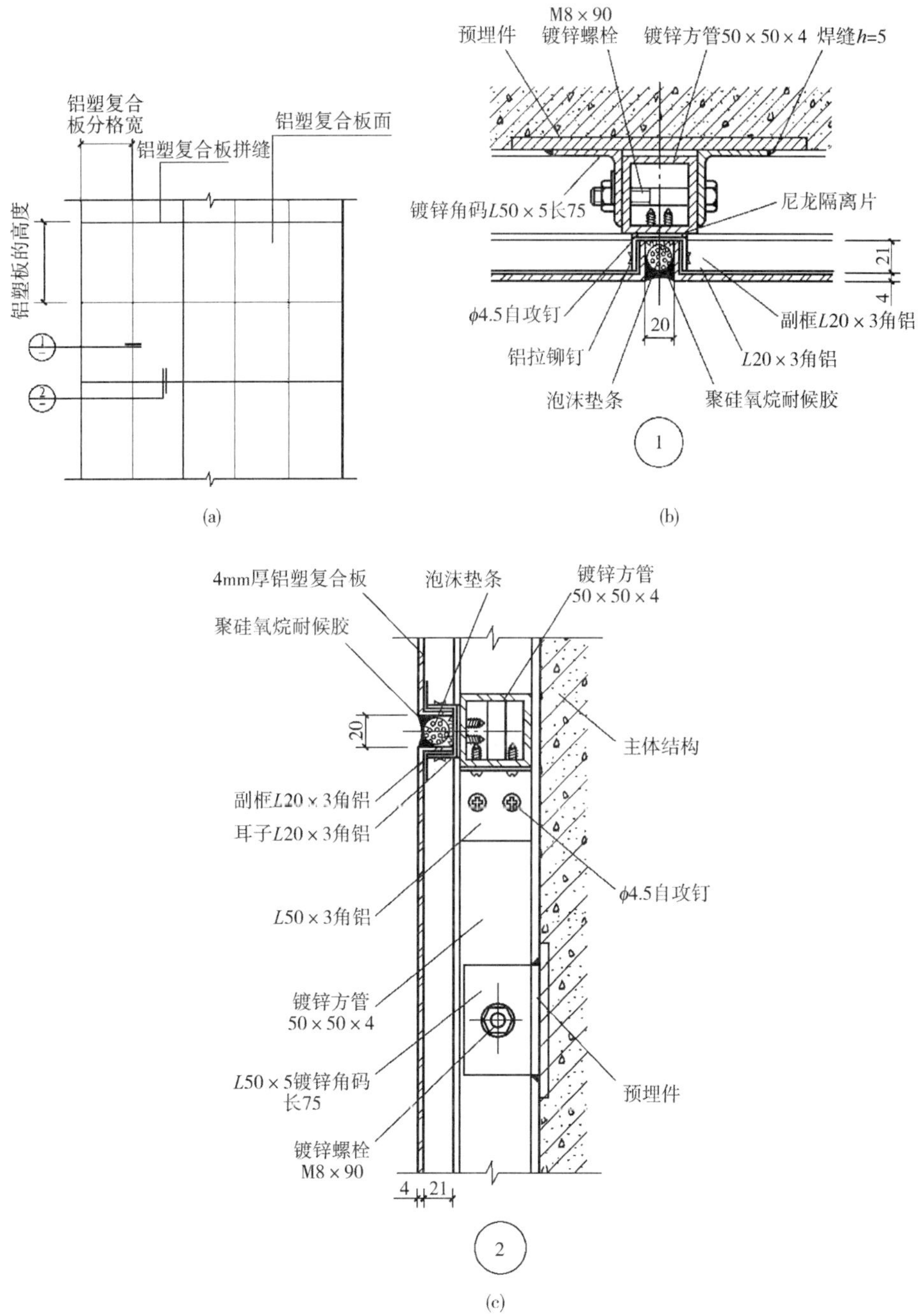

图10－10　铝塑复合板面板幕墙构造

10.4.2 金属幕墙的施工工艺

金属幕墙施工工艺流程为：准备工作—测量放线—复检埋件—安装骨架的连接件—固定骨架—防火、避雷系统安装—安装金属板单元—收口处理。

（1）施工准备

在金属幕墙施工之前应做好相应的准备工作，包括做好科学规划，熟悉图样，编制单项工程施工组织设计，做好施工方案部署，确定施工工艺流程和工、料、机安排等。

（2）测量放线

幕墙安装质量很大程度上取决于测量放线准确与否。进行施工测量放线时，应首先根据设计图纸的要求和几何尺寸，对镶贴金属饰面板的前面进行吊直、套方、找规矩并一次实测和弹线，确定饰面墙板的尺寸和数量，并在施工前检查放线是否正确，用经纬仪对立柱、横梁进行贯通测量，尤其是对建筑转角、变形缝、沉降缝等部位进行详细测量放线。如果测量过程中发现测量结果与图样有出入时，应及时向业主和监理工程师报告，得到处理意见进行调整，由设计单位做出设计变更。

（3）复检预埋件

该项工艺与石材幕墙的做法相同。

（4）安装骨架的连接件

骨架的横竖杆件是通过连接件与结构固定的，而连接件与结构之间可以与结构的预埋件焊牢，也可以在墙上打膨胀螺栓。因后一种方法比较灵活，尺寸误差较小，容易保证位置的准确性，因而实际施工中采用得比较多。

安装连接件必须按设计图加工，表面处理按现有国家标准的有关规定进行。连接件焊接时，应采用对称焊，以控制因焊接产生的变形。焊接缝不得有夹渣和气孔。敲掉焊渣后，对焊缝进行防腐处理。

（5）固定骨架

骨架应预先进行防腐处理。安装骨架位置要准确，结合要牢固。安装后应该全面检查中心线、表面标高等。对高层建筑外墙，为了保证饰面板的安装精度，宜用经纬仪对横竖杆件进行贯通。变形缝、沉降缝应妥善处理。立柱与连接件的连接应采用不锈钢螺栓。在立柱与连接件的接触面应防止金属电解腐蚀。

防锈处理不能在潮湿、多雾及阳光直接暴晒下进行，不能在尚未完全干燥或蒙尘的表面进行。涂第二层防锈漆或以后涂防锈漆时，应确定之前的涂层已经固化，其表面经砂纸打磨光滑。涂漆应表面均匀，勿使角部及接口处涂漆过量。在涂漆未完全干透时，不应在涂漆处进行其他施工。

（6）防火、避雷系统安装

防火材料抗火期要达到设计要求，用镀锌钢板固定防火材料。

幕墙框架应具有良好的防雷连接，以具有连续而有效的电传导性；同时，还要使幕墙防雷系统与建筑物防雷系统有效连接。幕墙防雷系统直接接地，不应与供电系统共用同一地线。

（7）安装金属板单元

金属板表面应平整、光滑，无肉眼可见的变形、波纹和凹凸不平。金属板无严重缺陷和色差。金属面板安装前，应检查对角线及平整度，并用清洁剂将金属板靠室内一侧及框表面清洁干净。墙板的安装顺序是从每面墙的上部竖向第一排下部第一块板开始，自下而上安装。安装完该面墙的第一排再安装第二排。每安装铺设10排墙板后，应吊线检查一次，以便及时消除误差。为了保证墙面外观质量，螺栓位置必须准确，并采用单面施工的钩形螺栓固定，使螺栓的位置横平竖直。

金属板与板之间的间隙应符合设计要求。注耐候密封胶时，须将注胶部位基材表面用清洁剂清洗干净。密封胶须注满，不能有空隙或气泡。

（8）收口处理

水平部位的压顶、端部的收口、伸缩缝的处理、两种不同材料的交接处理等，不仅关系到装饰效果，而且对使用功能也有较大的影响，一般多用特制的两种材质性能相似的成型金属板进行妥善处理。

构造比较简单和转角处理方法，大多是用一条厚度为1.5mm的直角形金属板，与外墙板用螺栓连接固定。

窗台、女儿墙的上部均属于水平部位的压顶处理，即用铝合金板盖住，使之能阻挡风雨浸透。水平桥的固定，一般先在基层焊上钢骨架，然后用螺栓将盖板固定在骨架上。盖板之间的连接时采取搭接的方法，高处压低处，搭接宽度符合设计要求，并用胶密封。

墙面边缘部位的收口处理，是用颜色相似的铝合金成形板将墙板端部及龙骨部位封住。墙面下端的收口处用一条特制的披水板将板的下端封住，同时将板与墙之间的缝隙盖住，防止雨水渗入室内。

伸缩缝、沉降缝的处理，首先要适应建筑物伸缩、沉降的需要，同时也应考虑装饰效果。另外，此部位也是防水的薄弱环节，其构造节点应周密考虑。一般可用氯丁橡胶带起连接、密封作用。

墙板的外、内包角及钢窗周围的泛水板等须在现场加工的异型件，应参考图纸，对安装好的墙面进行实测套足尺，确定其形状尺寸，使其加工准确、便于安装。

任务10.5 幕墙工程质量标准

工作任务

通过本任务的学习，了解幕墙工程质量等一般规定，掌握玻璃幕墙、金属幕墙、石材幕墙的质量标准。

工作情景

建筑装饰施工“理实一体化”实训室或普通教室。采用“理实一体化”教学方法，通过现场讲解，施工现场观摩、考察，掌握玻璃幕墙工程的施工工艺。

10.5.1 幕墙工程质量一般规定

由金属构件与各种板材组成的悬挂在主体结构上、不承担主体结构荷载与作用的建筑物外围护结构，称为建筑幕墙。按建筑幕墙的面板可将其分为玻璃幕墙、金属幕墙、石材幕墙、混凝土幕墙及组合幕墙等。按建筑幕墙的安装形式又可将其分为散装建筑幕墙、半单元建筑幕墙、单元建筑幕墙、小单元建筑幕墙等。

幕墙工程验收时应检查下列文件和记录：①幕墙工程的施工图、结构计算书、设计说明及其他设计文件；②建筑设计单位对幕墙工程设计的确认文件；③幕墙工程所用各种材料、五金配件、构件及组件的产品合格证书、性能检测报告、进场验收记录和复验报告；④幕墙工程所用硅酮结构胶的认定证书和抽查合格证明，进口硅酮结构胶的商检证，国家指定检测机构出具的硅酮结构胶相容性和剥离黏结性试验报告，石材用密封胶的耐污染性试验报告；⑤后置埋件的现场拉拔强度检测报告；⑥幕墙的抗风压性能、空气渗透性能、雨水渗漏性能及平面变形性能检测报告；⑦打胶、养护环境的温度、湿度记录，双组分硅酮结构胶的混匀性试验记录及拉断试验记录；⑧防雷装置测试记录；⑨隐蔽工程验收记录；⑩幕墙构件和组件的加工制作记录，幕墙安装施工记录。

幕墙工程应对下列材料及其性能指标进行复验：①铝塑复合板的剥离强度；②石材

的弯曲度，寒冷地区石材的耐冻融性，室内用花岗石的放射性；③玻璃幕墙用结构胶的邵氏硬度、标准条件拉伸黏结强度、相容性试验，石材用结构胶的黏结强度，石材用密封胶的污染性。

幕墙工程应对下列隐蔽工程项目进行验收：①预埋件（或后置埋件）；②构件的连接节点；③变形缝及墙面转角处的构造节点；④幕墙防雷装置；⑤幕墙防火构造。

各分项工程的检验批应按下列规定划分：①相同设计、材料、工艺和施工条件的幕墙工程每500～1000m^2应划分为一个检验批，不足500m^2也应划分为一个检验批；②同一单位工程的不连续的幕墙工程应单独划分检验批；③对于异型或有特殊要求的幕墙，检验批的划分应根据幕墙的结构、工艺特点及幕墙工程规模，由监理单位（或建设单位）和施工单位协商确定。

检查数量应符合下列规定：①每个检验批每100m^2应至少抽查一处，每处不得小于10m^2；②对于异型或有特殊要求的幕墙工程，应根据幕墙的结构和工艺特点，由监理单位（或建设单位）和施工单位协商确定。

幕墙及其连接件应具有足够的承载力、刚度和相对于主体结构的位移能力。幕墙构架立柱的连接金属角码与其他连接件应采用螺栓连接，并应有防松动措施。

隐框、半隐框幕墙所采用的结构黏结材料必须是中性硅酮结构密封胶，其性能必须符合《GB 16776—2005 建筑用硅酮结构密封胶》的规定，硅酮结构密封胶必须在有效期内使用。

隐框、半隐框玻璃幕墙所采用的中性硅酮结构密封胶，是保证隐框、半隐框玻璃幕墙安全性的关键材料。中性硅酮结构密封胶有单双组分之分，单组分硅酮结构密封胶靠吸收空气中水分而固化。因此，单组分硅酮结构密封胶的固化时间较长，一般需要14～21d，双组分固化时间较短，一般为7～10d左右，硅酮结构密封胶在完全固化前，其黏结拉伸强度很弱，玻璃幕墙构件在打注结构胶后，应在温度20℃、湿度50%以上的干净室内养护，待完全固化后才能进行下道工序。

幕墙工程使用的硅酮结构密封胶，应选用法定检测机构检测合格的产品，在使用前必须对幕墙工程选用的铝合金型材、玻璃、双面胶带、硅酮耐候密封胶、塑料泡沫棒等与硅酮结构密封胶接触的材料做相容性试验和黏结剥离性试验，试验合格后才能进行打胶。

立柱和横梁等主要受力构件，其截面受力部分的壁厚应经计算确定，且铝合金型材壁厚应不小于3mm，钢型材壁厚应不小于3.5mm。幕墙的立柱和横梁等主要受力杆件，其截面受力部分的壁厚应经计算确定，但又规定了最小壁厚，即如计算的壁厚小于规定的最小壁厚时，应取计算值，这主要是由于某些构造要求无法计算，为保证幕墙的安全可靠而采取的双控措施。

隐框、半隐框幕墙构件中板材与金属框之间硅酮结构密封胶的黏结宽度，应分别计算风荷载标准值和板材自重标准值作用下硅酮结构密封胶的黏结宽度，并取其较大值，且不得小于 7mm。

硅酮结构密封胶的黏结宽度是保证半隐框、隐框玻璃幕墙安全的关键环节之一。当采用半隐框、隐框幕墙时，硅酮结构密封胶的黏结宽度一定要通过计算来确定。当计算的黏结宽度小于规定的最小值时则采用最小值，当计算值大于规定的最小值时则采用计算值。

硅酮结构密封胶应打注饱满，并应在温度 15 ~ 30℃、相对湿度 50% 以上的洁净室内进行，不得在现场墙上打注。

幕墙的防火除应符合现行国家标准《GB 50016—2014 高层民用建筑设计防火规范》有关规定外，还应符合下列规定：①应根据防火材料的耐火极限决定防火层的厚度和宽度，并应在楼板处形成防火带；②防火层应采取隔离措施。防火层的衬板应采用经防腐处理且厚度不小于 1. 5mm 的钢板，不得采用铝板；③火层的密封材料应采用防火密封胶；④防火层与玻璃不应直接接触，一块玻璃不应跨两个防火分区。

主体结构与幕墙连接的各种预埋件，其数量、规格、位置和防腐处理必须符合设计要求。幕墙工程使用的各种预埋件必须经过计算确定，以保证其具有足够的承载力。为了保证幕墙与主体结构连接牢固可靠，幕墙与主体结构连接的预埋件应在主体结构施工时，按设计要求的数量、位置和方法进行埋设，埋设位置应正确。施工过程中如将预埋件的防腐层损坏，应按设计要求重新对其进行防腐处理。

幕墙的金属框架与主体结构预埋件的连接、立柱与横梁的连接及幕墙面板的安装必须符合设计要求，安装必须牢固。

单元幕墙连接处和吊挂处的铝合金型材的壁厚应通过计算确定，并不得小于 5mm。本条所提到单元幕墙连接处和吊挂处的壁厚，是按照板块的大小、自重及材质、连接形式严格计算的，并留有一定的安全系数，如果壁厚计算值大于 5mm，应取计算值，如果壁厚计算值小于 5mm，应取 5mm。

幕墙的金属框架与主体结构应通过预埋件连接，预埋件应在主体结构混凝土施工时埋入，预埋件的位置应准确。当没有条件采用预埋件连接时，应采用其他可靠的连接措施，并应通过试验确定其承载力。

幕墙构件与混凝土结构的连接一般是通过预埋件实现的。预埋件的锚固钢筋是锚固作用的主要来源，混凝土对锚固钢筋的黏结力是决定性的，因此预埋件必须在混凝土浇灌前埋入，施工时混凝土必须捣密实。目前实际施工中，往往由于放入预埋件时，未采取有效措施来固定预埋件，混凝土浇筑时往往使预埋件偏离设计位置，影响立柱的连接，甚至无法使用。因此应将预埋件可靠地固定在模板上或钢筋上。

当施工未设预埋件、预埋件漏放、预埋件偏离设计位置、设计变更、旧建筑加装幕墙时，往往要使用后置埋件。采用后置埋件（膨胀螺栓或化学螺栓）时，应符合设计要求并应进行现场拉拔试验。

立柱应采用螺栓与角码连接，螺栓直径应经过计算，并应不小于10mm。不同金属材料接触时应采用绝缘垫片分隔。

幕墙的抗震缝、伸缩缝、沉降缝等部位的处理应保证缝的使用功能和饰面的完整性。幕墙工程的设计应满足维护和清洁的要求。

10.5.2 玻璃幕墙质量标准

（1）主控项目

①玻璃幕墙工程所使用的各种材料、构件和组件的质量，应符合设计要求及国家现行产品标准和工程技术规范的规定。

②玻璃幕墙的造型和立面分格应符合设计要求。

③玻璃幕墙使用的玻璃应符合下列规定：

a. 幕墙应使用安全玻璃，玻璃的品种、规格、颜色、光学性能及安装方向应符合设计要求。

b. 幕墙玻璃的厚度应不小于6mm，全玻幕墙玻璃肋的厚度应不小于12mm。

c. 幕墙的中空玻璃应采用双道密封。明框幕墙的中空玻璃应采用聚硫密封胶及丁基密封胶；隐框和半隐框幕墙的中空玻璃应采用硅酮结构密封胶及丁基密封胶；镀膜面应在中空玻璃的第二或第三面上。

d. 幕墙的夹层玻璃应采用聚乙烯醇缩丁醛（PVB）胶片干法加工合成的夹层玻璃。点支撑玻璃幕墙的夹层玻璃的夹层胶片（PVE）厚度应不小于0.76mm。

e. 钢化玻璃表面不得有损伤；8mm以下的钢化玻璃应进行引爆处理。

f. 所有幕墙玻璃均应进行边缘处理。

④玻璃幕墙与主体结构连接的各种预埋件、连接件、紧固件必须安装牢固，其数量、规格、位置、连接方法和防腐处理应符合设计要求。

⑤各种连接件、紧固件的螺栓应有防松动措施；焊缝连接应符合设计要求和焊接规范的规定。

⑥隐框或半隐框玻璃幕墙，每块玻璃下端应设置两个铝合金或不锈钢托条，其长度应不小于100mm，厚度应不小于2mm，托条外端应低于玻璃外表面2mm。

⑦明框玻璃幕墙的玻璃安装应符合下列规定：

a. 玻璃槽口与玻璃的配合尺寸应符合设计要求和技术标准的规定。

b. 玻璃与构件不得直接接触，玻璃四周与构件凹槽底部应保持一定的空隙，每块玻璃下部应至少放置两块宽度与槽口宽度相同、长度不小于 100mm 的弹性定位垫块；玻璃两边嵌入量及空隙应符合设计要求。

c. 玻璃四周橡胶条的材质、型号应符合设计要求，镶嵌应平整，橡胶条长度应比边框内槽长 1.5% ~2%，橡胶条在转角处应斜面断开，并应用胶黏剂黏结牢固后嵌入槽内。

⑧高度超过 4m 的全玻幕墙应吊挂在主体结构上，吊夹具应符合设计要求，玻璃与玻璃、玻璃与玻璃肋之间的缝隙应采用硅酮结构密封胶填嵌严密。

⑨点支撑玻璃幕墙应采用带万向头的活动不锈钢爪，其钢爪间的中心距离应大于 250mm。

⑩玻璃幕墙四周、玻璃幕墙内表面与主体结构之间的连接节点、各种变形缝、墙角的连接节点应符合设计要求和技术标准的规定。

⑪玻璃幕墙应无渗漏。

⑫玻璃幕墙结构胶和密封胶的打注应饱满、密实、连续、均匀、无气泡，宽度和厚度应符合设计要求和技术标准的规定。

⑬玻璃幕墙开启窗的配件应齐全，安装应牢固，安装位置和开启方向、角度应正确。开启应灵活，关闭应严密。

⑭玻璃幕墙的防雷装置必须与主体结构的防雷装置可靠连接。

（2）一般项目

①玻璃幕墙表面应平整、洁净；整幅玻璃的色泽应均匀一致；不得有污染和镀膜损坏。

②每平方米玻璃表面质量应符合《GB 50210—2001 建筑装饰装修工程质量验收规范》的相关规定。

③一个分格铝合金型材的表面质量和检验方法应符合《GB 50210—2001 建筑装饰装修工程质量验收规范》的相关规定。

④明框玻璃幕墙的外露框或压条应横平竖直，颜色、规格应符合设计要求，压条安装应牢固。单元玻璃幕墙的单元拼缝或隐框玻璃幕墙的分格玻璃拼缝应横平竖直、均匀一致。

⑤玻璃幕墙的密封胶缝应横平竖直、深浅一致、宽窄均匀、光滑顺直。

⑥防火、保温材料填充应饱满、均匀，表面应密实、平整。

⑦玻璃幕墙隐蔽节点的遮封装修应牢固、整齐、美观。

⑧明框玻璃幕墙安装的允许偏差用经纬仪、水平仪、拉线和尺量检查。

⑨隐框、半隐框玻璃幕墙安装允许偏差，用经纬仪、水平仪、拉线和尺量检查。

⑩明框玻璃幕墙安装的允许偏差和检验方法应符合表10－3的规定。

表10－3　明框玻璃幕墙安装的允许偏差和检验方法

<table>
<tr><th>项次</th><th colspan="2">项目</th><th>允许偏差/mm</th><th>检验方法</th></tr>
<tr><td rowspan="4">1</td><td rowspan="4">幕墙垂直高度</td><td>幕墙高度≤30m</td><td>10</td><td rowspan="4">用经纬仪检查</td></tr>
<tr><td>30m＜幕墙高度≤60m</td><td>15</td></tr>
<tr><td>60m＜幕墙高度≤90m</td><td>20</td></tr>
<tr><td>幕墙高度＞90m</td><td>25</td></tr>
<tr><td rowspan="2">2</td><td rowspan="2">幕墙水平度</td><td>幕墙幅度≤35m</td><td>5</td><td rowspan="2">用水平仪检查</td></tr>
<tr><td>幕墙幅度＞35m</td><td>7</td></tr>
<tr><td>3</td><td colspan="2">构件直线度</td><td>2</td><td>用2m幕尺和塞尺检查</td></tr>
<tr><td rowspan="2">4</td><td rowspan="2">构件水平度</td><td>构件长度≤2m</td><td>2</td><td rowspan="2">用水平仪检查</td></tr>
<tr><td>构件长度＞2m</td><td>3</td></tr>
<tr><td>5</td><td colspan="2">相邻构件错位</td><td>1</td><td>用钢直尺检查</td></tr>
<tr><td rowspan="2">6</td><td rowspan="2">分格框对角线长度差</td><td>对角线长度≤2m</td><td>3</td><td rowspan="2">用钢尺检查</td></tr>
<tr><td>对角线长度＞2m</td><td>4</td></tr>
</table>

注：本表摘自《GB 50210—2001 建筑装饰装修工程质量验收规范》。

⑪隐框、半隐框玻璃幕墙安装的允许偏差和检验方法应符合表10－4的规定。

表10－4　隐框、半隐框玻璃幕墙安装的允许偏差和检验方法

<table>
<tr><th>项次</th><th colspan="2">项目</th><th>允许偏差/mm</th><th>检验方法</th></tr>
<tr><td rowspan="4">1</td><td rowspan="4">幕墙垂直度</td><td>幕墙幅度≤30m</td><td>10</td><td rowspan="4">用经纬仪检查</td></tr>
<tr><td>30m＜幕墙幅度≤60m</td><td>15</td></tr>
<tr><td>60m＜幕墙幅度≤90m</td><td>20</td></tr>
<tr><td>幕墙高度＞90m</td><td>25</td></tr>
<tr><td rowspan="2">2</td><td rowspan="2">幕墙水平度</td><td>层高≤3m</td><td>3</td><td rowspan="2">用水平仪检查</td></tr>
<tr><td>层高＞3m</td><td>5</td></tr>
<tr><td>3</td><td colspan="2">幕墙表面平整度</td><td>2</td><td>用2m靠尺和塞尺检查</td></tr>
<tr><td>4</td><td colspan="2">板材立面垂直度</td><td>2</td><td>用垂直检测尺检查</td></tr>
<tr><td>5</td><td colspan="2">板材上沿水平度</td><td>2</td><td>用1m水平尺和钢直尺检查</td></tr>
<tr><td>6</td><td colspan="2">相邻板材板角错位</td><td>1</td><td>用钢直尺检查</td></tr>
<tr><td>7</td><td colspan="2">阳角方正</td><td>2</td><td>用直角检测尺检查</td></tr>
</table>

续表

项次	项目	允许偏差/mm	检验方法
8	接缝直线度	3	拉 5m 线，不足 5m 拉通线，用钢直尺检查
9	接缝高低度	1	用钢直尺检查和塞尺检查
10	接缝宽度	1	用钢直尺检查

注：本表摘自《GB 50210—2001 建筑装饰装修工程质量验收规范》。

10.5.3 金属幕墙质量标准

（1）主控项目

①金属幕墙工程所使用的各种材料和配件，应符合设计要求及国家现行产品标准和工程技术规范的规定。

②金属幕墙的造型和立面分隔应符合设计要求。

③金属面板的品种、规格、颜色、光泽及安装方向应符合设计要求。

④金属幕墙主体结构上的预埋件、后置埋件的数量、位置及后置埋件的拉拔力必须符合设计要求。

⑤金属幕墙的金属框架立柱与主体结构预埋件的连接、立柱与横梁的连接、金属面板的安装必须符合设计要求，安装必须牢固。

⑥金属幕墙的防火、保温、防潮材料的设置应符合设计要求，并应密实、均匀、厚度一致。

⑦金属框架及连接件的防腐处理应符合设计要求。

⑧金属幕墙的防雷装置必须与主体结构的防雷装置可靠连接。

⑨各种变形缝、墙角的连接节点应符合设计要求和技术标准的规定。

⑩金属幕墙的板缝注胶应饱满、密实、连续、均匀、无气泡，宽度和厚度应符合设计要求和技术标准的规定。

⑪金属幕墙应无渗漏。

（2）一般项目

①金属板表面应平整、洁净、色泽一致。

②金属幕墙的压条应平直、洁净，接口严密、安装牢固。

③金属幕墙的密封胶缝应横平竖直、深浅一致、宽窄均匀、光滑顺直。

④金属幕墙上的滴水线、流水坡向应正确、顺直。

⑤每平方米金属板的表面质量和检验方法应符合表10－5的规定。

表10－5 每平方米金属板的表面质量和检验方法

项次	项目	质量要求	检验方法
1	明显划伤和长度＞100mm的轻微划伤	不允许	观察
2	长度≤100mm的轻微划伤	≤8	用钢尺检查
3	擦伤总面积	≤500mm^2	用钢尺检查

⑥金属幕墙安装的允许偏差和检验方法应符合表10－6的规定。

表10－6 金属幕墙安装的允许偏差和检验方法

项次	项目		允许偏差/mm	检验方法
1	幕墙垂直度	幕墙高度≤30m	10	用经纬仪检查
		30m＜幕墙高度≤60m	15	
		60m＜幕墙高度≤90m	20	
		幕墙高度＞90m	25	
2	幕墙水平度	层高≤3m	3	用水平仪检查
		层高＞3m	5	
3	幕墙表面平整度		2	用2m靠尺和塞尺检查
4	板材立面垂直度		3	用垂直检测尺检查
5	板材上沿水平度		2	用1m水平尺和钢直尺检查
6	相邻板材板角错位		1	钢直尺检查
7	阳角方正		2	用直角检测尺检查
8	接缝直线度		3	拉5m线，不足5m拉通线，用钢直尺检查
9	接缝高低差		1	用钢直尺和塞尺检查
10	接缝宽度		1	用钢直尺检查

注：本表摘自《GB 50210—2001 建筑装饰装修工程质量验收规范》。

10.5.4 石材幕墙质量标准

（1）主控项目

①石材幕墙工程所用材料的品种、规格、性能和等级，应符合设计要求及国家现行产品标准和工程技术规范的规定。石材的弯曲强度应不小于8MPa；吸水率应小于0.8%。石

材幕墙的铝合金挂件厚度应不小于4mm，不锈钢挂件厚度应不小于3mm。

②石材幕墙的造型、立面分格、颜色、光泽、花纹和图案应符合设计要求。

③石材孔、槽的数量、深度、位置、尺寸应符合设计要求。

④石材幕墙主体结构上的预埋件和后置埋件的位置、数量及后置埋件的拉拔力必须符合设计要求。

⑤石材幕墙的金属框架立柱与主体结构预埋件的连接、立柱与横梁的连接、连接件与金属框架的连接、连接件与石材面板的连接必须符合设计要求，安装必须牢固。

⑥金属框架和连接件的防腐处理应符合设计要求。

⑦石材幕墙的防雷装置必须与主体结构防雷装置可靠连接。

⑧石材幕墙的防火、保温、防潮材料的设置应符合设计要求，填充应密实、均匀、厚度一致。

⑨各种结构变形缝、墙角的连接节点应符合设计要求和技术标准的规定。

⑩石材表面和板缝的处理应符合设计要求。

⑪石材幕墙的板缝注胶应饱满、密实、连续、均匀、无气泡，板缝宽度和厚度应符合设计要求和技术标准的规定。

⑫石材幕墙应无渗漏。

（2）一般项目

①石材幕墙表面应平整、洁净，无污染、缺损和裂痕。颜色和花纹应协调一致，无明显色差，无明显修痕。

②石材幕墙的压条应平直、洁净、接口严密、安装牢固。

③石材接缝应横平竖直、宽窄均匀；阴阳角石板压向应正确，板边合缝应顺直；凸凹线出墙厚度应一致，上下口应平直；石材面板上洞口、槽边应套割吻合，边缘应整齐。

④石材幕墙的密封胶缝应横平竖直、深浅一致、宽窄均匀、光滑顺直。

⑤石材幕墙上的滴水线、流水坡向应正确、顺直。

⑥每平方米石材的表面质量和检验方法应符合表10－7的规定。

表10－7　每平方米石材的表面质量和检验方法

项次	项目	质量要求	检验方法
1	明显划伤和长度＞100mm的轻微划伤	不允许	观察
2	长度≤100mm的轻微划伤	≤8	用钢尺检查
3	擦伤总面积	≤500mm^2	用钢尺检查

⑦石材幕墙安装的允许偏差和检验方法应符合表 10－8 的规定。

表 10－8　石材幕墙安装的允许偏差和检验方法

项次	项目		允许偏差/mm		检验方法
			光面	麻面	
1	幕墙垂直度	幕墙高度≤30m	10		用经纬仪检查
		30m < 幕墙高度≤60m	15		
		60m < 幕墙高度 ≤90m	20		
		幕墙高度 > 90m	25		
2	幕墙水平度		3		用水平仪检查
3	板材立面垂直度		3		用水平仪检查
4	板材上沿水平度		2		用 1m 水平尺和钢直尺检查
5	相邻板材板角错位		1		用钢直尺检查
6	幕墙表面平整度		2	3	用垂直检测尺检查
7	阳角方正		2	4	用直角检测尺检查
8	接缝直线度		3	4	拉 5m 线，不足 5m 拉通线，用钢直尺检查
9	接缝高低差		1	—	用钢直尺和塞尺检查
10	接缝宽度		1	2	用钢直尺检查

注：本表摘自《GB 50210—2001 建筑装饰装修工程质量验收规范》。

思考与练习

（1）建筑幕墙可以从哪几个方面进行分类？

（2）幕墙工程在设计、选材和施工等方面应遵守哪些规定？

（3）玻璃幕墙的基本技术要求是什么？

（4）有框玻璃幕墙、无框坡璃幕墙、全坡璃幕墙各自的施工工艺如何？

（5）石材幕墙的种类及对石材的基本要求有哪些？

（6）石材幕墙的组成和构造，其主要施工工艺如何？

（7）金属幕墙的分类、组成和构造，其主要施工工艺如何？

（8）简述金属幕墙的施工注意事项和质量要求。

项目 11　玻璃装饰工程施工

知识目标

（1）了解常用玻璃的性质及材料的种类。

（2）了解不同玻璃的适用范围及特点。

（3）掌握玻璃屏风、玻璃镜、玻璃栏板、空心玻璃砖墙、装饰玻璃饰面材料的施工工艺流程、技术要求，以及质量验收要求。

技能目标

（1）能够专业地介绍不同玻璃装饰工程的材料及工艺特点和质量验收方法。

（2）熟悉玻璃装饰施工常用的各种工具，掌握其操作方法。

（3）能进行玻璃屏风、玻璃镜、玻璃栏板、空心玻璃砖墙、装饰玻璃饰面的安装。

任务 11.1　玻璃装饰的加工及安装基本知识

工作任务

通过本任务的学习掌握玻璃装饰的施工材料、规格及质量要求，熟悉施工的常用工具、工艺流程，掌握工程质量验收标准与检验方法等有关知识。

工作情景

建筑装饰施工“理实一体化”实训室或普通教室。采用“理实一体化”教学方法，通过现场讲解，施工现场观摩、考察，掌握玻璃装饰工程的材料、安装结构、工艺等方面的基础知识。

（1）材料要求

玻璃和玻璃砖的品种、规格和颜色应符合设计要求，其质量应符合有关产品标准的规定。

（2）主要机具

一般应备有：工作台、玻璃刀、尺板、钢卷尺（3m）、木折尺、克丝钳、玻璃吸盘、螺丝刀、胶枪、木柄小锤、方尺、棉丝或擦布、毛笔、工具袋、长安全带等。

（3）作业条件

①玻璃应在门窗五金安装后，经检查合格。玻璃隔断的玻璃安装，也应参照上述规定进行安装。

②门窗在正式安装玻璃前，要检查是否有扭曲及变形等情况，遇有不合格的，应整修后再安装玻璃。

③玻璃安装前应按照设计要求的尺寸或实测尺寸，预先集中裁制，裁制好的玻璃应按不同规格和安装顺序码放在安全地方备用。对集中加工后进场的半成品，应有针对性地选择几樘，核实进场材料的尺寸及加工余量，各应缩小1个裁口宽的1/4。一般每块玻璃的上下余量3mm，宽窄余量4mm，边缘不得有斜曲或缺口等情况。铝合金框、扇裁割应符合国家标准玻璃与玻璃框之间配合尺寸的规定，满足设计及安装要求。

（4）操作工艺

①工艺流程：玻璃挑选、裁制—分规格码放—安装前擦净—镶嵌玻璃—压线条，打玻璃胶。

②玻璃挑选及裁制：将需要安装的玻璃，按部位分规格、数量裁制，已裁好的玻璃按规格码放；分送的数量应以当天安装的数量为准，不宜过多，以减少搬运和减少玻璃的损耗。

③嵌玻璃：玻璃底部平放夹板，上U形槽，玻璃推平、压实后，四面缝打玻璃胶。

④安装彩色玻璃和压花玻璃，应按照设计图案仔细裁割，接缝必须吻合，不允许出现错位松动和斜曲等缺陷。

⑤安装压花玻璃或磨砂玻璃时，压花玻璃的花面应向外，磨砂玻璃的磨砂面应向

室内。

⑥安装玻璃隔断时，隔断上框的顶面应有适量缝隙，以防止结构变形，将玻璃挤压损坏。

⑦冬期施工应在已安装好玻璃的室内作业，温度应在正温度以上；存放玻璃的库房与作业面温度不能相差过大，玻璃如从过冷或过热的环境中运入操作地点，应待玻璃温度与室内温度相近后再行安装；如条件允许，要将预先裁割好的玻璃提前运入作业地点。

（5）质量标准

验收标准按 GB 50210—2001 中 5.6.1～5.6.10 执行。

（6）成品保护

①凡已经安装完门窗玻璃的工程，必须派专人看管维护，同时在玻璃上贴上标志以防止撞坏。

②门窗玻璃安装后，应随手挂好风钩或插上插销，防止刮风损坏玻璃，并将多余的和破碎的玻璃及时送库或清理干净。

③对于面积较大、造价昂贵的玻璃，宜在工程交验之前安装，如需要提前安装时，应采取妥善保护措施，防止损伤玻璃造成损失。

④玻璃安装时，操作人员要加强对窗台及门窗口抹灰等项目的成品保护。

（7）应注意的质量问题

①用手指敲弹玻璃时有响声则为基层处理不符合要求，在基层施工时，应认真操作并仔细检查。

②木压条、钢丝卡子、橡皮垫等附件安装应经过挑选，防止出现变形，影响玻璃美观、污染的斑痕要及时擦净。

任务 11.2　玻璃屏风的施工

工作任务

通过本任务的学习，掌握玻璃屏风的施工材料、规格及质量要求，熟悉施工的常用工具、工艺流程，掌握工程质量验收标准与检验方法等有关知识。

工作情景

建筑装饰施工“理实一体化”实训室或普通教室。采用“理实一体化”教学方法，通过现场讲解，施工现场观摩、考察，掌握玻璃屏风工程的材料、安装结构、工艺等方面的基础知识。

11.2.1　木骨架玻璃屏风的施工

玻璃屏风一般以单层玻璃板安装在框架上。常用的框架为木制架和不锈钢柱架。玻璃板与基架相配有两种方式，一种是档位法，另一种是黏结法。

玻璃与基架木框的结合不能太紧密，玻璃放入木板后，在木框的上部和侧边应留有3mm左右的缝隙，该缝隙是为玻璃热胀冷缩用的。对大面积玻璃板来说，留缝尤为重要，否则在受热变化时将会开裂。

安装玻璃前，要检查玻璃的角是否方正，检查木框的尺寸是否正确，是否有走形现象。在校正好的木框内侧，定出玻璃安装的位置线，并固定好玻璃板靠位线条，如图11－1所示。

把玻璃放入木框内，其两侧距木框的缝隙应相等，并在缝隙中注入玻璃胶，然后钉上固定压条，固定压条最好用钉枪钉。对于面积较大的玻璃板，安装时应用玻璃吸盘器吸住玻璃，再用手握住吸盘器将玻璃提起来安装，如图11－2所示。

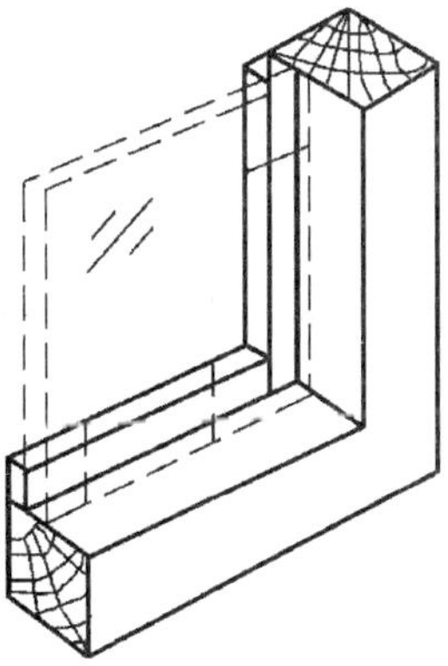

图11－1　木框内玻璃的安装方式

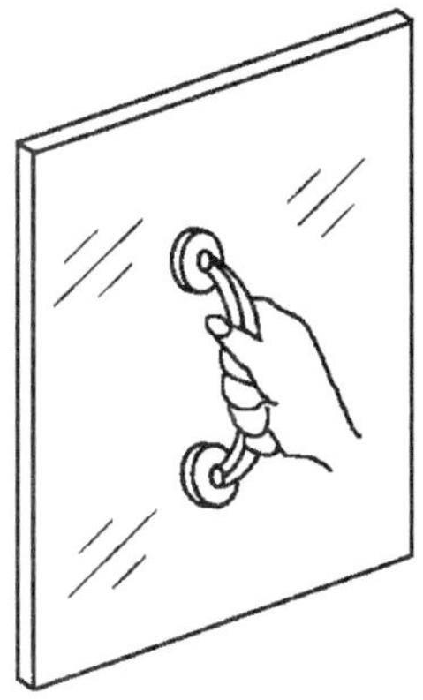

图11－2　大面积玻璃用吸盘器安装

木压条的安装形式多种多样，在建筑装饰工程中常见的安装形式如图 11 －3 所示。

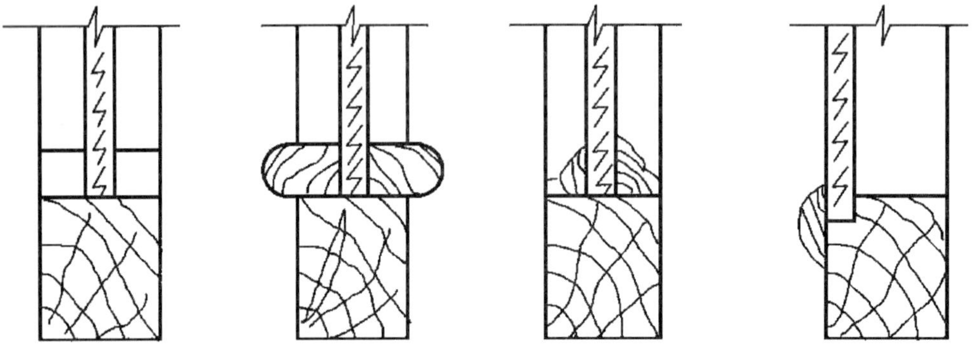

图 11 －3　木压条固定玻璃的常见形式

11. 2. 2　金属骨架玻璃屏风的施工

在金属骨架屏风的施工中，主要应当注意以下事项：

①玻璃与金属方框架安装时，先要安装玻璃靠位线条，靠位线条可以是金属角线或是金属槽线。固定靠位线条通常是用自攻螺钉。

②根据金属框架的尺寸裁割玻璃，玻璃与框架的结合不能太紧密，应该按小于框架 3 ~5mm 的尺寸裁割玻璃。

③安装玻璃前，应在框架下部的玻璃放置面上涂一层厚 2mm 的玻璃胶，如图 11 －4 所示。玻璃安装后，玻璃的底边就压在玻璃胶层上；或者放置一层橡胶垫，玻璃安装后，底边压在橡胶垫上。

④把玻璃放入框内，并靠在靠位线条上。如玻璃板面积较大，应用玻璃吸盘器安装。玻璃板距金属框两侧的缝隙相等，并在缝隙中注入玻璃胶，然后安装封边压条。

如果封边压条是金属槽条，而且为了表面美观不得直接用自攻螺钉固定时，可采用先在金属框上固定木条，然后在木条上涂万能胶，把不锈钢槽条或铝合金槽条卡在木条上，以达到装饰目的。如果没有特殊要求，可用自攻螺钉直接将压条槽固定在框架上。常用的自攻螺钉为 M4 或 M5。安装时先在槽条上打孔，然后通过此孔在框架上打孔，这样安装就不会走位。打孔的钻头要小于自攻螺钉的直径 0. 8mm。在全部槽条的安装孔位都打好后，再进行玻璃的安装，如图 11 －5 所示。

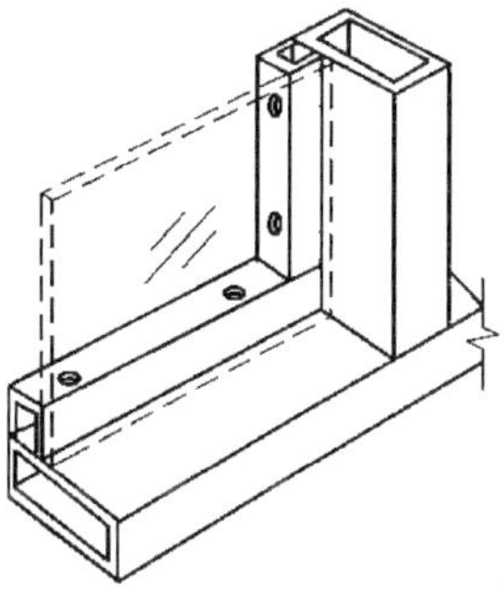

图 11－4　玻璃靠位线条及底边涂玻璃胶

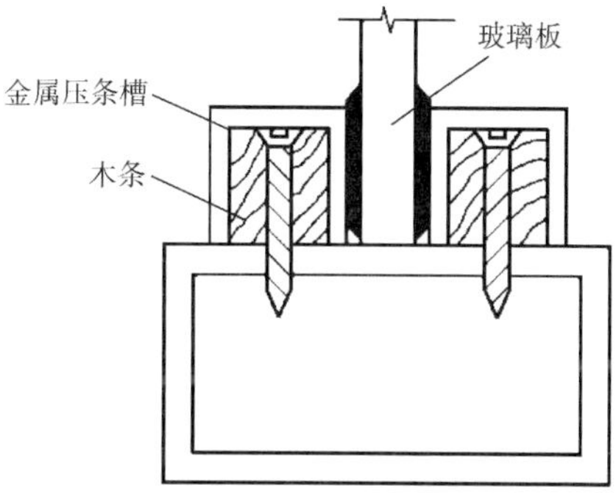

图 11－5　金属框架上的玻璃安装

11.2.3　玻璃板与不锈钢圆柱框的安装

目前玻璃板与不锈钢圆柱框的安装形式主要有：

①玻璃板四周是不锈钢槽，其两边为圆柱。

②玻璃板两侧是不锈钢槽与柱，上下是不锈钢管，且玻璃底边由不锈钢管托住。

玻璃板四周不锈钢槽固定的操作方法为：先在内径宽度大于玻璃厚度的不锈钢槽上划线，并在角位处开出对角口，对角口用专用剪刀剪出，并用什锦锉修边，使对角口合缝严密。在对好角位的不锈钢槽框两侧，相隔 200～300mm 的间距钻孔。钻头小于所用自攻螺钉 0.8mm。在不锈钢柱上面划出定位线和孔位线，并用同一钻孔头在不锈钢柱上的孔位处钻孔。再用平头自攻螺钉，把不锈钢槽框固定在不锈钢柱上。

将按尺寸裁好的玻璃从上面插入不锈钢槽框内。玻璃板的长度尺寸应比不锈钢槽框的长度小 4～6mm，以便让出槽内自攻螺钉头的位置。然后向槽内注入玻璃胶，最后将上封口的不锈钢槽卡在玻璃上边，并用玻璃胶固定。如果玻璃板上边不用不锈钢槽封边，那么玻璃板上边就必须倒角处理或磨出圆边，以防止玻璃板伤人。

两侧不锈钢槽固定玻璃板的安装方法为：首先按玻璃的高度锯出两截不锈钢槽，并在每个不锈钢槽内打两个孔，并按此洞孔的位置在不锈钢柱上打孔。上端孔的位置可在距端头 30～50mm 处，而下端孔的位置，就要以玻璃板向上抬起后可拧入自攻螺钉为准。也就要看上横不锈钢管与玻璃板上边的距离，这个距离一般要大于 20mm。否则就要减少玻璃板的高度（上下横不锈钢管一般在制作框架时，就与立柱焊接在一起了）。

安装玻璃前，先将两侧的不锈钢槽分别在上端用自攻螺钉固定于立柱上。再摆动两槽，使其与不锈钢柱错位，并同时将玻璃板斜位插入两槽内。然后转动玻璃板，使之与不锈钢柱同线，再用手向上托起玻璃板，使玻璃板一直顶至上部的不锈钢横管。将不锈钢槽内下部的孔位与不锈钢立柱下部的孔对准后，用自攻螺钉穿入拧紧。最后放下玻璃板，并在不锈钢槽与玻璃之间、玻璃板与下横不锈钢管之间注入玻璃胶，并将流出的胶液擦干净。

任务 11.3　玻璃镜的安装施工

工作任务

通过本任务的学习，掌握玻璃镜的施工材料、规格及质量要求，熟悉施工的常用工具、工艺流程，掌握工程质量验收标准与检验方法等有关知识。

工作情景

建筑装饰施工“理实一体化”实训室或普通教室。采用“理实一体化”教学方法，通过现场讲解，施工现场观摩考察、掌握玻璃镜工程的材料、安装结构、工艺等方面的基础知识。

11.3.1　顶面玻璃镜的安装施工

室内装饰中玻璃镜的使用较为广泛，玻璃镜的安装部位主要有顶面、墙面和柱面。安装固定通常用玻璃钉、黏结和压线条的方式。

（1）顶面玻璃镜的安装要求

①对基面的要求：基面应为板面结构，通常是木夹板基面，如果采用嵌压式安装基面可以是纸面石膏板基面。基面要求平整、无鼓肚现象。

②嵌压式固定安装：嵌压式安装通常用压条为木压条、铝合金压条、不锈钢压条，其固定方式如图 11－6 所示。

顶面嵌压式固定前，需要根据吊顶骨架的布置进行弹线，因为压条应固定在吊顶骨架上。并根据骨架来安排压条的位置和数量。

木压条在固定时，最好用 20～25mm 的钉枪来固定，避免用普通圆钉，以防止在钉压条时震破玻璃镜。

铝压条和不锈钢压条可用木螺钉固定在其凹部，如图 11－7 所示。如采用无钉工

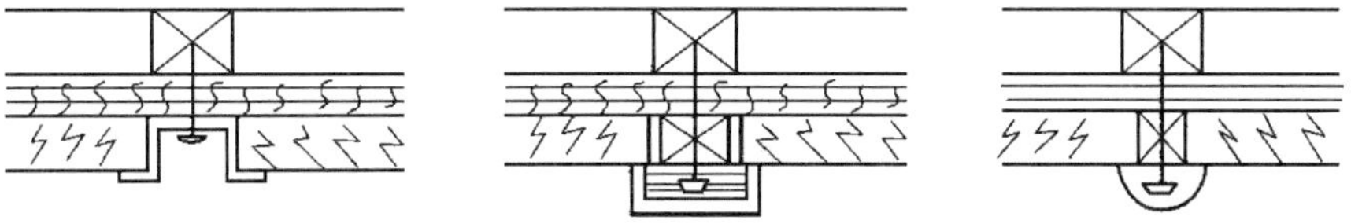

图11－6 嵌压式固定镜面玻璃的几种形式

艺，可先用木衬条卡住玻璃镜，再用万能胶将不锈钢压条粘卡在木衬条上，然后在不锈钢压条与玻璃镜之间的角位处封玻璃胶。

（2）玻璃钉固定安装

①玻璃钉需要固定在木骨架上，安装前应按木骨架的间隔尺寸在玻璃上打孔，孔径小于玻璃钉端头直径3mm。每块玻璃板上需钻出四个孔，孔位均匀布置，并不能太靠镜面的边缘，以防开裂。

②根据玻璃镜面的尺寸和木骨架的尺寸，在顶面基面板上弹线，确定镜面的排列方式。玻璃镜应尽量按每块尺寸相同来排列。

③玻璃镜安装应逐块进行。镜面就位后，先用直径2mm的钻头，通过玻璃镜上的孔位，在吊顶骨架上钻孔，然后再拧入玻璃钉。拧入玻璃钉后应对角拧紧，以玻璃不晃动为准，最后在玻璃钉上拧入装饰帽，如图11－8所示。

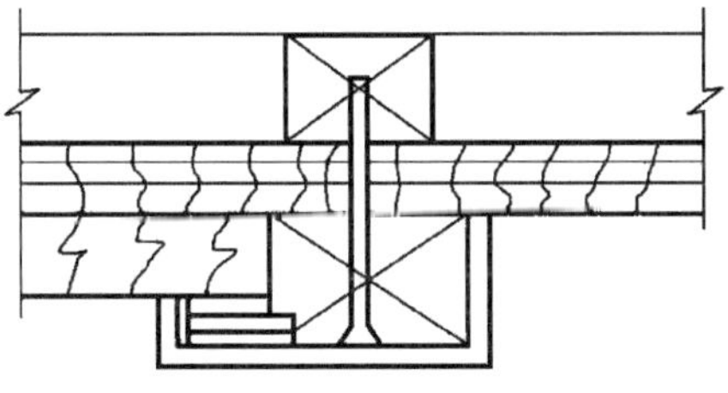

图11－7 嵌压式无钉工艺

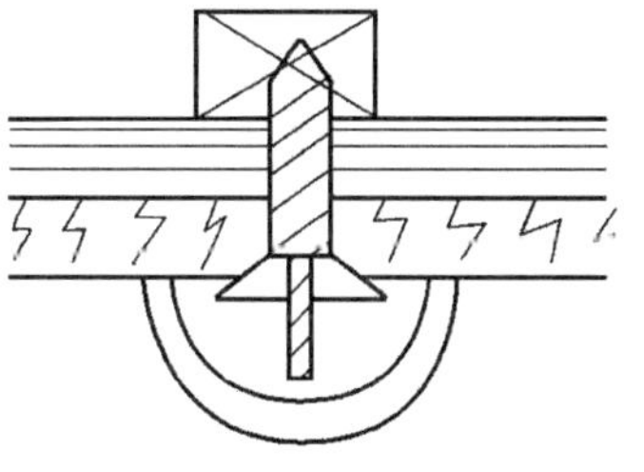

图11－8 玻璃钉固定安装

④玻璃镜在垂直面的衔接安装。玻璃镜在两个面垂直相交时的安装方法有：角线托边和线条收边等几种，如图11－9所示。

（3）粘贴加玻璃钉双重固定安装

在一些重要场所或玻璃镜面积大于1m^{2}的顶面、墙面安装，经常用粘贴后加玻璃钉的固定方法，以保证玻璃镜在开裂时也不致落下伤人。玻璃镜粘贴的方法为：

①将镜的背面清扫干净，除去尘土和沙粒。

②在镜的背面涂刷一层白乳胶，用一张薄的牛皮纸粘贴在镜背面，并用塑料片刮

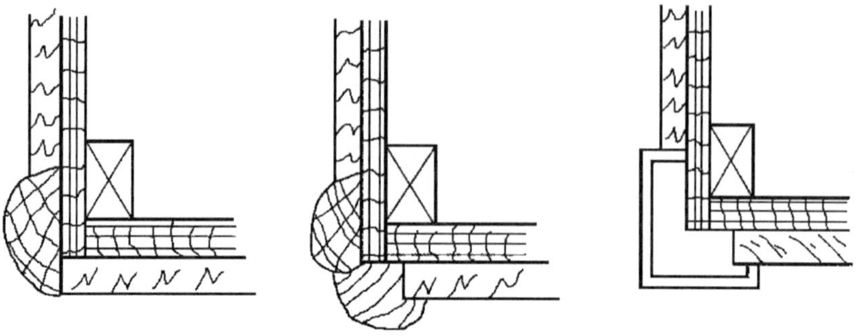

图 11－9　玻璃镜在垂直面的衔接安装

平整。

③分别在镜背面的牛皮纸上和顶面木夹板面涂刷万能胶，当胶面不粘手时，把玻璃镜按弹线位置粘贴到顶面木夹板上。

④用手抹压玻璃镜，使其与顶面黏合紧密，并注意边角处的粘贴情况。然后用玻璃钉将镜面再固定四个点，固定方法如前述。

注意：粘贴玻璃镜时，不得直接用万能胶涂在镜面背后，以防止对镜面涂层的腐蚀损伤。

11.3.2　墙面、柱面玻璃镜安装

墙面、柱面上的玻璃镜安装与顶面安装的要求和工艺均相同。另外，墙面组合粘贴小块玻璃镜面时，应从下边开始，按弹线位置向上逐块粘贴。并在块与块的对接缝边上涂少许玻璃胶。玻璃镜在墙柱面转角处的衔接方法有线条压边、磨边对角和用玻璃胶收边等。用线条压边方法时，应在粘贴玻璃镜的面上留出一条线条的安装位置，以便固定线条；用玻璃胶收边，可将玻璃胶注在线条的角位，也可注在两块镜面的对角口处。常见的角位收边方式如图 11－10 所示。

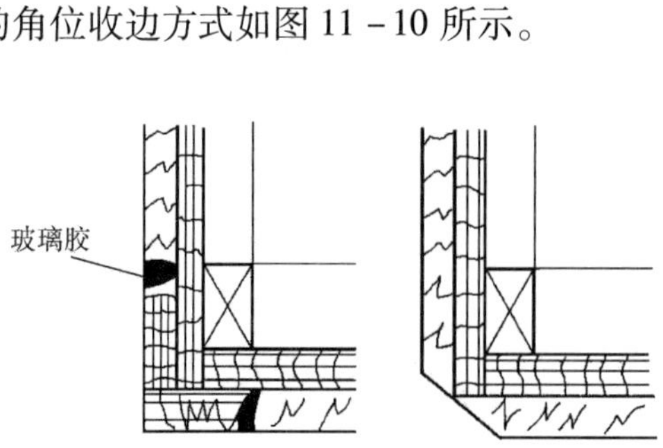

图 11－10　角位收边方式

如果玻璃镜直接与建筑基面安装时，应检查其基面的平整度。如不平整应重新批荡或加木夹板基面。玻璃镜与建筑基面安装时，通常用线条嵌压或用玻璃钉固定，但在安装前，应在玻璃镜背面粘贴一层牛皮纸保护层，线条和玻璃钉都是钉在埋入墙面的木楔上。

任务11.4　玻璃栏板的安装施工

工作任务

通过本任务的学习，掌握玻璃栏板的施工材料、规格及质量要求，熟悉施工的常用工具、工艺流程，掌握工程质量验收标准与检验方法等有关知识。

工作情景

建筑装饰施工“理实一体化”实训室或普通教室。采用“理实一体化”教学方法，通过现场讲解，施工现场观摩、考察，掌握玻璃栏板工程的材料、安装结构、工艺等方面的基础知识。

11.4.1　回廊栏板的安装

廊栏板由三部分组成：扶手、玻璃栏板、栏板底座。

（1）扶手安装

（2）扶手与玻璃的固定

木质扶手、不锈钢扶手和黄铜扶手与玻璃板的连接，一般做法是在扶手内加设型钢，如槽钢、角钢或H形型钢等。图11－11和图11－12所示为木扶手及金属扶手内部设置型钢与玻璃栏板相配合的构造做法。有的金属圆管扶手在加工成形时，即将嵌装玻璃的凹槽一次制成，这样可减少现场焊接工作量。

（3）玻璃栏板单块间的拼接

玻璃栏板单块与单块之间，不得拼接过于太紧，一般应留出8mm的间隙。玻璃与其他材料的相交部位，也不能贴靠过紧，也要留出8mm的间隙。但在间隙之间一定要注入硅酮系列密封胶。

（4）栏板底座的做法

玻璃栏板底座的构造处理，主要是解决玻璃栏板的固定和踢脚部位的饰面处理。固定玻璃的做法非常多，一般是采用角钢焊成的连接铁件，两条角钢之间留出适当的间隙，即玻璃栏板的厚度再加上每侧 3 ~ 5mm 的填缝间隙，如图 11 – 13 和图 11 – 14 所示。

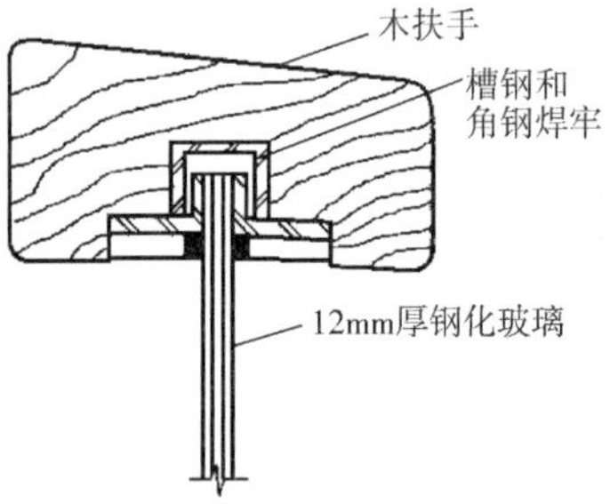

图 11 – 11　木扶手与玻璃栏板的连接

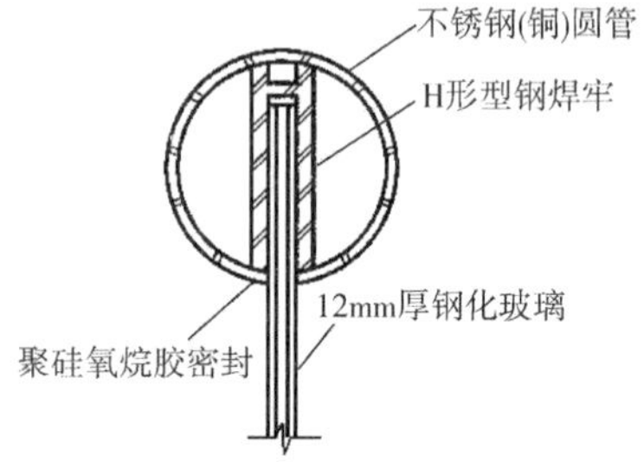

图 11 – 12　金属扶手加设型钢安装玻璃栏板

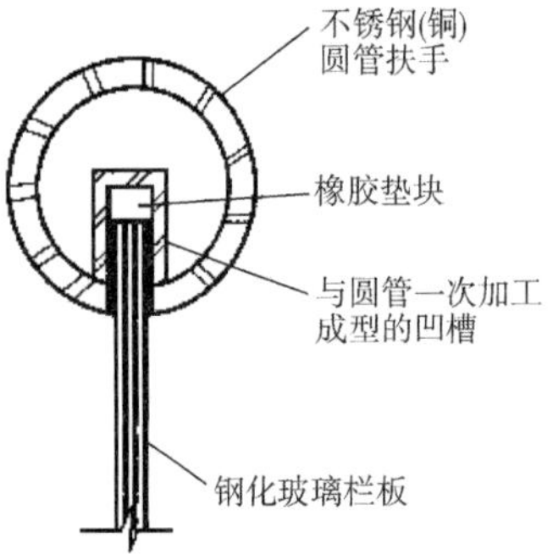

图 11 – 13　一次加工成形的金属扶手与玻璃栏板的安装固定

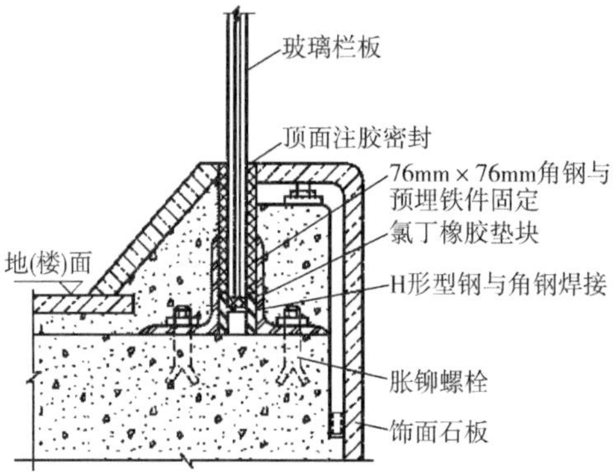

图 11 – 14　用角钢固定玻璃的底座做法示例

11.4.2　楼梯玻璃栏板的安装

对于室内楼梯栏板，其形式可以是全玻璃，称为全玻式玻璃楼梯栏板；也可以是部分玻璃，称为半玻式玻璃楼梯栏板。

（1）全玻式栏板上部的固定

全玻式楼梯扶手结构比较简单，主要由不锈钢管、厚玻璃、角钢、玻璃胶等组成。全玻式楼梯栏板的上部与不锈钢或黄铜管扶手的连接，一般有三种方式：第一种是金属管的下部开槽，厚玻璃栏板插入槽内，以玻璃胶进行封口；第二种是在扶手金属管的下部安装卡槽，厚玻璃栏板嵌装在卡槽内；第三种是用玻璃胶将厚玻璃栏板直接与金属管黏结。

（2）半玻式玻璃栏板的固定

半玻式玻璃栏板的安装固定方式，多是用金属卡槽将玻璃栏板固定于立柱之间；或者是在栏板立柱上开出槽位，将玻璃栏板嵌装在立柱上并用玻璃胶固定。

（3）全玻式栏板下部的固定

玻璃栏板下部与楼梯结构的连接多采用较简易的做法，即用角钢将玻璃板夹住定位，然后打玻璃胶并封闭缝隙。

采用天然石材饰面板作为楼梯面装饰，在安装玻璃栏板的位置留槽，留槽宽度要大于玻璃厚度的 5 ~ 8mm，将玻璃栏板安放于槽内之后，再加注玻璃胶封闭。玻璃栏板下部可加垫橡胶垫块。

任务 11.5　空心玻璃砖墙的施工

工作任务

通过本任务的学习，掌握空心玻璃砖墙的施工材料、规格及质量要求，熟悉施工的常用工具、工艺流程，掌握工程质量验收标准与检验方法等有关知识。

工作情景

建筑装饰施工“理实一体化”实训室或普通教室。采用“理实一体化”教学方法，通过现场讲解，施工现场观摩、考察，掌握空心玻璃砖墙工程的材料、安装结构、工艺等方面的基础知识。

空心玻璃砖也称玻璃半透花砖，是目前较新颖的装饰材料。其形状是方扁体空心的玻璃半透明体，其表面或内部有花纹。玻璃砖以砌筑局部墙面为主，其特色是可以提供自然采光，兼具隔热、隔声和装饰作用，其透光与散光现象所形成的视觉效果富有装饰性，如图 11 - 15 所示。

空心玻璃装饰砖墙的施工方法，基本上可以分为砌筑法和胶筑法两种。

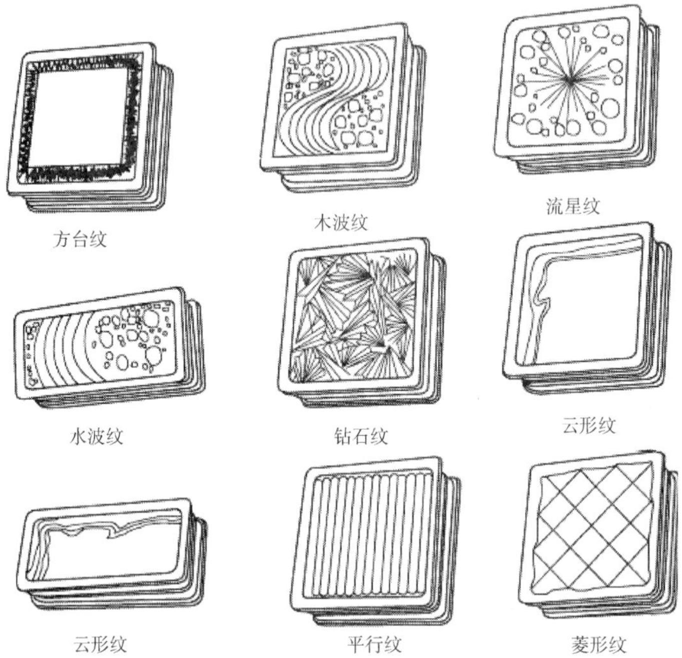

图 11－15　空心玻璃装饰砖部分图案示例

11.5.1　空心玻璃装饰砖墙的砌筑法

砌筑法是将空心玻璃装饰砖用 1∶1 的白水泥石英彩色砂浆（白砂或彩砂）与加固钢筋砌筑成空心玻璃砖墙（或隔断）的一种构造做法，如图 11－16 和图 11－17 所示。

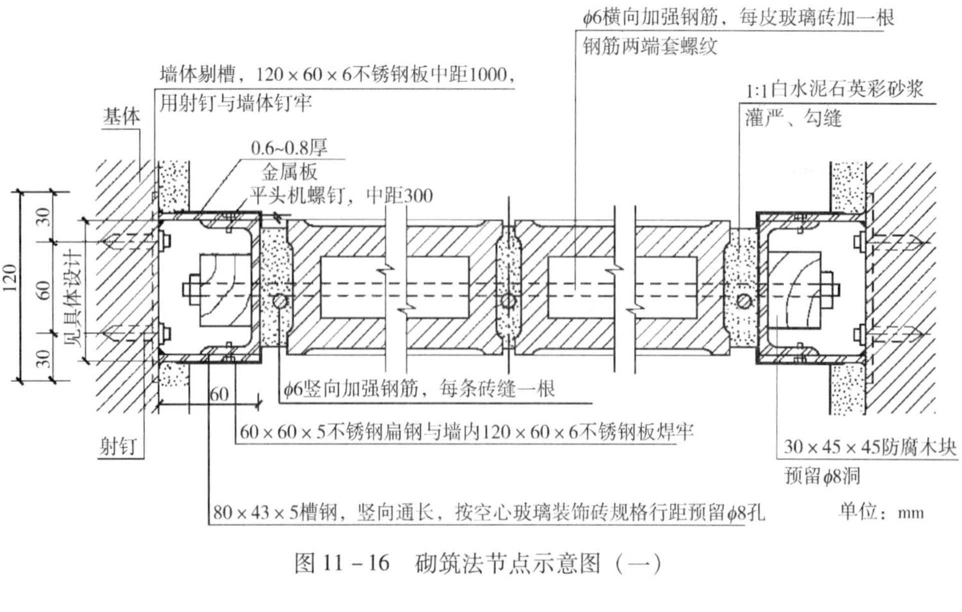

图 11－16　砌筑法节点示意图（一）

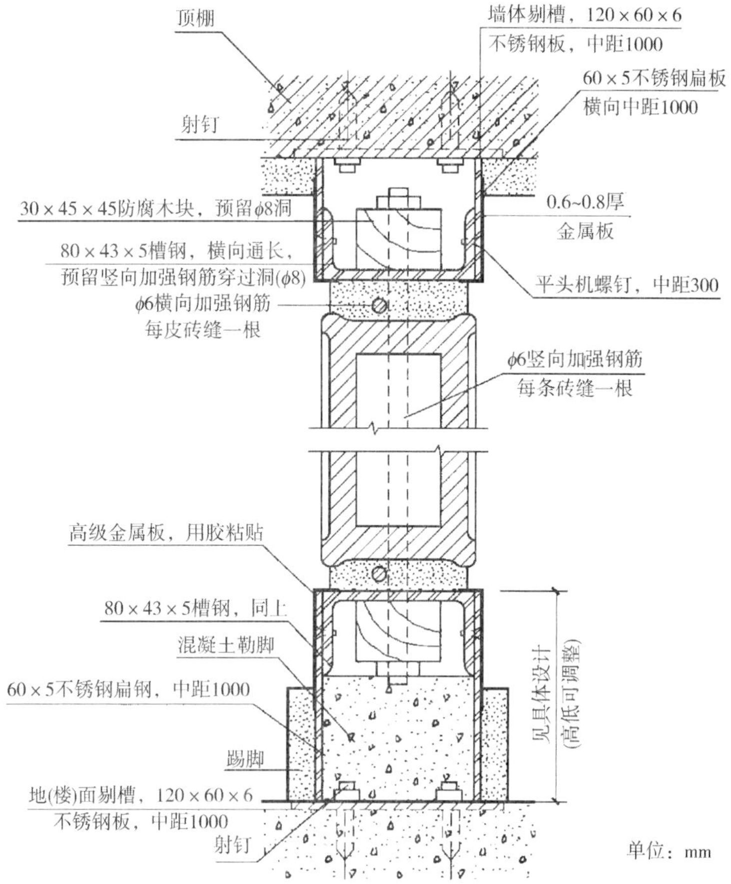

图11－17 砌筑法节点示意图（二）

（1）砌筑法施工工艺

空心玻璃装饰砖墙砌筑法的施工还是比较复杂的，其主要的施工工艺流程为：基层处理—砌结合层—浇筑勒脚—玻璃砖选择—安装固定件—砌筑玻璃砖—砖缝勾缝—封口与收边—清理表面。

①基层处理：在要砌筑空心玻璃装饰砖墙之处，将所有的灰尘、垃圾、油污、杂物等均清理干净，并洒水洗刷，以便于玻璃砖与基层黏结牢固。

②砌结合层：在基层（地面）清理完毕后，涂上一道配合比为1∶1的素水泥浆结合层，每边应比勒脚宽150mm。

③浇筑勒脚：先剔槽做埋件，在地（楼）面上剔槽，用射钉将120mm×60mm×6mm的不锈钢钢板钉于槽内，间距1000mm。用60mm×h×5mm不锈钢扁钢（两块）与以上钢板焊牢，每边焊上一块，供固定槽钢之用。h为扁钢的高度，由具体设计确定。待以上工序完成后，浇筑混凝土勒脚，勒脚的高度及混凝土的强度等按工程设计要

求确定。

④玻璃砖选择：根据具体的设计要求和其所处的环境，认真进行空心玻璃装饰砖规格尺寸、花色图案的选择，并在施工现场进行干砌试摆，检验设计效果。

如果对所选择的空心玻璃装饰砖确定后，应将空心玻璃装饰砖墙面按施工大样图排列编号，并再次在施工现场进行试拼，在试拼中要特别注意砖缝宽度及加强钢筋等，校正四边尺寸是否正确，是否与具体设计尺寸相吻合，分析在施工中会出现的砖的模数配套问题。

⑤安装固定件：在空心玻璃装饰砖墙两侧原有砖墙或混凝土墙上剔槽，槽的规格为长 120mm，宽 60mm，深 6mm，在竖向每隔 1000mm 剔一个槽。

槽剔完毕后要清理干净，将 120mm × 60mm × 6mm 不锈钢扁钢放入槽内，用两个射钉将该钢板与墙体钉牢，在每块 60mm × 60mm × 5mm 不锈钢与该板焊牢，使之形成一个“卡”形固定件，用以固定槽钢。

空心玻璃装饰砖墙顶端与顶棚衔接之处，一般可参照上述施工。

⑥砌筑玻璃砖：在砌筑空心玻璃砖之前先安装槽钢，即将上、下、左、右的 80 个槽钢一一安装就位，并用平头机螺钉将槽钢与 60mm × 60mm × 5mm 不锈钢扁钢拧牢，每块扁钢上一般拧 4 个平头机螺钉。然后用配合比为 1∶1 的白水泥石英彩砂浆砌筑空心玻璃砖。砌筑时每砌一批空心玻璃砖，在横向砖缝内加配一根 ϕ6mm 的横向加强钢筋；整个空心玻璃砖每条竖向砖缝内也加配一根 ϕ6mm 的竖向钢筋。钢筋应拉紧，两端与槽钢用螺钉固定。每砌完一层，须用湿布将空心玻璃砖面上所沾的水泥彩砂浆擦拭干净。

⑦砖缝勾缝：勾缝大小、造型（凸缝、凹缝、平缝、其他缝）、颜色等，均应按照具体设计进行。勾缝时应先勾水平缝，再勾竖直缝，缝应平滑顺直、颜色相同、深度一致。

⑧封口与收边：空心玻璃装饰砖墙的封口与收边，是关系到装饰效果的工序。即用 0.6 ~ 0.8mm 厚的高级金属板或木线饰条，对空心玻璃装饰砖墙进行封口与收边处理。

⑨清理表面：当空心玻璃装饰砖墙体砌完后，应用棉丝将玻璃砖墙表面擦拭干净，并对墙身平整度、垂直度等进行检查。如有不符合有关规范规定之处，应按规范要求修正补救。

（2）施工注意事项

①加配的 ϕ6mm 的钢筋在安装前须将两端先行套好螺纹。

②配制的 1∶1 白水泥石英彩砂浆，其稠度一定要适宜，过稀或过干均不得使用。

③所用的加强钢筋、钢板及槽钢等，凡不是不锈钢者，均应当进行防锈处理。

④硬木线脚封边饰条的规格及线脚形式等，均必须按照具体设计进行施工。

⑤空心玻璃装饰砖墙不能承受任何垂直方向的荷载，设计、施工时应特别注意。

⑥凡砖墙射钉处，均须在墙内预砌 C20 细石混凝土预制块一块（规格见具体设计）。如预砌细石混凝土块有困难时，应将射钉改为不锈钢膨胀螺栓。

⑦选空心玻璃砖时，凡有缺棱、掉角、裂纹、碰伤、色差较大、图案模糊、四角不方者，应一律剔除，并运离工地，以免与好砖混淆。

⑧玻璃砖墙宜以 1.5m 高为一个施工段，待下部施工段胶结材料达到设计强度后再进行上部施工。

11.5.2　空心玻璃装饰砖墙的胶筑法

胶筑法是将空心玻璃装饰砖用胶黏结成空心玻璃砖墙（或隔断）的一种新型构造做法，其构造如图 11－18 和图 11－19 所示。

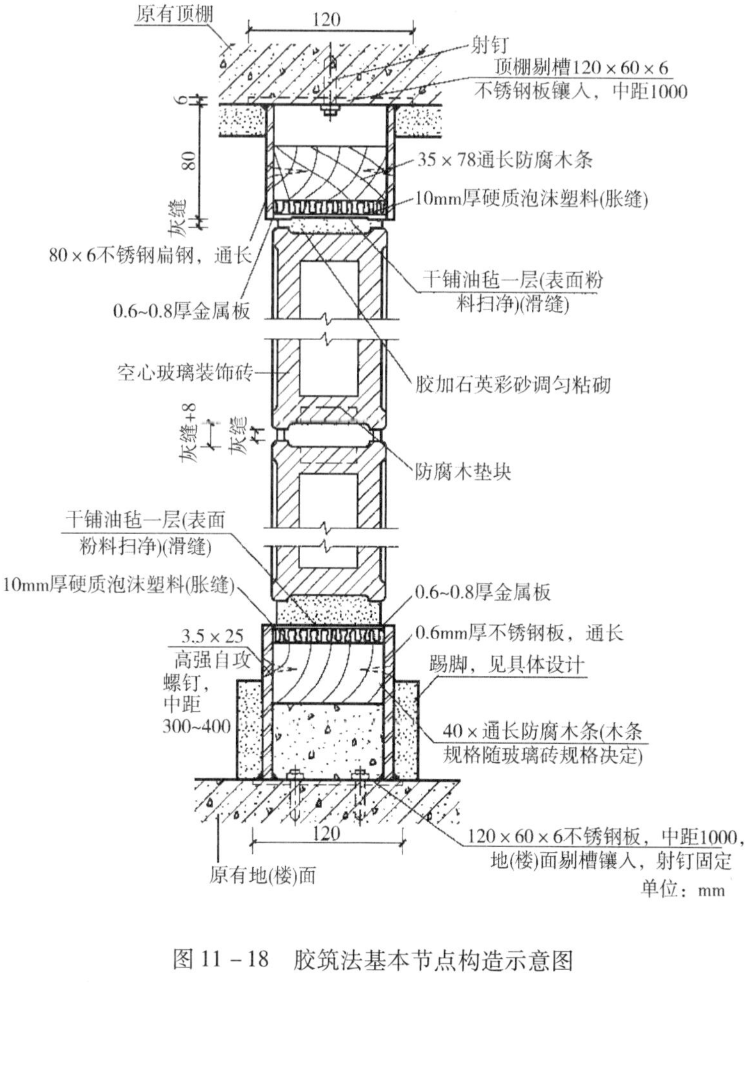

图 11－18　胶筑法基本节点构造示意图

图 11－19　胶筑法镶嵌示意图

（a）L 形不锈钢板镶嵌法　（b）U 形不锈钢板镶嵌法　（c）不锈钢平板镶嵌法　（d）墙体开槽镶嵌法

（1）安装四周固定件

①将玻璃砖墙两侧原有砖墙或钢筋混凝土墙剔槽，槽剔完毕清理干净，将 120mm × 60mm × 6mm 不锈钢板放入槽内，用射钉与墙体钉牢。

②在每块 120mm × 60mm × 6mm 不锈钢板上，将 80mm × 6mm 通长不锈钢扁钢与该板焊牢，使之形成固定件，供固定防腐木条及硬质泡沫塑料（胀缝）用。在硬质泡沫塑料之上，干铺一层防潮层，供作玻璃砖墙滑缝用。

（2）胶筑空心玻璃装饰砖墙墙体

①在空心玻璃装饰砖墙勒脚上皮防潮层上涂石英彩色砂浆（彩色砂浆中掺入胶拌匀）一道，厚度、胶砂配合比及彩砂颜色等均由具体设计决定，边涂边砌空心玻璃砖。

②木垫块顶面、底面及与空心玻璃砖凹槽接触面上，均应满涂胶一道，每块玻璃砖上应放木垫块 2 ~ 3 块，边放边砌上皮玻璃砖。如此继续由下向上一皮一皮地进行胶粘砌筑，直至砌至顶部为止。

③空心玻璃装饰砖墙四周（包括墙的两侧、顶棚底、勒脚上皮等处）均需增加 ϕ6mm 加强钢筋两根，每隔三条直砖缝，加竖向 ϕ6mm 加强钢筋一根，钢筋两端套螺纹。

任务 11.6　装饰玻璃饰面的施工

工作任务

通过本任务的学习，掌握装饰玻璃饰面的施工材料、规格及质量要求，熟悉施工的常用工具、工艺流程，掌握工程质量验收标准与检验方法等有关知识。

工作情景

建筑装饰施工“理实一体化”实训室或普通教室。采用“理实一体化”教学方法，通过现场讲解，施工现场观摩、考察，掌握装饰玻璃饰面工程的材料、安装结构、工艺等方面的基础知识。

11.6.1 装饰玻璃饰面板

11.6.1.1 光栅玻璃装饰板装饰施工

光栅玻璃装饰板的分类方法很多，从结构上分，可分为单片、夹层两种；从材质上分，有单层浮法玻璃、单层钢化玻璃、表层钢化底层浮法玻璃、表底层均为钢化玻璃、表底层均为浮法玻璃；从透明度上分，有反射不透明玻璃、反射半透明玻璃及全透明玻璃三种；从花型上分，有根雕、水波纹、星空、叶状、彩方、风火轮、大理石纹、花岗石纹、山水、人物等多种；还有其他分法。

11.6.1.2 光栅玻璃装饰板墙体装饰施工

光栅玻璃装饰板建筑装饰的做法，一般有铝合金龙骨贴墙做法、直接贴墙做法和离墙吊挂做法三种。

（1）铝合金龙骨贴墙做法

光栅玻璃装饰板铝合金龙骨贴墙做法，是将铝合金龙骨直接粘贴于建筑墙体上，再将光栅玻璃装饰板与龙骨黏牢固，如图11－20和图11－21所示。铝合金龙骨贴墙做法施工简便、快捷，造价也比较经济。

铝合金龙骨贴墙做法的施工工艺流程为：墙体表面处理—抹砂浆找平层—安装贴墙龙骨—光栅玻璃装饰板试拼编号—上胶处打磨净、磨糙—调胶—涂胶—光栅玻璃装饰板就位粘贴—加胶补强—清理嵌缝。

①墙体表面处理：墙体表面处理比较简单，即将墙体表面上的灰尘、污垢、油渍等清除干净，并洒水湿润。

②找平层施工：在砖墙的表面抹一层12mm厚1∶3的水泥砂浆找平层，这是整个工程施工质量高低的基础，必须保证十分平整。

③安装贴墙龙骨：用射钉将龙骨与墙固定，射钉的间距一般为200～300mm，小段水平龙骨与竖直龙骨之间应留25mm的缝隙，竖龙骨顶端与顶层结构之间（如地面）均应留13mm缝隙，做通风用。全部龙骨安装完结后，须进行抄平、修整。

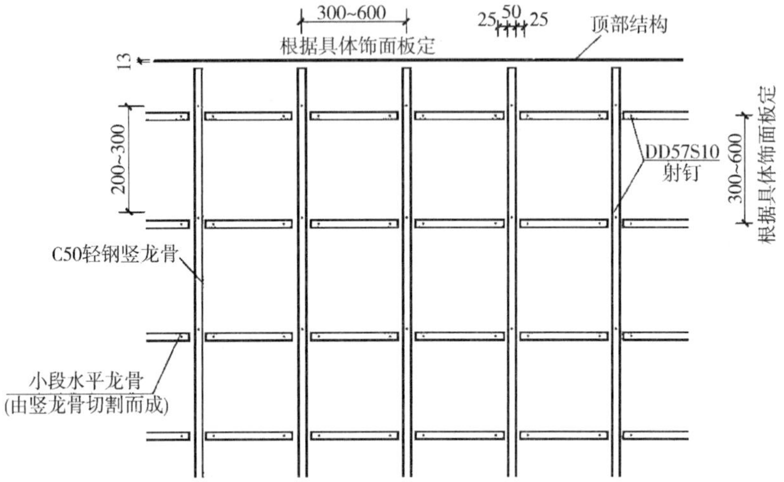

图 11－20　龙骨贴墙做法布置、锚固示意图

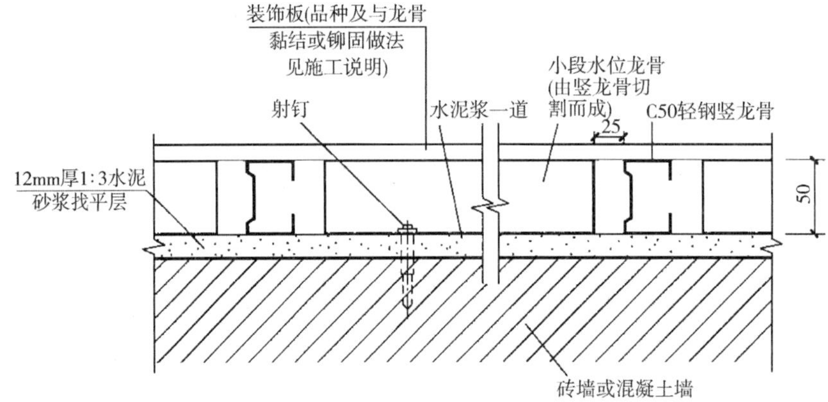

图 11－21　龙骨贴墙做法示意图

④试拼、编号：按具体设计的规格、花色、几何图形等翻制施工大样图，排列编号，进行试拼，校正尺寸，四角套方。

⑤调胶：随调随用，超过施工时效时间的胶，不得继续使用。

⑥涂胶：在光栅玻璃装饰板背面沿竖向及横向龙骨位置，点涂胶，胶点厚3～4mm，各胶点面积总和按每50kg玻璃板为120cm^2。

⑦光栅玻璃装饰板就位、粘贴。按光栅玻璃装饰板试拼的编号，顺序上墙就位，进行粘贴。必要时可加用快干型大力胶涂于板边帮助定位。

⑧加胶补强：粘贴后，对黏合点详细检查，必要时需加胶补强。

⑨清理嵌缝：光栅玻璃装饰板全部安装粘贴完毕后，将板面清理干净，板间是否留

缝及留缝宽度应按具体设计办理。

（2）直接贴墙做法

光栅玻璃装饰板直接贴墙做法不要龙骨，而将光栅玻璃装饰板直接粘贴于墙体表面，如图 11－22 所示。该做法要求墙体砌得特别平整，并要求墙体表面找平层的施工必须特别注意下列两点：第一，要求找平层特别坚固，与墙体要黏结好，不得有任何空鼓、疏松、不实、不牢之处；第二，要求找平层须十分平整，不论在垂直方向还是水平方向，均不得有正负偏差，否则光栅玻璃装饰板装饰质量难以保证。

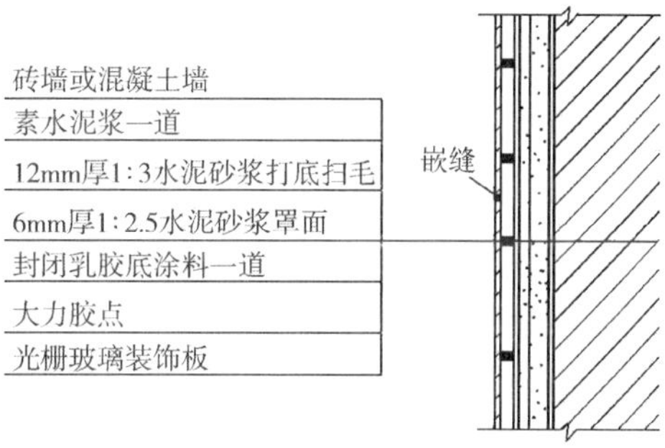

图 11－22　直接贴墙做法示意图

施工工艺流程为：墙体表面处理—刷一道素水泥浆—找平层—涂封闭底漆—板编号、试拼—上胶处打磨净、磨糙—调胶—点胶—板就位、粘贴—加胶补强—清理、嵌缝。

①刷素水泥时，为了黏结牢固，须掺胶。

②找平层：底层为 12mm 厚 1∶3 水泥砂浆打底、扫毛，再抹 6mm 厚 1∶2.5 水泥砂浆罩面。

③涂封闭底漆：罩面灰养护 10d 后，当含水率小于 10% 时，刷或涂封闭乳胶漆一道。

④粘贴：直接向墙体粘贴的光栅玻璃装饰板产品，其背面必须有铝箔。凡不加铝箔者，不得用本做法施工。

找平层粘贴光栅玻璃装饰板如有不平之处须垫平者，可用快干型大力胶加细砂调匀补平，须铲平者可用铲刀铲平。其余同铝合金龙骨贴墙做法。

（3）离墙吊挂做法

光栅玻璃装饰板离墙吊挂做法适用于具体设计中必须将玻璃装饰板离墙吊挂之处，如墙面凸出部分、凸出的腰线部分、凸出的造型面部分、墙内须加温部分等，图 11－23 至图 11－25 为离墙吊挂做法及吊挂件示意图。

离墙吊挂做法也比较复杂，其主要施工工艺为：墙体表面处理—墙体钻孔打洞装膨胀螺栓—装饰板与胶合板基层粘贴复合—板试拼与编号—安装不锈钢挂件—上胶处打磨净、磨糙—调胶与点胶—板就位粘贴—清理嵌缝。

①光栅玻璃装饰板与胶合板基层的粘贴：光栅玻璃装饰板在上墙安装以前，须先与 12～15mm 厚胶合板基层粘贴。在粘贴之前，胶合板满涂防火涂料三遍，防腐涂料一

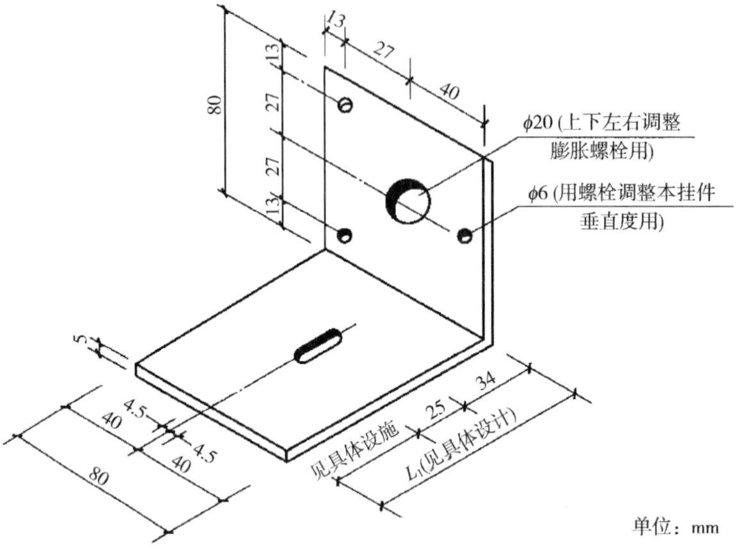

图 11－23　离墙吊挂做法示意图

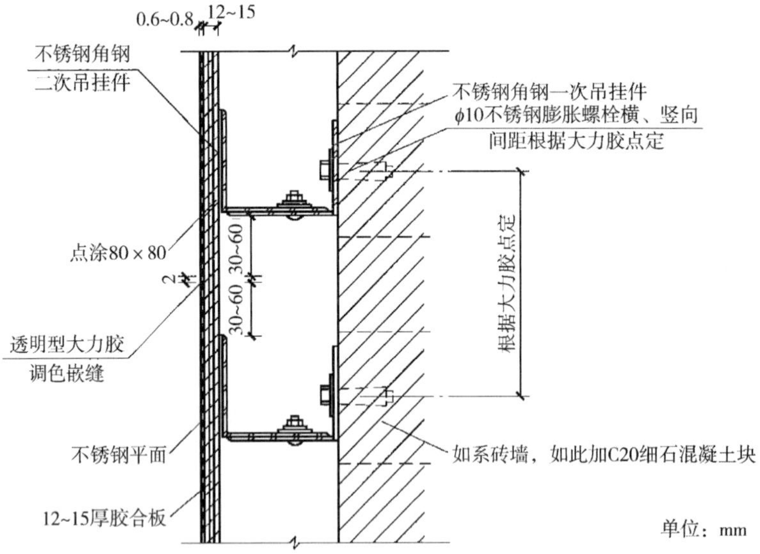

图 11－24　离墙吊挂做法一次吊挂件示意图

遍，且光栅玻璃装饰板必须用背面带有铝箔者。将胶合板的正面与大力胶黏结、接触之处，应预先打磨干净，将所有浮松物以及不利于黏结的杂物等清除彻底。光栅玻璃装饰玻璃板背面涂胶处，只需将浮松物及不利于黏结的杂物清除即可，不须打磨处理，也不得损坏铝箔。

②将不锈钢一次吊挂件及二次吊挂件安装就绪，并借吊挂件的调整孔将一次吊挂件调垂直，上下、左右的位置调准。按墙板高低、前后要求，将二次吊挂件调正。

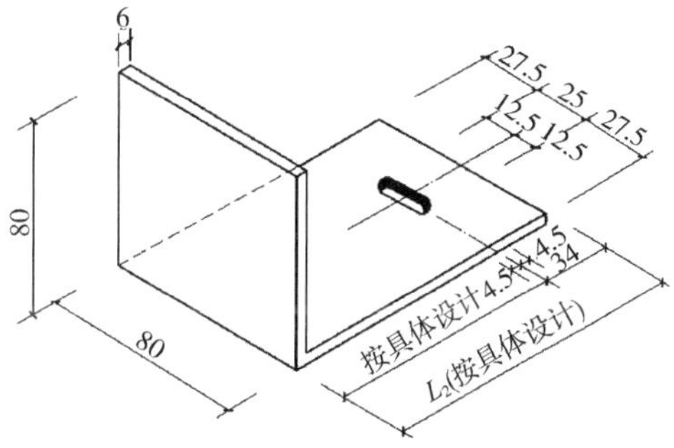

图11－25　离墙吊挂做法二次吊挂件示意图

光栅玻璃装饰板墙体装饰施工注意事项：光栅玻璃装饰板的特点是具有较好的光栅效果，但光栅效果是随着环境条件的变化而变化的。同一块光栅玻璃装饰板放在某一处，可能是色彩万千，但如果放在另一处，也可能是光彩全无。因此，光栅玻璃装饰板墙面装饰，设计时必须根据其环境条件科学地选择其装饰位置。普通光栅玻璃装饰板的太阳光直接反射比国家标准规定应大于4%，在设计时应当特别注意。但是，由于生产厂家的工艺、选材不同，其反射比也差别较大，有的产品最高可达到25%。

11.6.1.3　微晶玻璃装饰板装饰施工

微晶玻璃装饰板也是当代高级建筑新型装饰材料之一。这种玻璃装饰板具有耐磨、耐风化、耐高温、耐腐蚀及良好的电绝缘和抗电击穿等优良性能，其各项物理、化学、力学性能指标均优于天然石材。

微晶玻璃装饰板色彩多种，有白、灰、黑、绿、黄、红等色，并有平面板、曲面板两类。用于外墙装饰的装饰板，须采用板后涂有PVA树脂的产品。

微晶玻璃装饰板，基本上也分为铝合金龙骨贴墙做法、直接贴墙做法和离墙吊挂做法三种，其构造及施工工艺与光栅玻璃装饰板装饰墙面相同。

11.6.1.4　幻影玻璃装饰板装饰施工

幻影玻璃装饰板是一种具有闪光及光栅反光性能的玻璃装饰板，其基片为浮法玻璃或钢化玻璃，分为单层和夹层两种。

幻影玻璃装饰板不仅可以用于建筑内外墙的装饰，也可以用于建筑顶棚或楼地面的装饰。其色彩鲜艳多样，有金、银、紫、玉、绿、宝石蓝和七彩珍珠等色，各种彩色的幻影玻璃装饰板可单独使用，也可互相搭配组合。

幻影玻璃装饰板装饰效果很好，图11－26所示是用幻影玻璃装饰板装饰的效果。

11.6.1.5　彩釉钢化玻璃装饰板施工

（1）彩釉钢化玻璃装饰板的分类

①彩釉钢化玻璃装饰板按色彩分类：彩釉钢化玻璃装饰板按色彩不同分类，可以分为S系列（单色、多色，透明及不透明）、M系列（金司釉料）、G系列（仿花岗石图

图 11－26 幻影玻璃装饰板效果

案）和非标准系列（任何花色均可按要求加工）。

②彩釉钢化玻璃装饰板按图案分类：彩釉钢化玻璃装饰板按图案不同可以分为圆点系列（各种底色、各种圆点），色条系列（各种底色、各种条纹，如横条、竖条、余条、宽条、窄条等），碎点系列（各种底色、各色碎点），色带系列（各种底色、各色色带）和仿花岗石系列（各种名贵花岗石装饰板，花色俱全）。

非以上标准图案者，均可根据要求进行加工。各种花色图案的彩釉钢化玻璃装饰板在装饰中，既可分别单独使用，也可以互相搭配使用。

（2）彩釉钢化玻璃装饰板的规格

彩釉钢化玻璃装饰板的厚度有 4，5，6，8，10，12，15，19mm 等多种，规格最小者有 300mm × 500mm，最大者有 2000mm × 10000mm 等，吊挂式玻璃幕墙所用的最大规格可达 2000mm × 10000mm。

（3）彩釉钢化玻璃装饰板的施工

彩釉钢化玻璃装饰板装饰的构造及施工方法，与光栅玻璃装饰板装饰相同，但在施工中应当注意以下事项：

①彩釉钢化玻璃装饰板应保存于材料仓库内或防雨、防潮、干燥通风之处，如受条件所限不得不露天存放时，装饰板须用防水篷布盖严，以防雨水流入，下面须用 100mm 以上厚的木台垫高，并在木台上加铺防水材料如油毡等加以防水。另外，须定期打开篷布以便通风，并及时检查装饰板是否受潮、受湿。

②在接近彩釉钢化玻璃装饰板附近进行喷砂、切割、焊接等作业时，应用隔板将彩釉钢化玻璃装饰板隔开，以免损伤装饰板。

③在施工或风雨期间，混凝土浆、砌筑砂浆及抹灰砂浆和钢材受水湿后的流液等，对彩釉钢化玻璃装饰板均有腐蚀作用，应严防装饰板遭受到上述各种侵蚀、污染，以免腐蚀。

彩釉钢化玻璃装饰板在安装之前，不要过早开箱，以免开箱后由于不能及时安装而在搬运及再存放过程中受到损伤。

彩釉钢化玻璃装饰板不能进行切割、打眼等第二次加工。故在订货时必须提出准确的装饰板的几何图形、规格尺寸及所有切角、打孔等的位置尺寸，让生产单位按要求生产。

施工过程中对彩釉钢化玻璃装饰板上的指纹、油污、灰尘、胶迹、灰浆、残渣等，应随时清理干净，以免日久装饰板上产生霉迹，影响装饰效果。在保证不损坏密封胶及铝合金框架的前提下，可使用玻璃清洁剂进行清理。

彩釉钢化玻璃装饰板在安装时须分清其正、反两面。千万不可用颠倒，光滑无釉的面为装饰板的正面。

彩釉钢化玻璃装饰板虽然具有优良的热稳定性，但也不宜距蒸汽管过近，过近易发生性能变化，一般以距离管道150~200mm为宜。

11.6.1.6　水晶玻璃墙面砖等装饰施工

水晶玻璃墙面砖等装饰施工包括内容很多，如水晶玻璃墙面砖装饰施工、珍珠玻璃装饰板施工，彩金玻璃装饰板施工、彩雕玻璃装饰板施工、宝石玻璃装饰板建筑内墙装饰施工等。以上这些施工均系当代建筑内墙高档新型装饰，千姿百态，各有特点。

水晶玻璃墙面砖系以钢化玻璃加工而成，光滑坚固，耐腐蚀、耐摩擦，分为浮雕和彩雕两类。

珍珠玻璃装饰板质地坚硬，耐摩擦，耐酸碱，反射率和折射率均很高，具有珍珠光泽。

11.6.2　镜面玻璃建筑内墙装饰施工

镜面玻璃内墙木龙骨施工工艺比较简单，其主要工艺流程为：墙面清理、修整—涂防潮层—装防腐、防火木龙骨—安装阻燃型胶合板—安装镜面玻璃—清理嵌缝—封边、收口。

（1）施工准备要点

①基层防潮处理：为了防止墙面的潮气使夹板产生翘曲，墙面应采取防潮措施。其方法有两种：一种在基层上先做防潮砂浆抹灰，干燥后再涂一道防水涂料如1mm涂膜橡胶；另　种是在墙面比较丅燥的情况下，使护墙面板与墙面之间通气，即在罩面板的上、下留透气孔，保证墙龙骨、罩面板干燥。

②按设计要求规格加工饰面板：金属板（或铝塑板）加工时，应按板面箭头标示考虑下料方向，保证同一装饰面安装朝向一致，折光效果统一；制作平台上应铺满地毯，使用大力钳时可采用电胶布分开包封钳口做保护，防止人为污染及损坏饰面，表11-1为产品规格。

表 11－1　镜面玻璃的抗蒸汽、抗盐雾性能及产品规格

项目		说明		
等级		A 级	B 级	C 级
镜面玻璃反射表面	抗 50℃蒸汽性能	759h 后无腐蚀现象	506h 后无腐蚀现象	253h 后无腐蚀现象
	抗盐雾性能	759h 后不应有腐蚀	506h 后不应有腐蚀	253h 后不应有腐蚀
镜面玻璃的边缘	抗 50℃蒸汽性能	506h 后无腐蚀现象	253h 后，平均腐蚀边缘应不大于 100μm，其中最大者不得超过 250μm	253h 后，平均腐蚀边缘应不大于 150μm，其中最大者不得超过 400μm
	抗盐雾性能	506h 后，平均腐蚀边缘应不大于 250μm，其中最大者不得超过 400μm	253h 后，平均腐蚀边缘应不大于 250μm，其中最大者不得超过 400μm	253h 后，平均腐蚀边缘应不大于 400μm，其中最大者不得超过 600μm
产品规格/mm		厚度：2～12 最大尺寸：2200×3300	厚度：2～12 最大尺寸：2200×3300	厚度：2～12 最大尺寸：2200×3300

（2）施工质量控制要点

①铺钉基层板：为使玻璃镜安装平整垂直，固定牢固，在木筋上铺钉 9mm 或 12mm 厚木夹板衬板（根据设计图纸要求）。要求基层板表面无翘曲、起皮现象，表面平整、清洁。板与板之间缝隙应在竖木筋处，并按设计要求在衬板上弹出分块镜面尺寸的墨线。

②镜面钻孔：用螺丝固定的镜面要钻孔。钻孔的位置一般在镜面的边角处。一般做法是：在钻孔位置中心用玻璃钻钻一小孔，再在电钻上安装合适的钻头，钻头孔直径大于螺丝直径。启动钻机时，要不断往镜面钻孔浇水，防止电钻过热使玻璃开裂。

（3）装饰板质量控制要点

①铺钉基层板：为使金属板（或铝塑板）安装平整垂直，固定牢固，在木筋上铺钉 9mm 或 12mm 厚木夹板衬板（根据设计图纸要求）。要求基层板表面无翘曲、起皮现象，表面平整、清洁。板与板之间缝隙应在竖木筋处，并按设计要求在衬板上弹出分块尺寸的墨线。

②金属板（或铝塑板）安装：金属板（或铝塑板）应表面平整，边缘整齐，不应有污垢、裂缝、翘曲等缺陷，质量均应符合现行国家标准、行业标准的规定。

（4）施工质量控制要点

①墙面立筋应考虑罩面板材尺寸（长与宽），来确定立筋间距，同时确定横撑的间距。立筋间距一般为 450～600mm。如有门口，其两侧须各立一根通天立筋。

②横撑加在立筋之间，与立筋不一定要垂直，但横撑应基本水平，用钉子使其与立筋楔紧钉牢。横撑实际尺寸应比立筋间距之间的尺寸稍长。

③窗口的上下及门口的上边应加横楞木，其尺寸应比门窗口大20～30mm，在安装门窗口时同时钉上。门窗樘上部宜加钉人字撑。

④安装沿地、沿顶楞木时，应将楞木两端头伸入砖墙至少150mm。

⑤罩两极安装一般用钉固定。板块接头形式多种，主要分盖缝与不盖缝两大类。有涂刷油漆要求的墙面，其胶合板应在上墙前进行挑选，相邻面的木纹、颜色应接近，否则观感效果不好。

⑥罩面板应根据设计图纸加工裁制，安装时先按分块尺寸弹线。

⑦生活电器等的底座，应嵌牢固，其表面应与罩面板的底面齐平。门窗框与罩面板相接处也应齐平，并加贴脸板覆盖，或做筒子板。踢脚若采用木踢脚板者，罩面板可离地20～30mm，若用石材（包括预制磨石踢脚板）做踢脚者，罩面板上端应与踢脚板上口接缝严密。

⑧用胶合板罩面时，钉长为25～35mm，钉距为80～150mm，钉帽应打扁，并钉入板面0.5～1mm，钉眼应用油性腻子抹平，以防止板面空鼓、翘曲，钉帽生锈。若用盖缝条固定胶合板，钉距应不大于200mm，钉帽应顺木纹钉入木条0.5～1mm。

（5）质量验收要求

①饰面板的品种、规格、颜色和性能应符合设计要求，木质龙骨、木饰面板燃烧性能等级应符合设计要求。

②饰面板孔、槽的数量、位置和尺寸应符合设计要求。

③饰面板安装工程的预埋件（或后置埋件）、连接件的数量、规格、位置、连接方法和防腐处理必须符合设计要求。后置埋件的现场拉拔强度必须符合设计要求。饰面板安装必须牢固。

④饰面板表面应平整、洁净、色泽一致，无裂痕和缺损。石材表面应无泛碱等污染。

⑤饰面板嵌缝应密实、平直，宽度和深度应符合设计要求，嵌填材料色泽应一致。

⑥饰面板上的孔洞应套割吻合，边缘应整齐。

（6）注意事项

①安装镜面玻璃前，应将裁口内的污垢清除干净。

②安装长边大于1.5m或短边大于1m的镜面玻璃，应用橡胶垫并用压条和螺钉镶嵌固定。

③安装镜面玻璃时上框的顶面应留有适量缝隙，以防止结构变形，损坏镜面玻璃。玻璃安装就位后，其边缘不得和框、扇及其连接件相接触，所留间隙应为2～3mm，镜

面玻璃镶入框、扇内，填塞填充材料，镶嵌条时，应使玻璃周边受力均匀，密封膏封贴缝口时，封贴的宽度和深度应符合设计要求，填充必须密实，外表应平整光洁。

思考与练习

（1）玻璃裁割、打孔、表面处理、热加工、钢化处理的方法有哪些？在裁割中的注意事项有哪些？

（2）玻璃脆性处理和热胀冷缩处理的方法有哪些？

（3）简述木骨架玻璃屏风、金属骨架玻璃屏风的施工工艺。

（4）玻璃镜固定的基本方法有哪几种？

（5）简述回廊玻璃栏板、楼梯玻璃栏板的施工工艺。玻璃栏板施工中的注意事项有哪些？

（6）简述空心玻璃装饰砖墙砌筑法和胶筑法的施工方法。

（7）简述在装饰工程中常见的装饰玻璃饰面的种类。

（8）简述光栅玻璃装饰板、微晶玻璃装饰板、幻影玻璃装饰板、彩釉钢化玻璃装饰板和水晶玻璃装饰板的施工工艺。

（9）简述镜面玻璃内墙木龙骨的施工工艺和注意事项。

项目 12　细木工程施工

知识目标

（1）了解常用木材性质及材料的种类。

（2）了解不同木材的适用范围及特点。

（3）掌握不同细木构件施工作业的工艺流程及技术要求。

（4）熟悉细木工程施工的质量验收要求。

技能目标

（1）能够专业地介绍不同细木工程的材料及工艺特点和质量验收方法。

（2）熟悉细木工程施工常用的各种工具，掌握其操作方法。

（3）能进行常规细木构件的施工安装操作。

任务 12.1　细木构件的制作与安装

工作任务

通过本任务的学习，掌握细木构件的制作与安装、规格及质量要求，熟悉施工的常用工具、工艺流程，掌握工程质量验收标准与检验方法等有关知识。

工作情景

建筑装饰施工“理实一体化”实训室或普通教室。采用“理实一体化”教学方法，通过现场讲解，施工现场观摩考察、掌握，细木构件工程的制作、安装结构、工艺等方面的基础知识。

12.1.1 木窗帘盒的安装

（1）窗帘盒的制作

首先根据施工图或标准图的要求，认真选料、配料，先加工成半成品，再细致加工成型。加工时一般是将木料粗略进行刨光，再用线刨子顺着木纹起线，线条光滑顺直、深浅一致，线型力求清秀。然后根据设计图纸进行组装，组装时应当先抹胶再用钉子钉牢，并将溢出的胶及时擦拭干净，不得有明榫，不得露钉帽。

当采用木制窗帘杆时，在窗帘盒横头板上打眼，一端打成上下眼（上眼深、下眼浅）；另一端则只打一个浅眼（与以上浅眼对称），这样以便于安装木杆。

（2）检查窗帘盒预埋件

为将窗帘盒安装牢固，位置正确，应先检查预埋件。木窗帘盒与墙的固定，少数在墙内砌入木砖，多数在墙内预埋铁件。预埋铁件的尺寸、位置及数量应符合设计要求。如果出现差错应采取补救措施，如预埋件不在同一标高时，应进行调整使其高度一致；如预制过梁上漏放预埋件，可利用射钉枪或胀管螺栓将铁件补充固定，或者将铁件焊在过梁的箍筋上，图 12－1 为常用的预埋铁件示意图。

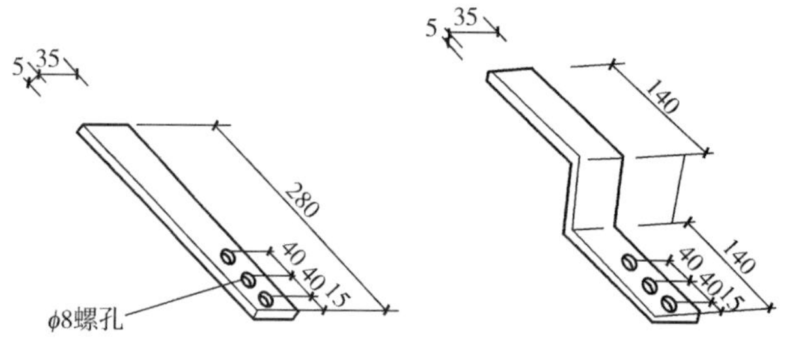

图 12－1　常用预埋铁件示意图

（3）窗帘盒的安装

明窗帘盒宜先安装轨道，暗窗帘盒可后安装轨道。当窗宽度大于 1.2m 时，窗帘轨中间应断开，断头处微弯错开，弯曲度应平缓，搭接长度不少于 200mm，图 12－2 为单轨窗帘盒仰视平面图。

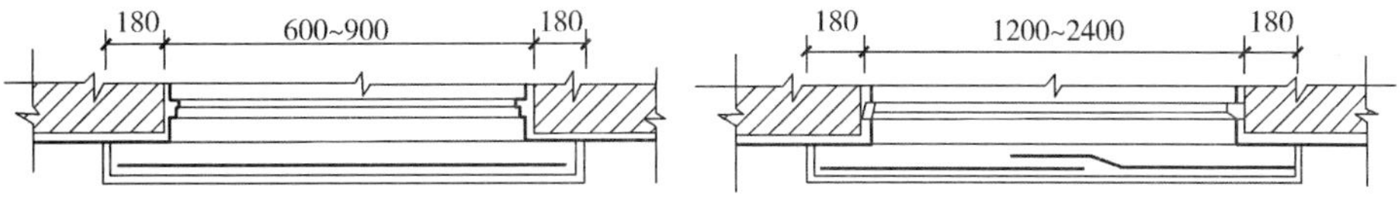

图 12－2　单轨窗帘盒仰视平面图

12.1.2　窗台板的安装

木窗台板的截面形状尺寸装钉方法，一般应按照设计施工图施工，常用施工方法如图 12－3 所示。

在窗台墙上，预先砌入防腐木砖，木砖间距为 500mm 左右，每樘窗不少于两块。在窗框的下坎裁口或打槽（深 12mm，宽 10mm）。将窗台板刨光起线后，放在窗台墙顶上居中，里边嵌入下坎槽内。窗台板的长度一般比窗樘宽度长 120mm 左右，两端伸出的长度应一致。在同一房间内同标高的窗台板应拉线找平、找齐，使其标高及突出墙面尺寸一致。应注意，窗台板上表面向室内略有倾斜，坡度约为 1%。

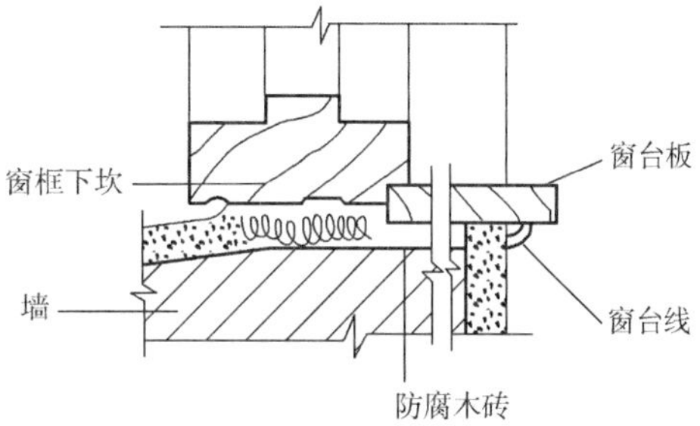

图 12－3　木窗台板装钉示意图

12.1.3　筒子板的安装

筒子板设置在室内门窗洞口处，也称为“堵头板”，其面板一般用五层胶合板（也称五夹板）制作并采用镶钉方法。门头筒子板的构造如图 12－4 所示，窗樘筒子板的构造如图 12－5 所示。

木筒子板的操作工序为：检查门窗洞口及埋件—制作及安装木龙骨—装钉面板。木筒子板的安装，一般是根据设计要求在砖或混凝土墙体中埋入经过防腐处理的木砖，间距一般为 500mm。采用木筒子板的门窗洞口应比门窗樘宽 400mm，洞口比门窗樘高出 25mm，以便于安装筒子板。

（1）检查门窗洞口及埋件

首先检查门窗洞口尺寸是否符合要求，是否垂直方正，预埋木砖或连接铁件是否齐

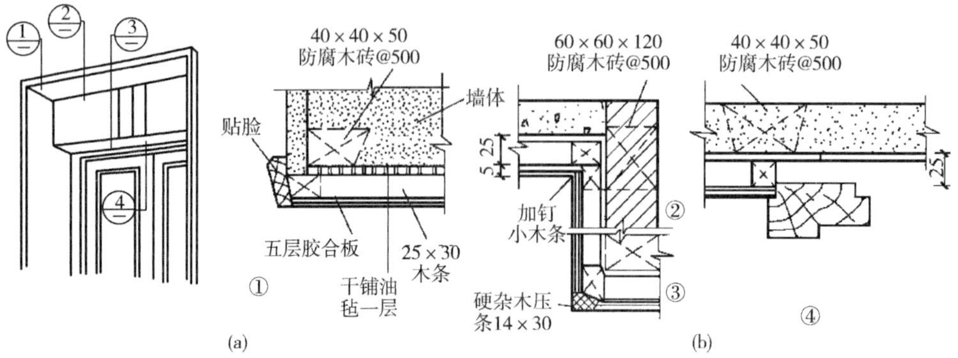

图 12-4　门头筒子板及其构造

（a）门头贴脸、筒子板示意　（b）门头筒子板的构造

全，位置是否准确，如发现有不符合要求的地方，必须修理或校正。

（2）制作和安装木龙骨

根据门窗洞口的实际尺寸，先用木方制成龙骨架，一般骨架分成三片，洞口上部一片，两侧各一片，每片一般分为两根立杆。当筒子板宽度大于 50mm 需要拼缝时，中间应当适当增加立杆。

（3）装钉面板

面板应精心挑选，木纹和颜色应当尽量一样，尤其在同一房间内，更要仔细选用和比较。板的裁割要使其略大于龙骨架的实际尺寸，大面净光，小面刮直，木纹根部向下；长度方向需要对接时，木纹应当通顺，其接头位置应避开视线范围。

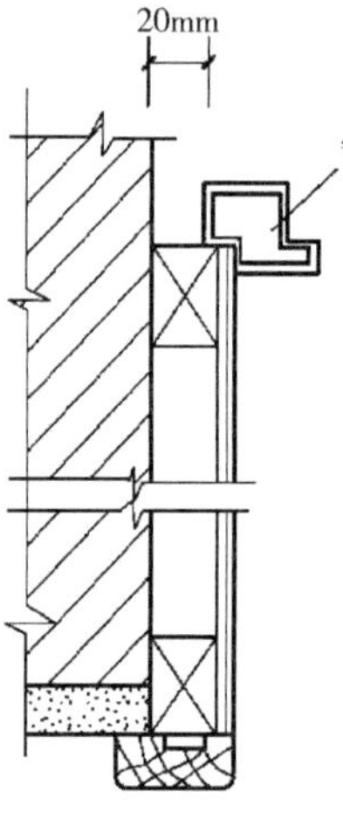

图 12-5　窗樘筒子板

一般窗筒子板拼缝应在室内地坪 2m 以上；门筒子板的拼缝应离地坪 1.2m 以下。同时，接头位置必须留在横撑上。当采用厚木板材，板背应作为卸力槽，以免板面产生弯曲；卸力槽一般间距为 100mm，槽宽 10mm，深度 5～8mm。

12.1.4　贴脸板的安装

贴脸板也称为门头线与窗头线，是装饰门窗洞口的一种木制装饰品。门窗贴脸板的式样很多，尺寸各异，应按照设计施工，如图 12-6 所示。

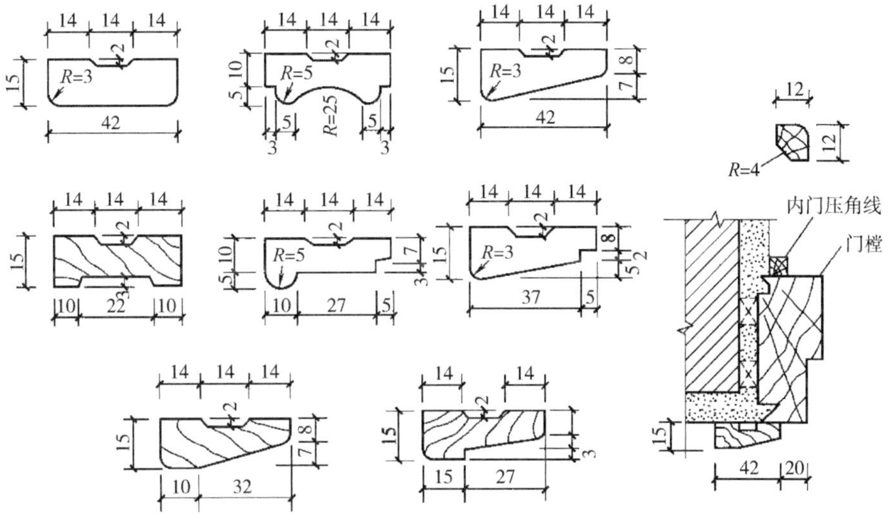

图12-6 门窗贴脸板的构造与安装

（1）贴脸板的制作

首先检查配料的规格、质量和数量，待符合要求后，先用粗刨子刮一遍，再用细刨子刨光。先刨大面，再刨小面。刨得平直光滑，背面打凹槽。然后用线刨子顺木纹起线，线条应清晰、挺秀，并且深浅一致。

如果做圆形贴脸，必须先套出样板，然后根据样板划线刮料。

（2）贴脸板的装钉

门框与窗框安装完毕后，即可进行贴脸板的安装。贴脸板距门窗洞口边15~20mm。当贴脸板的宽度大于80mm时，其接头应做成暗榫；其四周与抹灰墙面须接触严密，搭盖墙的宽度一般为20mm，最少也不得少于10mm。

装钉贴脸板，一般是先钉横向的，后钉竖向的。先量出横向贴脸板所需要的长度，两端锯成45°斜角（即割角），紧贴在框的上坎上，其两端伸出的长度应一致。将钉帽砸扁，顺木纹冲入木板表面1~3mm，钉长宜为板厚的2倍，钉距不大于500mm。接着量出竖向贴脸板的长度，钉在边框上。

12.1.5 木楼梯的施工

从当前装饰工程的实际情况看，木楼梯主要适宜人流不大的场所或复式住宅之类的小型装饰性楼梯，而且主要是采用木质楼梯柱、立杆和扶手。

（1）木楼梯的组成

木楼梯是由踏脚板、踢脚板、平台、斜梁、楼梯柱、栏杆和扶手等几部分组成。脚踏板是楼梯梯级上的踏脚平板；踢脚板是楼梯梯级的垂直板；平台是楼梯段中间平坦无踏步的地方，也称为休息平台；楼梯斜梁是支撑楼梯踏步的大梁，承担着楼梯的全部荷载；楼梯柱是装置扶手的立柱；栏杆和扶手装置在梯级和平台临空的一边，高度一般为900~1100mm，起着维护和上下依扶的作用。

（2）木楼梯的构造

①明步楼梯：明步楼梯是指在侧面外观时由踏脚板形成的齿状梯级效果明露。这种楼梯的宽度以800mm为限，当超过1000mm时，中间需要加设一根斜梁，在斜梁上钉三角木。三角木可根据楼梯坡度及踏步尺寸进行预制，在其上面铺钉踏脚板和踢脚板。

在斜梁上应镶钉外护板，用以遮盖斜梁与三角木的接缝，而使楼梯外侧立面美观。斜梁的上下两端做吞肩榫，与楼梯搁栅（或平台梁）及地面搁栅相结合，同时用铁件进一步加固。在底层斜梁的下端也可做凹槽，将其压在垫木（枕木）上，明步楼梯的构造与组成，如图12-7所示。

②暗步楼梯：暗步楼梯是指其踏步被斜梁遮掩，其侧立面外观梯级效果藏而不露。暗步楼梯的宽度一般可达1200mm，其结构特点是在安装踏脚板一面的斜梁上开凿凹槽，将踏脚板和踢脚板逐块镶入，然后与另一根斜梁合拢敲实，如图12-8所示。

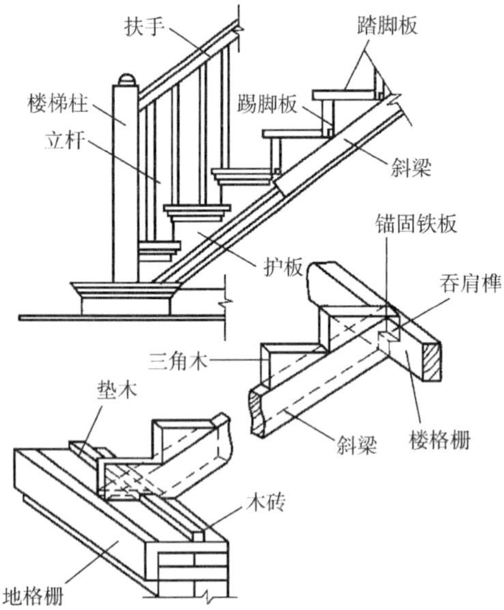

图12-7 明步楼梯的构造与组成

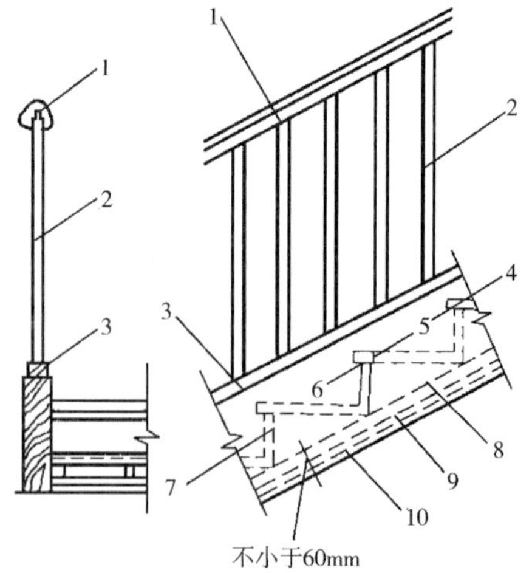

图12-8 暗步木楼梯的构造

1—扶手 2—立杆 3—压条 4—斜梁 5—踏脚板
6—挑口线 7—踢脚板 8—板条筋 9—板条 10—粉刷

踏脚板应挑出踢脚板的部分与上述明步楼梯相同；踏脚板应比斜梁稍有缩进。楼梯背面可做成板条抹灰，也可铺钉纤维板等，进而采用涂料涂饰或其他面层处理。

③栏杆与扶手：楼梯栏杆是为了上下楼梯时的安全而设置的安全构件，同时也是装饰性很强的装饰构件。木栏杆之间的距离，一般不超过150mm，有的还在立杆之间加设横档连接。

还有一种不露立杆的栏杆构造，称为实心栏杆，实际上是一种木质栏板。其构造做法是将板墙木筋钉在楼梯斜梁上，再以横撑加固，而后即在骨架两面铺钉木质胶合板或纤维板，以装饰线条盖缝并加以装饰，最后做油漆涂饰。

楼梯木扶手作为上下楼梯时的依扶构件，其类型主要有两种：一种是与楼梯组合安装的栏杆扶手，另一种是不设楼梯栏杆的靠墙扶手。传统的木质扶手样式多变，用料非常考究，手感舒适，木扶手的形式如图 12－9 所示。

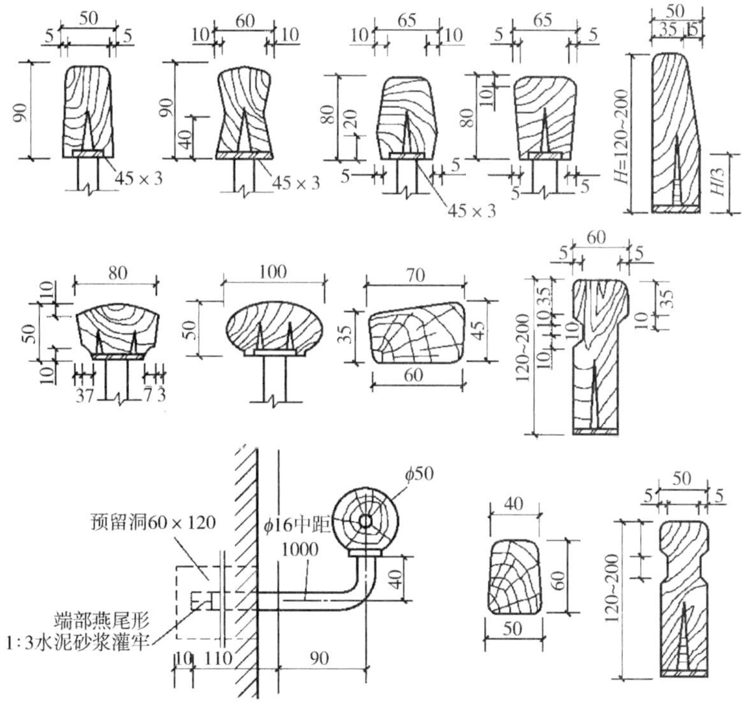

图 12－9 不同截面形式的木楼梯扶手示例

（3）木楼梯的制作与安装

①木楼梯的制作：制作木楼梯前，在铺好的木板或水泥地面上，根据施工图纸把楼梯的踏步高度、宽度、级数及平台尺寸放出尺寸大样；或者是按图纸计算出各部分构件的构造尺寸，制作出样板，如图 12－10 中的虚线所示。

开始配料时，应注意楼梯斜梁长度，必须将其两端的榫头尺寸计算在内。踏脚板应使用整块木板，如果采用拼板时，须有防止错缝开裂的措施。制作三角木、踏脚板、斜梁、扶手和栏杆时，其尺寸和形状必须符合设计规定。

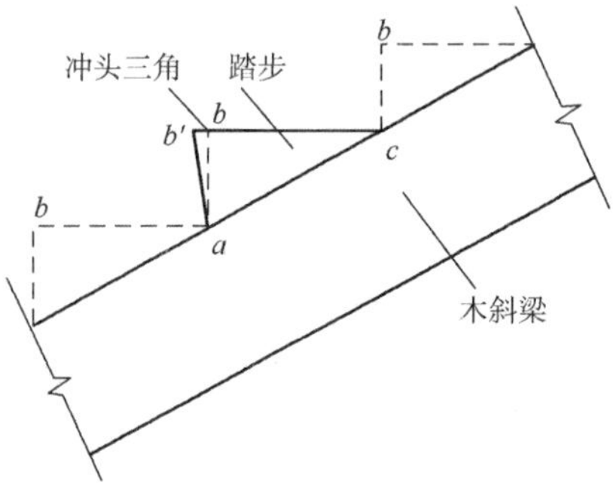

图 12－10 木楼梯的踏步三角示意图

②木楼梯的安装：安装前先确定楼搁栅和地搁栅的中心线和标高，安装好楼搁栅与地搁栅之后再安装楼梯斜梁。三角木由下而上依次进行铺钉，它与楼梯肩的结合处应将钉子打入楼梯斜梁内 60mm，每钉一级须加上临时踏板。在钉好三角木后，须用水平尺把三角木的顶面校正，并拉线同时校核各三角木顶端使其在同一直线上。踏脚板安装是应保持其水平度；安装踢脚板时应上端向外倾出 10～20mm。

③扶手的制作与安装：楼梯的木制扶手及扶手弯头，应选用经干燥处理的硬木，一般是水曲柳、柳桉木、柚木、樟木等。扶手的形式和尺寸由设计决定，按照设计图纸进行加工。对于采用金属栏杆的楼梯，其木扶手底部应开槽，槽深为 3～4mm，嵌入扁铁内，扁铁宽度应不大于 40mm，在扁铁上每隔 300mm 钻孔，用木螺钉与扶手固定，如图 12－11 所示。

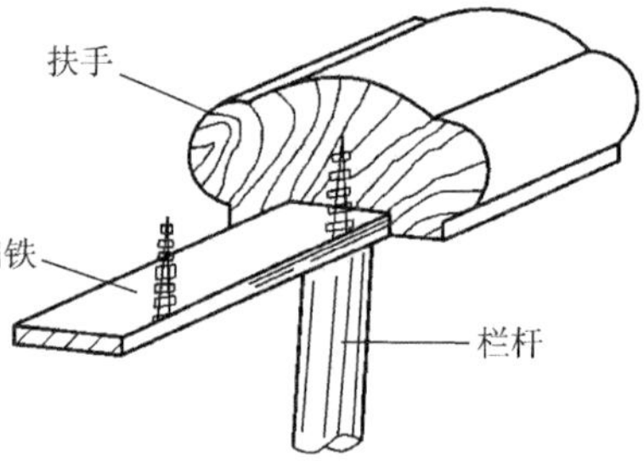

图 12－11 采用金属栏杆的木扶手的固定

木扶手在制作前，应按设计要求做出扶手横断面的样板，先将扶手木料的底部刨削平直，然后画出中线，在木料两端对好样板画出断面轮廓，然后刨出底部凹槽再用线脚刨子按顶头断面轮廓线刨制成型，刨制时须留出半线的余量。

木楼梯扶手的弯头处，也应按照设计要求先做出样板，一般分水平式和鹅颈式两种弯头形式。先将整料斜纹出方，然后进行放线，再用小锯锯成毛坯，再用斧具斩出扶手弯头的基本形状。将其底面做准确，把样板套在顶头处画线，用一字刨刨平成型并注意留线。

弯头与扶手连接之处应设在第一踏步的上半部或下半部之外。设在弯头内的接头，应是在扶手或弯头的顶头朝里 50mm 处，在此处方可凿眼、钻孔进行连接，多是采用 $\phi 8\times$（130～150）mm 的双头螺丝将弯头与扶手连接固定，而后将接头处修平、修光，如图12－12 所示。

12.1.6　吊柜、壁柜的安装

(1) 吊柜、壁柜的一般尺寸

在一般情况下，吊柜与壁柜的尺寸，应根据实际和用户的要求而确定。如果用户无具体要求，其制作的一般尺寸为：吊柜的深度不宜大于450mm，壁柜的深度不宜大于620mm。

(2) 吊柜、壁柜制作的质量要求

①吊柜、壁柜应采取榫连接，立梃、横档、中梃、中档等拼接时，榫槽应严密嵌合，应用胶料黏结，并用胶楔加紧，不得用钉子固定连接。

②吊柜、壁柜骨架拼装完毕后，应校正规方，并用斜拉条及横拉条临时固定。

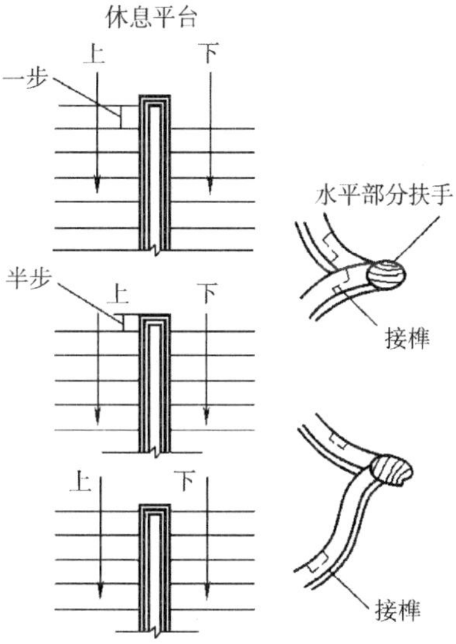

图 12－12　扶手弯头处理示意

③面板在骨架上铺贴应用胶料黏结，位置正确，并用钉子固定，钉距为 80～100mm，钉长为面板厚度的 2～2.5 倍。钉帽应敲扁，并进入面板 0.5～1mm。钉眼用与板材同色的油性腻子抹平。

④吊柜、壁柜柜体及柜门的线型应符合设计要求，棱角整齐光滑，拼缝严密平整。

吊柜、壁柜制作允许偏差应符合表 12－1 的规定。

表 12－1　吊柜、壁柜制作允许偏差

项目	构件名称	允许偏差/mm
翘曲	柜体	3
	柜门	2
对角线长度	柜体、柜门	2
高、宽	柜体	0，－2
	柜门	+2，0

(3) 吊柜、壁柜的制作安装

①吊柜、壁柜制作安装规定：吊柜、壁柜的柜体与柜门安装的缝隙宽度如表 12－2 所示。

表 12-2 柜体与柜门安装的缝隙宽度

项目	缝隙宽度/mm
柜门对口缝	≤0.8
柜门与柜体上缝	≤0.5
柜门与柜体的下缝	≤1.0
柜门与柜体铰接缝	≤0.8

②吊柜、壁柜制作安装方法：吊柜、壁柜由旁板、顶板、搁板、底板、面板、门、隔板、抽屉组合而成。其安装方法如下：

a. 施工准备：材料、小五金、机具等工具齐备。墙面、地面湿作业已完成。

b. 施工工艺流程：弹线—框架制作—粘贴胶合板—粘贴木压条—装配底板、顶板与旁板—安装隔板、搁板—框架就位固定—安装背板、门、抽屉、五金件。

(4) 吊柜、壁柜制作安装通病

吊柜、壁柜制作安装的质量通病，主要包括：

①框板内木档间距错误。

②罩面板、胶合板出现崩裂。

③门扇出现翘曲，关闭比较困难。

④吊柜、壁柜出现发霉腐烂质量问题。

⑤抽屉开启不灵活。

(5) 吊柜、壁柜小五金安装

①小五金应安装齐全、位置适宜、固定可靠。

②柜门与柜体连接宜采用弹性连接件安装，用木螺钉固定，也可用合页连接。

③拉手应在柜门中点下安装。

④柜门锁应安装于柜门的中点处，位于拉手之上。

⑤吊柜宜用膨胀螺栓吊装。安装后应与墙及顶棚紧靠，无缝隙，安装牢固，无松动、安全可靠，位置正确，不变形。

⑥壁柜应用木螺钉对准木榫固定于墙面，接缝紧密，无缝隙。

⑦所有吊柜、壁柜安装后，必须垂直、水平，所有外角应用砂纸磨钝。

⑧凡混凝土小型空心砌块墙、空心砖墙、多孔砖墙、轻质非承重墙，不允许用膨胀管木螺钉固定安装吊柜，应采取加固措施后，用膨胀螺栓安装吊柜。

12.1.7 厨房台柜的制作与安装

(1) 厨房间台柜的有关尺寸

①台柜的台面宽度应不小于500mm，高度宜为800mm（包括台面铺贴材料厚度）。煤气灶台高度，应不大于700mm（包括台面铺贴材料厚度），宽度应不小于500mm。

②台柜底板距地面宜不小于100mm。

(2) 厨房间台柜制作质量要求

①采用细木制作台柜及门扇或混合结构台柜的门框、门扇应以榫连接，并加胶结材料黏结，用胶楔加紧。

②砖砌支墩应平直，标高准确，与混凝土板连接牢固，支墩表面抹的水泥砂浆应平整、磨毛，待硬固后表面可铺贴饰面材料。

(3) 厨房间台柜制作安装

①厨房间台柜门框与门扇或柜体与门扇装配的偏差应符合吊柜、壁柜制作允许偏差。

②厨房间台柜门框与门扇或柜体与门扇装配的缝隙宽度应同吊柜、壁柜的柜体与柜门安装的缝隙宽度一样。

12.1.8 墙面木饰的制作与安装

(1) 墙面木饰一般形式

墙面木饰在住宅室内墙面装饰中，越来越强调居室功能要求，充分体现业主装饰风格。

①墙面木饰的形式：墙面木饰一般形式有护壁板、板筋墙、壁龛等。

②墙面木饰的组成：墙面木饰一般由木骨架、基层板、面层板、装饰线脚组成。

(2) 墙面木饰一般尺寸规定

①护墙板高度宜为900～1200mm或满铺。

②横向主龙骨上宜开通气孔，孔间距宜900mm左右，立梃主龙骨间距应控制在350～600mm。

③木龙骨上宜用24mm×30mm方木，面板宜用夹板。

(3) 墙面木饰质量要求

①在施工前，地面基体应当处理平整、消除浮灰，对不平整的墙面应用腻子批刮平整。

②对于比较潮湿的地面，应涂刷一道防潮剂。

（4）墙面木饰安装

墙面木饰施工工艺流程为：弹线—主筋定位—横撑安装—横撑加固—基层面板安装—面板安装—盖木条—踢脚板安装。

①施工时，应在墙面上弹出护墙板的高度线，按龙骨设计布置方位及垫木位置，在墙上钻孔、下木榫。木榫入孔深度应离墙面10mm，沿龙骨方向的钻孔间距应为500mm。

②应用钉子对木榫的位置固定，钉长应为龙骨或垫木厚度的2～2.5倍。也可以用射钉进行固定，射钉入砖深度宜为30～50mm，射钉入混凝土墙深度应为27～32mm，射钉尾部不得露出龙骨或垫木的表面。

③面板固定可采用黏结的方法，并用钉子临时固定，待黏结牢固后，再起出钉子。面板固定也可以采用钉子，钉帽应敲扁，顺面板木纹敲进板0.5～1mm，钉眼用与面板同色的油性腻子抹平，钉子长度为面板厚度的2～2.5倍。

④护墙板面板的高差应小于0.5mm；板面间留缝宽度应均匀一致，尺寸偏差不大于2mm；单块面板对角线长度偏差不大于2mm；面板垂直度偏差不大于2mm。

⑤护墙板阴阳角必须垂直、水平，对缝拼接须为45°。

⑥踢脚板和压条应紧贴面板，不得留有缝隙。钉固踢脚板或压条的钉距，不得大于300mm。钉帽应敲扁，顺木纹敲进，入表面深度0.5～1mm，钉眼用同色油性腻子抹平。

（5）墙面木饰质量通病

①骨架与结构固定不牢。

②墙面粗糙，接头处不平、不严。

③细部做法不规矩。

12.1.9 室内线饰的制作与安装

（1）室内线饰一般形式

①室内线饰的一般形式（挂镜线形式）主要包括顶角线形式，木贴脸线形式和窗帘箱形式，如图12－13至图12－15所示。

②木装饰线条的品种与特点

a. 金星木线：以优质国产水曲柳、楸木等为主要原料加工而成，其质地好、花纹美观、自然，经油饰后庄重高雅。金星木线对弯曲度、光洁度、加工缺陷、木材含水率等皆有严格规定，以保证产品质量。根据用途可分为：角线、挡镜线、装饰线、灯池线、弯曲线、套角线、踢脚线、楼梯扶手等，共百余种。按规格排列成型号以便用户选用。

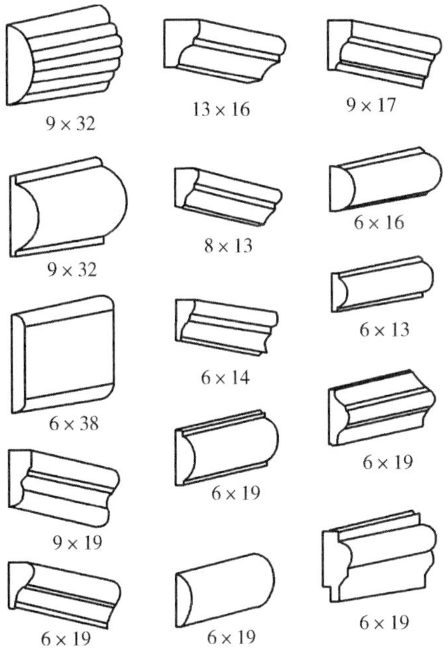

图 12－13　各种挂镜线形式（一）

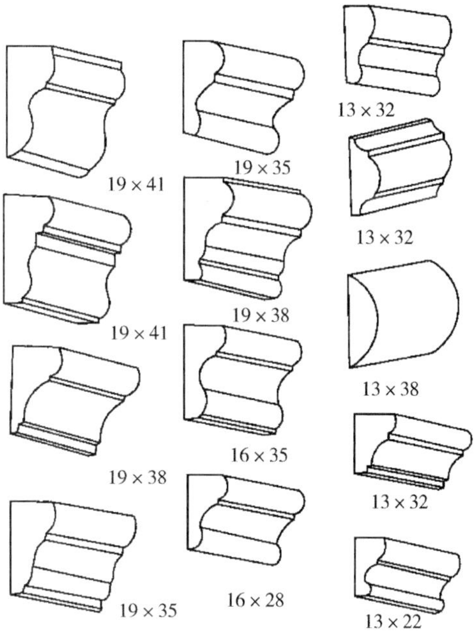

图 12－14　各种挂镜线形式（二）

b. 木制系列装饰材料：以东北优质水曲柳、柚木、椴木、楸木等为主要原料加工而成。产品具有光洁度好、线条优美等特点，适用于高档宾馆、会议室、舞厅、运动场馆、家庭等装饰。有各种木花线、挂镜线、栏杆、楼梯扶手、踢脚线等品种。

c. 高级装饰木线：以优质国产水曲柳、楸木等为原料加工而成。具有光洁度高、花纹美观自然、高雅等特点。适用于宾馆、饭店、办公楼、家庭等室内装饰。有各种高级装饰木线、木花线、木雕花、木花格、木百叶等品种。

d. 装饰木线条：以优质国产水曲柳等为原料经高温蒸汽蒸煮、脱脂、烘干定型加工而成。产品具有光洁度高、线条纹美观自然等特点。适用于宾馆、

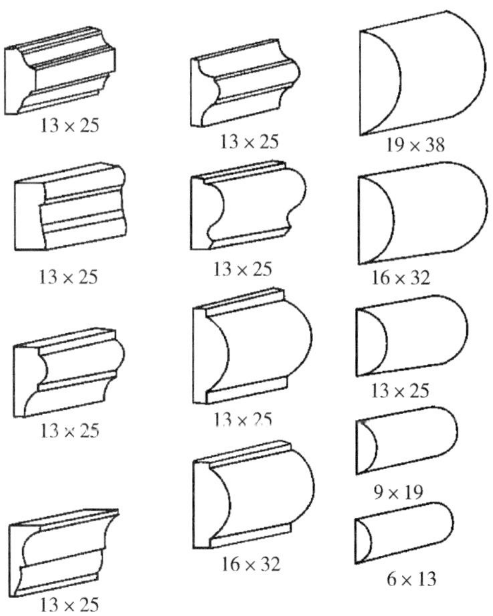

图 12－15　各种挂镜线形式（三）

饭店、会议室、办公楼和住宅等室内装饰。有各种圆弧线条，异形线条制品。

（2）室内线饰一般尺寸

①挂镜线、顶角线规格是指最大宽度与最大高度，一般为 10 ~ 100mm，长为 2 ~ 5m。

②木贴脸搭盖墙的宽度一般为 20mm，最小应不小于 10mm。

③窗帘箱搭接长度不少于 20mm，一般长度比窗洞口的宽度大 300mm。

（3）挂镜线、顶角线制作安装要点

①应在墙面上弹出位置线，钻孔、下木榫，木榫应入墙面 10mm，孔间距沿水平方向为 500mm。

②挂镜线对接接长时的对接缝应为 45°。

③挂镜线安装应用钉对准墙的木榫钉固，钉长应为线板厚的 2 ~ 2.5 倍，钉帽应敲扁，顺木纹钉入表面 0.5 ~ 1mm，钉眼用同色油性腻子抹平。

④挂镜线应与墙面紧贴，不得有缝隙。安装后与墙平直，通常水平高差不得大于 3mm。

（4）木贴脸制作安装要点

①在门窗框及室内墙洞处装饰，应紧贴墙面，不得有缝隙，与窗框压接应紧密，棱角顺直。

②木贴脸在角部连接，对接缝应为 45°。

③木贴脸安装应用钉对准墙的木榫钉固，钉长应为线板厚的 2 ~ 2.5 倍，钉帽应敲扁，顺木纹钉入表面 0.5 ~ 1mm，钉眼用同色油性腻子抹平。

（5）窗帘盒制作安装要点及安装质量通病

窗帘盒制作安装要点

①窗帘盒面板上部与顶棚连接，通常可不设上盖板。若玻璃窗宽度占墙宽度 3/5 以上，窗帘盒可不设上盖板及端盖，直接固定于两侧墙面。面板高度宜为 140mm，盒内净宽：安装双轨时应为 180mm；安装单轨时应为 140mm。

②双扇窗窗帘盒长度，应向窗洞宽度的两边延伸，每边延伸长度不小于 180mm。

③窗帘盒安装应用钉对准墙内木榫钉固，钉长应为木档厚的 2 ~ 2.5 倍。

④窗帘盒安装后，下沿应水平，全长的高度偏差不得大于 2mm。

⑤窗帘盒外观必须光洁，必要时可在面板上钉饰和雕刻花饰。

（6）窗帘盒安装质量通病

窗帘盒安装中的质量通病比较多，主要有窗帘盒安装不平；窗帘盒两端伸出窗口长度不一致；窗帘轨道出现脱落；对缝不严或开裂；接槎不平；颜色不匀；螺母不平。

任务12.2　细木工程质量验收标准

工作任务

通过本任务的学习掌握细木工程质量验收标准的规定、规格及质量要求，熟悉施工的常用工具、工艺流程，掌握工程质量验收标准与检验方法等有关知识。

工作情景

建筑装饰施工“理实一体化”实训室或普通教室。采用“理实一体化”教学方法，通过现场讲解，施工现场观摩、考察，掌握细木工程质量验收标准的材料、安装结构、工艺等方面的基础知识。

12.2.1　细木工程质量一般规定

细木工程包括门窗套、窗帘盒、窗台板、固定式柜橱、散热器罩、护栏和扶手以及花饰等的制作和安装。细木工程一般规定：

①建筑室内的细木工程应在隐蔽工程、管道安装及吊顶工程已完成并通过验收确认合格，墙面、地面已经找平后进行。

②框架结构的固定式柜橱应用榫连接组装；板式结构的固定式柜橱，应采用专用的连接件进行连接装配，不得采用胶连接。

③半成品的细木饰面板安装后，应随即涂刷一遍底漆。

④潮湿部位的固定式柜橱、木门套应做防潮处理，可在安装橱柜的墙面上做防潮层。

⑤护栏和扶手应采用坚固耐久材料，并能承受规范允许的水平荷载。

⑥扶手高度应不小于0.9m，护栏高度应不小于1.05m，栏杆间距应不大于0.11m。

⑦湿度较大的房间，不得使用未经防水处理的石膏花饰、纸质花饰等不耐潮湿的花饰；花饰安装后应采取成品保护措施。

⑧人造木板、胶黏剂的甲醛含量应符合国家现行标准的有关规定，应有产品合格

证书。

⑨木材的燃烧性能等级和含水率、花岗石的放射性应符合国家现行标准的有关规定。

细木工程验收时应检查下列文件和记录：

①施工图、设计说明及其他设计文件；

②材料的产品合格证书、性能检测报告、进场验收记录和复验报告；

③隐蔽工程验收记录；

④施工记录。

细木工程质量要求具体如下：

①所有本工程使用木材品种、规格、质量，必须符合设计要求，如表 12－3 所示。

表 12－3　细木制品质量检查表

项别	项目		质量要求	检验方法
保证项目	1	原材料	细木制品的树种、材质等的含水率、防腐处理必须符合设计及规范要求	检查出厂合格证及检验报告
	2	与基层的结合	细木制品与基层（或木砖）必须连接牢固、无松动现象	观察、手扳检查或做局部冲击试验
基本项目	1	细木制品的制作	优良：尺寸正确、表面平直、光滑、棱角方正、线条顺直、不露钉帽、无刨茬、毛刺、锤印等缺陷。 合格：尺寸正确、表面光滑、线条顺直	观察、手摸尺量检查
	2	细木制品的安装	优良：安装位置准确、割角整齐、交圈、接缝严密、平直通顺、与墙面紧贴、出墙尺寸一致。 合格：安装位置正确、割角整齐、交圈、接缝严密	观察和尺量检查
	3	表面质量	优良：表面整齐、洁净、颜色协调一致、花纹对齐。 合格：表面基本平整、洁净、颜色一致、花纹对齐。	观察检查
检查人员签字				日期

②所有细木制品应在工厂加工，发包方、监理根据工程进度定期到加工厂进行检查，严禁在现场制作加工。

③各类木料、均须干爽平直，不得有腐朽、节疤、扭曲、劈裂和虫蛀等弊病。

④各类木材应提前进行干燥处理，含水率不大于12%。主要部位根据设计要求应作含水率检测。

⑤木料与砌体、混凝土或抹灰层接触处，埋入砌体或混凝土中的木砖，均应进行防腐处理。有防火要求的部位应刷防火涂料。

⑥采用桦木、杨木等易腐、易虫蛀的树种木材制作的细木制品，整个构件须按设计要求或规定用防腐、防虫药剂处理。

⑦木材的刨光面应经净刨至光滑平直，割角应准确平整，接头及对缝应严密整齐，安装牢固。

⑧细木制品制成后，应立即刷一遍底油（干性油），以防受潮变形，金属配件应涂刷防锈涂料。

⑨细木制品及配件在包装、运输、安装时，应采取防止碰坏、污染、受潮及暴晒的措施。

⑩木料如属进口材料，应先送当地商检局检验，取得无虫蛀证明后才可运抵工地。

⑪木料在工地的存放，必须有遮雨遮阳的设备，离地存放，并置于空气流通的位置。

⑫基层处理工作，包括弹线分格、墙与门窗套方、表面平整度处理和基层防潮处理等项工作，其中基层防潮处理采用满刷一遍防水涂料的方法，而表面平整度则统一采用调整龙骨断面尺寸的方法进行处理。

⑬砖墙、混凝土墙面钉木针，先采用手持冲击钻作ϕ12mm引孔（深80~100mm），然后将用防腐防潮剂浸泡过的木针打入孔内，间距400~500mm，以龙骨方格网为准。

⑭采用气针枪在木针上直接钉装木龙骨，对石膏板等轻质隔墙，采用ϕ6mm自攻螺丝将木龙骨与隔墙内轻钢龙骨连接，再将这些木龙骨加密成所要方格网的方法进行。木龙骨要事先进行防腐处理，注意门套龙骨施工时预埋木砖。

⑮饰面板材应对木纹、颜色等进行挑选拼对，饰面板、色泽、花纹及图要基本一致，收口采用45°刨边碰角，不得露出饰面板端部。

⑯墙面饰物大小要与墙饰面板上预留位置相一致，且同一种饰物在同一套房间内大小基本一致，误差≤0.5mm。

⑰当饰物与饰面板是同一种材料时，在已实装的饰面板上划开口线，比照饰物开口，然后将饰物粘贴在开口位置。

12.2.2 橱柜制作与安装质量标准

（1）材料要求

①木方料：木方料是用于制作骨架的基本材料，应选用木质较好、无腐朽、不潮湿、无扭曲变形的合格材料，含水率不大于 12%。

②胶合板：胶合板应选择不潮湿并无脱胶开裂的板材；饰面胶合板应选择木纹流畅、色泽纹理一致、无疤痕、无脱胶空鼓的板材。

③配件：根据家具的连接方式选择五金配件，如拉手、铰链、镶边条等。并按家具的造型与色彩选择五金配件，以适应各种彩色的家具使用。

④圆钉、木螺丝、白乳胶、木胶粉、玻璃等。

应尽量在加工厂内制作成成品或半成品，在现场进行安装，所以本分项与室内装饰可以分开进行施工。

（2）施工要求

准备施工时对于材料的关键要求是木龙骨基层木材必须控制在 12% 之内，一般木材应该提前运到现场，放置 10d 以上，尽量与现场湿度相吻合。

对于技术的关键要求有三点：①对于木龙骨要双面错开开槽，槽深为一半龙骨深度（为了不破坏木龙骨的纤维组织）。②粘贴夹板时，白乳胶必须滚涂均匀，粘贴密实，粘好后即压，现场的粘贴平台及压置平台必须水平，重物适当，保持自然通风条件，避免日晒雨淋。有条件的工厂采用大型压机。③在油漆时，尽量做到两面同时、同量涂刷。

（3）橱柜柜体验收标准

①下柜整体水平，着地平稳，相邻柜身接触面无可见缝隙；底脚数量，每柜 4 个，大于 1000mm 要在中间加 1 个或 2 个。

②后背板无划伤，封口条结合无缝隙，无漏边现象。

③ 大角的对角线误差不大于正负 2mm，平整度公差在 3mm 之内。

④吊柜整体四向水平高度一致，相邻柜身接触面无可见缝隙，无上下窜位，无左右凹凸，无柜身晃动等现象。

⑤上柜望板安装对角处缝隙不大于 0.5mm 平整美观。

⑥转角吊柜上帽两相邻线条接驳口做到接缝严密，不大于 0.5mm，另根据门板的厚度调整上帽散出的大小，一般以上帽下仿型线超出门板的最厚处 3mm 为准。

⑦地脚板的安装，必须注意转角处脚板结合要严密，缝隙不大于 0.5mm。

（4）橱柜门屉验证标准

①柜门安装横平、竖直，开关自如，门与门间缝小于4mm，门变形时，调到最佳状态。

②门屉平行；在同一平面上门屉要求间缝之间平行一致，门屉与框架的间隙不大于2mm，无翘曲现象。

③抽屉盒对角线不大于2mm，屉底与屉帮间隙小于0.5mm。

④门屉开启灵活，所有抽屉推拉自如，无噪声，所有拉手安装稳固，无晃动。

12.2.3 窗帘盒、窗台板和散热器罩制作与安装质量标准

(1) 窗帘盒的质量标准

①主控项目

a. 窗帘盒制作与安装所使用材料的材质和规格、木材的燃烧性能等级和含水率、人造木板的甲醛含量应符合设计要求及国家现行标准的有关规定。检验方法：观察；检查产品合格证书，进场验收记录，性能检测报告和复检报告。

b. 窗帘盒的造型、规格、尺寸、安装位置和固定方法必须符合设计要求。窗帘盒安装必须牢固。检验方法：观察；尺量检查；手扳检查。

c. 窗帘盒配件的品种、规格应符合设计要求，安装应牢固。检验方法：手扳检查；检查进场验收记录。

②一般项目

a. 窗帘盒表面应平整，洁净、线条顺直、接缝严密、色泽一致，不得有裂缝、翘曲及损坏。检验方法：观察。

b. 窗帘盒与墙面、窗框的衔接应严密，密封胶缝应顺直、光滑。检验方法：观察。

c. 窗帘盒安装的允许偏差和检验方法应符合表12－4的规定。

表12－4　允许偏差和检验方法

	项目	允许偏差/mm	检验方法
1	水平度	2	用1m水平尺和塞尺检查
2	上口、下口直线度	3	拉5m线，不足5m拉通线，用钢直尺检查
3	两端距洞口长度差	2	用钢直尺检查
4	两端出墙厚度差	3	用钢直尺检查

③成品保护

a. 窗帘盒安装后，应进行饰面的装饰施工；天花、墙面进行抹腻子、刷乳胶漆等

其他工序作业时，应对窗帘盒贴纸或塑料薄膜保护，防止受污染。

b. 安装窗帘及轨道和进行天花吊顶工程时，应注意对窗帘盒的保护，避免对窗帘盒碰坏、划伤等。

④应注意的问题

a. 应注意的质量问题：窗帘盒制作所使用的材料，在施工前应进行检查，如发现不合格品，应及时按公司的相关程序办理更换手续；轨道安装应符合设计要求。安装必须牢固，轨道应平整顺直，使用时无阻力感。窗帘盒线角应清晰，割角应方正，立板与盖板胶接应密实，表面平直光滑。为了防止窗帘盒安装出现不正、两端高低差超过允许偏差范围，安装时应拉线进行。

b. 应注意的环境问题：操作地点的碎木、刨花等杂物，工作完毕后应及时清理干净，集中堆放；材料加工应集中固定在一个地点进行，并通风条件良好，应避免设在靠民居区和临窗、临街处；胶水桶和油漆刷等有毒有害废品与其他废料应单独分开处理。

c. 质量记录：包括材料的产品合格证书、施工记录、隐蔽工程验收记录、检验批质量验收记录表、分项工程质量验收记录表和人造夹板甲醛含量检测报告。

（2）窗台板的质量标准

①主控项目

a. 窗台板制作与安装所使用材料的材质和规格、木材的燃烧性能等级和含水率、人造木板的甲醛含量应符合设计要求及国家现行标准的有关规定。检验方法：观察；检查产品合格证书、进场验收记录、性能检测报告和复验报告。

b. 窗台板的造型、规格、尺寸、安装位置和固定方法必须符合设计要求。窗台板的安装必须牢固。检验方法：观察；尺量检查，手扳检查。

c. 窗台板配件的品种、规格应符合设计要求，安装应牢固。检验方法：手扳检查；检查进场验收记录。

②一般项目

a. 窗台板表面应平整、洁净、线条顺直、接缝严密、色泽一致，不得有裂缝、翘曲及损坏。检验方法：观察。

b. 窗台板与墙面、窗框的衔接应严密、密封胶应顺直、光滑。检验方法：观察。

c. 窗台板安装的允许偏差和检验方法与窗帘盒一致。关键控制点的控制如表 12－5 所示。

③应注意的质量问题：窗台板与窗框接缝要严密，窗台板的拼缝要一致；预埋防腐木块及水泥砂浆层要平整，窗台板底部要垫实；多块窗台板拼接时，要选用同规格材料。

表12-5 关键控制点及方法

	关键控制点	主要控制方法
1	原材料采购和进场验收	木材制品一般采用红、白松及硬杂木干燥料，含水率不大于12%； 木料不得有裂缝、扭曲等缺陷； 人造夹板的甲醛含量不得超标
2	下料	选料：一般应选用无死结、无裂纹和无过大翘曲的干燥料； 留足刨光尺寸：厚度、宽度要分别大于图纸要求的净尺寸3～5mm

④成品保护：应对安装后的窗台板进行保护，防止污染和损坏；窗台板的安装应在窗帘盒安装完毕后再进行；安装窗台板时应保护已完成的工程项目，不得因操作损坏地面、窗洞墙角等成品。

（3）散热器罩的质量标准

①主控项目

a. 散热器罩板制作与安装所使用材料的材质和规格、木材的燃烧性能等级和含水率、花岗石的放射性及人造木板的甲醛含量应符合设计要求及国家现行标准的有关规定。检验方法：观察；检查产品合格证书、进场验收记录、性能检测报告和复验报告。

b. 散热器罩的造型、规格、尺寸、安装位置和固定方法必须符合设计要求。散热器罩的安装必须牢固。检验方法：观察；尺量检查，手扳检查。

②一般项目

a. 散热器罩表面应平整、洁净、线条顺直、接缝严密、色泽一致，不得有裂缝、翘曲及损坏。检验方法：观察。

b. 散热器罩与墙面、窗框的衔接应严密、密封胶应顺直、光滑。检验方法：观察。

c. 散热器罩安装的允许偏差和检验方法同前。

③关键控制点的控制同前。

④应注意的质量问题

a. 粘贴夹板时，白乳胶必须滚涂均匀，粘贴密实，粘好后即压。

b. 制作暖气罩骨架必须开楔连结，榫眼加胶液粘接对楔，粘接要严密、牢固。

c. 保证罩面的散热面，防止无热气流通回路，造成使用中热量散发不足、饰面材料易变形等缺陷。

⑤成品保护：散热器罩木工制作完成后，应立即进行饰面处理，涂刷一遍清油后方可进行其他作业；防止在散热器罩附近有锐利工具的施工，以免损坏。

（4）门窗套制作与安装质量标准

检查数量应符合下列规定：每个检验批应至少抽查3间（处），不足3间（处）时应全数检查。

①主控项目：门窗套制作与安装所使用材料的材质和规格、花纹和颜色、木材的燃烧性能等级和含水率、花岗石的放射性及人造木板的甲醛含量应符合设计要求及国家现行标准的有关规定。检验方法：观察；检查产品合格证书、进场验收记录、性能检测报告和复验报告。

门窗套的造型、规格、尺寸和固定方法必须符合设计要求，安装应牢固。检验方法：观察；尺量检查；手扳检查。

②一般项目

a. 门窗套表面应平整、洁净、线条顺直、接缝严密、色泽一致，不得有裂缝、翘曲及损坏。检验方法：观察。

b. 门窗套安装的允许偏差和检验方法应符合表 12 -6 所示。

表 12 -6　门窗套安装的允许偏差和检验方法

项目	允许偏差/mm	检验方法
正、侧面垂直度	3	用 1m 垂直检测尺检查
门窗套上口水平度	1	用 1m 水平检测尺和塞尺检查
门窗套上口直线度	3	拉 5m 线，不足 5m 拉通线，用钢直尺检查

③关键控制点的控制点如表 12 -7 所示。

表 12 -7　关键控制点的控制点

关键控制点	主要控制方法
原材料采购和进场验收	木材制品一般采用红、白松及硬杂木干燥料，含水率不大于 12%； 木料不得有裂缝、扭曲等缺陷；人造夹板的甲醛含量不得超标
下料	选料：一般应选用无死结、无裂纹和无过大翘曲的干燥料； 留足刨光尺寸：厚度、宽度要分别大于图纸要求的净尺寸 3 ~5mm
木龙骨安装	检查预埋木砖或后置木楔的位置、间距是否符合龙骨安装要求； 手扳检查骨架安装是否牢固； 龙骨应进行防腐、防火处理，要求将朝外的一面刨光，其他三面涂刷防火剂与防腐剂
面板外观	面板应挑选木纹和颜色相近的材料用在同一洞口、同一房间； 面板对接时，木纹应通顺，接头避开视线范围； 窗套拼缝应在室内地坪 2m 以上，门套拼缝离地面 1. 2m 以下

④应注意的质量问题：木龙骨基层木材含水率应控制在12%以内；安装贴面板前，应检查木龙骨架是否牢固、方正，有毛病及时修正；拼缝处要严密。

12.2.4　护栏和扶手制作与安装工程

（1）质量关键要求

①扶手安装完后，要对扶手表面进行保护。当扶手较长时，要考虑扶手的侧向弯曲，在适当的部位加设临时立柱，缩短其长度，减少变形。

②多层走廊部位的玻璃护栏，人靠时，由于居高临下，常常有一种不安全的感觉。所以该部位的扶手高度应比楼梯扶手要高些，合适的高度应在1.1m左右。

③安装玻璃前，应检查玻璃板的周边有无缺口边，若有，应用磨角机或砂轮打磨。

④大块玻璃安装时，要与边框留有空隙，其尺寸为5mm。

（2）质量要求

①主控项目

a. 护栏和扶手制作与安装所使用材料的材质、规格、数量和木材、塑料的燃烧性能等级应符合设计要求。

b. 护栏和扶手的造型、尺寸及安装位置应符合设计要求。

c. 护栏和扶手安装预埋件的数量、规格、位置、以及护栏与预埋件的连接节点应符合设计要求。

d. 护栏高度、栏杆间距、安装位置必须符合设计要求。护栏安装必须牢固。

e. 护栏玻璃应使用厚度不小于12mm的钢化玻璃或钢化夹层玻璃。当护栏一侧距楼地面高度为5m及以上时，应使用钢化夹层玻璃。

②一般项目

a. 护栏和扶手转角弧度应符合设计要求，接缝应严密，表面应光滑，色泽应一致，不得有裂缝、翘曲及损坏。

b. 护栏和扶手安装的允许偏差和检验方法应符合表12－8的规定。

表12－8　护栏和扶手安装的允许偏差和检验方法

项目	允许偏差/mm	检验方法
护栏垂直度	3	检测尺检查
栏杆间距	3	钢直尺检查
扶手直线度	4	拉线，钢直尺检查
扶手高度	3	钢直尺检查

③成品保护

a. 安装好的玻璃护栏应在玻璃表面涂刷醒目的图案或警示标识，以免因不注意而碰、撞到玻璃护栏。

b. 安装好的扶手应用泡沫塑料等柔软物包好、裹严，防止破坏、划伤表面。

c. 禁止以玻璃护栏及扶手作为支架，不允许攀登玻璃护栏及扶手。

④安全措施：安装前应设置简易防护栏杆，防止施工时意外摔伤；安装时应注意下面楼层的人员，适当时将梯井封好，免坠物砸伤下面的作业人员。

12.2.5 花饰制作与安装工程

（1）质量标准

①主控项目

a. 花饰制作与安装所使用材料的材质、规格、数量应符合设计要求。检验方法：观察；检查产品合格证书，进场验收记录。

b. 花饰的造型、尺寸应符合设计要求。检验方法：观察；尺量检查。

c. 花饰的安装位置和固定方法必须符合设计要求，安装必须牢固。检验方法：观察；尺量检查；手扳检查。

②一般项目

a. 花饰表面应洁净，接缝应严密吻合，不得有歪斜、裂缝、翘曲及损坏。检验方法：观察。

b. 花饰安装的允许偏差和检验方法应符合表12－9规定。

表12－9 花饰安装的允许偏差和检验方法

项目		允许偏差/mm		检验方法
		室内	室外	
条型花饰的水平度或垂直度	每米	1	2	拉线和用1m垂直检测尺检查
	全长	3	6	
单独花饰中心位置偏移		10	15	拉线和用钢直尺检查

（2）关键控制点的控制如下表12－10所示。

（3）应注意的质量问题

花饰安装必须选择相应的固定方法及粘贴材料。注意胶黏剂品种、性能，防止粘不牢，造成脱落。

表12－10 关键控制点的控制

关键控制点	主要控制方法
原材料采购和进场验收	广泛进行市场调查； 评定分供方业绩和信誉； 按规范要求对水泥、砂、石子、石膏等取样复验； 胶黏剂中挥发性有毒物质必须在限量以内，并应有检测报告
安装固定方式	安装前必须明确固定方式。固定方式有粘贴法、镶贴法、木螺丝固定法、螺栓固定法、焊接固定法等，必须严格按设计要求进行固定，并注意检查花饰与花饰之间的连接要求

安装花饰时，应注意弹线和块体拼装的精度，为避免花饰安装平直超偏，须测量人员紧密配合。采用螺钉和螺栓固定花饰，在安装时不可硬拧，务必使各受力点平均受力，以防止花饰扭曲变形和裂开。花饰安装完毕后要加强防护措施，保持已安好的花饰完好洁净。

思考与练习

（1）简述细木工程中所用木材的种类、性能和识别方法。
（2）简述木构件制作加工的原理以及如何做好施工准备与材料选用工作。
（3）简述木窗帘盒、窗台板的制作与安装方法。
（4）简述筒子板、贴脸板、木楼梯的制作与安装方法。
（5）简述吊柜、壁柜、厨房台柜的制作与安装方法。
（6）简述墙面木饰、室内线饰的种类、制作与安装。

参考文献

［1］许焕兴，上官子昌．装饰装修建造师实务手册［M］．北京：机械工业出版社，2005.

［2］苟伯让．建设工程项目管理［M］．北京：机械工业出版社，2005.

［3］沙灵．建筑装饰施工技术［M］．北京：机械工业出版社，2008.

［4］顾建平．建筑装饰施工技术［M］．天津：天津科学技术出版社，2006.

［5］李竹梅，赵占军．建筑装饰施工技术［M］．北京：科学出版社，2006.

［6］焦涛．门窗装饰施工工艺及施工技术［M］．北京：高等教育出版社，2007.

［7］付成喜，伍志强．建筑装饰施工技术［M］．北京：电子工业出版社，2007.

［8］蔡红．建筑装饰装修构造［M］．北京：机械工业出版社，2007.

［9］王军，马军辉．建筑装饰施工技术［M］．北京：北京大学出版社，2009.

［10］陕彬，罗石等．建筑装饰施工技术［M］．北京：北京理工大学出版社，2014.

［11］王军．建筑装饰施工技术（第2版）［M］．北京：北京大学出版社，2014.

［12］万治华．建筑装饰装修构造与施工技术［M］．北京：化学工业出版社，2011.

［13］韦清权，吴美琼．建筑装饰施工技术［M］．北京：中国水利水电出版社，2015.

［14］李继业，邱秀梅．建筑装饰施工技术［M］．北京：化学工业出版社，2011.

［15］李振霞．建筑装饰施工技术［M］．哈尔滨：哈尔滨工业大学出版社，2014.

［16］马有占．建筑装饰施工技术［M］．北京：机械工业出版社，2013.